"十四五"职业教育国家规划教材
"十三五"职业教育国家规划教材
中等职业教育农业农村部"十三五"规划教材

经济动物养殖

第三版

陈 灵 主编

中国农业出版社
北京

内容简介

本教材共分为哺乳类经济动物养殖、珍禽类经济动物养殖、特种水产类经济动物养殖、药用及其他经济动物养殖四大模块，包含22个项目和3个实训。本教材详细介绍了22种经济动物的生物学特性、品种、营养与饲料、繁育、饲养管理、产品初加工及疾病防治等方面的基础知识与技术，并在每个项目后都有学习评价。

本教材依据《国家职业教育改革实施方案》的总体要求，紧密结合当前我国涉农职业院校专业结构调整与教材建设实际，及时将新工艺、新技术、新规范纳入教材内容，坚持内容的科学性、先进性、实用性和准确性，突出理论应用和实践动手能力的培养，符合现代职业教育培养技术技能型人才的基本要求。内容浅显易懂，职业教育特色明显，既可作为畜牧兽医专业、畜牧专业、兽医专业、经济动物专业教材，也可作为农民培训及从事经济动物养殖生产一线专业技术人员的参考用书。

第三版编审人员

主 编 陈 灵

副主编 柴修杰 房 新

编 者（以姓氏笔画为序）

　　　　　刘 亮　刘士国　李伟娟　张 伟

　　　　　陈 灵　房 新　柴修杰

审 稿 任东波 高文玉

行业指导 胡红旗

企业指导 王文强

第一版编审人员

主　　编　高文玉（辽宁医学院畜牧兽医学院）
副主编　　蔡兴芳（贵州省畜牧兽医学校）
　　　　　陈　灵（河南省驻马店农业学校）
参　　编　范坤棉（河北省邢台市农业学校）
　　　　　段吉礼（广西柳州畜牧兽医学校）
　　　　　黄艳丽（辽宁医学院成人教育学院）
审　　稿　任东波（吉林农业大学）

第二版编审人员

主　　编　高文玉（锦州医科大学畜牧兽医学院）
副主编　　陈　灵（河南省驻马店农业学校）
　　　　　蔡兴芳（贵州省畜牧兽医学校）
参　　编　（按姓名笔画排序）
　　　　　张　伟（广西柳州畜牧兽医学校）
　　　　　房　新（辽宁省农业经济学校）
　　　　　柴修杰（安徽省阜阳农业学校）
　　　　　温晶磊（沈阳东正牧业）
　　　　　鲍加荣（中国农业科学院特产研究所）
审　　稿　任东波（吉林农业大学）

第三版前言

经济动物生产具有投资少、见效快、经济效益高等特点，符合农业现代化发展的战略要求，目前已成为农业产业结构调整和确保农业增效、农民增收的支柱产业之一。经济动物的各种高档产品极大地丰富了农产品市场，满足了人们日益增长的消费水平需求，在对外贸易、换取外汇中有着不可替代的重要作用，对发展乡村特色优势产业、推动乡村振兴促进农业生产、繁荣农村经济发挥着越来越大的作用。

为了满足社会对经济动物生产领域技能型人才的需求，我国多数涉农中等职业学校战略性地调整了课程体系，开设了经济动物养殖课程。教材是立德树人、人才培养的核心载体，必须紧密对接国家发展重大战略要求，保证教材内容的先进性和与时俱进，以更好地服务于高水平科技自立自强、拔尖创新人才培养更好地满足和适应中等职业学校教学改革对教材的需求，中国农业出版社组织对第二版《经济动物养殖》进行修订再版。

《经济动物养殖》第三版编写中，深入贯彻落实习近平新时代中国特色社会主义思想融入教材，结合中等职业教育特色，以培养学生树立远大理想，厚植爱国情怀，提高岗位实践操作技能为宗旨，把中职生培养成有理想、敢担当、能吃苦、肯奋斗的新时代青年。力求创新教材设计理念，重视应用实践，打造培根铸魂，适应新时代需求的精品教材。为社会培养一批高素质技术技能型人才，以满足经济社会发展的人才需求，推动中国特色农牧业现代化的发展进程。在第二版的基础上做了适当调整，增设了特种水产类经济动物养殖，选择了不同地区具有代表性、经济效益好、发展潜力大的经济动物22种，详细介绍了涉及经济动物的生物学特性、品种、营养与饲料、繁育、饲养管理、产品初加工等方面的基础知识与技术。

本教材由河南省驻马店农业学校陈灵主编，编写分工如下：陈灵编写绪论，模块二的项目一、项目二、项目三、项目六、实训二；房新（辽宁省农业经济学校）编写模块一的项目三、项目四、项目五、实训一，模块四的项目二；柴修杰（安徽省阜阳农业学校）编写模块二的项目五、项目七、项目八，模块四的项目三、项目四；张伟（广西柳州畜牧兽医学校）编写模块二的项目四，模块三的项目一；李伟娟（河南省驻马店农业学校）编写模块一的项目一、项目二；刘士国（安徽省阜阳农业学校）编写模块三的项目二、项目三；刘亮（广西柳州畜牧兽医学校）编写模块四的项目一、项目五、项目六和实训三。

本教材由吉林农业大学任东波老师和锦州医科大学畜牧兽医学院高文玉老师共同审稿，驻马店市驿城区动物卫生监督所胡红旗和河南枫华种业股份有限公司王文强对书稿提出了宝贵意见，在编写过程中也得到了编者所在院校及众多从事经济动物养殖、科研、教学同行的大力支持与帮助，在此一并表示感谢！

虽然全体编者做了很大努力，但由于教材涉及内容广泛、动物种类较多，不妥之处在所难免，恳请广大读者批评指正！

编 者

2019 年 3 月

第一版前言

经济动物养殖是一种新兴的农业产业，具有投资少、见效快、经济效益高等特点，符合现代农业发展战略要求，在农业产业结构调整中占有重要地位。经济动物的各种高档次产品不但极大丰富了农产品市场、商场，为医药工业、毛皮工业等提供了优质的原料，在对外贸易、换取外汇中也有着不可替代的重要作用。因此，对繁荣农村经济，促进农业生产，加快农民脱贫致富起到了越来越大的作用。与传统的家畜、家禽相比，经济动物养殖是一种新兴产业，其教材建设相对比较薄弱，为了满足社会对经济动物领域人才的需求，适应我国中等教育人才培养目标的需求，本着知识、能力、素质协调发展的人才培养原则，培养知识够用、实践能力过硬的人才培养目标，编写了本教材。

经济动物养殖是研究经济动物生物学特性、繁殖与育种、营养与饲料、饲养管理、产品初加工以及疾病防治等方面知识和技术的综合性学科。根据经济动物的生物学特点，全书分为哺乳类经济动物、珍禽类经济动物、药用及其他经济动物、实训指导四大部分。为了协助教师教学和满足学生自学的需求，每章后留有复习思考题，部分思考题是编写人员多年经验教训的总结以及科研成果的积累，希望能对学生学习及指导生产与科研有较大的帮助。本教材选择了不同地区饲养比较普遍、数量较多、经济效益较好的经济动物种类，选择动物种类时还考虑了我国特有的物种以及有利于野生动物保护与产品可持续性开发等因素。由于我国地域广阔，地理环境差异较大，各校可根据实际情况，因地制宜地选择适宜的动物种类作重点讲授。

本教材从我国农业产业结构调整对专业技术人才的需求出发，紧密结合当前我国涉农职业学校专业结构调整与教材建设实际，坚持内容的科学性、先进性、实用性和准确性，力争反映国内外经济动物生产、科研的最新成果与技术。本教材既可作为养殖、畜牧兽医等专业教材，也可作为农民培训及生产一线专

业技术人员的必备参考书。

　　本教材是集体智慧的结晶，其中绪论部分、第二章、第三章、第六章、第七章、实训指导由高文玉编写；第一章、第十二章、第十六章、第二十二章由蔡兴芳编写；第四章、第五章、第二十章、第二十一章由范坤棉编写；第八章、第十八章、第十九章由段吉礼编写；第九章、第十七章由黄艳丽编写；第十章、第十一章、第十三章、第十四章、第十五章由陈灵编写。

　　本教材得到了编者所在院校以及众多从事经济动物养殖、科研、教学同行的大力支持与诚挚的帮助，并引用了一些专家、学者的研究成果及相关的书刊资料，在此一并表示感谢。

　　虽然我们全体编写人员做了很大的努力，参考了众多的专业书籍与教材取长补短，以实现编写初衷，但由于本教材涉及内容广泛、动物种类较多，加之水平有限，错误与不妥之处在所难免，恳请广大读者批评指正。

编　者
2008 年 12 月

第二版前言

经济动物生产具有投资少、见效快、经济效益高等特点，符合现代农业发展战略要求，目前已成为农业产业结构调整和确保农业增效、农民增收的支柱产业之一。经济动物的各种高档产品极大地丰富了农产品市场，满足了人们消费心理的变化和提高消费水平的需求，在对外贸易、换取外汇中有着不可替代的重要作用，对繁荣农村经济、促进农业生产、加快农民脱贫致富起到了越来越大的作用。

为了满足社会对经济动物生产领域人才的需求，我国多数农业职业学校战略性调整了课程体系，开设了经济动物养殖等主干课程。为更好地满足和适应各中等职业学校教学改革对教材的需求，中国农业出版社在第一版《经济动物养殖》教材基础上，组织编写了《经济动物养殖》第二版。

《经济动物养殖》第二版，选择了不同地区有代表性、生产规模较大、经济效益较好、发展潜力较大的经济动物22种，详细介绍了其生物学特性、营养与饲料、繁育技术、饲养管理、产品初加工等方面的基础知识与技术。

本教材编写分工：高文玉编写绪论，模块一中项目一、项目三、项目四、拓展项目二；蔡兴芳编写模块一中项目二，模块二中项目二；温晶磊参与编写模块一中项目三；鲍加荣参与编写模块一中项目四；房新编写模块一中项目五、项目六、项目七，模块三中项目三；张伟编写模块一中项目八、拓展项目一，模块三中项目一、项目二；陈灵编写模块二中项目一、项目三、项目四、项目六、拓展项目三；柴修杰编写模块二中项目五、项目七，模块三中项目四、项目五、项目六。

本教材编写过程中得到了编者所在院校以及众多从事经济动物养殖、科研、教学同行的大力支持与帮助，引用了一些专家、学者的研究成果及相关的书刊资料，在此一并表示感谢！

虽然我们全体编写人员做了很大努力，但由于教材涉及内容广泛、动物种类较多，不妥之处在所难免，恳请广大读者批评指正。

编 者

2016年3月

目 录

第三版前言
第一版前言
第二版前言

绪论 ·· 1

模块一　哺乳类经济动物养殖 ·· 4
　项目一　家兔养殖 ·· 4
　　任务一　家兔的饲养方式与设备 ··· 4
　　任务二　家兔的生物学特性 ··· 6
　　任务三　家兔的繁育 ·· 9
　　任务四　家兔的饲养管理 ··· 17
　　学习评价 ·· 30
　项目二　茸鹿养殖 ·· 31
　　任务一　鹿场建设与布局 ··· 31
　　任务二　茸鹿种类与生物学特性 ··· 32
　　任务三　茸鹿的繁育 ··· 37
　　任务四　茸鹿的饲养管理 ··· 42
　　任务五　鹿茸的生长发育与采收 ··· 55
　　学习评价 ·· 62
　项目三　水貂养殖 ·· 64
　　任务一　貂场建设 ·· 64
　　任务二　水貂的生物学特性 ·· 65
　　任务三　水貂的繁育 ··· 66
　　任务四　水貂的饲养管理 ··· 69
　　学习评价 ·· 74
　项目四　狐养殖 ··· 76
　　任务一　狐场建设 ·· 76
　　任务二　狐的生物学特性 ··· 77

任务三　狐的繁育 ………………………………………………………… 78
　　　任务四　狐的饲养管理 ……………………………………………………… 82
　　学习评价 …………………………………………………………………………… 85
　项目五　貉养殖 ……………………………………………………………………… 87
　　　任务一　貉的生物学特性 …………………………………………………… 87
　　　任务二　貉的繁育 …………………………………………………………… 88
　　　任务三　貉的饲养管理 ……………………………………………………… 90
　　学习评价 …………………………………………………………………………… 94
　实训一　毛皮初加工与质量鉴定 …………………………………………………… 95
　　学习评价 …………………………………………………………………………… 99

模块二　珍禽类经济动物养殖 …………………………………………………… 100

　项目一　肉鸽养殖 …………………………………………………………………… 100
　　　任务一　鸽场建设 …………………………………………………………… 100
　　　任务二　肉鸽的形态与习性 ………………………………………………… 102
　　　任务三　肉鸽的繁育 ………………………………………………………… 103
　　　任务四　肉鸽的饲养管理 …………………………………………………… 108
　　学习评价 ………………………………………………………………………… 114
　项目二　鹌鹑养殖 …………………………………………………………………… 116
　　　任务一　鹌鹑场建设 ………………………………………………………… 116
　　　任务二　鹌鹑的生物学特性 ………………………………………………… 118
　　　任务三　鹌鹑的繁育 ………………………………………………………… 119
　　　任务四　鹌鹑的饲养管理 …………………………………………………… 122
　　学习评价 ………………………………………………………………………… 126
　项目三　雉鸡养殖 …………………………………………………………………… 127
　　　任务一　雉鸡舍建设 ………………………………………………………… 127
　　　任务二　雉鸡的生物学特性 ………………………………………………… 128
　　　任务三　雉鸡的繁育 ………………………………………………………… 129
　　　任务四　雉鸡的饲养管理 …………………………………………………… 132
　　学习评价 ………………………………………………………………………… 138
　项目四　火鸡养殖 …………………………………………………………………… 140
　　　任务一　火鸡的生物学特性 ………………………………………………… 140
　　　任务二　火鸡的繁育 ………………………………………………………… 141
　　　任务三　火鸡的饲养管理 …………………………………………………… 145
　　学习评价 ………………………………………………………………………… 152
　项目五　鸵鸟养殖 …………………………………………………………………… 153
　　　任务一　鸵鸟栏舍设计 ……………………………………………………… 153
　　　任务二　鸵鸟的生物学特性 ………………………………………………… 154
　　　任务三　鸵鸟的繁育 ………………………………………………………… 156
　　　任务四　鸵鸟的饲养管理 …………………………………………………… 157
　　学习评价 ………………………………………………………………………… 162
　项目六　绿头野鸭养殖 ……………………………………………………………… 163

任务一　野鸭场与野鸭舍设备 ………………………………………………… 163
　　任务二　野鸭的生物学特性 …………………………………………………… 164
　　任务三　野鸭的繁育 …………………………………………………………… 165
　　任务四　野鸭的饲养管理 ……………………………………………………… 166
　学习评价 …………………………………………………………………………… 171
项目七　乌鸡养殖 …………………………………………………………………… 173
　　任务一　乌鸡的生物学特性 …………………………………………………… 173
　　任务二　乌鸡的饲养管理 ……………………………………………………… 175
　学习评价 …………………………………………………………………………… 183
项目八　大雁养殖 …………………………………………………………………… 184
　　任务一　大雁的形态与特性 …………………………………………………… 184
　　任务二　大雁的饲养管理 ……………………………………………………… 186
　学习评价 …………………………………………………………………………… 188
实训二　珍禽孵化 …………………………………………………………………… 189
　学习评价 …………………………………………………………………………… 196

模块三　特种水产类经济动物养殖 …………………………………………… 198

项目一　鳖养殖 ……………………………………………………………………… 198
　　任务一　鳖场建设 ……………………………………………………………… 198
　　任务二　鳖的生物学特性 ……………………………………………………… 201
　　任务三　鳖的繁育 ……………………………………………………………… 202
　　任务四　鳖的饲养管理 ………………………………………………………… 205
　学习评价 …………………………………………………………………………… 210
项目二　黄鳝养殖 …………………………………………………………………… 211
　　任务一　黄鳝场建设 …………………………………………………………… 211
　　任务二　黄鳝的生物学特性 …………………………………………………… 214
　　任务三　黄鳝的繁育 …………………………………………………………… 215
　　任务四　黄鳝的饲养管理 ……………………………………………………… 217
　学习评价 …………………………………………………………………………… 220
项目三　淡水小龙虾养殖 …………………………………………………………… 221
　　任务一　虾场建设 ……………………………………………………………… 221
　　任务二　虾的生物学特性 ……………………………………………………… 224
　　任务三　虾的繁育 ……………………………………………………………… 228
　　任务四　虾的饲养管理 ………………………………………………………… 229
　学习评价 …………………………………………………………………………… 233
实训三　龟、鳖的标本制作 ………………………………………………………… 234
　学习评价 …………………………………………………………………………… 235

模块四　药用及其他经济动物养殖 ……………………………………………… 236

项目一　蛇养殖 ……………………………………………………………………… 236
　　任务一　蛇场建造 ……………………………………………………………… 236
　　任务二　蛇的生物学特性 ……………………………………………………… 237

任务三　蛇的繁育 ·· 240
　　任务四　蛇的饲养管理 ··· 245
　学习评价 ··· 248
项目二　中国林蛙养殖 ··· 249
　　任务一　林蛙场建设 ·· 249
　　任务二　林蛙的生物学特性 ··· 250
　　任务三　林蛙的繁育 ·· 251
　　任务四　林蛙的饲养管理 ·· 252
　学习评价 ··· 255
项目三　蝎子养殖 ·· 256
　　任务一　蝎子的生物学特性 ··· 256
　　任务二　蝎子的繁育 ·· 258
　　任务三　蝎子的饲养管理 ·· 259
　学习评价 ··· 263
项目四　蚯蚓养殖 ·· 264
　　任务一　蚯蚓的生物学特性 ··· 264
　　任务二　蚯蚓的饲养管理 ·· 265
　学习评价 ··· 267
项目五　黄粉虫养殖 ··· 269
　　任务一　场地建设 ··· 269
　　任务二　黄粉虫的生物学特性 ·· 270
　　任务三　黄粉虫的饲养管理 ··· 271
　学习评价 ··· 275
项目六　蜜蜂养殖 ·· 276
　　任务一　蜂场的建立 ·· 276
　　任务二　蜜蜂的生物学特性 ··· 277
　　任务三　蜂群的饲养管理 ·· 279
　学习评价 ··· 284

参考文献 ··· 285

绪 论

一、经济动物的概念及分类

经济动物养殖的特点是驯养历史相对较晚、规模较小、产品独特、经济价值较高。从动物学的角度来看，包括哺乳类、鸟类、爬行类、两栖类、鱼类、节肢类、软体类及昆虫类动物。从广义上讲，泛指对人类有益、具有一定经济价值的动物；从这个意义上讲，家畜、家禽都属于经济动物。而从狭义角度来讲，经济动物泛指除传统饲养的家畜（牛、羊、猪等）、家禽（鸡、鸭、鹅等）和家鱼（青鱼、草鱼、鲢、鳙等）以外的，能被人工驯养的各种动物。

经济动物种类繁多，目前我国饲养的品种达200多种，按经济用途可分为毛皮动物、观赏动物、药用动物、伴侣动物、试验用动物、食用动物等。这种分类方法优点是动物的用途明确，而缺点是一种动物可同时归属于不同经济动物类，甚至部分动物很难归属其中。

本教材按动物的自然属性分类，将经济动物分为哺乳类、珍禽类、特种水产类及昆虫其他类。

二、经济动物生产的意义

1. 有利于野生资源保护 经济动物生产有利于缓解和避免珍稀野生动物种群资源下降乃至濒临灭绝的境况，对于野生动物保护有着重大意义。通过人工驯养，发展经济动物养殖，不仅可以保护野生经济动物种群资源、减少对野生经济动物的乱捕乱猎，还可以创造新的类型和品种，使野生经济动物种群资源得以恢复和发展，把利用、开发和保护有机结合起来，麋鹿、麝的人工驯养就是一个典型的事例。

2. 满足人们物质生活需要 随着经济的高速发展和人们生活水平的不断提高，人们对衣食住行提出了新的要求，发展经济动物养殖业，可为高档服装制作提供优质原料、开发保健食品、为我国传统的中医药工业提供原料、提供宠物，从而满足人们日益增长的物质生活和精神生活的需要。

3. 增加出口创汇 经济动物的许多产品都是我国传统的出口产品，其中不少种类是备受国外消费者青睐的名特优产品，出口换汇率高。我国每年出口的鹿茸达50~60t，创汇约3.6亿美元，水貂皮年创汇约1亿美元，兔毛、兔皮等产品在国际市场上也很畅销。

4. 有利于农村经济产业结构调整 经济动物养殖已成为现代畜牧业生产的重要组成部分，由于经济动物养殖较传统畜牧业规模相对较小、经济效益高，在促进农村经济发展中将发挥越来越大的作用。

三、经济动物生产发展概况

我国是世界上家兔驯养最早的国家,早在先秦时期就已进行驯养,距今已有 2 000 多年的历史。世界上 186 个国家和地区的家兔饲养量为 12.1 亿只,其中肉用兔占 94%,毛用兔占 5.8%,皮用兔占 0.2%。2013 年世界兔肉总产量为 178.2 万 t,中国年兔肉产量约 72.7 万 t,占世界总产量的 40.8%,欧洲兔肉产量 51.5 万 t,占世界总产量的 28.9%。

养鹿业发展较快的国家有新西兰、加拿大、俄罗斯、中国、英国等,饲养量为 500 万~800 万只。我国人工驯养茸用鹿是从清朝末期开始的,为了完成贡鹿任务,在吉林省东风、双阳,辽宁省西丰等地围圈养鹿,开创了驯养梅花鹿的历史。英国是世界上养鹿比较发达的国家,养鹿场主要集中在苏格兰,现饲养赤鹿和黏鹿约 15 万只。新西兰于 19 世纪中期从英格兰、苏格兰等地引进梅花鹿、马鹿、赤鹿等进行自然放养,20 世纪 90 年代实行围栏饲养,目前存栏量 250 万~300 万只,居世界第一位。俄罗斯养鹿是从狩猎肉起步的,养鹿业历史久远,从 19 世纪 40 年代开始发展养鹿业,目前饲养量达 30 万~50 万只。

毛皮动物生产始于北美,加拿大是实施野生动物人工养殖早而先进的国家。早在 1860 年加拿大就开始从野外捕捉野生银狐进行驯养,1883 年人工繁殖获得成功,1894 年建立起第一个养狐场,1912 年起养狐业走向企业化生产。1937 年挪威成为世界上最大的狐皮生产国。20 世纪 80 年代后,狐皮的主要产区在欧洲,年产量占世界总产量的 70%。水貂产于北美,1866 年人工养殖获得成功,1867 年美国首次建立饲养场,第一次世界大战后,德国、挪威、苏联、瑞典、南斯拉夫等欧洲国家相继从北美引种饲养,并在欧洲得到了发展。20 世纪 70 年代以后,水貂皮、狐皮、波斯羔皮成为国际裘皮市场的三大支柱产业。

我国经济动物的发展主要是在 20 世纪 50 年代。1956 年我国从苏联引进银黑狐、北极狐和水貂等毛皮动物,并先后建立了黑龙江横道河子、太康、密山,辽宁省金州,吉林左家,山东烟台等大型国营养殖场。20 世纪 50 年代后期发展较快,但 60 年代我国养狐业受到很大冲击。80 年代随着我国对外开放,对内搞活经济政策的进一步落实,经济动物养殖业得到较大的发展,十分明显的变化是养殖不仅局限在国营养殖场,每家每户的个体养殖形式开始发展起来。1989 年受国际市场的影响,我国经济动物养殖出现大的滑坡,特别是对毛皮动物的影响更为明显,1992 年后才得以逐渐恢复,至 2006 年我国水貂、狐、貉等主要毛皮动物存栏量可达 5 000 万只以上。20 世纪 80—90 年代养鹿业总体形式比较好,但 1997 年受东南亚经济危机的影响,鹿茸市场受到暂时冲击,可喜的是 2008 年鹿茸价格有了较大的回升,目前我国茸鹿饲养总数可达 40 万~50 万只,年产鹿茸 100t 左右。

我国珍禽类的天然品种资源丰富,野生物种繁多。自 20 世纪 80 年代开始先后从国外引进鹌鹑、火鸡、王鸽、美国七彩雉鸡、鸵鸟、绿头野鸭等进行饲养、选育和推广。近几年来,本着野生资源保护、积极驯养及合理开发利用的原则,对国家保护性禽类如红腹锦鸡、天鹅、大雁、雉鸡等进行人工驯养繁殖。目前我国珍禽养殖数量持续增加,养殖技术日趋成熟。近年来,一些小型药用动物及犬的养殖也都随着市场的需求有了不同程度的发展,特别是肉用犬、宠物犬的养殖呈现快速发展的势头。

四、我国经济动物生产存在的问题及对策

1. 存在问题 经济动物生产是我国近年来形成的一个新兴产业,虽然发展很快,但目

前也存在很多阻碍其发展的问题。

（1）经济动物发展盲目性突出。一些地区发展经济动物养殖不能根据本地区的自然条件因地制宜，如一些适合高纬度地区饲养的长毛型毛皮动物在低纬度地区，不仅繁殖机能很差，而且产品质量也逐渐下降。

（2）不重视选种选配、科学饲养管理。过分重视数量而忽视质量，致使我国经济动物产品在国际市场上缺乏强有力的竞争力，因此在国际市场竞争比较激烈时就会败下阵来，使经济动物养殖业产生较大起伏，严重影响养殖者的经济效益。

（3）经济动物养殖技术含量低。很多从事经济动物养殖的人员专业知识基础薄弱，导致生产的产品质量较差，在国际市场上竞争力不足，所以经济动物养殖知识的普及有待进一步加强。

（4）一哄而上是经济动物养殖的大敌。而我国目前养殖业缺乏有效行业控制的法律和法规，所以一旦某一种经济动物养殖效果比较明显时，就会迅速招引大量的新养殖者的加盟，从而使原有市场的供需平衡遭受严重破坏，产生大起大落，最终对所有经济动物养殖者都产生严重的负面影响。

（5）产、供、销、加工一体化需要进一步加强。要不断适应规模化生产的需要，加大产品深加工力度，提高产品的科技含量，充分挖掘国内市场潜力，摆脱过分依赖国际市场的被动局面，这样才能促进经济动物养殖业健康有序地发展。

（6）市场价格波动大、社会综合服务差。尽管近年来不同规模的协会、学会不断形成，但大多数经济动物养殖者还停留在单打独斗的落后状态，缺乏必要的联合与协作，严重制约其发展和养殖效果。经济动物养殖需要来自社会的多方面有利而诚挚的帮助，使之形成一种合力，在技术上有保障，在产品销售上能够获得及时有效的信息，只有这样，经济动物养殖业才能真正形成一种产业，得到健康、持续的发展。

2. 对策

（1）加强市场调研，因地制宜。从事经济动物养殖时，必须以市场为导向，选择适合当地自然条件、市场销路好、风险低的养殖项目，慎重引种，避免盲目发展。

（2）加大科技投入，进行商品化生产。从品种繁育、饲养管理、饲料、疾病防治、产品初加工等方面进行技术培训，提高从业人员技术水平。适度进行商品化生产，降低生产成本，提高产品质量和国际市场竞争力。

（3）加强政府对经济动物养殖业的宏观调控。根据各地的自然条件和生态环境对行业进行合理布局，健全行业组织，规范市场管理，搞好综合服务工作。

模块一 哺乳类经济动物养殖

学习目标

了解哺乳类经济动物的形态特征和生物学特性,并学会在生产实践中加以利用,着重熟悉家兔、茸鹿、水貂及狐的品种。依据各种哺乳类经济动物的繁殖特点,掌握其人工繁殖技术。重点掌握家兔、茸鹿、水貂及狐不同生理阶段的饲养管理技术要点。掌握鹿茸采收及毛皮动物的产品初加工与质量鉴定技术。

思政目标

培养学生践行社会主义核心价值观及服务现代化农业的"三农"情怀;增强学生服务现代畜牧业,推动乡村全面振兴的责任感及使命感。

项目一 家兔养殖

家兔是一种小型草食性动物,饲养成本低廉,饲草转化率高,多胎高产。家兔养殖是一项投资小、见效快、效益高的养殖项目。家兔全身都是宝,兔肉的蛋白质含量高,脂肪少,胆固醇含量低,肉质细嫩味美,容易消化,营养价值较高;兔毛是高级纺织工业原料,制品轻软美观,吸湿性好,保温性强;兔皮质地轻软,可加工成褥子、服装、帽子、皮领等制品,还可以做壁毯等工艺品。

学习目标

了解家兔饲养方式、品种及其生物学特性;熟悉家兔环境控制、繁殖育种、营养需要及兔毛产品等方面的理论知识和基本技能;掌握家兔各阶段的饲养管理技术。

学习任务

任务一 家兔的饲养方式与设备

一、家兔的饲养方式

家兔饲养方式很多,根据家兔的品种、年龄、性别以及各地的饲养条件和气候不同,可有放养、棚养、洞养、窖养、笼养等,这里简要介绍几种有代表性的饲养方式。

1. 放养 放养就是把兔群长期散养在一定的范围内，让其自由采食，自由活动，自由交配繁殖，这是一种粗放的饲养方式。这种方式仅适用于饲养肉兔。放养的主要优点是节省人力、物力，繁殖量多，生长速度快。其缺点是乱交乱配，近亲繁殖，引起品种退化，不便积肥；一旦暴发传染病无法控制，而且毛皮质量不高。

2. 栅养 在室内用竹片或电焊网围成栅栏，栅内设有采食和饮水器具，每栏占地5～6m^2，可养成年兔15～20只。栅养适于饲养商品肉兔、产毛兔和商品皮兔，但公兔需去势，以便于和母兔混群饲养，该饲养方式不适宜饲养种公兔和繁殖母兔。

3. 窖养 我国北方地区冬季漫长，气候寒冷，农村广泛采用地窖饲养。其优点如下：一是节省建造兔舍费用，节省土地；二是符合家兔打洞习性；三是环境安静，冬暖夏凉。其缺点是梅雨季节较为潮湿，不便于清扫与消毒，还会影响毛皮品质。窖养适用于高寒、干燥的地区。

4. 笼养 将兔单只或小群终年养在笼子里称为笼养。其优点是便于控制家兔的生活环境、饲养管理、配种繁殖以及疾病防治，有利于家兔的生长发育、品种改良和提高毛皮品质。缺点是造价较高，管理费工，室内每天需清扫。笼养是较为理想的一种饲养方式，尤其适于饲养小兔、种兔和皮毛用兔。

二、常见兔舍形式

1. 室内单列式兔舍 这种兔舍四周有墙，南北墙有采光通风窗，三层兔笼叠于近北墙处，兔笼与南墙之间为喂饲道，清粪道靠北墙，南北墙距地面20cm处留对应的通风孔。兔舍跨度小，通风，保暖，光照适宜，操作方便，适于江淮及其以北地区采用，尤其适于做种兔舍。

2. 室内双列式兔舍 在室内两列三层兔笼背靠排列，两列兔笼之间为粪尿沟，靠近南北墙各有一条喂饲道。南北墙开有采光通风窗，接近地面留有通风孔。这种兔舍室内温度易于控制，通风、透光良好，经济利用率高，但朝北一列兔笼光照、通风、保暖条件较差。由于饲养密度大，在冬季门窗紧闭时有害气体浓度也较大。

3. 室外双列式兔舍 坡式舍顶，双列固定兔笼，兔舍的南北墙就是兔笼的后壁，两列兔笼之间有喂饲道。此种兔舍跨度小，造价低，粪尿沟位于南、北墙外，舍内气味小，夏季通风。

4. 其他形式兔舍 除上述列举的几种形式兔舍以外，国内出现类似养鸡用的阶梯式笼舍，可双列，也可四列，这样可有效地利用空间，但如果通风条件达不到，室内有害气体浓度高，湿度大，需要采用机械通风换气。

三、兔舍常用设备

1. 兔笼

（1）活动双联单层兔笼。用方木做成框架，四周用竹钉钉牢，竹条间距1.5cm。漏缝地板用竹条钉制，竹条宽2.5～3.0cm，间距1.5cm。门开在上方，两门中央放置V形草架。

（2）固定式兔笼。种兔笼多为3层，兔笼用砖、钢筋水泥等砌成，活动漏缝地板用竹条钉制，门上分别装草架和食槽，承粪板用2.5～3cm厚的水泥预制板。3层笼总高度在190cm以下，笼宽70cm，深60cm。底层距地面30cm。漏缝地板宽70cm，深60cm（正好能插入笼底）。竹条长60cm，宽2.5cm，竹条间距1cm。承粪板（净）宽70cm，深65cm，厚2.5～3cm，承粪板向笼前伸出2cm，向后伸出3～5cm（上层向后伸出5cm，中层向后伸出3cm）。

(3)阶梯式组合金属笼。阶梯式组合金属兔笼用镀锌钢丝制成。十几个兔笼为一个组合,兔笼放在2~3个水平层上,上下不重叠,固定在金属支架上。一列兔笼由几个或十几个组合相连而成。这种兔笼的空间利用率高,通风良好,但造价及安装费用较高。

2. 食槽 食槽种类很多,有竹制、水泥制、陶制和铁皮制等。铁皮食槽是用铁皮焊制成的半圆形食槽,槽长约15cm、宽10cm、高10cm。为防止被兔踩翻,应固定在笼门上。为便于加料、清洗及家兔采食,应设计成易拆卸的活动式。

3. 草架 用粗铁丝焊制成V形草架,固定在笼门上,内侧铁丝间距4~5cm,外侧用电焊网封住。草架可以活动,拉开加草,推上让兔吃草。

4. 饮水器 常用家兔饮水器有瓦钵、带乳头管的小口玻璃瓶(或塑料瓶)和乳头式自动饮水器。使用瓦钵经济方便,可就地取材,但易损坏,又要经常洗刷。带乳头管的玻璃瓶装满水倒挂于笼上,供兔随时饮用,比瓦钵卫生,但需经常取下装水。有自来水供水条件的,可采用乳头式自动饮水器,其清洁卫生,不易污染,是理想的饮水装置。

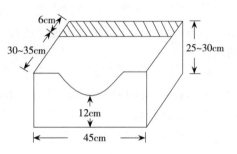

图1-1-1 家兔双面用产箱

5. 产仔箱 产仔箱是母兔产仔的工具,也是哺育仔兔的地方,通常用1.5~2cm厚的木板钉制,木箱内外要刨光,但产仔箱内底面不要刨光,钉子不要外露。箱底开几个小洞,便于尿液流出。产仔箱有两种形式,一种为长方形;另一种在箱的前方做成月牙形缺口,产仔时月牙口向上以增加箱内面积,防止仔兔爬出箱外,产仔后再竖起来。

任务二 家兔的生物学特性

家兔在生物学分类上属于哺乳纲、真兽亚纲、兔形目、兔科、兔亚科、穴兔属、穴兔种、家兔变种。家兔在漫长的进化过程中形成了很多生物学特性,至今仍然保留着,了解这些生物学特性对于指导生产十分重要。

一、家兔的生活习性

1. 昼伏夜行 野生穴兔由于体小力弱,常常白天静伏洞中,只有在夜深人静时才外出采食。在长期的自然选择下,这种特性得到加强和巩固。家兔在人工饲养条件下,白天多静伏笼中,闭目养神,从黄昏到翌日凌晨则显得十分活跃,频繁采食和饮水。家兔在夜间的采食和饮水量大约相当于一昼夜的70%。"要想家兔养得好,夜草(料)不能少"是很有道理的。

2. 胆小怕惊,听觉发达 家兔胆小且听觉发达,对外界环境的变化非常敏感,遇有异常响声,或竖耳静听,或惊慌失措,或乱蹦乱跳,或发出很响的蹬足声以"通知"它的伙伴。妊娠母兔受惊吓容易发生流产;正在分娩的母兔受惊吓会咬死或吃掉初生仔兔;哺乳母兔受惊吓可能拒绝仔兔吃乳;正在采食的家兔受惊吓往往停止采食。

3. 喜清洁干燥 家兔对疾病的抵抗能力较差,容易染病,尤其不清洁和潮湿的环境更容易传染各种疾病。家兔排粪排尿都有固定的地方,这是它们适应环境的本能。因此,在日常管理中,为家兔创造清洁而干燥的环境是养好家兔的一条重要原则。

4. 穴居特性 家兔至今仍保留其原始祖先打洞穴居的本能，这是它们祖祖辈辈为创造栖息环境和防御敌害所养成的适应环境的生物学特性。在建造兔舍和选择饲养方式时，必须考虑到这一点，以免家兔在兔舍内乱打洞，造成难以管理的被动局面。

5. 怕热耐寒 家兔的汗腺不发达，加上被毛浓密，使体表热量不容易散发，这就是家兔怕热的主要原因。家兔被毛浓密具有较强的抗寒能力，这种抗寒能力表现为成年兔比仔兔、幼兔抗寒能力强。

6. 啮齿行为 家兔是双门齿型（上门齿两对）动物，门齿中的大门齿是"恒齿"，出生时就有，以后也不出现换齿现象，而且不断生长。家兔必须通过啃咬硬物来保持适当齿长，便于采食。家兔的这种习性常常会造成笼具或其他设备的损坏，生产中要采取一些预防措施，如常在笼中投入带叶的树枝或粗硬干草等硬物任其啃咬、磨牙；制作笼具时，在笼门的边框、产仔箱的边缘等处，凡是能被家兔啃到的地方，都要平整，不留棱角。

7. 嗅觉灵敏 家兔的嗅觉灵敏，常以嗅觉辨认异性和栖息领地，通过嗅觉来识别亲生或非亲生仔兔。人们利用这种特性，在仔兔要并窝或寄养时，采用一定的方法混淆气味，从而使并窝或寄养获得成功。

8. 合群性较差 家兔在群养情况下，同性别的成年家兔之间常常发生咬斗，对彼此造成严重伤害，特别是性成熟的公兔之间彼此咬斗更为严重。生产上种公兔和妊娠、哺乳母兔宜单笼饲养，生产兔如要群养，也应合理分群，3月龄以上的兔应根据体型大小、强弱和性别不同进行分群饲养，且兔群不宜过大，每群3~5只或7~8只即可。

9. 嗜睡性 家兔在某种条件下容易进入困睡状态，在这种状态下痛觉减弱或消失。家兔进入睡眠的条件是：将家兔四肢向上躺下，然后用手在其胸腹部顺毛抚摸，同时，另一只手按摩其太阳穴，家兔便进入睡眠状态。生产中长毛兔剪毛到腹部时、对家兔进行强制哺乳时可以考虑利用此特性，以便能够顺利操作。

10. 跖行性 家兔后肢飞节以下形成脚垫，运动时重心在后腿上，整个脚垫全着地，这种跳跃式运动称跖行性。生产中如果兔笼底联间隙大小不合理，家兔后肢非常容易被夹在底联间隙之间，造成不必要的后肢损伤。

二、家兔的食性与消化特性

1. 家兔消化系统的解剖特点 见图 1-1-2。家兔上唇的正中央有一纵裂，形成豁唇，呈三瓣形，使门齿易于露出，便于采食地面的短草和啃咬树皮等。家兔是单胃草食动物，胃容积较大，约为消化道总容积的36%，一次可采食较多的饲料。家兔的肠管较长，相当于兔体长的10~15倍。在肠道中，盲肠较为发达，与体长相当，容积约为消化道总容积的42%。

2. 草食性 家兔和其他食草动物一样，喜欢食植物或植物性饲料，不喜欢食鱼粉等动物性饲料。日粮中动物性饲料非加不可时也不宜超过5%，否则将影响家兔的食欲，甚至使家兔拒绝采食。家兔最喜欢吃多叶类饲草，如苜蓿、

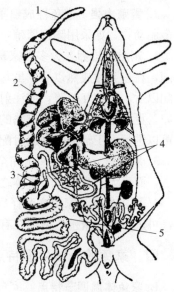

图 1-1-2 家兔消化系统
1. 蚓突 2. 盲肠 3. 圆小囊
4. 小肠 5. 结肠

三叶草、黑麦草和麦苗等。家兔喜欢吃颗粒料,不喜欢吃粉料。

3. 食粪特性 家兔具有吃自己粪的特性,家兔出生以后会吃料时,不久即吃粪。家兔排泄硬粪和软粪两种粪便,家兔只采食软粪,软粪一排出肛门即被家兔吃掉,家兔不吃落到地板上的粪便。软粪中蛋白质含量大大高于硬粪,家兔可以从食入的粪便中获得其所需要的部分B族维生素和蛋白质。家兔粪便营养成分含量见表1-1-1。

表 1-1-1 家兔粪便营养成分含量

成分	软粪团	硬粪球	成分	软粪团	硬粪球
水分(%)	75.00	50.00	维生素 B_1(μg/g)	40.84	2.29
粗蛋白质(%)	37.40	18.70	维生素 B_2(μg/g)	30.20	9.40
脂肪(%)	3.50	4.30	泛酸(μg/g)	51.60	8.40
灰分(%)	13.10	13.20	维生素 B_6(μg/g)	84.02	11.67
微生物(亿个/g)	95.60	27.00	维生素 B_{12}(μg/g)	2.90	0.90
糖类(%)	11.30	4.90	烟酸(μg/g)	139.00	39.70

4. 家兔消化特性 家兔对纤维素的消化能力较强,与马和豚鼠相近。适量的粗纤维对家兔的消化过程是必不可少的,可保持消化物的稠度,有助于食物与消化液混合,形成硬粪,对维持家兔正常的消化机能、减少肠道疾病具有重要意义。在家兔的饲料中,纤维素比较适宜的含量为11%~13%,不宜超过15%。

幼兔消化道发生炎症时,肠壁渗透性增强,消化道内的有害物质容易被吸收,这是幼兔腹泻时容易发生自身中毒死亡的重要原因。因此,夏季有效预防家兔消化道疾病的发生在生产中有十分重要的意义。

三、家兔的繁殖特性

1. 繁殖力强 家兔性成熟早(3~6月龄),妊娠期短(30~32d),一年四季均可繁殖,属多胎动物,如采用频密繁殖,每只母兔一年可繁殖7~8胎,每胎产仔7~8只。

2. 刺激性排卵 大多数家畜排卵不需要外界刺激,自发进行,称自发性排卵。母兔则不同,在达到性成熟以后,虽每隔一定时间出现发情征状,但并不伴随着排卵,只有在公兔交配以后,或相互爬跨,或注射外源激素以后才排卵,这种现象被称为刺激性排卵或诱导性排卵。更为特殊的是,性成熟的母兔在未发情的情况下,进行诱导性刺激也可排卵,因此家兔可以进行人工辅助强制放对配种。

3. 双子宫 母兔有两个完全分离的子宫,两个子宫有各自的子宫颈,共同开口于一个阴道,而且无子宫角和子宫体之分。两子宫颈间有间膜固定,不会发生受精卵移行现象。

4. 可以血配 家兔在产仔后3d内处于发情状态,此时进行配种可以受胎。根据这一特点,可进行频密繁殖,增加在有限时间内的繁殖窝数。

四、家兔的一般生理特点

1. 家兔体温调节特点 家兔是恒温哺乳动物,正常体温为38.5~39.5℃。由于家兔被毛浓密,缺乏汗腺(仅在唇边和鼠蹊部有少量汗腺),所以通过排汗散热和皮肤散热的能力不如其他家畜。家兔散热的主要途径是呼吸和排泄。

2. 家兔的生长发育特点 家兔生长发育迅速,仔兔出生时全身裸露无毛,眼睛紧闭,耳闭塞无孔，趾间相互联结在一起，不能自由活动。仔兔3~4日龄即开始长毛，4~8日龄脚趾开始分开，6~8日龄耳根部出现小孔与外界相通，10~12日龄睁眼，21日龄左右即能正式吃料。仔兔初生体重50~80g，1月龄时体重相当于初生时的10倍，初生至3月龄体重增加几乎呈直线上升，3月龄以后体重增加相对缓慢。

3. 家兔的换毛特点

（1）年龄性换毛。家兔一生中有两次年龄性换毛，第一次换毛为30~90日龄，第二次换毛为120~150日龄。力克斯兔的第一次年龄性换毛可于3~3.5月龄时结束，此时已形成完好的毛被。为了使力克斯兔毛皮完全成熟和生长到具有足够大的体型，到第二次年龄性换毛结束，即5月龄左右打皮为最佳，经济效益也较高。

（2）季节性换毛。家兔进入成年以后，每年春季和秋季两次换毛。春季换毛在3—4月，秋季换毛在9—10月。安哥拉兔的兔毛生长期为1年，只有年龄性换毛，而没有明显的季节性换毛。

知识拓展

家兔脱毛症与佝偻病

在养兔生产中，家兔脱毛症与佝偻病是室内笼养幼兔的常见多发病。在寒冷季节脱毛症容易引发家兔感冒并继发其他疾病；幼兔患佝偻病不但影响其生长发育，也不能留作种用。家兔佝偻病主要发生在断乳至3月龄的幼兔阶段，成年兔不发病。临床表现为病兔前肢不能站立，呈划水状匍匐于地；同时，由于幼兔被毛明显脱落，身体皮肤裸露，但并无疥螨病与真菌感染等疾病的临床特征；幼兔食欲及精神状态等均表现正常。

根据综合分析确认，此期由于幼兔处于乳毛脱换期，毛被脱换速度快，同时正处于骨骼生长发育旺期，若在饲养管理上得不到足够的阳光照射便容易患脱毛症与佝偻病。紫外线照射不足是导致维生素D缺乏诱发佝偻病的原因之一，而得不到充足的红外线照射则是导致幼兔乳毛脱换速度大于生长速度，表现为脱毛症的主要因素。

任务三 家兔的繁育

一、家兔的品种

（一）家兔品种分类

1. 按经济用途分类

（1）肉用兔。其经济特性以生产兔肉为主，90日龄体重应达到2.5kg以上，如新西兰兔、加利福尼亚兔。

（2）皮用兔。以生产兔皮为主，其兔皮有独特的特点，如力克斯兔。

（3）毛用兔。以生产兔毛为主，其兔毛长，如安哥拉长毛兔。

（4）试验用兔。适用于注射、采血等，通常选用被毛白色的品种，如日本大耳兔。

（5）观赏用兔。其外貌奇特或毛色珍稀，或体格微型适于观赏，如荷兰小型兔。

（6）兼用兔。具有两种或两种以上利用目的，通常指皮肉兼用，如青紫蓝兔、日本大耳兔等。

2. 按体型大小分类

(1) 大型兔。成年体重在4.5kg以上，如公羊兔、比利时兔等。

(2) 中型兔。成年体重在3.5kg以上，如新西兰兔、日本大耳兔等。

(3) 小型兔。成年体重在3.5kg以下，如中国白兔、力克斯兔等。

(4) 微型兔。成年体重小于2kg，如荷兰小型兔。

(二) 主要家兔品种

1. 肉用兔

(1) 单一品种。

①比利时兔。产于比利时，后经改良选育而成，是一个较古老的大型肉用品种。其毛色和外貌酷似野兔，被毛多为深褐色，耳较长，耳尖有光亮的黑色毛边，眼球黑色，体躯较长，四肢粗大，尾内侧黑色。比利时兔具有适应性强、耐粗饲、生长发育快、繁殖性能好等优点，其40d断乳重1.2kg，3月龄重2.8～3.2kg，成年体重5.5～6kg，最大可达9kg，每窝产仔7～8只。

②新西兰兔。原产于美国，是著名中型肉用品种，也常做试验研究用。其体型中等，毛色纯白，头圆，两耳短小直立，耳端较圆宽。新西兰兔早期增长速度快，2月龄体重1.5～2kg。成年体重4.48kg，腰肋肌肉丰满，后躯发达，四肢强壮有力。肉质细嫩，较耐粗饲，繁殖性能好，年产5窝，窝产7～9只。

③加利福尼亚兔。原产于美国加利福尼亚州，是现代养兔业重要的肉用品种之一。其体型中等，耳中等长度、直立。体躯被毛白色，耳、鼻端、四肢下部及尾部为黑褐色，故俗称"八点黑"。胸部、肩部和后躯发育良好，肌肉丰满，肉质鲜嫩。加利福尼亚兔早期生长速度快，40d断乳重达1～1.2kg，2月龄体重1.8～2kg，成年兔体重3.5～4.5kg。其繁殖力高，突出表现为哺育力强、仔兔成活率高。该品种适应性、抗病力强，性情温顺。

④公羊兔。来源及育成史无确切记载。目前主要有法系、德系、荷系和英系四大类型。其耳大下垂，头似公羊，皮肤松弛；毛色多种，其中黄褐色比较常见。公羊兔体型大，早期生长速度快，40日龄断乳重1.5kg，成年体重6～8kg，每胎产仔4～6只，仔兔初生重可达80g。公羊兔耐粗饲，抗病能力较强，易于饲养，性情温顺，不爱活动；其繁殖性能较低，主要表现为受胎率低、哺育仔兔性能差、产仔数少。

(2) 专门化肉兔配套系。特点是利用杂交优势生产商品兔，饲料转化率高，前期生长快，出栏早，经济效益好。

①齐卡肉兔配套系。是由德国齐卡家兔基础育种场培育，当今世界上著名的肉兔配套系之一，于20世纪80年代初育成。商品兔70日龄体重2.5kg。

②艾哥肉兔配套系。在我国又称布列塔尼亚兔，是由法国艾哥（ELCO）公司培育的肉兔配套系，商品兔70日龄体重2.4～2.5kg。

③伊拉肉兔配套系。是法国欧洲兔业公司在20世纪70年代末培育成的杂交品系，商品兔70日龄体重2.52kg。

2. 皮肉兼用兔

(1) 青紫蓝兔。原产于法国。被毛蓝灰色，每根毛纤维自基部向上分为五段颜色，深灰色—乳白色—珠灰色—雪白色—黑色。耳尖及尾背黑色，眼圈、尾内侧及腹部白色，由于其毛色特殊，酷似南美洲产的毛丝鼠，故据此读音取名为青紫蓝兔。其耐粗饲，适应性强，皮板厚实，毛色华丽，繁殖力、泌乳力好。分大、中、小3种类型，其中标准型为小型，成年体重2.5~3.5kg，耳较小直立；美国型为中型，成年体重4.5~5.4kg，单耳直立；巨型为大型，体型大，体躯肌肉丰满，耳大直立，有肉髯，成年体重5.4~7.4kg。

(2) 日本大耳兔。用中国白兔选育而成。毛色纯白，眼为红色，耳大直立，耳根较细，耳端尖，形如柳叶，母兔颔下有肉髯。

日本大耳兔成年体重为4~6kg，仔兔初生重65g。繁殖性能好，每胎产仔7~8只。性成熟早，生长快，45d断乳重可达850~1 000g。

(3) 德国花巨兔。原产于德国。毛色为白底黑花，其两耳、嘴、眼圈黑色，脊背有一条不连贯的黑色背线，体躯两侧不规则地分布黑色斑块。其体型大，幼兔生长发育快，初生重65~75g，40d断乳重1.1~1.2kg，90d体重2.5~2.7kg。产仔力较高，但存在母性不强、哺育仔兔的能力差等缺点。

(4) 塞北兔。由张家口农业高等专科学校利用公羊兔与比利时兔于1988年培育而成。有3个品系，A系被毛黄褐色，B系被毛纯白色，C系被毛草黄色。单耳下垂，体躯肌肉丰满，四肢粗短而健壮。塞北兔仔兔初生重60~70g，30日龄断乳重可达650~1 000g，90日龄体重2.5kg，成年体重平均5.0~6.5kg。体型大，生长发育速度快，饲料转化率高，育肥期饲料转化率为3.29∶1。性情温顺，耐粗饲，抗病力和适应性强，繁殖力强。

(5) 哈尔滨大白兔。体型较大，耳大、眼大、被毛纯白，红眼，四肢强健，体质结实。其成年体重5.5~6.5kg，每胎产仔8~9只；生长发育快，70日龄体重2.4kg；90日龄屠宰率为53.3%。

3. 皮用与毛用品种

(1) 力克斯兔。力克斯兔是著名皮用兔品种，原产于法国，是由普通家兔变异分化出来的短毛、多绒类型家兔，再经过选育、杂交、扩群而成。由于被毛酷似水獭皮，我国普遍称其为獭兔。最大特点是被毛短、密、毛纤维直立、被毛平齐。力克斯兔头小嘴尖，眼大而圆，耳长中等，肉髯明显，外形清秀。

最初育成的力克斯兔被毛为深咖啡色，现今已育成多种颜色。獭兔毛纤维长1.2~2.2cm，以1.6cm最佳，绒毛细度为16~19μm，粗毛率为4%~7%。被毛密度大，每平方厘米皮肤面积内为1.5万~3.5万根。我国各地饲养的多数是美系獭兔，20世纪末，又引入了德系和法系獭兔，对改良原有獭兔起到了良好作用。

(2) 安哥拉兔。原产于土耳其，被各国引入后培育成不同的品系，主要有法系、英系、德系、中系、日系等品系。主要品系被毛白色，现已育成多种毛色的彩色长毛兔。安哥拉兔全身密生长毛，毛长5cm以上，甚至可达10cm以上。耳、额、脚上有长毛，但不同品系被毛覆盖有较大差异。

①法系安哥拉兔。法系安哥拉兔是为手工艺需要培育而成的，培育过程中重视毛纤维的长度和强度。其耳部、四肢下部无长毛，是与英系安哥拉兔相区别的主要特征。头较大、稍长，面部长，鼻梁较高，耳朵大而直立，骨骼较粗壮。该系兔成年体重3.0~4.0kg，毛长可达10~13cm，粗毛含量8%~15%，年均产毛量800~900g，优秀母兔可产1 200~1 300g。繁殖力强，母兔泌乳性能好，抗病力和适应性较强。

②英系安哥拉兔。在英国多用于观赏，逐渐向细毛型方向发展。全身被毛雪白，蓬松似

棉球，被毛密度较差，毛长而细软，有丝光，粗毛含量很少，不超过1.5%。耳端有缨穗状长绒毛，飘出耳外，甚为美观，俗称"一撮毛"，额毛、颊毛较多。体型较小，成年兔体重2.0~3.0kg，年产毛量平均300~500g。繁殖力较强，体质弱，抗病力不强。

③德系安哥拉兔。德系安哥拉兔属细毛型品系，细毛占90%以上，粗毛长度为8~13cm。耳中等长度、直立，耳尖有耳缨，头部被毛覆盖个体间不一致，四肢、脚毛和腹毛较浓密；被毛密度大，有毛丛，不易缠结，毛纤维有明显的波浪弯曲；成年体重3.5~4.5kg。年产毛量960~1 400g，高产的可达1 600g。

④中系安哥拉兔。这是我国引进法、英两系后杂交并掺入中国白兔的血液，经过多年选育而成的毛用兔品系，1959年通过鉴定。该品系安哥拉兔全身被毛普遍较稀，容易缠结，体型较小。成年体重2.5~3.0kg，年产毛量350~750g。

在上海，以本地安哥拉兔为母本、德系安哥拉兔为父本，经过级进杂交与横交固定，培育出唐行长毛兔，分为A型和B型两种，成年体重4.5kg，年产毛量950~1 050g。在安徽，以德系安哥拉兔与新西兰兔杂交和横交选育成皖系安哥拉兔，成年体重4.2kg，年产毛量830g以上。在浙江，以本地长毛兔与德系安哥拉兔进行杂交，高强度择优选育成镇海巨高长毛兔，分A、B、C三型，主要特点是体型大、生长速度快、产毛量高、绒毛粗、密度大、不缠结。成年体重公兔5.5~5.8kg，母兔6.1~6.3kg，年产毛量公兔1 700~1 900g，母兔2 000~2 200g，繁殖性能也很好。

二、家兔的繁育

（一）优良种兔应具备的条件

在家兔的繁育过程中，选择生长发育好、生产性能好、遗传性能稳定的优良公母兔做种用，淘汰不符合选育要求的公母兔，使整个兔群的优良性状按照选育的要求向着人们所需要的方向遗传并巩固下来。无论是长毛兔、皮兔还是肉兔，凡是做种用的家兔都应具备以下条件：

1. 生产性能好　饲养家兔的主要目的就是要获得数量多、质量好的家兔产品，所以种兔本身就应该具有良好的生产性能。

2. 适应性强　优良种兔应该对周围环境有较强的适应能力，并对饲料营养有较高的利用、转化能力，这是发挥其高产性能的基础。

3. 繁殖力高　要使兔群质量普遍提高，优良种兔必须能大量繁殖后代，以不断更新低产种兔群，并为生产群提供更多的兔苗来源。

4. 遗传性能稳定　种兔本身生产性能好是远远不够的，还要能使本身的高产性能稳定地遗传给后代，这是使整个兔群获得高产性能的根本保证。

（二）家兔的生殖生理

1. 性成熟和初配年龄

（1）性成熟。家兔生长到一定年龄，生殖器官发育完全，已能正常地发情、排卵，具备正常繁殖后代的能力，此时称为性成熟。兔性成熟的年龄因品种、性别、营养、季节及遗传因素等而有差别。一般母兔的性成熟时期早于公兔，小型品种的性成熟时期早于大型品种。小型品种性成熟3~4月龄，中型品种3.5~4.5月龄，大型品种4~5月龄。

（2）配种适龄。家兔达到了性成熟，虽然能配种繁殖，但此时身体和各种器官尚处于发育之中，如果过早配种繁殖，就会影响青年兔进一步生长发育，可能使其个体偏小，另外也可能影响胎儿的发育，所以应在性成熟后，经历一段时间再进行配种。一般公兔8~9月龄，母兔7~8月龄，体重达到成年体重70%左右配种为宜。

(3) 繁殖年限。兔的繁殖有一定的年限，在正常情况下可利用3~4年，年繁殖4~5胎。3岁以后的繁殖能力随年龄的增大而逐渐下降。

2. 发情 母兔生长发育到一定年龄后，在垂体促性腺激素的作用下，卵巢上的卵泡发育并分泌雌激素，引起生殖器官和行为的一系列变化，雌兔所处的这种生理阶段称为发情。家兔性成熟后，繁殖无季节性，一年四季均可发情。

(1) 发情征状。母兔发情时外阴部红肿、湿润，红肿程度随发情加剧，发情后期逐渐消退。阴道黏膜在发情初期呈淡红色，发情旺期为红色，不发情时阴道黏膜苍白。发情时母兔表现为兴奋不安，在笼中跑跳，常以前肢扒箱，或以后肢蹬笼地板，食欲减退。用手抚摸时臀部翘起，放入试情公兔时，主动接近公兔，接受交配。

(2) 发情周期。家兔发情周期规律性较差，母兔的发情周期为8~15d，持续期为2~3d。母兔即使在不发情时，卵巢内仍有处于发育成熟阶段的卵泡，所以严格来说，母兔不存在固定的发情周期，只要环境、营养等条件得到满足，母兔就会发情。

3. 排卵 家兔属刺激性排卵，母兔经公兔爬跨刺激后10~12h排卵。家兔一次发情，能够发育成熟的卵泡数可达5~10个。排卵后未受精的卵子在生殖道内可维持活力8~9h，可受精寿命约6h，获得最高受精率的时间是在排卵后的2h。

4. 妊娠 妊娠是自卵子受精开始，到胎儿发育成熟后与其附属膜共同排出母体前的复杂的生理过程。家兔的受精在输卵管的壶腹部进行，受精后的合子逐渐发育并进入子宫，在子宫与母体建立密切联系。

家兔的妊娠期为28~35d，平均30d；野生草兔的妊娠期为41~42d。妊娠期的长短与兔的遗传、品种、年龄、胎儿数目及自然环境等因素有关。

5. 分娩

(1) 分娩征兆。母兔在分娩前数天乳房开始肿胀并可挤出少量乳汁，外阴部肿胀、红润，阴道黏膜湿润，尾根和坐骨韧带松弛，食欲下降，甚至拒绝采食。临产前1~2d或数小时，开始衔草做窝；临产前8h左右拉毛，拉毛可以刺激乳腺的发育。研究表明，毛拉得早、拉得多的母兔泌乳性能好。

(2) 分娩过程。母兔临近分娩时，表现为精神不安，顿足，弓背努责，接着排出羊水。此时，母兔多呈犬卧姿势，紧接着仔兔连同胎衣一起排出。母兔分娩时一边产仔一边将脐带咬断，并将胎衣吃掉，同时舔干仔兔身上的血液和黏液。母兔分娩时间较短，一般产完一窝只需30min左右。分娩结束后，母兔会跳出窝来觅水。

(三) 家兔的选种选配

1. 家兔不同时期的选择

(1) 第1次选择。在仔兔断乳时进行。重点根据系谱资料，一定要从优良母兔所产的仔兔中选。

(2) 第2次选择。对于肉用兔，在3月龄进行选择，着重个体重和断乳至3月龄的增重速度。毛用兔到5月龄时进行选择，此时幼兔第2次剪毛，可结合产毛性能进行鉴定，着重依据第2次剪毛时体重和幼兔两次剪毛量进行选择。

(3) 第3次选择。7~8月龄进行选择，此时兔生长发育已成熟，中型品种已参加繁殖，主要看其交配能力、受孕率、产仔率及仔兔成活率。对于毛用兔，此时开始第3次剪毛，将其第3次剪毛量乘以4，作为待选种兔年产毛量指标，进行评定。

(4) 第4次选择。1岁后，对各种用途的种兔，根据第2胎繁殖情况进行繁殖性能鉴定。

(5) 第5次鉴定选择。在种兔后代已有生产记录的情况下进行选择，依据后代的各方面性能对种兔进行评定。

2. 家兔的外貌选择 在选种过程中，通常不能直接研究家兔机体内部结构和机能，所以主要根据外形观察家兔的品种特征、生长发育、生产性能和健康情况。因此，外貌鉴定是选种的重要手段之一。不同用途、不同品种的家兔有着不同的外形特点，对外形各部位要求也不一样。

(1) 头部。头的大小与体躯相称说明发育正常，公兔头显得宽圆，母兔头则略显得较清秀。

(2) 眼睛。健康兔的眼明亮圆睁，无泪水和眼垢。眼球颜色要符合品种要求，白化兔如安哥拉长毛兔、中国白兔、日本大耳兔眼球应为粉红色；深色兔眼球则为相应的深色。

(3) 耳。耳朵的大小、形状、厚薄和是否竖立是家兔品种的重要特征。日本大耳兔、新西兰兔都是白兔，前者耳大直立，形似柳叶；后者耳短小直立，耳端较圆宽。公羊兔两耳长大而下垂。总之，家兔的耳朵应符合品种特征。

(4) 体躯。健康和发育正常的家兔胸部宽深，背部宽平；臀部是肉兔产肉部位，应当丰满、宽圆。腹部要求容量大、有弹性而不松弛。脊椎骨如算盘珠似的节节突出是营养不良、体质较差的表现。

(5) 四肢。四肢要求强壮有力，肌肉发达，肢势端正。遇有"划水"姿势、后肢瘫痪、跛行等情况不能留种。

(6) 被毛。被毛颜色和长短应具有品种特征，无论何种用途的品种，都要求被毛浓密、柔软、有弹性、富有光泽、颜色纯正，尤其獭兔更应如此。长毛兔被毛还要求洁白（彩色兔除外）、光亮、松软而不结块，被毛密度对产毛量影响很大，要特别注意选择。

(7) 体重与体尺。体重与体尺的大小是衡量家兔生长发育情况的重要依据。选种时应选择同品种同龄兔中体重和体尺较大的。

(8) 乳房与外生殖器。乳头数与产仔数有一定关系，种兔乳头数一般要求4对以上。公兔睾丸匀称，阴囊明显，无隐睾或单睾。母兔外阴开口端正，生殖器无炎症，无传染病。

3. 家兔的选配

(1) 杂种优势利用。不同种群（品种、品系等）的家兔杂交所产生的杂种往往在生活力、生长势和生产性能等方面表现为一定程度上优于其亲本纯繁群体，即所谓的"杂种优势"。在畜牧业中，杂种优势利用已成为肉兔生产的一个重要环节。

(2) 肉兔配套系。肉兔配套系一般由3~4个肉兔专门化品系组成，并按特定的制种模式生产商品兔。近年来，德国、法国等国家利用杂种优势理论，采用综合配套技术，成功地培育了齐卡肉兔配套系、布列塔尼亚肉兔配套系和伊拉肉兔配套系，利用配套系生产商品肉兔极大地提高了肉兔生产性能。

伊拉肉兔配套系生产模式流程见图1-1-3。

商品代性能：30日龄断乳重800g，日增重43.8g，70日龄重2.52kg，屠宰率57%，饲料转化率3：1。

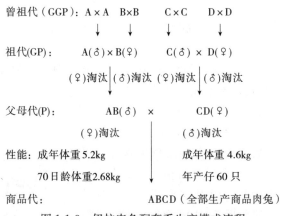

图 1-1-3 伊拉肉兔配套系生产模式流程

（四）家兔的繁殖技术

1. 家兔的配种

（1）配种前的准备工作。在选种的基础上，根据系谱、繁殖力和生产性能编制选配表。一般在配种前 15~20d，种公兔应增加动物性饲料；种母兔应增加多汁饲料，如马铃薯、胡萝卜等。因自然交配是在公兔的笼中进行，配种前公兔笼要进行清理、维修。毛用兔要合理安排采毛和配种时间，一般要求在交配前 7~10d 采毛，采毛可促进发情，便于交配。

（2）发情鉴定。发情母兔表现为活跃不安，阴唇肿胀，黏膜潮红，伴有少量黏液。其外阴唇颜色呈现粉红—老红—紫红—黑紫—苍白的变化规律，对母兔适时配种掌握的经验是："粉红早，黑紫迟，老红正当时"。

（3）配种方式。

①自然交配。自然交配俗称本交，就是让公兔直接同发情母兔交配。自然交配又可分为自由交配和人工控制交配。

自由交配：指公、母兔按一定比例混养在一起，母兔发情时，与公兔自由交配。这种方法虽具有配种及时、能防止漏配等优点，但易造成早配和近亲繁殖，不利于兔群质量提高。所以，此法一般的兔场不宜采用。

人工控制交配：又称人工辅助交配。平时将公、母兔分开饲养，当母兔发情时，根据配种计划，将其放入指定的公兔笼内交配。家兔的交配时间很短，仅几秒，公兔很快射精，随即从母兔身上滑倒，并发出"咕咕"的叫声，爬起频频顿足。交配完毕后，应立即在母兔的后臀拍击，使母兔身躯紧张，精液不易外流，随即将母兔捉回原笼。

为了提高配种质量，家兔的人工控制交配应注意将公、母兔比例控制在 1：（8~10），配种频率每只公兔每天控制在 1~2 次；另外，为确保公兔性欲能够正常发挥，使配种顺利进行，交配要在公兔笼中进行。

②人工授精。人工授精是用器械将公兔的精液采出，经检查、稀释后再输入发情母兔的生殖道内使其受胎。1 只公兔采精 1 次可给 10 只以上母兔输精，这不仅可提高优良种公兔的利用率，减少种公兔的饲养量，还可减少传染病与生殖器官疾病的发生。另外，还有利于解决异地配种等问题。在家兔育种工作中，应用人工授精技术可大大加速育种工作的进程。

2. 妊娠诊断　母兔配种后应及时进行妊娠诊断，以便发现未孕母兔及时补配。常用的妊娠诊断方法有以下 4 种：

（1）外部观察法。母兔妊娠后食欲增加，营养状况改善，腹部逐渐增大。根据这种状况，可初步判定为妊娠。

（2）试情法。在配后 5~7d，将试情公兔放入母兔笼中，如果母兔拒绝交配，并发出"咕咕"叫声，表示已经妊娠；若不发出叫声，并愿接受公兔交配，则说明未妊娠。

（3）称重法。在母兔配种前称重 1 次，配种后 15d 再称重，如果体重显著增加，表明已经妊娠；若体重差异不明显，则可能未妊娠。

（4）摸胎法。在配种后 10d 左右触诊母兔腹部，可摸到胚胎有兔粪球大小，15d 后有大拇指大，20d 核桃大，23~25d 已经发育成胎儿，没有球形感，但可触及胎儿的头部。触诊一般在配种后 7~10d 进行，方法是将母兔固定在桌面上，术者一手抓住兔耳，将兔头朝向术者，另一手作"八"字形，轻轻沿腹壁后部两旁触摸，若腹部柔软如棉，则没有妊娠；如摸到像花生米大小、能滑动的肉球，则是妊娠的征兆（图 1-1-4）。

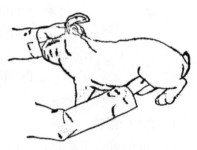

图 1-1-4　兔的摸胎法

触诊时，要把胚胎和粪球区分开来，粪球呈扁椭圆形，指压无弹性，有粗糙感，分布面积较大，不规则；胚胎的位置比较固定，呈圆球状，且多数均匀地排列在腹部后侧两旁，指压时光滑而有弹性。检查时必须小心，不要粗鲁、随意挤压，以免发生流产。

3. 母兔产后护理　母兔出现分娩征兆时应做好接产准备，一般母兔分娩较顺利，不需人工助产。母兔产后用毛盖好仔兔，即跳出巢箱寻找饮水。因此，在产前要准备好清洁的饮水、麸皮汤或豆浆等。有个别母兔产出 1~2 只仔兔后，间隔数小时再行分娩。所以，若发现母兔产仔过少，要检查母兔是否产完。产仔结束后，可将仔兔轻轻取出，重新整理窝巢，拣出污毛、污草，加入柔软的垫草，清点仔兔数目，并在吃乳前称其初生重，最后将仔兔放入巢箱，盖好兔毛，防止冻坏仔兔。同时，还应防止猫、犬及鼠等动物的伤害；最后，应做好记录，为选种选配提供参考依据。

知识拓展

家兔人工授精技术的应用

要实现肉兔集约化高效生产，兔的人工授精技术是必须突破的瓶颈。

1. 人工授精的意义

（1）节约饲养成本。人工授精技术推广可以减少约 80% 的公兔饲养数量，例如 3 000 只母兔的场自然交配需要 500~600 只公兔，人工授精可以减少到 150 只。减少的公兔每年饲料可以节约 5 万多元，节约的其他饲养费用、种兔本身的成本更大，结余的笼位可饲养繁殖母兔，增加销售收入。

（2）可最大限度利用优良的种公兔。

(3) 可以大大减少工人工作量。

(4) 可以大大减少接触性的疾病传播。

2. 人工授精的操作步骤

(1) 人工授精前期准备。配种前 50~60h 注射 25~30IU 的 PMSG（孕马血清促性腺激素），初配的母兔不注射。有疾病的母兔，如乳腺炎、脚皮炎等疾病的禁止配种。人工授精前 6d 增加光照刺激，光照 16h，每只母兔的光照度大于 60lx。输精前 29~32h，禁止给仔兔哺乳。在输精前的几个小时内统一给仔兔哺乳。采精前把稀释液配制好，放入 30℃的水浴锅内。输精前把促黄体素释放激素 A_3 配制好。激素要现用现配，防止失效。

(2) 采精。在采精的前一天晚上把采精器制作好，放入 54℃的烘干箱内加热。选择没有任何疾病、身体健康、性欲正常的 5 月龄以上、2 岁以下的种公兔进行采精。所有种公兔每周至少采精 1 次，不能超过 3 次。采精用的台兔可以是公兔。要保持集精杯的清洁，严禁有兔毛、水等污物进入集精杯，防止污染精液。

(3) 精液的处理。

①采集后的精液放在保温箱内立即送到实验室。放在 30℃的水浴锅内，准备进行镜检。

②在显微镜下观察。根据精液的质量分为 5 个等级。只有 3 分以上的精液才可以利用，低于 3 分的要丢弃。目测评估，直线前进运动的精子为 100%者评为 5 分；80%者评定为 4 分；60%者评定为 3 分。

(4) 精液的稀释。

①稀释液的温度和精液的温度必须一致。

②用干净的胶头滴管沿着集精杯的内壁加入稀释液。让稀释液缓缓流入集精杯底部。

③根据精液的质量和活力，稀释 2~10 倍。如果超过 10 倍的高倍稀释，一定要分次稀释。把稀释后的精液全部倒入集精瓶内，再把集精瓶密封好放入 17℃的恒温箱内。

(5) 输精。输精枪如果是第一次使用，需要把输精剂量调到最大处，加入蒸馏水，反复清洗几次。然后倒入稀释液清洗 1 次。然后把输精剂量调到 0.4mL 处，输精人员一只手抓住母兔尾巴并提起母兔，提到后腿离开支撑处，另一只手把输精枪插入母兔的子宫处（一般插入 7~9cm），然后注入精液。输精时，确保输精枪内没有气泡。输精时动作一定要轻，不能用力强行插入，防止破坏种母兔的阴道壁和子宫。输精后，立即注射 0.8μg 促黄体素释放激素 A_3。做好配种记录。

(6) 输精后处理。输精后 24h 内不要在兔舍内做任何工作，让母兔得到充足的休息。采完精后，把假阴道拆开，冲洗内胎和集精杯，再用蒸馏水清洗 1 次，晾干，备用。输精结束后，倒出没有用完的精液。把输精枪调到最大处，再倒入 20mL75%酒精清洗 1 次，再用蒸馏水 20mL 清洗 1 次，晾干，备用。关闭烘箱和显微镜电源，把实验室整理清洁。

任务四　家兔的饲养管理

一、家兔营养需要与饲养标准

1. 家兔的营养需要特点

(1) 家兔繁殖的营养需要。营养是保证家兔繁殖的重要因素，适当的营养水平对维持家兔内分泌系统的正常机能是必要的。试验证明，种公兔若长期处于低营养水平则繁殖力下降；种母兔若长期处于低营养水平则不能正常发情、排卵。但营养水平过高导致家兔过肥也会对繁殖不利。

①种公兔。为了保持较好的精液品质，能量应在维持需要的基础上增加20%，特别是蛋白质供给，数量上要满足，品质要好。同时还要注意与繁殖有关的矿物质和维生素的供给量，例如钙、磷、维生素A、维生素E等不足时都会影响公兔繁殖机能。

②繁殖母兔。在生产过程中有配种准备期、妊娠期和哺乳期。

配种准备期母兔的营养应满足恢复体况、保证母兔健康、按时发情配种的需要。营养需要水平应视母兔体况而定，体况良好的母兔按维持需要的水平；体况瘦的母兔可稍高于维持需要的水平，增加精饲料。

妊娠期母兔的营养需要应根据妊娠母兔子宫及其内容物的增长、胎儿的生长发育和母体自身营养物质及能量的沉积等来确定。母兔在妊娠前期对能量和蛋白质的需要量比维持需要量提高0.3倍，后期则要提高1倍。故此，妊娠母兔的日粮质量要好、营养要平衡。

泌乳期母兔营养需要决定于母兔的体重、哺乳仔兔只数、母乳的数量、乳汁的营养含量和乳的合成效率。研究表明，泌乳母兔的能量和蛋白质需要均比维持需要高4倍。同时，对矿物质、维生素的需要量也较大。

(2) 家兔生长的营养需要。家兔生长的实质是肌肉、骨骼、各种组织器官的增长，主要是蛋白质和矿物质的增加。家兔在生长过程中，体重、体尺的绝对生长呈现慢—快—慢的规律。在家兔增重成分中，水分随年龄增大而降低，脂肪随年龄增大而增多，蛋白质和矿物质最初增长最快，以后随年龄增大而渐减，最后趋于稳定。为此，应根据家兔生长的不同发育阶段，给予不同的营养物质。例如，生长早期应注重矿物质、蛋白质、维生素的供给；生长中期应注意蛋白质的供给；生长后期（成年期）应尽可能多供给糖类丰富的饲料。

(3) 家兔产毛的营养需要。生产1g兔毛需要73kJ消化能和2.3g可消化蛋白质，其中含硫氨基酸水平在0.84%较为理想。

(4) 皮用兔的营养需要。能量需要为消化能10.46MJ/kg，蛋白质需要在生后18~35日龄为25%，35~120日龄为17%，维持需要量为12%，日粮中含钙为0.4%，磷为0.22%。

2. 家兔的饲养标准

(1) 我国安哥拉兔饲养标准。中国农业科学院兰州畜牧研究所与江苏省农业科学院饲料食品研究所研究制定出了我国安哥拉兔的饲养标准，见表1-1-2。

表1-1-2 安哥拉兔营养需要量——推荐饲料营养成分含量

（张宏福、张子仪，1998.动物营养参数与饲养标准）

项目	生长兔		妊娠母兔	哺乳母兔	产毛兔	种公兔
	断乳至3月龄	4~6月龄				
消化能（MJ/kg）	10.5	10.3	10.3	11.0	10.0~11.3	10.0
粗蛋白质（%）	16~17	15~16	16	18	15~16	17
可消化粗蛋白质（%）	12~13	10~11	11.5	13.5	11	13
粗纤维（%）	14	16	14~15	12~13	13~17	16~17
粗脂肪（%）	3	3	3	3	3	3

(续)

项　　目	生长兔 断乳至3月龄	生长兔 4～6月龄	妊娠母兔	哺乳母兔	产毛兔	种公兔
蛋白能量比（g/MJ）	11.95	10.76	11.47	12.43	10.99	12.91
蛋氨酸＋胱氨酸（%）	0.7	0.7	0.8	0.8	0.7	0.7
赖氨酸（%）	0.8	0.8	0.8	0.9	0.7	0.8
精氨酸（%）	0.8	0.8	0.8	0.8	0.7	0.9
钙（%）	1.0	1.0	1.0	1.2	1.0	1.0
磷（%）	0.5	0.5	0.5	0.8	0.5	0.5
食盐（%）	0.3	0.3	0.3	0.3	0.3	0.2
铜（mg/kg）	3～5	10	10	10	20	10
锌（mg/kg）	50	50	70	70	70	70
铁（mg/kg）	50～100	50	50	50	50	50
锰（mg/kg）	30	30	50	50	30	50
钴（mg/kg）	0.1	0.1	0.1	0.1	0.1	0.1
维生素A（IU/kg）	8 000	8 000	8 000	10 000	6 000	12 000
维生素D（IU/kg）	900	900	900	1 000	900	1 000
维生素E（mg/kg）	50	50	60	60	50	60
胆碱（mg/kg）	1 500	1 500	—	—	1 500	1 500
烟酸（mg/kg）	50	50	—	—	50	50
吡哆醇（mg/kg）	400	400	—	—	300	300
生物素（mg/kg）	—	—	—	—	25	20

（2）肉兔饲养标准。迄今为止，我国尚无肉用兔的饲养标准，南京农业大学和扬州大学农学院参照国外有关饲养标准，结合我国养兔生产实际，制定出我国各类家兔的建议营养供给量，见表1-1-3。

表1-1-3　我国各类家兔的建议营养供给量（每千克风干饲料含量）

（张宏福、张子仪，1998.动物营养参数与饲养标准）

项　　目	生长兔 3～12周龄	生长兔 12周龄后	妊娠母兔	哺乳母兔	成年产毛兔	生长育肥兔
消化能（MJ）	12.2	10.45～11.29	10.45	11.87～11.29	10.03～10.87	12.12
粗蛋白质（%）	18	16	15	18	14～16	16～18
粗纤维（%）	8～10	10～14	10～14	10～12	10～14	8～10
粗脂肪（%）	2～3	2～3	2～3	2～3	2～3	3～5
赖氨酸（%）	0.9～1.0	0.7～0.9	0.7～0.9	0.8～1.0	0.5～0.7	1.0
蛋氨酸＋胱氨酸（%）	0.7	0.6～0.7	0.6～0.7	0.6～0.7	0.6～0.7	0.4～0.6
精氨酸（%）	0.8～0.9	0.6～0.8	0.6～0.8	0.6～0.8	0.6	0.6
钙（%）	0.9～1.1	0.7～0.9	0.7～0.9	0.8～1.1	0.5～0.7	1.0
磷（%）	0.5～0.7	0.3～0.5	0.3～0.5	0.5～0.8	0.3～0.5	0.5

（续）

项 目	生长兔		妊娠母兔	哺乳母兔	成年产毛兔	生长育肥兔
	3~12周龄	12周龄后				
食盐（%）	0.5	0.5	0.5	0.5~0.7	0.5	0.5
铜（mg）	15	15	15	10	10	20
铁（mg）	100	50	50	100	50	100
锰（mg）	15	10	10	10	10	15
锌（mg）	70	40	40	40	40	40
镁（mg）	300~400	300~400	300~400	300~400	300~400	300~400
碘（mg）	0.2	0.2	0.2	0.2	0.2	0.2
维生素A（IU）	6 000~10 000	6 000~10 000	8 000~10 000	8 000~10 000	6 000	8 000
维生素D（IU）	1 000	1 000	1 000	1 000	1 000	1 000

二、家兔一般饲养管理原则

1. 合理制订日粮配方 要养好兔，就应科学地拟定日粮配方，饲喂全价日粮，这是科学养兔的重要原则。日粮中营养物质的种类、数量和比例是否符合家兔的生理特点和营养需要，对养好兔关系重大。因此要养好兔，就要根据家兔的生理特点和营养需要合理配合日粮，决不能有什么料就喂什么料，更不能饥一餐、饱一餐。

2. 以青粗料为主、精饲料为辅 兔为草食动物，具有草食性动物的生理结构，应以草食为主、精饲料为辅，这是饲养草食动物的一个基本原则。养兔实践表明，家兔不仅能利用植物茎叶（如青草、树叶）、块根（如马铃薯、萝卜、胡萝卜、甜菜）、果菜（如瓜类、果皮、青菜）等饲料，而且能采食占体重10%~31%的青草，还能利用植物中的粗纤维。根据生长、妊娠、哺乳等生理阶段的营养需要，精饲料的补充量为50~150g。

3. 饲料搭配要多样化 家兔生长速度快，繁殖率高，体内代谢旺盛，且肉、皮、乳、毛均含丰富的营养物质，因此需要从饲料中获得多种多样的养分才能满足其需要。而各种饲料所含养分的质和量都是不同的，因此饲喂单一的饲料不仅满足不了家兔的营养需要，还会造成营养缺乏症和食欲减退，影响生长发育。所以家兔的日粮要由多种多样的饲料组成，并根据饲料所含养分，取长补短、合理搭配，这样才能保证家兔获得全面营养。在生产实践中，为了提高饲料蛋白质的生物学价值，经常采用多种饲料相互配合，使饲料间的必需氨基酸互相补充，如玉米蛋白质中缺少赖氨酸和色氨酸，而豆科植物蛋白质中赖氨酸和色氨酸的含量较多，互相配合可使日粮蛋白质的生物学价值大大提高。

4. 注意饲料品质 不喂腐烂、发霉和有毒的饲料；不饮污浊的水，要喂新鲜、优质的饲料，给以清洁饮水。腐烂发霉的饲料和堆放发热的青绿饲料不能喂；带有泥沙的草不能喂；带雨水草、露水草及水分高的草要阴干后再喂；喷洒过农药的蔬菜、树叶和青草在药效未过期前不能喂；用生兔粪施肥而收割的青绿饲料不能喂；发芽的马铃薯及其秧不能喂；带斑的甘薯不能喂；有毒植物不能喂；易膨胀的饲料未经浸泡12h不能喂；混有兔毛、粪便的饲料不能喂。

5. 饲料改变要逐步过渡 饲料要保持相对稳定，夏季以青绿饲料为主，冬季以干草和根茎多汁饲料为主。饲料改变时要逐步过渡，先更换1/3，过1~2d再更换1/3，再过1~2d才全部更换，以使家兔的消化机能逐渐适应。如饲料突然改变，容易引起兔的食欲下降或伤食。

6. 定时定量 "定时"就是固定每天饲喂次数和时间，使家兔养成定时采食和排泄的习惯。这样做的好处是，每天喂饲前，家兔的消化液分泌出现高潮，提高了胃肠的消化力，可以充分利用饲料。由于家兔的生长发育有其自然的阶段性，每个阶段又有其各自的特点和要求，因此幼兔、育成兔和成年兔的饲喂次数和时间应不相同，一般应是幼兔多于育成兔，育成兔多于成年兔。

"定量"是根据家兔对饲料的需要与季节的特点，制订每天、每顿应该喂饲的量。家兔比较贪食，如果不定量，常常会造成"过食"，特别是适口性好的饲料，"过食"常引起消化机能障碍。量的多少应根据家兔的品种、体型、生理时期、季节、气候以及兔采食和排粪的情况来决定。生产中的经验是：一看体重大小，体重大的多喂，体重小的少喂；二看膘情，膘情好、肥度较正常的兔少喂，瘦弱的兔多喂；三看粪便，粪便干，要多喂青绿饲料或增加饮水量，粪便湿稀则减少饮水，并除去一部分蛋白质饲料；四看饥饱，一般喂到八分饱为宜；五看天气，天气炎热多喂青绿饲料，阴雨天多喂干草。

7. 注意添喂夜草 家兔有昼伏夜行的习性。实践证明，兔在夜间的采食量占全日饲料量的70%，饮水量为60%，每次采食在光照开始后2h降到非常低的水平，而在黑夜来临的几个小时之前明显提高，整个夜间都保持较高的采食量（幼兔则不然，白天、黑夜保持均衡的采食量）。根据家兔这些习性，晚上的一顿饲料量一定要多于白天。最好是21：00以后再喂一次饲料，供家兔在夜里采食，这对其健康和长膘都有好处，特别是昼短夜长的冬季更应如此。生产中的经验是"早晨喂得早，中午吃得好，晚上吃得饱，夜间添夜草"。

8. 注意供水 水为家兔生命活动所必需，因此必须注意保证水分的供应，应将家兔的喂水列为日常饲养管理规程，作为经常性的操作程序。供水的量可根据家兔的年龄、生理状态、季节和饲料特性而定。一般生长发育旺盛的幼龄兔、妊娠母兔、母兔产仔前后、夏季、喂干饲料、喂含粗蛋白质和粗纤维及矿物质含量高的饲料等，都需及时供应水，并要加大饮水量。冬季寒冷地区最好喂温水，要保证饮水卫生，以减少消化道疾病的发生。

9. 注意卫生、保持干燥 家兔体弱，抗病力差，要注意环境卫生，保持环境干燥。每天必须打扫兔舍、兔笼，清理粪便，洗刷饲具，勤换垫草，定期消毒，使病原微生物无法滋生繁殖，这是增强家兔的体质、预防疾病必不可少的措施。为保持环境干燥，有条件的兔笼消毒最好采用火焰消毒。

10. 保持安静，防止骚扰 家兔胆小怕惊，不但建场时在场址选择上要充分考虑到这一点，在日常管理上更应轻手轻脚，随时保持安静环境，时刻防止犬、猫等的侵扰。

11. 注意防暑、防潮、防寒 家兔怕热，夏季气温高，要注意防暑；家兔怕潮湿，雨季雨水多，湿度大，不利兔的生长发育，且疾病多，死亡率高，要注意防潮；冬季气温低，特别是北方地区更冷，对仔兔威胁大，要注意防寒。

12. 分群管理 为了保障家兔的健康，便于管理，兔场所有家兔都应按品种的生产方向、年龄、性别等分群饲养。

13. 注意运动 运动不仅有利于保持家兔旺盛的新陈代谢，增强抗病力，户外运动还能使家兔晒到阳光，促进体内合成维生素D，帮助钙、磷吸收。因此，笼养家兔应适当运动，每周应放养1~2次，任其自由活动。每个运动场面积30m^2，可放幼兔、育成兔20~40只或成年兔10~15只，但要注意公、母兔分开，避免混交；成年公兔要单独运动，以免咬伤。

三、饲料加工调制与经验饲料配方

1. 家兔饲料的加工调制

（1）青绿饲料。青绿饲料是家兔饲料的主体，要趁新鲜时喂给，如不能即时喂给，应将割来的青草薄薄地摊开，不要堆积起来，否则容易发热变黄，不但会损失大量维生素，家兔还会因采食腐败变质的饲草而中毒。被雨水淋湿的青草和水生饲料一定要沥干水后才能喂，否则易使家兔患消化道疾病。若青草被泥土、杂质污染，应洗净、晾干，有条件的地方可用 0.01% 的高锰酸钾溶液消毒后饲喂。

蔬菜类饲料因水分含量较多，应晾到半干后喂家兔，否则容易引起腹泻。禾本科与豆科饲料要搭配喂给，青绿饲料应与粗饲料搭配喂给，尤其是早春季节，家兔贪食，青绿饲料喂量过多会发生急性胃扩张和膨胀病。

有些青绿饲料如洋葱、毛葱、大蒜和韭菜含有植物杀菌素，虽对胃肠有消毒作用，可以预防肠道疾病（如球虫等），但喂量过多会杀死肠道中有益微生物，造成消化道微生物正常群系破坏，而引起消化道疾病，因此要控制喂量。

（2）干草。青绿饲料应充分晒干、晾干后再贮于干燥处，以防受潮变质。在晾晒过程中要避免淋雨，否则饲草将失去原有的绿色，维生素遭受大量破坏。

（3）籽实饲料。大麦、小麦、玉米等籽实饲料必须粉碎后饲喂；豆类（黑豆、黄豆等）在饲喂前 3~4h 用温水浸软及煮熟后饲喂，使其增加香味、易于咀嚼，同时借以破坏有毒物质，提高营养价值。

（4）油粕类饲料。须加工粉碎后与糠麸等饲料混合饲喂。

（5）豆渣。应将水分榨干，与糠麸等饲料混合饲喂，要严防饲喂变质豆渣，并注意喂量不要过多。

（6）块根类饲料。甘薯、红萝卜等应洗净切成细丝或片块喂给，马铃薯应煮熟饲喂。

（7）食盐。应碾成粉状或用水溶解后混入饲料中饲喂。

（8）颗粒饲料。家兔喜食颗粒饲料，采用颗粒饲料能经济有效地利用饲料中的营养物质，减少饲料浪费。家兔颗粒饲料的直径为 3~5mm，长度为直径的 2 倍。

2. 家兔经验饲料配方　家兔经验饲料配方见表 1-1-4 至表 1-1-6，仅供参考。

表 1-1-4　安哥拉生长兔、产毛兔常用配合饲料配方

饲粮组成	断乳至3月龄兔			4~6月龄兔		产毛兔	
苜蓿草粉（%）	30	33	35	40	33	45	39
玉米（%）	—	—	—	21	31	21	25
麦麸（%）	32	37	32	24	19	19	21
大麦（%）	32	22.5	22	—	—	—	—
豆饼（%）	4.5	6	4.5	4	5	2	2
胡麻饼（%）	—	—	3	4	4	6	6
菜籽饼（%）	—	—	—	5	6	4	4
鱼粉（%）	—	—	2	—	—	1	1
骨粉（%）	1	1	1	1.5	1.5	1.5	1.5
食盐（%）	0.5	0.5	0.5	0.5	0.5	0.5	0.5

(续)

饲粮组成	断乳至3月龄兔			4～6月龄兔		产毛兔	
硫酸锌（g/kg）	0.05	0.05	0.05	0.07	0.07	0.04	0.04
硫酸锰（g/kg）	0.02	0.02	0.02	0.02	0.02	0.03	0.03
硫酸铜（g/kg）	0.15	0.15	0.15	—	—	0.07	0.07
多种维生素（市售，g/kg）	0.1	0.1	0.1	0.1	0.1	0.1	0.1
蛋氨酸（%）	0.2	0.2	0.1	0.2	0.2	0.2	0.2
赖氨酸（%）	0.1	0.1	—	—	—	—	—
消化能（MJ/kg）	10.67	10.33	10.08	10.46	10.84	9.71	10.00
粗蛋白质（%）	15.4	16.1	17.1	15.0	15.9	14.5	14.1
可消化粗蛋白质（%）	11.7	11.9	11.6	10.8	11.3	10.3	10.2
粗纤维（%）	13.7	15.6	16.0	16.0	13.9	17.0	15.7
赖氨酸（%）	0.6	0.75	0.7	0.65	0.65	0.65	0.65
含硫氨基酸（%）	0.7	0.75	0.7	0.75	0.75	0.75	0.75

注：苜蓿草粉的粗蛋白质含量约12%，粗纤维35%。

表1-1-5 南京农业大学力克斯兔混合精饲料补充料配方与营养价值

饲料	比例（%）	精饲料补充料营养含量
青干草粉	5	消化能：12.96MJ/kg
玉米	35	粗蛋白质：18.44%
大麦	10	粗纤维：6.86%
麸皮	26.5	钙：1.01%
豆饼	20.5	磷：0.7%
骨粉	0.8	
石粉	1.7	
食盐	0.5	

注：使用该配方应满足以下条件：
1. 添加适量微量元素和维生素预混料。
2. 每天应另给一定量的青绿饲料或与其相当的干草。每只兔每天青绿饲料的平均供给量为：12周龄前0.1～0.25kg，哺乳母兔1～1.5kg，其他0.5～1.0kg。
3. 每只兔每天精饲料补充料喂量为50～150g。

表1-1-6 肉用幼兔全价配合饲料推荐配方

饲料（%）	1～3月龄幼兔	3～5月龄幼兔	营养含量
干草粉	30	40	消化能：10.46～10.88MJ/kg
大麦或玉米	19	24	粗蛋白质：15%～17%
小麦或燕麦	19	10	粗脂肪：2.5%～3.5%
豆饲料	13	10	粗纤维：12%～14%
麦麸	15	12	钙：0.7%～0.9%
鱼粉	2	2.5	磷：0.6%～0.8%
肉粉	1	0.5	
骨粉	0.5	0.5	
食盐	0.5	0.5	

四、家兔各阶段的饲养管理

1. 种公兔的饲养管理 种公兔的好坏对后代兔群的质量有重大影响,而且要大于母兔。对种公兔的要求是体况中上等,不能过肥或过瘦,体质结实,性欲旺盛,生殖器官发育良好。用于种公兔的饲料,要营养价值高,容易消化,适口性好。

种公兔在饲养上,首先应注意营养的全面性。公兔精液的品质与饲料中蛋白质的质量关系最大。实践证明,对精液不佳的种公兔,如能喂给豆饼、麸皮、花生麸及豆科饲料中的紫云英、苜蓿等,精液的质量即明显提高。维生素对精液品质也有影响,例如,种公兔日粮中维生素含量缺乏时则精子数目少,畸形精子多;青年公兔的日粮中如维生素含量不足则生殖器官发育不全,睾丸组织退化,性成熟推迟。种公兔对矿物质特别是钙、磷的需要量高,为制造精液所必需,如若缺乏矿物质则精子形成不正常。所以,对种公兔必须保证足够的蛋白质、矿物质、维生素等饲料。

对种公兔的饲养除了注意营养的全面性外,还应着眼于营养的长期性,因为精细胞的发育过程较长,所以营养物质也要较长期地、均衡地补给。实践证明,饲料的变动对于精液品质的影响很慢,对精液品质不佳的种公兔改用优质饲料来提高其精液品质时,要长达20d左右才能见效。因此,对一个时期集中使用的种公兔,在配种前20d左右就应注意调整日粮配合的比例。在配种期间,也要相应增加饲料的用量,如种公兔每天配种2次,必须增加饲料25%,在全天饲料量中,增加30%~50%的精饲料。同时,根据配种的程度,应适当增加动物性饲料,以改善精液的品质,提高受胎率。

在管理方面,一定要根据不同品种情况,做到合理使用,对未到配种年龄的公兔不应用于配种,过早配种会影响公兔的发育,造成早衰。公兔以1d使用2次为宜,连续2d配种应休息1d。对初配的青年公兔可多休息1d。配种时,将母兔放入公兔笼内,这样不会分散公兔精力、影响配种效果。种公兔宜一笼一兔,以防互相殴斗。公兔笼与母兔笼要保持较远的距离,避免异性刺激影响公兔性欲。种公兔笼要经常消毒,保持清洁,防止生殖器官疾病的发生。种公兔在换毛期间,因体质较差,不宜配种,否则会影响兔体健康和受胎率。

2. 种母兔的饲养管理 种母兔在妊娠、哺乳、空怀3个阶段中的生理状况有显著差异,因此在种母兔的饲养管理上也应根据各阶段的特点采取相应的措施。

(1) 空怀期(休产期)的饲养管理。由于母兔在哺乳期大量消耗体内营养,身体比较瘦弱,为了尽快恢复体力,保持下次能够正常发情、配种和妊娠的营养需要,断乳初期应当多喂一些优质青绿饲料和少量精饲料。如年产4~5胎,每胎的休产期为10~15d。当母兔断乳后,如发现体质过于瘦弱,可适当延长休产期。在生产过程中,不要一味追求繁殖而忽视健康,否则不但影响繁殖,还会由于体质衰弱影响种兔的利用年限。

(2) 妊娠母兔的饲养管理。此期是指母兔妊娠到分娩这一阶段。母兔的正常妊娠期为30d,也有提前或延后1~2d的。此阶段在饲养上的重点应对母兔加强营养,尤其是妊娠后期,要有足够营养来保证母体健康和胎儿发育。在管理上,要加强护理,防止流产和患其他疾病。

母兔妊娠后,胚胎逐渐增大,仔兔出生时每只可达45~80g。一般活重3kg的母兔,在妊娠期胎儿和胎盘总重量约为660g,其中干物质为18.5%,蛋白质为10.5%,脂肪为4.3%,矿物质为2%。妊娠母兔对营养物质的需要量相当于平时的1.5倍。因此在加强营养方面，妊娠期的饲料不仅在数量上要充分保证，而且在质量上也必须保证优质全价。家兔胚胎发育强度以胎儿期为最大（后 1/3），因而家兔妊娠中后期要增加精饲料给量。但是为了预防乳腺炎的发生，至临产前 2～3d，要多给一些优质青绿饲料和多汁饲料，相应减少精饲料。

在管理上要做好护理工作，防止流产。一般母兔流产多在妊娠后 15～25d 发生，尤以 25d 左右为多，造成流产的原因有机械性和营养性两种。机械性流产多数是由于捕捉或突然声响和骚动引起的。营养性流产多数是由于饲料营养价值不全，或突然改变饲料，以及喂给发霉变质的饲料而引起的。为了防止流产的发生，必须对妊娠母兔做好护理工作，一旦发生流产，要找出原因，及时采取措施。

对妊娠母兔还要做好分娩前的准备工作，在分娩前 1～2d，就要将已消毒好的产仔箱放入笼内，箱内铺以清洁干草。同时，要随时观察母兔的表现。母兔分娩前表现为精神不安，食欲下降，在产前 2～3d 叼草絮窝，产前 8～10h（有的更早）开始拉毛。母兔分娩时间很短，一般产一窝仔兔只需 20～30min。母兔边产仔边将仔兔脐带咬断，并将胎衣胎盘吃掉，同时舔干仔兔身上的血和黏液。母兔产完仔兔后，用毛盖好仔兔便跳出产仔箱饮水。产仔期间要加强护理和检查工作，当发现有的仔兔产在产仔箱外边时，应立即放回产仔箱内。产后母兔急需饮水，必须在产仔前备足清洁的饮水，产后饮水不足，会出现母兔将仔兔咬死或吃掉的现象，可能造成食仔癖。

(3) 哺乳母兔的饲养管理。母兔从分娩到仔兔断乳这一阶段为哺乳期，母兔的哺乳期一般为 45d。哺乳母兔除了保证自身正常的营养需要外，还必须保证泌乳的需要，否则会造成仔兔发育不良和降低成活率。因此母兔在哺乳期不仅要增加饲料量，还必须保证饲料质量，要喂给易消化和营养丰富的新鲜青绿饲料，每天要保证饮水，在冬季必须保证优质的干草供应。

为预防乳腺炎的发生，哺乳母兔在分娩后 1～2d 多喂些青绿饲料，少喂精饲料，3d 后逐渐增加精饲料量，但不要突然增加过多。同时，也要根据泌乳状况及食量加以增减，如果喂量过多，乳汁分泌过旺，仔兔吃不了，必然会造成乳汁过剩，容易引起乳腺炎。要经常留心观察仔兔哺乳情况，有时仔兔吃乳量过多也会引起仔兔消化不良。据观察，一般分娩初期，母兔每天喂乳 2～3 次。

哺乳母兔的营养正常与否一般可根据仔兔粪便来辨别。如产仔箱内保持清洁干燥，很少有仔兔粪尿，而且仔兔又吃得很饱，这说明营养正常。如若粪尿过多，说明母兔饲料中水分过多，如若粪便过于干燥，表明母兔饮水量不足。如果发现仔兔排稀便，有可能是由母乳质量差或吃乳过量消化不良等原因造成的。当发现仔兔排稀便，除及时治疗外，必须改善母兔饲养管理和调整饲料。仔兔生后 18d 左右便开始吃料，21d 正式开食，随日龄的增加，喂给母兔的饲料量也相应增加，直到断乳。

在管理上，要做到细心周到，保持兔笼与窝箱的清洁干燥。每天要清扫兔笼，洗刷饲槽和饮水用具及粪板，每半个月消毒 1 次。要经常检查母兔乳房及乳头，发现有硬块、乳头红肿时要及时治疗。为了选种和检查母兔泌乳情况，要测定泌乳力，测定方法是以产后 21d 仔兔窝增重来表示。在生产实践中，有的母兔母性差，产后不能好好地哺育仔兔，应及时查明原因，采取强制哺乳或寄养等措施。此外，有的母兔产后没有乳或产仔过多，超过母兔哺乳能力，可通过饮红糖水、加大青绿饲料给量等方法进行催乳，或找同时期产仔少的母兔代养。

3. 仔兔的饲养管理 从出生到断乳这一时期的小兔称为仔兔。这一时期仔兔机体的生长发育尚未完全，机体调节机能还很差，适应能力弱，抵抗力小；另外，此期生长发育迅速，初生仔兔体重一般仅50～80g，生后1周体重就可增加1倍，1个月就可增加10倍左右。因此，该阶段的喂养非常重要，必须认真喂养，细心护理。依据仔兔的生长发育，仔兔的饲养管理可分睡眠期（出生到12日龄左右）和睁眼期（从睁眼到断乳）两个阶段。

(1) 仔兔的饲养。

①早吃乳，吃足乳。兔的抗体传递是在胎儿期，而不是依赖于初乳的抗体，所以对家兔而言，初乳没有依赖初乳传递抗体的大多数家畜那样重要。然而，兔乳营养丰富（含蛋白质10.4%，脂肪12.2%，乳糖1.8%，灰分2%，除乳糖外，其他成分含量均高于牛乳、羊乳，兔乳又是仔兔初生时生长发育所必需营养物质的直接来源，所以应保证仔兔出生后6～10h吃到初乳。哺乳期每天要对仔兔吃乳情况进行检查，初产母兔缺乏哺育经验，往往不能很好地哺育仔兔。当检查时发现仔兔腹部空瘪、皮肤苍白、趴卧分散、用手触摸盖毛时仔兔上窜，而母兔乳腺饱满，说明母兔不哺育仔兔，应及进行强制哺乳；如果母兔乳腺干瘪，说明母兔泌乳不足，要进行催乳。强制哺乳每天哺乳2～3次，连续数天，大多数母兔都能转为正常哺乳仔兔；给母兔饮用糖水有催乳的效果。母兔泌乳不足时还可调整仔兔进行寄养，将仔兔送给产仔少的母兔代养。寄养时要注意将仔兔在母兔腹下或用垫草蹭一蹭，让仔兔沾染上继母的气味，被寄养的仔兔出生日龄要与继母原窝的仔兔相同。为了保证仔兔吃得好，母兔产仔后应保持环境安静，不要扰动，以便让母兔正常喂乳。

②及时补料。皮、肉用兔16日龄左右，毛用兔18日龄左右就开始试吃饲料，21日龄正式开食。此时应逐渐给一些易消化而又富于营养的饲料。仔兔补料有两种方式，一种是随母兔吃，另一种是单独喂食，两种方式以前者为佳。仔兔到30日龄之后，逐渐转变以饲料为主、母乳为辅，此阶段习惯上称为过渡期，这一阶段仔兔采食量大增，要增设补饲槽，所补饲料要幼嫩、新鲜、营养高、易消化，要坚持少喂多餐。

③适时断乳。仔兔45日龄时开始断乳，过早会影响仔兔发育，降低成活率，过晚会影响母兔健康和减少产次。有的采用频密繁殖，在仔兔28～30日龄断乳。对体弱和不够体重标准的仔兔，可采用分批断乳法断乳。

(2) 仔兔的管理。

①日常管理。仔兔的管理应做到认真、细心、周到、清洁干燥。对用具、兔笼、产仔箱等要经常洗刷消毒。时时检查仔兔健康情况，注意精神状态和安全。在睡眠期要特别注意检查发现有无吊乳现象，如果在笼网上发现有吊乳仔兔，要及时将其放回窝箱。要注意防暑、防潮、防风、防寒、防兽害。在断乳前3～5d应打耳号。

②仔兔死亡原因。仔兔比成年兔难养，在饲养管理上稍有疏忽就会导致仔兔死亡。引起仔兔死亡的原因是多方面的，生产中应据具体原因采取相应的预防措施。

冻死：仔兔在睡眠期体温尚未恒定，体温调节能力差，最容易冻死。其原因多为舍内温度过低，做窝不好，无人值班，母兔在箱外产仔，母兔泌乳不足，仔兔吊住乳头而被带到产仔箱外面等。

鼠害：5日龄内的仔兔最易遭鼠害，仔兔易被鼠咬死或咬伤。

遗弃或咬死仔兔：初产母兔、母性不强的母兔、母兔产仔时受惊、巢箱内有异味、鼠进入巢箱都可能导致母兔吃仔。另外，仔兔死在箱内或箱内潮湿，或母兔配上种而仔兔未及时隔离等都会使母兔遗弃仔兔或咬死仔兔。

饿死：母兔泌乳能力差，仔兔吃不饱、吃不匀，强弱悬殊，瘦弱者长期吃不到乳而死。

垫毛缠颈窒息而死：长毛兔被毛较长，容易造成仔兔垫毛缠颈窒息而死，缠在腰部或腿部也会造成断肢残疾而无饲养价值。

热死：窝温过高，垫草过厚、上盖兔毛，使之死亡。

压死：造成压死仔兔的原因有很多，主要原因通常是睡眠期窝箱过小、垫草过多、仔兔爬到垫草下面、母性不强、突然惊扰等。

病死：3～5日龄的仔兔吃了患乳腺炎的乳汁而引起急性肠炎，排出腥臭粪便和黄色尿液浸湿后躯，即所谓的兔黄尿病，很快死亡。常见的还有仔兔断乳后1～2周因肠炎或球虫病而死。

总之，仔兔死亡原因有营养、管理、环境及养兔设施等诸多方面的因素。但是，只要采取有效措施，在某种程度上都是可以有效避免的。

4. 幼兔和育成兔的饲养管理

（1）幼兔的饲养管理。幼兔是指断乳后到3月龄这一阶段的小兔。由于幼兔刚断乳，环境条件发生改变，对幼兔影响较大。另外，幼兔生长发育快，免疫、消化机能等还不完善，如果饲养管理不当，不仅影响成活率和生长发育，也关系到良种特性能否充分表现和巩固提高。

在饲养方面，随年龄的变化，幼兔对饲料要求也有所不同，总的要求是年龄越小，对饲料要求越高，要喂给易消化、容积小、能量和蛋白质水平高的饲料。喂量应随年龄的增长而逐渐增加，不要突然增加或改变饲料。每天要观察吃食情况，是否剩料或不足，酌情增减喂料量。

在管理方面，当仔兔转入幼兔群时，应按日龄大小、身体强弱分群，一般以每笼3～5只为宜。当转群时，为了防止感染球虫病，要普遍投给磺胺类药物和磺胺增效剂。每天都要细心观察，检查兔群健康情况，发现异常要及时治疗，并应调整饲料数量和质量。当幼兔满3月龄时要做发育测定，称重，并选留后备兔。对于2月龄的毛用幼兔，此时正是第一次年龄性换毛时期，可将全身乳毛剪掉（冬春季节气候寒冷，可留长一些再剪），这样可使仔兔受风吹日晒的刺激，加强血液循环，促进新陈代谢。

幼兔要加强运动，多见阳光，促进新陈代谢。除雨天外，春秋两季宜早晨放出、日落归笼，冬季宜在中午温暖时放出运动，夏季在黎明时放出、日出后归笼。运动场应设在既有阳光、又可遮阳的地方，每个运动场面积在20m²左右，可供20～30只幼兔运动。运动场要有草架、食槽，可让幼兔任意采食。

（2）育成兔的饲养管理。育成兔是指3月龄到配种这一阶段的家兔。该阶段生长发育迅速，尤其是骨骼的生长，因此必须保证其生长发育的各种营养需要。生产实践中往往忽视这一时期的生长特点，对饲养管理不够重视，而影响兔体生长发育，使兔到了配种年龄不能配种。这一时期必须保证有足够的优质干草、青绿饲料及矿物质饲料。一般在4月龄以内以吃饱、吃好为原则，到5月龄以上时，要适当控制精饲料，防止过肥。

在管理上，3月龄后，性成熟早的幼兔有的已开始发情，一般公兔比母兔发情早。为防止早配、滥配，转入育成兔时，采用一笼一兔。6～7月龄时，进行全面检查，称重，对符合种用要求的放入繁殖群中，开始准备配种，不符合种用者放入生产群中。

五、家兔一般管理技术

1. 捉兔方法 人们在抓兔子时常常抓耳朵，这是不可取的。因为兔子的耳朵大多是软骨，不能承受全身的重量，兔子耳朵的神经、血管丰富，抓兔耳容易造成耳根受伤、两耳下垂；捕捉兔子时也不宜倒提后腿，若倒提后腿使兔子头部朝下，兔子剧烈挣扎易造成脑部充血而死亡。

正确的提兔方法：先将两耳连同颈部皮肤抓住，轻轻提起，另一只手迅速托住兔子臀部，让兔子体重主要落在托住兔体的手上。

2. 公、母鉴别 仔、幼兔的睾丸尚未落入阴囊，此时性别鉴定采用外阴鉴别法进行，根据仔兔尿生殖孔的形状、与肛门间距离鉴定性别。进行性别鉴定时，将仔兔轻轻拖在手心上，中指和食指夹住尾部并向后拉，拇指向下轻压尿生殖孔前部，打开尿生殖孔。母兔尿生殖孔呈 V 形，距肛门较近；公兔尿生殖孔呈 O 形，距肛门较远。

性成熟后的家兔性别鉴定比较容易，公兔阴囊已形成，睾丸已通过腹股沟坠落至阴囊，按压外阴孔可露出阴茎；母兔外阴呈尖叶状，下缘与肛门接近。

3. 年龄鉴别 在缺少记录的情况下，兔的年龄可根据趾爪的长短、颜色、弯曲度，牙齿的颜色和排列，皮板厚薄等进行鉴定。

（1）青年兔。趾爪短细而弯曲正常，富有光泽，隐藏于脚毛中。白色兔趾爪基部呈粉红色，尖端呈白色，红色与白色比例1∶1为1岁，红色多于白色为1岁以内。门齿洁白、短小，皮肤紧密结实。

（2）壮年兔。趾爪粗细适中、平直，随着年龄增长，逐渐露出于脚毛之外。白色兔趾爪颜色白色多于红色。门齿厚而长，皮板略厚而紧密。

（3）老年兔。趾爪粗长，爪尖有异常弯曲，有一半趾爪露出于脚毛之外，表面粗糙而无光泽。趾爪越长越弯者年龄越大。门齿厚而长，呈暗黄色，时有破损。皮板厚而松弛。

4. 编号

（1）兔号编排。编号是家兔育种及科学试验的基础性工作，编号应体现家兔较多的信息，如品种（或品系、组合）、性别、出生时间、个体等。编号位数一般为 4~6 位。一般而言，兔号表现形式有子母扣式耳卡（如同牛、羊的耳卡）、耳标（铝制标状物钳在耳朵边缘）及耳号（直接将号码打在耳郭内侧）。生产实践中耳号使用最普遍。

（2）打耳号。常用工具有耳号钳、耳号戳和蘸水笔，以耳号钳效果最好。用耳号钳打耳号时，先将欲打耳号的号码按先后顺序一一排入耳号钳内并固定。耳号一般打在耳郭内侧上 1/3~1/2 处，避开大的血管。打耳号前首先要消毒，然后在打耳号部位涂抹醋墨（墨 1 锭、食醋 30mL 研磨成墨汁），再用事先装好号码的耳号钳打号，打耳号之后，立即再次涂擦醋墨。

知识拓展

兔毛与兔毛分级

1. 兔毛的类型 长毛兔的被毛由混型毛组成，根据兔毛纤维的形态学特点，一般可分为细毛、粗毛和两型毛三种。

（1）细毛。又称绒毛，是无髓毛，是长毛兔被毛中最柔软纤细的毛纤维，长可达

5~12cm，细度为12~15μm，占被毛总量的85%~90%。兔毛纤维的质量在很大程度上取决于细毛纤维的数量和质量，在毛纺工业中价值很高。

（2）粗毛。粗毛是有髓毛，是兔毛中纤维最长、最粗的一种，直、硬，光滑，长度可达10cm以上，细度35~120μm，一般仅占被毛总量的5%~10%，少数可达15%以上。粗毛耐磨性强，具有保护绒毛、防止结毡的作用。根据毛纺工业和兔毛市场的需要，目前粗毛率的高低已成为长毛兔生产中的一个重要性能指标，关系着毛用兔生产的经济效益。

（3）两型毛。是指单根毛纤维上有两种类型毛纤维特征，纤维的上半段平直、髓质层发达，具有粗毛特征，纤维的下半段则较细，具有细毛特征。两型毛在被毛中含量较少，一般仅占1%~5%。两型毛因粗细交接处直径相差很大，极易断裂，毛纺价值较低。

2. 兔毛分级　我国现行商品兔毛的收购标准一般可分为以下5个等级。

（1）优级毛。

①特征。色泽洁白，有光泽，毛型清晰，全松。

②长度。3.8~4.3cm或以上，平均4.05cm以上。

③等级比重。按2:8比例掌握，即5.08~6.35cm的兔毛约占总量的20%，3.81cm以上的约占80%，严禁带入2.54cm以下的短松毛、残次毛及含杂毛。

（2）一级毛。

①特征。色泽洁白，毛型较清晰，全松。

②长度。3.1~3.8cm或以上，平均3.35cm以上。

③等级比重。按6:4比例掌握，即3.8cm左右的主体毛应占60%以上，2.54~3.8cm的兔毛不超过40%。严禁带入短、次松毛，异色毛和块毛。

（3）二级毛。

①特征。色泽洁白，毛型略乱，较松。

②长度。2.5~3.1cm或以上，平均2.75cm以上。

③等级比重。按2:8比例掌握，即3.1cm以上的毛应占20%以上，2.5~3.1cm的主体毛占80%以下，其中2.54cm以下的兔毛不超过10%。严禁带入黄梢毛、残次毛和硬块毛。

（4）三级毛。

①特征。色泽较白，毛型较乱，略松。

②长度。1.5~2.5cm或以上，平均1.75cm以上。

③等级比重。按4:6比例掌握，即2.5cm以上的毛约占40%，1.5~2.5cm的主体毛占60%左右。严禁带入黄梢毛、异色毛、残次毛和硬块毛。

（5）四级毛。

①特征。色泽较白，毛型凌乱，略松。

②长度。1.3~2.5cm，平均1.75cm以下。

③等级比重。以拉松毛为主，2.5cm以上和色泽较白的全松毛占总量的10%左右。严禁带入二刀毛、异色毛和残次毛。

学习评价

一、名词解释

刺激性排卵　血配　食粪性　跖行性　夜行性　啮齿行为　嗜睡性　穴居性　吊乳现象

二、填空题

1. 母兔的生殖系统包括_____、_____、_____、_____、_____。
2. 家兔的妊娠期为_____ d。
3. 通常仔兔的断乳日龄为_____ d。
4. 仔兔出生后，_____ d长毛，_____ d开耳，_____ d睁眼。
5. 目前世界上主要的肉用配套系有_____、_____、_____。主要的毛用兔品种为_____，主要的皮用兔品种为_____。
6. 家兔妊娠诊断的方法有_____、_____、_____、_____。

三、判断题

（　）1. 家兔有耐寒怕热的习性。
（　）2. 家兔有食粪的特性。
（　）3. 仔兔生下后12d左右睁眼，12d之前的这个时期称为闭眼期。
（　）4. 家兔消化粗纤维的能力与猪、禽相似，因此在饲养上应以精饲料为主。
（　）5. 正确的捉兔方法是抓住兔的双耳或倒提双脚。

四、思考题

1. 兔的生物学特性有哪些？
2. 家兔选种在哪些阶段进行？
3. 如何预防家兔佝偻病与脱毛症？
4. 仔兔死亡率高的主要原因有哪些？如何提高仔兔成活率？

项目二　茸鹿养殖

茸鹿是经济价值很高的药用经济动物，全身都是宝，鹿茸、鹿胎、鹿鞭、鹿筋等鹿产品是名贵中药。鹿肉细嫩、味道鲜美，具有高蛋白质、低脂肪、易消化等特点，颇受人们青睐，一些养鹿业发达的国家已经把生产鹿肉作为养鹿的主要经济用途之一。鹿皮是制革工业的原料，其皮革不仅是上等的皮服、皮鞋制品的优质原料，还可用来擦拭精密光学仪器。鹿粪无强烈的气味，能改良土壤，被广泛用作花卉栽培的肥料。

学习目标

了解茸鹿的饲养方式、品种及其生物学特性；熟悉茸鹿养殖环境控制、繁殖育种、营养需要及鹿茸产品等方面的理论知识和基本技能；重点掌握茸鹿的饲养管理和鹿茸的采收技术。

学习任务

任务一　鹿场建设与布局

一、场址选择

鹿类动物虽然经过较长时间的驯养，但仍然保留着极强的野生特性。因此，在场址的选择、场舍建设上除符合环境卫生学一般要求外，还必须符合鹿的特殊需要以及未来发展和生产管理的要求。

二、生产区的建筑与布局

生产区是鹿场的核心，其建筑有鹿舍、饲料贮藏室、饲料加工室、粗饲料棚、青贮窖等。其布局力求紧凑，便于防疫和作业，同时还需考虑机械化程度、动力安装和能源利用等设置要求，各种建筑物力求整齐统一。鹿舍坐北朝南，运动场应设在鹿舍的南面。可采取多列式建筑，以东西并列 2~3 栋、南北 2 栋配置方式为好，2 栋间距 3~5m。

圈养梅花鹿传统的鹿舍规格为：圈棚长 10.5m、宽 6m，运动场长 27m、宽 10.5m，可养梅花鹿公鹿 20~30 只，母鹿 20~25 只，育成鹿 35~40 只；圈养马鹿传统的鹿舍规格为：圈棚长 17.5m、宽 6m，运动场长 30m、宽 17.5m，可养马鹿公鹿 25 只，母鹿 20 只，育成鹿 35 只。实践证明，在使用面积一定的情况下，以方形圈舍鹿只伤亡较少，而细长的圈舍鹿只伤亡较多。圈养鹿每只平均占用鹿舍建筑面积见表 1-2-1。

表 1-2-1　圈养鹿每只平均占用鹿舍建筑面积（m^2）

鹿　别	梅花鹿		马鹿	
	圈棚	运动场	圈棚	运动场
公鹿	2.1～2.5	9～11	4.2	21
母鹿	2.5～3.2	11～14	5.2	26
育成鹿	1.6～1.8	7～8	3.0	15

鹿舍墙壁以砖石结构为主，中间隔墙高一般为 1.5～1.6m，墙壁的地基宽为 60cm，墙壁厚度为 37cm 以上。寝床棚舍前无墙，仅有明柱，明柱的基础要深，最好修成圆砖垛或者用水泥柱，木柱不耐久，易因受冻和公鹿磨角顶撞而使棚舍变形。在每栋鹿舍南墙外要设 5～6m 宽的通道，即走廊，它是出牧、归牧和拨鹿的主要路径，也是安全生产的一种防护设施。通道两端均应留门，门宽 3m 左右。鹿舍的四周要有坚固的围墙，高度为 1.9～2.1m，明石墙高度 30～60cm，上砌实砖到 1.2m，以上为花砖墙。在采用圈养放牧相结合的饲养方式时，为适应放牧鹿群的需要，棚舍设计应尽量宽大和简易一些。

寝床和运动场要坚实、平坦、有弹性、不硬、不滑，圈舍内后墙根到前沿要有缓坡，后高前低，坡度 3°～5°，防前沿滴水流入舍内，地面下设排水沟，以便清除和冲洗污物。东北地区各鹿场多采用砖铺地面，这样的地面有平整、易排水、便于清扫的优点。沙土地面温差变化小，具有柔软性，但地面容易受到公鹿打泥戏水的影响而遭受破坏，同时肢蹄病高发。对于采用砖铺地面的圈舍，为减少由于公鹿彼此顶架造成的腿部伤害，在配种期最好在地面上铺 10cm 左右厚的沙土。南方鹿场忌用水泥地面，夏季不易散热，易中暑。

任务二　茸鹿种类与生物学特性

一、分类与分布

1. 分类　鹿类在动物分类上隶属脊索动物门、脊椎动物亚门、哺乳纲、真兽亚纲、偶蹄目、反刍亚目、鹿科。鹿科包括獐亚科、麂亚科、鹿亚科、空齿鹿亚科 4 个亚科，目前，世界现存约有 16 属 52 种，我国有鹿类动物共计 9 属 16 种。一般将茸角有药用价值的鹿都称为茸鹿，我国驯养的茸鹿主要有梅花鹿、马鹿、白唇鹿、水鹿、坡鹿、麋鹿、驯鹿、驼鹿等，其中梅花鹿、马鹿、白唇鹿、水鹿、坡鹿、麋鹿隶属鹿亚科，驯鹿、驼鹿隶属空齿鹿亚科。

2. 分布　梅花鹿主要分布于中国、俄罗斯、朝鲜、日本和越南等地。我国的梅花鹿有华南、四川、华北、山西、台湾、东北 6 个亚种，现仅存东北亚种和四川亚种，并且四川亚种仅有数百只，人工饲养的主要是东北梅花鹿。

我国驯养的马鹿主要有东北马鹿、天山马鹿，其中东北马鹿分布于东北大兴安岭、小兴安岭、完达山脉、老爷岭、张广才岭、长白山脉和内蒙古东部的阿尔山南麓；天山马鹿分布于新疆的天山山脉。近年来我国还培育出了一些马鹿品种、品系，其中有新疆生产建设兵团第二师培育的塔里木马鹿、内蒙古赤峰市乌兰坝林场育成的乌兰坝马鹿、辽宁清原县由引入的天山马鹿育成的天山马鹿清原品系等。

白唇鹿是我国青藏高原特有的野生动物；水鹿在我国分布于南方各省；坡鹿分布在越

南、泰国、缅甸和印度的部分地区，我国仅分布于海南省的部分地区；麋鹿是我国特有的鹿种，曾广泛分布于我国长江中下游和黄河中下游地区，野生种群历史上曾一度消失（1865年9月）；驯鹿、驼鹿分布于欧亚大陆和北美大陆北部，我国仅见于大兴安岭北部地区。

二、茸用鹿种类

1. 梅花鹿　梅花鹿为中型鹿，成年公鹿体重120～150kg，平均123kg，体长100cm左右，肩高95～105cm；母鹿体重70～100kg，体长75～90cm，肩高80～95cm。梅花鹿东北亚种体高大于体长。

梅花鹿头清秀，耳稍长、直立，眼下有一对泪窝，眶下腺比较发达，呈裂缝状，鼻骨细长。躯干紧凑，四肢匀称、细长，主蹄狭尖，副蹄细小。东北亚种鬣毛卷曲，背中央有一条2～4cm宽的棕色或暗褐色背线。夏毛背线两侧有3～5条排列整齐的白色斑点，体侧斑点呈星状散布，冬毛斑点模糊，甚至消失。夏毛稀短而鲜艳，呈红棕色；冬毛厚密，呈褐色或栗棕色。腹部及四肢内侧被毛呈白色或黄白色。尾短，背面黑褐色，尾腹面白色，臀端具有扇形白色臀斑。公鹿出生后第2年生长鹿茸，秋季骨化成锥形角，第3年可生长出分杈的茸角。成年梅花鹿成角呈四杈形，一般较少超过五杈。眉枝在主干基部4～10cm处分生，与主干成锐角，向前上方生长，第2分枝位置较高，眉枝与第2分枝间距较远。

2. 马鹿

（1）东北马鹿。又名黄臀鹿，属于大型茸用鹿，成年公鹿体高130～140cm，体长125～135cm，体重230～320kg；母鹿体高115～130cm，体长118～123cm，体重160～200kg。眶下腺发达，泪窝明显，肩高背直，四肢较长，后肢和蹄较发达。夏毛红棕色或栗色，因此也称赤鹿。冬毛厚密，呈灰褐色，臀斑夏深冬浅，由浅棕色变为黄色，界限分明，边缘整齐。尾扁平且短，尾端钝圆，尾毛较短，颜色同臀斑。颈部鬣毛较长，有些马鹿有背线。初生仔鹿躯干两侧有与梅花鹿相似的白色斑点，白斑随仔鹿的生长发育而逐渐消失。公鹿有角，鹿角多双门桩，眉枝在基部分出，俗称坐地分枝，斜向前伸，与主干几乎成直角。主干较长，后倾，第2分枝（冰枝）紧靠眉枝分生，眉冰间距较近，冰枝与第3分枝间距离较远，成角呈5～6个杈形。

东北马鹿公鹿9～10月龄开始生长初角茸，初角茸鲜重达1.0～2.0kg；成年鹿1～10锯三杈茸鲜重平均单产3.2kg左右；3～14锯鹿锯四杈比三杈茸鲜重增加33%左右，干重增加65%左右；再生茸平均270g，最重的三杈形再生茸鲜重高达3.0kg。鹿茸致密，色黄。

（2）天山马鹿。天山马鹿又名青马鹿，成年公鹿体高130～140cm，体重240～330kg；成年母鹿体高115～125cm，体重160～200kg。体粗壮，胸深，胸围和腹围较大，头大额宽，四肢强健，泪窝明显。夏毛深灰色，冬毛浅灰色，颈部有长而密的髯毛和鬣毛，头、颈、四肢和腹部的被毛呈明显的深灰色或灰褐色，在颈和背上有较明显的灰黑色带。臀斑为桃形，呈黄褐色，臀斑周围有一圈黑毛。茸角多为7～8个杈，眉枝向前弯伸且距角基很近，各杈之间的距离较大，眉冰间距离较远。

天山马鹿育成鹿初角茸鲜重可高达1.5～2.5kg，1～10锯三杈鲜茸平均5.3kg，有相当一部分壮龄鹿能生产鲜重12.5～16.5kg的四杈茸和3.0～5.5kg的三杈形再生茸。

（3）塔里木马鹿。塔里木马鹿成年公鹿体高120～135cm，体重180～250kg；成年母鹿体高110～120cm，体重120～160kg。体型紧凑，肩峰明显。头清秀，眼大，耳尖，母鹿外阴部裸露1/2左右，公鹿阴筒前有一绺长毛。蹄尖细，副蹄发达。鹿角多为5～6杈，茸主干粗圆，嘴头肥大饱满，茸质较嫩，眉冰间距离较近，茸毛长密呈灰白色。全身毛色较为一致，夏毛深灰色，冬毛棕灰色，臀斑白色，周围有明显的黑带。新生仔鹿被毛似花鹿，不过颜色浅白。

塔里木马鹿1～10锯三杈茸鲜重平均单产为5.3kg左右，5锯以上平均为7.91kg，9～12锯三杈鲜茸可达11.34kg。茸料比为1∶4.938，产投比为7.6∶1，这两项指标均为我国各种茸鹿之首。

3. 水鹿 水鹿体大粗壮，公鹿体重200～250kg，体高100～130cm，体长130～150cm；母鹿体重150kg，体型比公鹿小。体毛粗硬，呈黑棕色或栗棕色，颈部有长而蓬松的鬣毛，有黑棕色的背线。耳大直立，眶下腺发达，泪窝很大。尾长，密生长而蓬松的黑色长毛，无浅色臀斑。公鹿有角，角的枝杈较短，并向外倾斜；眉枝与主干呈锐角，在主干远端分出第2分枝；角基部有一圈瘤状突起，周围密生被毛；茸毛较长，颜色发黑，成角3尖，很少有4尖。水鹿1～10锯鹿锯三杈茸鲜重平均单产约为1.94kg。生茸最佳年龄为8锯，1～6锯平均年递增27.1%，7～9锯较稳定，10～13锯平均每年下降9.5%。

性成熟时间母鹿为1.5～2.0岁，公鹿为2.5～3.0岁。多在4—6月发情、2—3月产仔，但海南及广东的水鹿繁殖没有明显的季节性，终年呈周期性发情。发情周期18～21d，发情持续期36～48h，妊娠期8～9个月，每胎产1仔，仔鹿初生重7～8kg。

4. 坡鹿 体型与梅花鹿相似，公鹿体重70～100kg，母鹿体重50～70kg。被毛黄棕、红棕或棕褐色，背中线黑褐色，背线两侧各有一列整齐的白斑点。秋末冬初，成年鹿全身长出较密的冬毛，斑点褪去或消失，翌年春天，斑点复出。公鹿有角，眉枝从主干基部向前上方呈弧形伸展，主干则向后上方呈弧形伸展，且无大的分枝。

幼鹿1.5～2岁性成熟。每年3～5月发情配种，4月为发情旺期，妊娠期220～230d，9月初至翌年1月中旬产仔，每胎产1仔。仔鹿初生重为2.9～3.8kg，在驯养条件下幼鹿每月增重2.5～3.5kg，至11月龄时，公鹿体重达37.5kg，母鹿达32.5kg。仔鹿约7月龄时形成角基，以后长出锥角。成年鹿6—7月脱角，7—9月为生茸旺期，10月前的坡鹿茸质量最佳。鲜茸重可达1～2kg。

5. 白唇鹿 白唇鹿别名岩鹿、白鼻鹿、黄鹿。通体呈黄褐色或暗褐色，背线较宽，夏毛较冬毛色浅，呈米黄色，但鼻、唇、眼的周围和下颌为白色，臀斑较大呈淡棕色，初生仔鹿可见到隐约的白斑。泪窝大而深，头略呈等腰三角形，额宽平、耳尖长、内弯。公鹿有角，角的直线长可达1m，有4～6个分枝。角基短，角基距很宽，角干略向后外弯曲，各枝几乎排列于同一平面上呈车轴状。茸的主干和分杈处呈扁平状，眉枝仅12～13cm长。黑壳茸，茸下部的1/4茸毛很长，呈深灰褐色，上部茸毛渐短，呈灰白色，到9月时茸皮脱落。

白唇鹿属大型鹿，成年公鹿体重220～280kg，肩高125～130cm，体长140～160cm；成年母鹿体重140～200kg，肩高110～130cm，体长130～140cm。

6. 麋鹿 麋鹿被人们习称"四不像"，头较长似马，尾细长（60～75cm）且末端有丛毛似驴，蹄宽大、扁平似牛，茸角似鹿。麋鹿冬毛灰棕色，夏毛红棕色，背线黑褐色，肩部背线最为明显，至臀部的旋涡处消失，臀斑不明显。初生仔鹿毛色橘红，并有白斑，6～8周后白斑渐渐消失。公鹿有角，其角有别于其他鹿种，无眉枝，主干离头部一段距离后双分为前后两枝。后枝长而较直，一般不再分杈，前枝延伸一段后再分为前后两杈，前杈偏向内侧,后杈偏向外侧,随年龄的增大,各枝杈还会长出一些刺或突。

麋鹿属大型鹿类,成年公鹿体重 150～200kg,肩高 120～137cm,体长 200cm;母鹿体重 130～145kg;仔鹿初生重 12kg,3 月龄后体重可达 70kg。

7. 驯鹿 驯鹿又名角鹿,不同的驯鹿亚种之间的形态有很大差距,生活在南部地区的驯鹿要比北部的同类体型更大。成年公鹿体高 100～115cm,体长 180cm,体重 105～130kg(大者达 250kg 以上);母鹿体高 100cm,体长 160cm,体重 90～105kg(大者达 150kg 以上)。驯鹿头长,嘴粗、唇发达,耳短,眼较大,无泪窝;颈短粗,下垂明显,鼻镜甚至连鼻孔在内都生长着绒毛;尾短,主蹄圆大,中央裂缝很深,副蹄较大,行走时能接触地面。

驯鹿的毛色变异较大,从灰褐色(占 86.6%)、白花色(占 4.2%)到纯白色(占 9.2%)。从体色整体上看,还有"三白二黑"的特点:小腿、腹部及尾内侧都是白色,而鼻梁和眼圈为黑色。驯鹿公母均有角,只是母鹿角比公鹿的小。驯鹿角形的特点是分枝复杂,两眉枝从茸根基部向前分生,呈掌状,且分生许多小杈,第二杈(中枝)以后各分枝均从主干向后分出,各分枝上也生出许多小杈,茸主干扁圆,茸毛与体毛颜色一致。

8. 驼鹿 驼鹿俗称堪达犴,简称犴,是茸鹿中体型最大的一种,成年鹿肩高 154～177cm,体长 200～260cm,体重达 400～500kg,仔鹿初生重 10～12kg,幼鹿 6 月龄时可达 80kg 以上。这种鹿形如驼,颈多肉,背上颈下仿佛骆驼,故名为驼鹿。驼鹿体躯较短,腿长,尾短,蹄大呈圆形,跑步时呈侧对步。头长大,眼较小,鼻部隆起,喉下部有细长肉垂,嘴宽阔,双唇肥厚,上唇肥大,比下唇长 5～6cm,能遮住下唇,无上犬齿。成年鹿通体暗灰棕色,幼鹿通体浅黄棕色,无白斑。公鹿有角,角多呈掌状分枝,角面粗糙。

三、茸鹿的生物学特性

茸鹿的生物学特性是适应自然环境进化的结果,至今仍然保留,在饲养管理中只有充分加以利用,才能收到较好的效果。

1. 鹿的习性

(1)打泥戏水特性。水鹿有水浴的习惯,梅花鹿、马鹿等公鹿在配种期性情暴烈,有打泥戏水的习性,公鹿经常将水槽中的水搅落于地面,并用角顶撞搅拌地面上泥水。因此,为了饮水和鹿体卫生,生产中在配种期要注意水槽加盖,采用定时饮水,同时要用砖铺设鹿圈地面。

(2)野性。鹿是草食性反刍动物,自卫能力弱,在自然界中是弱者,逃跑是避敌的唯一办法。为了适应环境,鹿养成了警惕性高、感觉敏锐、反应灵活、奔跑速度快、跳跃能力强等特性,即所谓的野性。这种野性是鹿在漫长适应自然环境过程中形成的,虽然经过了长期的驯养,但至今鹿仍然保留着不同程度的野性,如不让人接近,遇到生人、听到异常的声响都会立即警觉,公鹿配种期颈上被毛直立,皮肤增生变厚,颈围显著增粗,性情粗暴,经常磨角、吼叫,常为争偶而进行激烈的角斗,母鹿在产仔期和配种期攻击人等。

(3)集群性。鹿的集群习性是在自然界生存竞争中形成的,有利于防御敌害、寻找食物。鹿群的大小因地区、种类、季节、饲养方式、性别及鹿的数量、饲料量多少的不同而差异很大。驯鹿与梅花鹿等野生群一般都是数十只或数百只,马鹿则是几只或几十只。鹿群通常由母鹿带领仔鹿和育成鹿组成,交配季节鹿群由 1～2 只公鹿带领几只或十几只母鹿和仔鹿构成。

鹿有报警行为,当遇到敌害时,哨鹿通过高声鸣叫、尾巴竖起、肛门腺释放气味、飞奔而去,以示报警,一只鹿奔跑众鹿便盲目跟随。家养鹿和放牧鹿群仍保留集群性的特点,一旦单独饲养或离群时则表现胆怯和不安。因此放牧鹿有个体离群时,不要穷追猛赶,要以鹿群或驯化好的头鹿引回。

(4) 躲茸现象。茸鹿生茸期有躲茸现象。公鹿生茸期胆小,活动谨慎,在野外采食时主动将茸角避开障碍物,以免茸角受到损伤,以便进入配种期后能够拥有相对发达的鹿角,在鹿群中争取交配权过程中获得优势地位。茸鹿这一习性有重要的生物学意义,具有确保鹿茸正常生长发育的作用,在家养情况下茸鹿仍保留这一特性,要注意避免人为因素引起炸群。

(5) 适应性。鹿的适应性很强,多数鹿类动物可在世界各地生存,但专门化程度高的鹿则对环境敏感,如我国的白唇鹿能适应青藏高原环境,引种到海拔较低的内地则适应性较差。

(6) 生态可塑性。鹿的生态可塑性是鹿在各种条件下所具有的一定的适应能力。鹿的可塑性大,幼鹿可塑性更大。鹿的驯化、放牧就是利用这一特性来改变鹿的野性,让其听人呼唤、任人抚摸、驱赶、牵领,像家畜一样的温顺。在养鹿生产实践中,加强对鹿的驯化与调教,对于方便生产管理具有十分重要的意义。

2. 食性与消化特点

(1) 食性。鹿是草食性动物,食物随季节和生境等条件发生变化,能比较广泛地利用各种植物,尤其喜食各种树的嫩枝、嫩叶、嫩芽、果实、种子,还吃草类、地衣、苔藓及各种植物的花、果和蔬菜类。放牧的鹿能采食400多种植物,甚至能采食一些有毒植物。

(2) 消化特点。野生鹿是典型的草食性和反刍性动物,为了适应环境,养成了采食、饮水匆忙的习性。在家养情况下,饲养管理上要注意避免饲料中掺杂铁钉等异物,补饲的精饲料要用水焖软,饲喂时最好按一定比例掺入铡短的草,以免茸鹿发生瘤胃穿孔、积食等疾病。鹿有反刍行为,采食1.5~2.0h开始反刍,与反刍相伴的还有嗳气,反刍与嗳气是健康的标志。茸鹿对纤维素消化能力强,其对粗纤维的消化能力较公牛高1倍,达62%左右。

知识拓展

茸鹿种类的选择

对于准备从事茸鹿养殖者来说,选择合适的茸鹿种类很重要,选择不当会给今后的生产带来不便。选择茸鹿种类时首先要考虑不同鹿种生物学特性的差异,如大多数茸鹿只有公鹿生茸,而驯鹿公鹿和母鹿都生茸,但驯鹿茸药用价值较低,且驯鹿比较耐寒冷怕热,不适合南方地区饲养。梅花鹿胆小易惊,马鹿胆量较大,性情更为暴烈,容易伤人,不便于管理,选择时要根据养殖条件而定。水鹿只适合于南方地区饲养,白唇鹿适合高海拔地区饲养,且个人养殖很少。

有些茸鹿为国家一级保护动物,至今仅局限在自然保护区中散放饲养,尚无个人养殖的先例,在选择时如无特殊条件不要考虑。

梅花鹿适应性强,南北方都可以饲养,且鹿茸质量好,是当前生产鹿茸的首选鹿种,被广泛饲养的是东北梅花鹿亚种；马鹿则是除梅花鹿之外生产鹿茸选择的重要茸鹿之一。

任务三 茸鹿的繁育

一、生殖生理

1. 性成熟 仔鹿经过一定时间的生长，生殖器官发育趋于成熟，出现交配欲，同时能产生有生殖能力的配子细胞，即达到了性成熟。

茸用鹿性成熟的早晚受种类、性别、气候、出生时间、个体发育、饲养管理等多种因素影响。不同鹿种，性成熟时间有一定的差异，如梅花鹿的性成熟一般要早于马鹿；同一鹿种，母鹿达到性成熟的时间一般比公鹿提前1年多；寒冷地区的性成熟一般晚于温暖地区；出生较晚的个体，性成熟时间延长；发育良好的个体，其性成熟较早；饲养管理得好、营养水平比较高，鹿的性成熟时间提前；因异性的相互刺激作用，公、母鹿混群饲养的性成熟要早于公、母鹿分群饲养的。母鹿首次排卵年龄通常都在16~28月龄。

2. 初配年龄与使用年限

（1）初配年龄。刚达到性成熟的茸用鹿，由于未达到体成熟，还不能够参加配种。实践证明，生长发育良好的母鹿可在生后第二年的配种期配种，生长发育较差、出生晚的母鹿应推迟一年参加配种；种用母鹿的初配年龄要比生产群母鹿晚一年。公鹿的初配年龄为3岁以上。若过早参加配种，对其生长发育和生产性能均有不利影响，当体重达到成年体重的70%以上参加配种较为适宜。

（2）鹿的利用年限。梅花鹿和马鹿的自然寿命可达20~25年。目前，国内茸用公鹿的经济利用年限一般不超过15年，个体应以产茸数量和质量为依据，群体应以生茸佳期结束为依据。母鹿的生产利用年限一般不超过10年，应以若干繁殖参数和繁殖成绩为依据。

东北梅花公鹿4~10岁三权茸和二杠茸的产量逐年增加，10岁以后趋于稳定且有所下降，因此东北梅花公鹿的利用年限至少应在11岁，公鹿的种用年龄以5~8岁为好，大于9岁的鹿不宜参配。母鹿的使用年限不要超过10岁，已产7胎以上的老弱母鹿应淘汰。马鹿三权茸的生产最佳年龄为10~11岁，公马鹿的使用年限至少应在12岁，公鹿的种用年龄最好不要大于10岁。

3. 发情与发情表现 鹿是季节性繁殖动物，一年只繁殖1次。在我国北方地区，母梅花鹿在9月下旬至11月中旬发情，10月中旬达到旺期；母马鹿在9月上旬至10月中旬发情，9月中下旬达到旺期，均历时2~2.5个月。公鹿一般在8月中旬就开始发情，直至配种结束，公马鹿较公梅花鹿发情早10d左右。

（1）母鹿的发情周期与发情表现。茸用鹿除泽鹿是季节性一次发情外，其余均为季节性多次发情，一般经历3~5个发情周期。梅花鹿、马鹿发情周期平均12.5d，发情持续期18~36h。根据母鹿在发情过程中生殖器官的变化和行为表现，可以人为地将母鹿的发情周期划分为发情前期、发情期和发情后期3个时期。

发情前期生殖道轻微充血肿胀，腺体分泌稍有增加，无性欲表现。发情后期母鹿已变得安静，无发情表现。发情期为发情周期中的主要阶段，又可分发情初期、发情盛期、发情末期3个时期。

①发情初期。母鹿刚开始发情,但无显著的发情特征。母鹿食欲时好时坏,兴奋不安,摇臀摆尾,常常站立或来回走动,有时发出"嗯嗯"的低沉叫声;喜欢公鹿追逐,但却不愿接受公鹿爬跨;外阴充血肿胀,有少量黏液。此期梅花鹿持续4～10h,母马鹿持续4～9h。

②发情盛期。母鹿急剧走动,频繁排尿;主动接近公鹿,低头垂耳,有的围着公鹿转甚至拱擦公鹿阴部或腹部;个别性欲强的经产母鹿甚至追逐、爬跨公鹿和同性鹿;两泪窝(眶下腺)开张,排放出一种难闻的特殊气味;外阴肿胀明显,阴门潮红湿润,牵缕状黏液流出增多。此期为配种的最佳时期,母梅花鹿持续8～16h,母马鹿持续5～9h,排卵在母鹿拒绝公鹿爬跨后的3～12h。

③发情末期。母鹿的各种发情表现逐渐消退,活动逐渐减少,食欲逐渐恢复,如遇公鹿追逐则逃避,有的甚至回头扒打公鹿。外阴肿胀逐渐消退,黏液减少。此期母梅花鹿持续6～10h,母马鹿持续3～6h。

(2) 公鹿的发情与发情表现。公鹿在整个繁殖季节里一直处于发情状态,发情的持续时间一般达60d,有的直到翌年生茸前期性欲才逐渐消失。发情公鹿性情粗暴,经常磨角、扒水、泥浴、长声吼叫,为争偶公鹿间常进行激烈的角斗,甚至攻击人;颈围增粗,颈部皮肤显著增厚,睾丸明显增大;活动频繁,食欲减退或废绝;公鹿经常追逐发情母鹿,嗅闻母鹿尿液或外阴部,当发情母鹿未进入发情盛期而逃避时,公鹿昂首注目、长声吼叫。公鹿配种期体重明显下降,配种结束时体重下降可达15%～20%。

二、妊娠与分娩

1. 妊娠期 母鹿妊娠期的长短受多种因素影响。鹿种不同,其妊娠期的长短不同,同一鹿种,不同个体的妊娠期长短也不相同;一般而言,圈养鹿的妊娠期比放牧或圈养放牧相结合鹿的妊娠期稍长。不同鹿种的妊娠期见表1-2-2。

表1-2-2 不同鹿种的妊娠期

鹿种	妊娠期(d)	鹿种	妊娠期(d)
梅花鹿	225～245	水鹿	240～270
马鹿	240～260	驼鹿	240～250
白唇鹿	225～255	驯鹿	225～240
坡鹿	220～230	麋鹿	250～315

2. 妊娠表现与保胎 母鹿在妊娠初期,食欲逐渐恢复,采食量逐渐增大;在妊娠中期,食欲旺盛,膘情日渐变好,被毛平滑光亮,饲料的消化、吸收、利用率明显提高;在妊娠后期,乳房膨大,腹围显著增大,活动明显减少,行动谨慎、迟缓,时常回头望腹,喜躺卧、爱群居。

母鹿妊娠后,饲养方面要保证满足母体和胎儿的营养需要,注意饲料品质,避免饮冰渣水;管理上注意减少不良刺激,维持环境安静,做好保胎工作。对有流产征兆的母鹿应投给保胎药物,防止流产。

3. 分娩

(1) 分娩时间。母梅花鹿分娩时间为5月上旬到7月中旬,多集中于5月中旬至6月中旬;母马鹿分娩时间为5月下旬至6月中旬。一般而言,发情早,配种早,受孕早,分娩就早；反之，分娩就晚。母鹿产仔早（5—6 月）而且集中，有利于仔鹿的生长发育和饲养管理，成活率高；反之，出生晚（6 月下旬至 8 月上旬）而且分散时，仔鹿抵抗能力弱、发病率高、生长发育缓慢，不但仔鹿不能安全越冬，而且还能延迟母鹿的发情配种，造成恶性循环。

（2）临产表现。妊娠母鹿产前 10d 左右乳房开始迅速发育、膨胀，乳头增粗，腺体充实；临产前几天可从乳房中挤出黏稠的淡黄色液体，如能挤出乳白色初乳时，即将在 1～2d 分娩。妊娠母鹿腹部严重下沉，肷部塌陷，在产前 1～2d 尤为明显。阴门明显肿大外露、柔软潮红、皱襞展开、有时流出黏液，在产前 1～2d 有透明絮状物流出，频繁排尿、举尾，自舔外阴，时起时卧，常在圈内徘徊或沿着墙壁行走，表现不安，不时回首视腹，呈现腹痛症状，有时扬头嘶叫或低声呻吟，有时鼻孔扩张或张口呼吸。

临产前从阴道流出蛋清样黏液，反复趴卧、站立，接着排出淡黄色的水泡，最后产出胎儿。正常产程是经产母鹿 0.5～2.0h，初产母鹿 3～4h。大部分仔鹿出生时都是头和两前肢先露出，少部分仔鹿出生时臀和两后肢先露出，两者都属正常生产的纵胎向。除上述两种胎向外都属于异常胎向，需要助产。

三、茸鹿配种技术

1. 配种前的准备工作　仔鹿断乳后，按繁殖性能、体质外貌、血缘关系、年龄及健康状况等重新调整母鹿群，组成育种核心群、一般繁殖群、初配群、后备群、淘汰群。核心群以母鹿生产水平为依据，择优挑选，数量一般可在母鹿总数的 30% 左右。参配母鹿群的大小视圈舍面积和拟采用的配种方法而确定，一般以 20～30 只为宜。

收茸后，根据体质外貌、生产性能、年龄、谱系和后代品质等重新调整公鹿群，分种用群、后备种用群和非种用群。种用公鹿要严格挑选，比例一般不能少于参配母鹿总数的 10%。公鹿圈应安排在鹿场的上风向，母鹿圈应安排在鹿场的下风向，尽量加大两圈距离，以免在配种季节因母鹿的发情气味诱使公鹿角斗、爬跨而造成伤亡。

2. 配种方法

（1）群公群母配种法。具体做法有群公群母一配到底法、群公群母适时替换公鹿配种法两种。群公群母一配到底法，按 1：（3～5）的公、母比例合群饲养，直到配种结束；群公群母适时替换公鹿配种法，按 1：（5～7）的公、母比例合群饲养，根据配种进度，在适当时候整批更换种公鹿。

（2）单公群母配种法。单公群母配种法可以做到选种选配，后代系谱清楚，也能较好地利用种用价值高的公鹿，鹿的伤亡较少，受胎率较高，但占用圈舍较多。具体做法有单公群母一配到底法、单公群母适时替换公鹿配种法、单公群母昼配夜息配种法、单公群母定时放入公鹿配种法。

单公群母一配到底法，将 1 只优良种公鹿放入 10～20 只母鹿群中，直到配种结束；单公群母适时替换公鹿配种法，将 1 只优良种公鹿放入 15～30 只母鹿群中，根据配种进度适时替换种公鹿；单公群母昼配夜息配种法，每天早晨向母鹿群放入 1 只种公鹿，傍晚配种完毕后将公鹿拨出；单公群母定时放入公鹿配种法，每天在母鹿发情集中的早晨和傍晚，向母鹿群中放入 1 只种公鹿。

（3）试情配种法。在发情期内，每天（2～3 次）将 1～2 只试情公鹿放入母鹿群，根据母鹿的行为表现，判断发情时期。当试情公鹿嗅闻母鹿后欲爬跨时，要立即强行分开，阻止它们交配；也可结扎试情公鹿的输精管或给试情公鹿戴试情布。将发情盛期母鹿拨入单圈或走廊与经过挑选的公鹿配种，配后应及时拨出母鹿。

3. 配种实施

（1）合群时间。公、母鹿的合群时间因配种方法不同而异。据观测，母鹿多集中在 4：00—7：00 和 17：00—22：00 发情，因此公、母鹿每天合群的时间应集中在这两个时间段。

（2）种公鹿合理使用。配种期应合理使用种公鹿，每只种公鹿以平均承担 10～20 只母鹿的配种任务为宜。种公鹿每天上、下午各配 1 次较好，2 次配种应间隔 4h 以上，连配 2d 应休息 1d。连续交配次数过多的种公鹿常常很快消瘦，到后期不能很好地配种。

（3）注意事项。群公群母配种时，配种圈要经常有人看护，发现争斗应及时解救。在王鹿经常"霸占"母鹿群时，应注意哄赶和协助其他公鹿进行配种。

配种人员应注意观察鹿群，只要母鹿发情征状明显，就应保证其获得交配的机会。如果配种母鹿受配后出现再次发情，确定未受孕后应重新复配。在配种工作中，应做好配种记录，具体见表 1-2-3。

表 1-2-3　鹿群的配种记录

配种日期			受配母鹿	与配公鹿	复配			
					1 次		2 次	
年	月	日	编号	编号	日期	公鹿号	日期	公鹿号

记录人：＿＿＿＿＿＿

不参加配种的公鹿在远离配种圈的上风向鹿圈内饲养。否则，公鹿容易受母鹿发情时的气味、叫声的影响，出现爬跨等现象，不但会造成伤亡，而且还影响公鹿的采食和消化机能，使公鹿消瘦、体质变弱。

刚刚完成配种的公鹿呼吸急促，不能马上饮水，否则容易造成异物性肺炎。为此，配种期要将圈内的水槽盖上，采用定时饮水。

已参加过配种的公鹿不应与未参加配种的公鹿混圈。参加过配种的公鹿会带有母鹿的气味，会引起未参加配种公鹿的性兴奋，招致其他公鹿的群体攻击。另外，单独管便于对配种公鹿进行特殊的管理和补饲，使其尽快恢复体况，准备安全越冬。

四、难产与助产

1. 难产　从母鹿出现临产症状开始超过 4h 仍不能顺利产出仔鹿的视为难产。难产的原因有以下几种：一是产力不足性难产，母鹿阵缩及努责较弱，导致产道无足够力量排出胎儿；二是产道性难产，产道狭窄导致胎儿不能正常产出；三是胎儿性难产，胎儿过大或者胎势、胎位、胎向不正影响胎儿正常产出。

2. 助产　当母鹿发生难产时必须及时助产，以免造成损失。助产以确保母鹿安全为前提，以仔鹿顺利产出为理想。助产时，术者首先要慎重检查胎位、胎向和胎势，确定死胎还是活胎，然后根据具体情况采取相应的助产措施。

（1）异常胎位。首先将胎儿推回子宫内，在调整好胎位后将胎儿拉出，正所谓"推进去，整复好，拉出来"。

（2）头位难产。应注意矫正头部与两前肢的位置关系，将胎儿矫正后，借助产绳伴随母鹿努责逐渐将胎儿拉出。

（3）尾位难产。尾位难产助产时，先用手握住胎儿的两后肢，一手伸入产道内，把胎儿尾根部向下压，随着母鹿努责用力向下方拉出胎儿。

（4）腹部垂直向难产。先用绳子缚住后肢，将胎儿前肢向子宫内推入，变为尾位后将胎儿拉出。

（5）骨盆开张不全难产。若胎儿已经死亡，应用截胎术助产，以免母鹿受伤；若胎儿未死亡，可以实施剖宫产手术。

五、茸鹿的育种措施

1. 编号与标记

（1）编号。为便于管理，应对鹿进行编号，编号方法如下：

①按出生先后顺序。按鹿出生先后顺序依次编号，编号时应根据鹿群大小，采用百位或千位。编号时可用奇偶数区分性别。

②按出生年代。为便于区分鹿年龄，每年从1号开始编号，在编号之前冠以年代，如2014年出生的第2只鹿可编号142号。

③按公鹿后代。为区别不同公鹿后代，在编号之前可冠以公鹿号。如682号公鹿的第26号后代682/026。

（2）标记。为正确记录和识别鹿，应对鹿体进行编号标记，常用的标记方法有剪耳号、打牌号等。

①剪耳号。仔鹿出生第二天可进行，方法是在鹿的左右耳的不同部位用剪耳钳打缺口，每个缺口表示相应的数字，所有的数字之合即为该鹿的编号。

为便于观察人员读取数字，通常采用左大右小的习惯剪耳号，一般鹿的右耳上（内）、下（外）缘每个缺口分别代表1和3，耳尖缺口代表100，耳中间圆孔代表400；左耳上、下缘每个缺口分别代表10和30，耳尖缺口代表200，耳中间圆孔代表800，耳的上、下缘最多只能分别打3个缺口，耳尖只能打1个缺口，耳中间只能打1个圆孔。

②打牌号。用耳标钳将一印有组合数字的一凹与一凸的组件穿戴于仔鹿耳上，耳标牌上的组合数字即为该鹿编号。

2. 分群 为了正确地进行育种工作，应根据鹿的类型、等级、选育方向及亲缘关系等将鹿群分为育种核心群、生产等级群和淘汰群。

（1）育种核心群。育种核心群是进行育种工作的基础，占全群的20%~25%，主要由特级鹿和少量一级鹿组成，二级以下的鹿一律不准进入核心群。

（2）生产等级群。根据鹿场的圈舍情况、鹿群数量、性别、年龄、生产成绩等一系列情况将鹿分成若干个等级群，并按优劣变化随时转群升级。

（3）淘汰群。把年老体衰、行动迟缓、生产力差、繁殖机能障碍的鹿列入淘汰群，不准其参加配种，并逐渐淘汰。

3. 选种 种鹿品质的好坏直接影响鹿群的质量，因此选择的种鹿必须具备生产性能高、体质体型好、发育正常、繁殖力强、合乎品种标准、种用价值高等条件。

(1) 种公鹿的选择。根据公鹿的生产性能、体质外貌等方面的性能综合进行选择。

①按系谱和后代测定选择。按系谱选择时，一般要求3代系谱清楚，各代记录完整可靠，并需有2只以上种鹿的系谱对比观察，选出优良者作为种用。

②按生产性能选择。公鹿的鹿茸产量、茸形角向、茸皮光泽、产肉量等生产性能均应作为选择种公鹿的重要条件。因为茸重性状的遗传力属高遗传力，因此根据茸重进行个体选择种公鹿效果很好，种公鹿的产茸量应比本场同龄公鹿平均单产高20%～30%。

③按体质外貌选择。理想的公鹿必须具有本品种的外形特征，并表现出明显的雄性特征，要求公鹿体大健壮、精力充沛、性欲旺盛、体型匀称、颈粗、额宽，公鹿茸角要大，且茸形角向适宜、美观整齐、两侧茸角对称。

④按生长发育特点选择。主要依据初生重、6月龄体重、12月龄体重、日增重和第1次配种的体重，以及角基距、头深、胸围、体斜长、体直长等指标进行选种。

⑤按年龄选择。种公鹿应在5～7岁的壮年公鹿群中选择，个别优良的种公鹿可利用到8～10岁，种公鹿不足时，可适当选择一部分4岁公鹿。

(2) 种母鹿的选择。种母鹿应在4～7岁的壮龄母鹿中挑选。选择那些母鹿特征明显，发情、排卵、妊娠、分娩和泌乳机能正常，母性强、繁殖力高、性情温顺、体躯长、外形匀称、体质健壮、后躯发达、肢形正常、四肢强健有力、蹄质坚实、皮肤紧凑、被毛光亮、乳房和乳头发育正常、位置端正，无流产或难产现象的母鹿。

(3) 后备种鹿的选择。后备种鹿必须从生长发育、生产性能良好的公母鹿后代中选择。选择那些强壮、健康、敏捷的仔鹿，如躯干长、胸廓发育好、臀宽、四肢健壮、好运动的仔鹿。仔公鹿出生后第2年就开始生长出初角茸，初角茸的生长情况与以后鹿茸的生长有密切关系，在选择后备种公鹿时应考虑初角茸的生长情况。

任务四　茸鹿的饲养管理

一、一般饲养管理原则

1. 饲养原则 茸鹿的饲养不但要坚持以青粗饲料为主、精饲料为辅，多种饲料合理搭配，保证营养全价性，坚持规律性饲喂的原则，还要做到定时、定量、定温、定人、定点，坚持由少到多逐渐增减饲料和变更饲料种类，保证供应充足洁净的饮水。

2. 管理原则 生产区要合理布局，鹿要合理分群，公鹿舍在上风向、母鹿舍在下风向、幼鹿舍居中。加强卫生防疫制度，仔鹿在出生24h、1岁、2岁分别接种1次卡介苗，公母鹿夏季接种魏氏梭菌疫苗、秋季接种坏死杆菌病疫苗，全场定期消毒。为鹿群创造适宜的生活环境，保持鹿舍通风凉爽、冬季背风向阳，保持环境安静；饲养密度与鹿舍大小相适应，保证鹿适当的运动。细心观察和熟悉鹿群基本情况，发现异常及时处理。

二、营养需要与饲养标准

鹿的营养需要和饲养标准受多种因素影响，有些营养物质的饲养标准还停留在经验上，需要不断通过科学试验加以完善。表1-2-4至表1-2-8提出的为参考标准，可根据各场的饲养条件与鹿群的体况做相应的变动,以充分满足各场鹿所需要的营养。

表 1-2-4　公梅花鹿生茸期蛋白质需要量与蛋白能量比
(马丽娟, 2006. 特种动物生产)

年龄(岁)	饲粮蛋白质水平(%)	精饲料蛋白质水平(%)	蛋白能量比(g/MJ)
1	22	27	13
2	20	26	12
3	19	24	11
4	15	19	9
5	14	18	8

表 1-2-5　公梅花鹿生茸与配种期精饲料营养水平
(马丽娟, 2006. 特种动物生产)

年龄(岁)	粗蛋白质(%)	总能(MJ/kg)	代谢能(MJ/kg)	钙(%)	磷(%)
1	27.0	17.68	12.29	0.72	0.55
2	26.0	17.26	12.08	0.86	0.61
3	24.0	17.05	12.12	0.96	0.62
4	19.0	16.72	12.20	0.92	0.58
5	18.0	16.72	12.25	0.91	0.57
种梅花公鹿配种期	20.0	16.55	11.20	0.92	0.60

表 1-2-6　公梅花鹿越冬期精饲料营养水平
(马丽娟, 2006. 特种动物生产)

年龄(岁)	粗蛋白质(%)	总能(MJ/kg)	代谢能(MJ/kg)	钙(%)	磷(%)
1	18.0	16.30	12.29	0.79	0.53
2	17.9	16.72	11.91	0.65	0.39
3	17.0	16.72	12.41	0.65	0.39
4	14.5	16.26	12.37	0.61	0.36
5	13.51	15.97	12.41	0.61	0.35

表 1-2-7　母梅花鹿各时期营养水平
(马丽娟, 2006. 特种动物生产)

饲养时期	精饲料的营养水平				日粮的营养水平			
	粗蛋白质(%)	总能(MJ/kg)	钙(%)	磷(%)	粗蛋白质(%)	总能(MJ/kg)	钙(%)	磷(%)
配种期	15.19	16.22	0.62	0.36	10.37	16.13	0.56	0.24
妊娠前期	15.19	16.22	0.62	0.36	10.37	16.13	0.56	0.24
妊娠中期	16.48	16.88	0.88	0.58	11.14	16.55	0.68	0.34
妊娠后期	20.00	16.88	0.99	0.61	14.80	16.72	0.89	0.43
哺乳期	23.31	17.30	1.02	0.67	16.09	16.97	0.90	0.45

表 1-2-8 仔鹿与育成鹿的参考饲养标准
（马丽娟，2006. 特种动物生产）

月龄	体重（kg） 公	体重（kg） 母	精饲料（kg）	粗饲料（kg）	粗蛋白质（g）	总能（MJ）	代谢能（MJ）	钙（g）	磷（g）	食盐（g）
3～6.5	50	40	0.75～0.8	0.70～0.75	245～262	24.24～25.96	12.95～13.68	9.1～9.7	5.1～5.5	11～12
9～10	55	46	0.80～1.00	0.90～1.00	269～330	28.38～33.40	14.63～17.51	10.6～12.5	5.6～6.9	12～15

三、茸鹿各阶段的饲养管理

1. 公鹿的饲养管理　饲养公鹿的目的是通过科学的饲养管理，获得优质而高产的鹿茸，繁殖优良后代，提高鹿群整体水平。因此必须保证公鹿有良好的体况和种用价值，延长其寿命和生产年限。

（1）饲养时期划分。根据公鹿在不同季节的生理特点和代谢变化规律，结合生产实际，生产中把公鹿饲养管理划分为生茸前期、生茸期、配种期和恢复期 4 个阶段。其中生茸前期和恢复期基本上处于冬季，又称为越冬期。梅花鹿公鹿饲养时期的划分见表 1-2-9。马鹿的各个时期比梅花鹿提前 20d 左右。

表 1-2-9 梅花鹿公鹿饲养时期的划分

地区	饲养时期			
	生茸前期	生茸期	配种期	恢复期
北方	1月下旬至3月下旬	4月上旬至8月中旬	8月下旬至11月中旬	11月下旬至翌年1月中旬
南方	1月下旬至3月上旬	3月中旬至8月上旬	8月下旬至12月上旬	12月下旬至翌年1月中旬

（2）生茸期的饲养管理。

①饲养要点。生茸期鹿茸生长速度快，一副生长 93d 的马鹿四杈茸鲜重可达 14.65kg，平均日增重 158g，其中干物质约占 30%，干物质中含氮有机物达 40% 以上。同时，此期还正值公鹿脱角、春季换毛，需要大量的营养物质。因此日粮配合必须科学合理，要保证日粮营养的全价性，提供富含维生素 A、维生素 D 的青绿饲料和蛋白质饲料。精饲料中要提高豆饼和豆科籽实的比例，要供给足够的青贮饲料、青绿饲料及矿物质饲料。公鹿生茸期的精饲料表与日粮组成见表 1-2-10、表 1-2-11。

表 1-2-10 生茸期公鹿精饲料表

饲料	梅花鹿				公马鹿
	头锯	二锯	三锯	四锯以上	
豆饼、豆科籽实（kg/d）	0.7～0.9	0.9～1.0	1.0～1.2	1.2～1.4	1.8～2.1
禾本科籽实（kg/d）	0.3～0.4	0.4～0.5	0.5～0.6	0.6～0.7	0.9～1.0
糠麸类（kg/d）	0.12～0.15	0.15～0.17	0.17～0.2	0.2～0.22	0.3～0.4
食盐（g/d）	20～25	25～30	30～35	35～40	40～50
碳酸钙（g/d）	15～20	20～25	25～30	30～35	50～60

表 1-2-11　公鹿生茸期的日粮组成

茸鹿种类	精饲料（kg）	多汁饲料（kg）	青粗饲料（kg）	碳酸氢钙（g）	食盐（g）
梅花鹿	2.0～2.5	2.5～3.0	3.0～4.0	30.0	25.0
马鹿与白唇鹿	3.0～4.0	3.0～4.0	5.0～6.0	40.0	30.0
水鹿	1.5～2.5	2.0～3.0	4.0～5.0	30.0	25.0

生茸期舍饲公鹿每天定时饲喂 3 次，每次饲喂都要坚持先粗后精的原则，夜间要补饲一次粗饲料。要根据鹿茸的长势和年龄调配日粮及精饲料给量，梅花鹿头锯公鹿 0.8～1.55kg，二锯公鹿 0.8～1.85kg，三、四锯公鹿 0.5～2.1kg，五锯以上公鹿 0.5～2.5kg，育成公鹿 0.9～1.2kg；马鹿育成公鹿 1.2～1.8kg，头锯、二锯公鹿 1.4～3.0kg，三、四锯公鹿 1.8～3.5kg，五锯以上公鹿 2.3～5.0kg。增加饲料时要逐渐进行，可按每 3～5d 加料 0.1kg 的幅度进行，至生茸旺期加到最大量，防止加料过急而发生顶料现象或发生胃肠疾病。

要注意防止饥饱不均，保证饲喂均衡性，以预防念珠茸的发生。在生茸期间应供给充足洁净的饮水，同时注意补饲食盐，一般每只梅花鹿 15～25g/d、马鹿 25～35g/d。

收完头茬茸之后，开始大量饲喂营养丰富的青刈饲料，可减少日粮中 1/3～1/2 精饲料。收完再生茸之后，生产群公鹿可少喂或停喂精饲料，但注意投喂优质的粗饲料，以控制膘情，降低性欲，减少因争偶顶撞造成的伤亡。头锯、二锯公鹿尚未发育成熟，性活动也较低，因此不应停料。

②管理要点。应将公鹿群按年龄分成育成鹿群、不同锯别的壮年鹿群、老龄鹿群等若干群，实施分群饲养管理，以便于掌握日粮水平、饲喂量及生产管理。通常情况下，舍饲公鹿每群 20～25 只，放牧的公鹿应采用大群放牧、小群补饲的方式，将年龄相同、体况一致的公鹿每 30～40 只组成一群进行管理和补饲。

公鹿生茸期要保持舍内安静，谢绝外人参观，饲养人员饲喂及清扫要有规律，出入圈舍时动作要轻、稳，以防炸群伤茸。生茸期间应专人值班，注意看管鹿群，及时制止公鹿间的角斗和顶撞，防止鹿群聚堆撞坏鹿茸。对有啃茸恶癖的公鹿应隔离饲养。每天早饲前后是观察鹿群的最佳时间，值班人员要细心观察，发现压茸花盘，可寻找适当时机人工拔掉，以免影响生茸或者出现怪角茸。

生茸初期正值初春，应做好卫生防疫工作。在天气转暖后对鹿舍、过道、饲槽、水槽进行一次重点消毒，并保持饲槽、水槽、饮水及精、粗饲料的清洁卫生。

（3）配种期的饲养管理。公鹿的配种期为 8 月下旬至 11 月中旬。配种期公鹿饲养管理的目的：一是保持种公鹿适宜的繁殖体况、良好的精液品质和旺盛的配种能力，适时配种，繁殖优良后代；二是使非配种公鹿维持适宜的膘情，准备安全越冬。因此，收茸后应将公鹿重新组群进行饲养和管理。

①饲养要点。由于精子从形成到发育成熟要经过 8 周的时间，因此在配种期到来之前 2 个月就应加强对公鹿的饲养。受性活动的影响，此期公鹿食欲急剧下降，易发生角斗，同时由于配种负担较重，体质消耗严重，配种期后其体重可减少 15%～20%。因此，在拟订日粮时，要着重提高饲料的适口性、催情作用和蛋白质生物学价值，力求饲料多样化，品质优良，营养全价。

精饲料喂量是：种用公梅花鹿1.0～1.4kg/d，种用公马鹿2.0～2.5kg/d。实际投喂时应根据种公鹿的膘情调整，膘情好可少喂精饲料；膘情差，粗饲料质量又低，必须多喂精饲料。如果喂以优质的粗饲料和混合精饲料，粗蛋白质含量达到12%即能满足需要；如果饲料品质低劣，粗蛋白质含量需达到18%～20%。青贮饲料日喂量宜控制在1.5kg以下，饲喂过多会影响配种和精液品质。梅花鹿种公鹿配种期饲料配方与公鹿配种期精饲料表见表1-2-12、表1-2-13。

表1-2-12　梅花鹿种公鹿配种期饲料配方（风干基础）

原料	比例（%）	营养水平	含量
玉米面	50.1	粗蛋白质（%）	20
豆饼	34.0	总能（MJ/kg）	16.55
麦麸	12.0	代谢能（MJ/kg）	11.20
食盐	1.5	钙（%）	0.92
矿物质饲料（含磷量≥10.32%）	2.4	磷（%）	0.60

注：每只公鹿每天补给1～1.5kg块根、块茎、瓜类等多汁饲料。

表1-2-13　公鹿配种期精饲料表

原料	梅花鹿				公马鹿
	头锯	二锯	三锯	四锯以上	
豆饼、豆科籽实（kg/d）	0.37～0.5	0.37～0.5	0.25～0.37	0.25～0.37	0.5～0.7
禾本科籽实（kg/d）	0.23～0.3	0.23～0.3	0.15～0.23	0.15～0.23	0.3～0.4
糠麸类（kg/d）	0.15～0.2	0.15～0.2	0.1～0.15	0.1～0.15	0.2～0.25
食盐（g/d）	15～20	15～20	15～20	15～20	20～25
碳酸钙（g/d）	15～20	15～20	15～20	15～20	20～25

非配种公鹿进入配种期也出现食欲减退、角斗、爬跨其他公鹿等性冲动现象。为了降低配种期生产群公鹿的性反应，减少争斗和伤亡，为安全越冬做好准备，在配种期到来之前，要适当减少精饲料量，必要时停喂一段时间精饲料，但老弱病残或十锯以上公鹿不应停喂精饲料。进入配种期后应充分供给适口性强的青绿饲料，精饲料喂量可减少1/3～1/2。非种用公梅花鹿精饲料日喂量0.5～0.8kg，3～4岁公梅花鹿1.0～1.2kg；非种用公马鹿2.0～1.5kg，3～4岁公马鹿1.7～1.9kg。

②管理要点。种用公鹿和非种用公鹿应分别进行饲养和管理，在配种以前（8月中下旬）及时收获再生茸，以便伤口愈合，减少顶架造成的茸根受伤，从而减少翌年怪角茸的发生。配种期间必须设专人昼夜值班，细致观察配种情况和进程并做好记录；注意观察种公鹿的健康状况和配种能力并及时替换。中途替换或配种结束拨出的种公鹿应单独组群饲养，暂时不能同未参加配种的公鹿混群，避免因带母鹿的气味而引起顶架伤亡。

配种期水槽应设盖，防止公鹿在顶架或交配后过度喘息时马上饮水而引发异物性肺炎，导致丧失配种能力、降低生产性能。此外，配种期的公鹿常因磨角、争斗而损坏圈门，出现逃鹿或串圈现象，并经常趴泥戏水，容易污染饮水，因此要做好圈舍检修工作，定期洗刷和消毒水槽，保持饮水清洁。

非配种公鹿和后备种用公鹿应养在远离母鹿群的上风向圈舍内，防止受异味刺激引起性冲动而影响食欲。在配种期，发现败阵的"王鹿"要及时拨出，以减少角斗伤亡，延长每只公鹿的利用年限。

(4) 越冬期的饲养管理。

①饲养要点。鹿的越冬期包括配种恢复期和生茸前期两个阶段。此期公鹿饲养管理的目的是迅速恢复体况，增加体重，保证安全越冬，并为生茸贮备营养。精饲料中玉米、高粱等应占50%～70%，豆饼及豆科籽实占17%～32%。北方地区冬季寒冷，昼短夜长，要增加夜饲，均衡饲喂时间，日喂4次。精饲料日喂量：种用公梅花鹿1.5～1.7kg，非种用公梅花鹿1.3～1.6kg，3～4岁公梅花鹿1.2～1.4kg；种用公马鹿2.1～2.7kg，非种用公马鹿1.9～2.2kg，3～4岁公马鹿1.9～2.1kg。冬季要饮温水，严禁饮冰渣水。

加强老弱病残鹿的饲养是越冬期公鹿饲养管理的重要内容，可单独配制营养全面、适口性好、易消化的日粮，配方为玉米30%、豆饼35%、大豆10%、麦麸15%、小米10%，另外补加食盐0.5%、骨粉1.0%，日喂4次。公梅花鹿越冬期饲料配方见表1-2-14。

表1-2-14　公梅花鹿越冬期饲料配方（风干基础,%）

原料名称	1岁	2岁	3岁	4岁	5岁
玉米面	57.5	55.0	61.0	69.0	74.0
大豆饼（粕）	24.0	27.0	22.0	15.0	13.0
大豆（熟）	5.0	5.0	4.0	2.0	2.0
麦麸	10.0	10.0	10.0	11.0	8.0
食盐	1.5	1.5	1.5	1.5	1.5
矿物质饲料（含磷量≥3.5%）	2.0*	1.5	1.5	1.5	1.5

* 1岁公鹿所用矿物质饲料含磷量≥10.23%。

②管理要点。在1月初至3月初，按年龄和体况对鹿群进行两次调整，体弱有病的鹿单独组群饲养，有利于改善其健康状况和生产能力，延长公鹿的利用年限。

越冬期公鹿在按年龄、体况科学分群的基础上，投喂饲料要均匀，从头到尾一条线，杜绝成堆或成片投放，以免体质强壮的"王鹿"争食霸横，弱鹿、瘦小鹿不能按时按量进食，造成弱小鹿冬毛生长迟缓、体质下降，影响当年产茸；严重者被顶伤患病，体质极度下降，难以抵抗严冬的侵袭，在越冬期死亡。

冬季鹿舍要注意防潮保温，避风向阳，定期清理垫料，及时清除粪便和积雪。寝床上可铺垫10～15cm厚的软草，在入冬结冰前彻底清扫圈舍和消毒，预防疾病发生。越冬期每昼夜要驱赶运动5次，白天2次，夜间3次，以增强茸鹿抵抗寒冷的能力。

2. 母鹿饲养管理　饲养母鹿的目的是保证母鹿健康、提高母鹿繁殖力、不断提高鹿群的数量和质量。母鹿每年有8个月左右的妊娠期、2～3个月的泌乳期、2个月的配种期，恢复期很短，生产负担很重。因此，必须采取有效的饲养管理措施，保证母鹿能正常发情、排卵和受胎，确保生产更多的优良仔鹿。

(1) 饲养时期划分。根据母鹿在不同时期的生理变化及营养需要特点，可将母鹿的饲养时期划分为准备配种期（8—9月）、配种期（9—11月）、妊娠期（11月至翌年4月）和产仔泌乳期（5—8月）4个阶段。梅花鹿与马鹿饲养时期划分基本相同，但马鹿的配种期较梅花鹿要提前10d左右。

（2）准备配种期和配种期的饲养管理。准备配种期实际上就是断乳到配种期，从9月中旬到11月上旬为配种期。在准备配种期，如果大群母鹿营养不良、体质消瘦，则会出现发情晚或者不发情，延长配种进度的现象。配种期母鹿的饲养水平对母鹿的受胎率有很大的影响，甚至使一些母鹿不孕。营养供给充足、体质较好的母鹿群发情早，卵子成熟快，性欲旺盛，能提前和集中发情或交配，进而加快配种进度，受胎率也会大大提高，对翌年的集中产仔也有一定好处。

①饲养要点。从8月中旬仔鹿断乳后，母鹿停止泌乳，进入配种前的体质恢复阶段。此期气候适宜，牧草丰盛结籽，放牧鹿群宜选择豆科植物多、营养价值高的牧地，早出晚归，每天保证7～8h采食时间，收牧后补饲富含蛋白质、维生素和矿物质等营养成分的精饲料，供给充足的饮水。圈养母鹿应做到及时断乳，饲喂大量鲜嫩多汁饲料，每昼夜供给3次精饲料和充足清洁的饮水，使母鹿群在20～30d的准备配种期内体况恢复到符合配种要求。

配种母鹿日粮的配合应以粗饲料和多汁饲料为主、精饲料为辅。精饲料按蛋白质饲料30%～35%、禾本科籽实50%～60%、糠麸类10%～20%配比。日粮中要给予一定量的富含维生素A、维生素E的根茎类多汁饲料，梅花鹿1.0kg左右，马鹿3kg左右。圈养母鹿每天均衡喂精、粗饲料各3次，夜间补饲鲜嫩枝叶、青干草或其他青刈粗饲料。到10月青刈饲料枯黄，开始晚饲青贮饲料，母梅花鹿每天1kg左右，母马鹿每天3kg左右。放牧母鹿群从10月1日起，夜间补饲精饲料和粗饲料。母鹿配种期日粮组成见表1-2-15。

表1-2-15 母鹿配种期日粮组成

鹿种类	精饲料（kg/d）	多汁饲料（kg/d）	青、粗饲料（kg/d）	碳酸氢钙（g/d）	食盐（g/d）
梅花鹿	1.1～1.2	1.0	2.0	20.0	20.0
马鹿和白唇鹿	1.7～1.8	1.5	3.0	25.0	25.0
水鹿	1.0	1.0	3.0	20.0	20.0

②母鹿配种期的管理。适时将仔鹿断乳分群，使母鹿进入恢复期，早日准备参加配种。配种期的母鹿群应分为育种核心群、一般繁殖群、初配母鹿群和后备母鹿群，根据各自的生理特点分别进行饲养管理。在配种期间应设专人昼夜值班看管，注意母鹿发情情况，以便及时配种，防止个别公鹿顶撞母鹿。配种后公、母鹿要及时分群管理，根据配种日期及体质强弱，适当调整母鹿群。要随时做好配种记录，一方面为翌年推算预产日期提供方便；另一方面为育种工作打下良好的基础。

（3）妊娠期的饲养管理。母鹿的妊娠期可分为胚胎期（受精至35d）、胎儿前期（36～60d）、胎儿期（61d至出生）3个阶段。胎儿前期是器官发生和形成阶段，胎儿期是胎儿增重速度最快的时期，胎儿初生重的80%都是在最后这3个月内沉积的。随着母鹿妊娠期的推进，除了胎儿增重外，母鹿本身也增加了营养物质的沉积量。母鹿妊娠后期将增重10～15kg，初次妊娠母鹿可增重15～20kg。妊娠期营养不全或缺乏不仅导致胎儿生长迟缓、活力不足，也影响母鹿的健康。母鹿妊娠期日粮组成见表1-2-16。

表 1-2-16　母鹿妊娠期日粮组成

鹿种类	精饲料（kg/d）	多汁饲料（kg/d）	青、粗饲料（kg/d）	碳酸氢钙（g/d）	食盐（g/d）
梅花鹿	1.0～1.2	1.0	1.2～2.0	20.0	20.0
马鹿和白唇鹿	1.5～3.0	2.0	3.0～4.5	40.0	30.0
水鹿	1.2	1.0	2.0～2.5	20.0	20.0

①饲养要点。母鹿妊娠期的日粮应始终保持较高的营养水平，特别是保证蛋白质和矿物质的供给。实践证明，胎儿前期精饲料粗蛋白质水平为 16.64%～19.92%、能量水平为 16.18～16.97MJ/kg，胎儿期精饲料的粗蛋白质水平为 20%～23%、能量水平为 16.55～17.31MJ/kg，可以满足母鹿生产的需要。

在饲料的供给上，精饲料中豆饼等蛋白质饲料应占 30%～50%，玉米、高粱等能量饲料应占 50%～70%，每只母鹿每日应补饲 20g 骨粉。在制订日粮时，应选择体积小、质量好、适口性强的饲料，并考虑到饲料容积和妊娠期的关系，胚胎期应侧重日粮质量，容积可稍大些，胎儿期在保证质量前提下，应侧重饲料数量，但日粮容积应适当小些。在临产前 0.5～1 个月应适当限制饲养，防止母鹿过肥造成难产。

舍饲妊娠母鹿粗饲料中应喂给一些容积小、易消化的发酵饲料，日喂量为 1.0～1.5kg；青贮饲料日喂量为 1.5～2.0kg。放牧饲养的母鹿可适量补给青贮饲料，日喂量为 1.0～1.5kg。饲喂妊娠母鹿的青贮饲料和发酵饲料切忌酸度过高，严防引起流产。每天定时均衡饲喂精饲料和粗饲料 2～3 次为宜，一般可在 4：00—5：00、11：00—12：00、17：00—18：00 饲喂。如果白天喂 2 次，夜间应补饲 1 次粗饲料。饲喂时，精饲料要投放均匀，避免采食时母鹿相互拥挤。要保证供给母鹿充足清洁的饮水，冬季最好饮温水。

②管理要点。妊娠期必须加强管理，做好保胎工作。应根据参加配种母鹿的年龄、体况、受配日期合理调整鹿群，每圈饲养只数不宜过多，避免在胎儿期由于鹿群拥挤而造成流产。要为母鹿群创造良好的生活环境，保持安静，避免各种惊动和干扰。各项管理工作要精心细致，出入圈舍事先给予信号，调教驯化时注意稳群，防止发生炸群伤鹿事故。

在北方，冬季寝床应铺 10～15cm 厚柔软、干燥的垫草，并要定期更换，鹿舍内不能积雪存冰。每天定时驱赶母鹿群运动 1h 左右，增强鹿的体质，促进胎儿生长发育。胎儿前期，应对所有母鹿进行一次检查，根据体质强弱和营养状况调整鹿群，将体弱及营养不良的母鹿拨入相应的鹿群进行饲养管理。胎儿期要做好检修圈舍、设置仔鹿保护栏等产仔前的准备工作。

（4）产仔泌乳期的饲养管理。产仔泌乳期是母鹿饲养的一个重要阶段，仔鹿生长发育的好坏、繁殖成活率的高低与这一时期的饲养管理有着很大关系。这一时期的主要任务是使妊娠母鹿能顺利产仔，产仔后能分泌丰富的乳汁，保证仔鹿成活和生长发育正常。

仔鹿的哺乳期长，大多数哺乳期 90d 左右，产仔早的达 100～110d。母鹿产乳量大，梅花鹿一昼夜可泌乳 700～1 000mL，马鹿更多。鹿乳营养丰富，干物质占 32.2%，其中含蛋白质 10.9%、脂肪 24.5%～25.1%、乳糖 2.8%。仔鹿增重快，梅花鹿出生后 1 个月内增重将近 6kg，平均日增重 0.2kg；马鹿仔鹿出生后 3 个月内增重 21.5kg，平均日增重 0.24kg。因此，泌乳期母鹿需要大量营养，营养不足不但影响仔鹿生长发育，对母鹿的体况与健康也会产生较大影响，从而影响配种期发情配种。

①饲养要点。根据产仔泌乳期母鹿的生理特点,在拟订日粮时,饲料品种多样化,做到日粮营养物质全价、比例适宜、适口性强。产仔泌乳期母鹿消化能力显著增强,采食量比平时增加20%～30%。

母鹿产后按产前日粮量投喂,第2天再根据母鹿健康及食欲情况适当增加0.2～0.4kg,2～3d后每天应继续增喂0.1～0.2kg。产仔哺乳期精饲料喂量,前期:梅花鹿1.0kg/d,马鹿1.4～1.6kg/d,中期:梅花鹿1.1kg/d,马鹿1.6～1.8kg/d,后期:梅花鹿1.2kg/d,马鹿1.8～2.0kg/d。母鹿产仔后1～3d最好喂一些小米粥、豆浆等多汁催乳饲料。舍饲母鹿在5～6月缺少青绿饲料时,每天应喂青贮饲料,母梅花鹿为1.5～1.8kg。舍饲的泌乳母鹿每天饲喂3次精饲料,夜间补饲1次粗饲料;放牧母鹿在午间、晚上补饲精饲料,夜间补饲粗饲料。梅花鹿母鹿产仔哺乳期精饲料配方见表1-2-17。

表1-2-17 梅花鹿母鹿产仔哺乳期精饲料配方

饲料种类	生产时期		
	前期(5月1日—6月15日)	中期(6月15日—7月15日)	后期(7月15日—8月25日)
玉米面(%)	50.0	46.0	42.0
豆饼(%)	32.0	36.0	40.0
麦麸(%)	8.0	8.0	8.0
高粱(%)	6.0	6.0	6.0
石粉(%)	1.0	1.0	1.0
食盐(%)	1.5	1.5	1.5
磷酸氢钙(%)	1.5	1.5	1.5
合计	100.0	100.0	100.0
日粮喂量(kg)	1.0	1.1	1.2

②管理要点。产仔前要做好充分准备,如圈舍要全面检修,搭好仔鹿护栏,垫好仔鹿小圈,准备好产仔记录、助产工具、仔鹿饲槽等必需用品。母鹿分娩后应根据分娩日期、仔鹿性别、母鹿年龄分群护理,每群母鹿和仔鹿以30～40只为宜。

放牧的哺乳母鹿可采取大群放牧、小群饲养的方法,每天上、下午分别出牧,哺乳初期每次放牧2～2.5h,哺乳后期每次放牧3～3.5h。对弃仔或扒打仔鹿的恶癖母鹿要严格看管,必要时将其关进小圈单独管理。夏季应注意保持母鹿舍的清洁卫生和消毒,预防母鹿乳腺炎和仔鹿疾病的发生。拨鹿时,对胆怯、易惊慌炸群的鹿不要强制驱赶,应以温顺的骨干鹿来引导。对舍饲的母鹿要结合清扫圈舍和喂饲随时进行调教驯化。原来放牧的母鹿在分娩后20d可离仔放牧,母鹿放牧后应指定专人在舍内定时补饲和调教仔鹿,以便为以后驯化或随母鹿一起放牧奠定基础。

3. 仔、幼鹿饲养 出生至断乳前的小鹿为仔鹿,断乳后到当年年末为幼鹿。仔、幼鹿培育的好坏与日后鹿群的质量和数量有着重大的关系。

(1) 生长发育与营养需要特点。仔鹿从出生到生长发育成熟大约需要3年。从仔、幼鹿的生长发育规律上看,前期主要是骨骼和内脏器官的生长发育,后期主要是肌肉发育和脂肪沉积。幼鹿生长强度大,物质代谢旺盛,4～5月龄期间生长速度最快,对营养物质的需要量较多,特别是对蛋白质、矿物质要求较高。因此,必须保证营养物质的全价性,提供较高的营养水平。由于幼鹿消化道容积小、消化机能弱，饲料的营养浓度要高，并且要容易消化。

2～3月龄小母鹿每天需要可消化蛋白质100～105g，小公鹿每天需要可消化蛋白质110～120g；断乳后至4月龄每天需要可消化蛋白质120～125g。哺乳期每天需钙4.2～4.4g，磷3.2g，幼鹿育成期每天需要钙5.5～5.6g，磷3.2～3.6g。

(2) 初生仔鹿的护理。初生仔鹿生理机能和防御机能还不健全，需要人工辅助护理。其中护理的关键是设法帮助仔鹿尽早吃到初乳，保证仔鹿充分休息。

①清除黏液及断脐。优良的母鹿分娩后寸步不离其仔并舔舐爱抚，仔鹿很快被舔干，15～20min后即可站立吃乳。但是有些母鹿因为受惊或其他原因（如初产母鹿惧怕新生仔鹿、恶癖母鹿扒咬仔鹿、难产母鹿受刺激过重而遗弃仔鹿等）而不照顾仔鹿，仔鹿躯体的黏液不能及时得到清除，就不能站立吃乳。尤其是在早春季节，早晚和夜间气温低，发生这种情况时，仔鹿体热散失较快，易引起衰弱和疾病。因此，必须及时用软草或布块将其擦干，或找已产仔的温顺母鹿代为舔干，特别要清除口及鼻孔中的黏液，以免窒息而死。

初生仔鹿喂过3～4次初乳后，需要检查脐带，如未能自然断脐，可实行人工辅助断脐，并进行严格消毒，随之可进行打耳号、接种卡介苗和产仔登记工作。

②哺喂初乳。母鹿分娩后7d内分泌的乳汁为初乳，初乳含有丰富的免疫球蛋白、镁盐等营养。及时吃到初乳对排除胎便和增强免疫力十分重要。仔鹿在生后1～2h吃到初乳为好，最晚不能超过10h。

个别仔鹿由于某种原因不能自行吃到初乳时，人工哺乳也可收到良好效果。挤出的鹿初乳或牛、羊初乳应立即哺喂（温度36～38℃），日喂量应高于常乳，可喂到体重的1/6，每天不少于4次。

③仔鹿寄养。寄养是提高仔鹿成活率可靠而有效的措施。当初生仔鹿得不到生母直接哺育时，可为它寻找一只性情温顺、母性强、乳量足、产仔时间相近的母鹿作为保姆鹿。在集中分娩期，大部分温顺的经产母鹿都可能被用作保姆鹿，但一般看来，选择分娩后1～2d的母鹿寄养容易获得成功。寄养时先将保姆鹿放入小圈，送入寄养仔鹿，如果母鹿不趴不咬，而且前去嗅舔，可认为能接受寄养。继续观察寄养仔鹿能否吃到乳汁，凡是哺过2～3次乳以后，寄养就算成功。

④仔鹿人工哺乳。哺乳仔鹿因各种原因得不到仔鹿哺乳又找不到寄养母鹿时则需要进行人工哺乳。

人工哺乳的方法主要采用将牛乳、羊乳装入奶瓶，将乳温调到36～38℃，直接哺喂仔鹿。人工哺乳时，要用温湿布擦拭按摩仔鹿肛门周围或拨动鹿尾，促进胎粪排出，以防仔鹿排泄障碍导致死亡。人工哺乳的时间、次数和哺乳量应根据原料乳的成分、含量、仔鹿日龄、初生重和发育情况决定，实际应用时见表1-2-18。

表1-2-18 仔鹿人工哺育牛乳喂量

初生重	1～5日龄 6次	6～10日龄 6次	11～20日龄 5次	21～30日龄 5次	31～40日龄 4次	41～60日龄 3次	61～75日龄 2次
5.5kg以上	480～960	960～1 080	1 200	1 200	900	720～600	600～450
5.5kg以下	420～900	840～960	1 080	1 080	870	600～450	520～300

注：1～5日龄为逐渐增加量，其他日龄各栏为变动范围。

（3）仔鹿的管理与补饲。临产母鹿进入待产（产仔）圈产仔，产后设法使仔鹿吃到初乳，并接种疫苗、打耳号，再连同母鹿一起调入产后圈。产后圈内设仔鹿保护栏，保护栏可以保证仔鹿安全，并能防止母鹿趴咬和抢食仔鹿补饲料。仔鹿保护栏应设在运动场西北侧的高处，利于保温与采光，保护栏各柱间距在15～16cm为宜。

仔鹿大部分时间在保护栏内固定的地方伏卧休息，很少出来活动，应定时轰赶，逐渐增加其运动量。同时，要注意观察仔鹿的精神状态、食欲、排粪等情况，发现有异常现象应及时采取治疗措施。饲养人员要精心护理仔鹿，抓住仔鹿可塑性大的特点，随时调教驯化，使仔鹿不惧怕人，注意发现和培养骨干鹿，为断乳后的驯化放牧打好基础。

随着仔鹿日龄的增长，母鹿提供的营养物质不能满足仔鹿生长发育的需要，应对仔鹿尽早补饲，以促进仔鹿消化器官的发育和消化能力的提高，使仔鹿断乳后能很快适应新的饲料条件。15～20日龄的仔鹿便可随母鹿采食少量饲料，应在仔鹿保护栏内设小料槽，投给营养丰富易消化的混合精饲料，比例为豆粕50%～60%（豆饼50%、黄豆10%），高粱（炒香磨碎）或玉米30%～40%，细麦麸10%，食盐、碳酸钙和仔鹿添加剂适量。混合精饲料要用温水调拌成粥状，初期每晚补饲1次，后期每天早、晚各补饲1次，补饲量也随之递增。马鹿仔鹿补饲量约是梅花鹿仔鹿的1倍。哺乳期梅花鹿仔鹿补料量见表1-2-19。

表1-2-19　哺乳期梅花鹿仔鹿补料量

日龄	10～30	31～45	46～60	61～75	76～90
日喂次数	1	2	2～3	3	3
日喂量(g)	50	100	150～200	200～350	400～500

（4）断乳幼鹿的饲养管理。

①断乳方法。生产中常采取一次断乳的方法给仔鹿断乳。在断乳前应结合补饲，有目的地提供精饲料和一些优质的青绿饲料，逐渐增加其采食量，使瘤胃容积逐渐增大，提高对粗纤维的消化能力，增强断乳后对饲料的适应能力；同时，驯化母仔分离，养成母仔分离、行动自如的习惯，至8月中下旬一次断乳分群。分群时，按照仔鹿的性别、日龄、体质强弱等情况按每30～40只组成一个断乳幼鹿群，饲养在远离母鹿的圈舍内。

②断乳幼鹿饲养。断乳初期幼鹿消化机能尚未完善，日粮应由营养丰富、容易消化的饲料组成。饲料量要逐渐增加，防止一次采食饲料过量引起消化不良或消化道疾病。饲料加工调制要精细，将大豆或豆饼制成豆浆、豆沫粥或豆饼粥，饲喂效果比浸泡饲喂要好。根据幼鹿食量小、消化快、采食次数多的特点，初期日喂4～5次精粗饲料、夜间补饲1次粗饲料，以后逐渐过渡到成年鹿的饲喂次数和营养水平。9月中旬至10月末正是断乳幼鹿采食高峰期，应视上顿采食情况确定下顿投喂量。

幼鹿进入越冬季节，应供给一部分青贮饲料和其他富含维生素的多汁饲料，并注意矿物质的供给，必要时可喂给维生素和矿物质添加剂。要经常观察幼鹿的采食和排粪情况，发现异常随时调整精、粗饲料比例和日粮量。梅花鹿断乳幼鹿日粮标准与精饲料配方见表1-2-20、表1-2-21。

表1-2-20　梅花鹿断乳幼鹿日粮标准

日粮标准	8月	9月	10月	11月	12月
精饲料(g/d)	170.7	370.0	530.0	715.0	640.0

(续)

日粮标准	8月	9月	10月	11月	12月
可消化粗蛋白质（g/d）	36.61	70.90	97.74	117.16	107.09
钙（g/d）	5.60	5.6	5.6	6.1	6.1
磷（g/d）	3.4	3.4	3.4	3.5	3.5
饲料净能（kJ）	244.52	622.16	919.10	1 286.75	1 145.34

表 1-2-21 断乳幼鹿精饲料配方

饲料种类	梅花鹿					马鹿				
	8月	9月	10月	11月	12月	8月	9月	10月	11月	12月
豆饼与豆科籽实（g/d）	150	250	350	350	400	300	400	500	500	600
禾本科籽实（g/d）	100	100	100	200	200	200	200	300	300	400
糠麸类（g/d）	100	100	100	100	100	100	100	100	100	100
食盐（g/d）	5	8	10	10	10	10	10	10	10	10
碳酸钙（g/d）	5	8	10	10	10	10	10	15	15	15

③断乳幼鹿管理。刚断乳时幼鹿思恋母鹿，鸣叫不安，采食量大减，3~5d 后才能恢复正常，要注意加强护理。饲养员要经常进入鹿圈呼唤和接近鹿群，做到人鹿亲和，并加紧人工调教工作，缓解幼鹿的焦躁不安情绪，使其尽快适应新的环境和饲料条件。幼鹿断乳 4 周后，在舍内驯化基础上，每天先舍内后过道（走廊），坚持驯化 1h，逐渐加深驯化程度，尽快达到人鹿亲和，保证鹿群的稳定，可有效减少幼鹿伤亡事故的发生。越冬期要保持圈内干燥，棚舍内铺垫干草或干软的树叶，保暖防寒，供幼鹿伏卧休息，确保安全越冬。

4. 育成鹿饲养管理 断乳幼鹿转入第 2 年即为育成鹿，此时鹿已完全具备独立生活能力。饲养管理虽无特殊要求，但如得不到应有的重视，就可能达不到预期要求。

（1）育成鹿的饲养。育成鹿精饲料营养水平与喂量视青粗饲料的质量和采食量而定。育成期梅花鹿混合精饲料适宜的能量浓度为 17.138~17.974MJ/kg，适宜的蛋白质水平为 28%，适宜的蛋白能量比为 16.34~17.25g/MJ。精饲料喂量，梅花鹿 0.8~1.4kg，马鹿 1.8~2.3kg。舍饲育成鹿的基础粗饲料是树叶、青草，以优质树叶最好。此时，可用适量的青贮饲料替换干树叶，替换比例视青贮饲料水分含量而定，水分含量在 80% 以上，青贮饲料替换干树叶的比例应为 2∶3，但在早期不宜过多使用青贮饲料，否则鹿胃容量不足，有可能影响其生长。育成梅花鹿的精饲料配方见表 1-2-22。

表 1-2-22 育成梅花鹿精饲料配方

原料	育成公鹿				育成母鹿			
	1季度	2季度	3季度	4季度	1季度	2季度	3季度	4季度
豆饼、豆科籽实（kg/d）	0.4	0.4~0.6	0.7	0.7	0.3	0.4	0.45~0.5	0.5~0.45
禾本科籽实（kg/d）	0.2~0.3	0.2~0.3	0.2	0.3~0.4	0.2	0.2	0.2	0.2
糠麸类（kg/d）	0.3	0.3	0.3	0.3	0.3	0.3	0.3	0.3

(续)

原 料	育成公鹿				育成母鹿			
	1季度	2季度	3季度	4季度	1季度	2季度	3季度	4季度
酒糟类（kg/d）	0.3~0.4	0.4~0	—	0~0.5	0.3~0.4	0.4~0	—	0~0.5
食 盐（g/d）	10	15	15	20	10	15	15	20
碳酸钙（g/d）	10	15	15	15	10	15	15	15

饲养后备育成公鹿必须限制容积大的多汁饲料和秸秆等粗饲料的喂量。8月龄以上的育成公鹿，青贮饲料的喂量以2~3kg为限，青绿饲料及根茎类多汁饲料也应参照这个标准。

（2）育成鹿的管理。育成鹿处于由幼鹿转向成年鹿的过渡阶段，一般育成期为1年，公鹿的育成期更长些。对育成鹿的管理，应抓好如下几个环节：

①公、母分群饲养。公、母仔鹿合群饲养时间以3~4月龄为限，以后由于公、母鹿的发育速度、生理变化、营养需求、生产目的和饲养管理条件等不同，必须分开饲养。

②初配期的确定。应根据育成鹿的月龄和发情情况确定，通常情况下育成母鹿18月龄可参加配种。参加配种前，必须提高日粮营养水平，保证正常发情排卵，使其在配种期达到适宜的繁殖体况。

③加强运动。育成鹿尚处于生长发育阶段，可塑性大，应加强运动以增强体质。圈养舍饲鹿群每天必须保证轰赶运动2~3h，夜间最好也轰赶1次。

④防止穿肛。育成公鹿配种期有相互爬跨现象，造成不必要的体力消耗，甚至由于发生穿肛而造成直肠穿孔。饲养人员要注意看管，及时制止个别早熟鹿乱配，以免影响正常发育，避免伤亡事故。

⑤继续调教驯化。育成鹿群虽已具有一定的驯化程度，但已形成的条件反射尚不稳定，遇到异常现象仍易炸群。因此，必须继续加强调教驯化，增强育成鹿对各种复杂环境的适应能力。

知识拓展

茸鹿肺坏疽病

茸鹿养殖中常发生一种导致冬季与早春公鹿死亡的疾病，该病即为肺坏疽病。该病不具有传染性，对患该病的鹿体进行剖检，主要特征是肺腐烂，呈烂蘑菇状，鹿体消瘦，步态蹒跚。该病在辽宁某养鹿场曾连续多年发生。

引发茸鹿肺坏疽病的主要原因是公鹿配种期饮水呛到气管，导致异物性肺炎，由于配种期公鹿野性强，异物性肺炎往往不易被及时发现，得不到及时治疗；配种期结束后，公鹿体况下降，越冬期环境比较寒冷，病情进一步恶化，引发肺坏疽病。

该病应以预防为主，配种期水槽要加盖，采用定时饮水，在茸鹿饮水时，要安排专人看管，以防其他公鹿对其进行突然顶撞，导致呛水。在日常管理中，要对鹿群进行经常检查，及时发现患异物性肺炎的公鹿，以便及时治疗，避免继发为肺坏疽病。

任务五 鹿茸的生长发育与采收

一、鹿茸的种类与形态

鹿茸是茸用鹿的第二性征，幼嫩时的茸角外面被有绒状的茸毛，内部是结缔组织和软骨组织，其间遍布血管。鹿茸骨化后茸皮脱落成为鹿角，鹿角是茸鹿争斗和自卫的武器。

1. 鹿茸的种类　根据茸鹿种类的不同，鹿茸分成马鹿茸、梅花鹿茸等；根据鹿茸不同生长阶段、分权多少的不同，鹿茸可分成二杠茸、三权茸、四权茸、莲花茸、初角茸等（图1-2-1）；根据鹿茸初加工方法及工序的不同，可分成带血茸、排血茸；根据鹿茸收取方式的不同，分成砍头茸、锯茸两种；根据在一年中同一只鹿收取鹿茸的茬次，将鹿茸分成头茬茸、再生茸；根据茸形是否与该鹿种应有的正常茸形一致，有正常鹿茸和畸形茸之分。

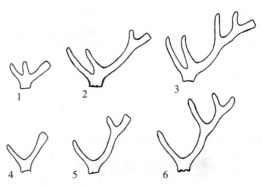

图1-2-1　鹿茸角的种类与形态变化
1. 马鹿莲花茸　2. 马鹿三权茸　3. 马鹿四权茸
4. 梅花鹿二杠茸　5. 梅花鹿三权茸　6. 梅花鹿四权茸

2. 鹿茸的形态　茸用鹿的鹿茸角属于实角，外覆皮肤，未完全骨化前的鹿茸皮肤上生长有茸毛，皮肤层下由外向内依次为皮质层、髓质层。

茸用鹿的茸角最基部为茸根或角根，然后是主干，沿主干由下往上逐渐生长出分枝，依次为眉枝（第一分枝）、第二分枝、第三分枝、第四分枝，鹿茸主干的顶端称为茸顶，鹿茸角眉枝与主干之间的分岔部称为虎口，鹿茸最后一个分支与主干之间的分岔部称为小虎口，夹角部俗称嘴头。

二、鹿茸的组织结构及化学成分

1. 鹿茸的组织结构　鹿茸是一种复杂的器官，其中大部分是生长着和分裂着的幼嫩组织。在显微镜下观察正在生长的鹿茸横断面，可明显分为三层：外层是皮肤层，中间的一层为间质层，最里层的部分是髓质。

鹿茸的外表是带有柔软茸毛的皮肤层，简称茸皮。茸皮是头部皮肤延伸的产物，由表皮、真皮及胶原纤维层构成。茸毛与其他不同，无竖毛肌。鹿茸皮肤层在鹿茸完全骨化后由于失去血液供应而脱落，之后茸鹿便进入硬角期。

在鹿茸皮肤层与髓质层之间为间质层。间质层也是鹿茸的生发层和胚胎层，具多分生性的梭形细胞。在间质层同皮肤层相连处有丰富的血管。鹿茸顶部的间质层较厚，从鹿茸生长带往下逐渐变薄，接近鹿茸根部与茸皮间的界限不甚明显。

髓质层是鹿茸的基本结构部分，构成鹿茸的大部，以大量的细胞成分、血管网和疏松结缔组织为基础。随着鹿茸的生长过程中髓质细胞的索化，鹿茸由根部开始逐渐变成软骨组织，伴随着钙盐的沉积，鹿茸软骨最终全部骨化。

2. 鹿茸的化学成分　鹿茸的化学成分主要有水、有机物和无机物三类，它们在鹿茸中所占比例因鹿的种类、收茸时期、加工方法和鹿茸部位的不同而有所差异（表 1-2-23、表 1-2-24）。

表 1-2-23　不同鹿种鹿茸（干茸）水分、有机物和灰分含量

种类	水分（%）	有机物（%）	灰分（%）
梅花鹿二杠茸	12.35	62.41	24.34
梅花鹿三杈茸	12.11	63.44	24.45
马鹿三杈茸	11.59	61.19	27.22

表 1-2-24　鲜马鹿茸不同收茸时期水分、有机物和灰分含量

生长天数（d）	水分（%）	有机物（%）	灰分（%）
23	65.0	18.0	17.0
50	56.0	20.0	23.5
75	45.0	20.7	33.7

三、鹿茸的生长发育规律

1. 草桩的生发与初角茸形成　草桩是茸用鹿额骨上终生不脱落的骨质突，是茸角赖以形成和再生的基础，鹿在茸角生发之前，必须首先生发出草桩，并且随着年龄的增长和茸角每年的脱落而逐年缩短。初生仔鹿的额顶两侧有色泽较深、皮肤稍有皱褶及旋毛的角痕，雄性的则更为明显。小公鹿随月龄的增加，在此处逐渐形成两个小突起，并逐渐加粗加长，至翌年生茸前草桩长度可达 6～8cm。

草桩最初萌动的时间依茸鹿鹿种不同而不同，同时营养因素对草桩的萌发和生长也有很大影响，若营养条件差和环境恶劣，草桩的发生可大大推迟。

出生后的梅花鹿、马鹿小公鹿，随个体发育到一定年龄（梅花鹿为 8～10 月龄），在翌年 3—4 月，在草桩基础上渐渐长出呈笔杆状的、上有细密绒毛的嫩角，称为初角茸，也称为初角毛桃。该茸角生长到一定时间（约为秋后），茸角皮肤层脱落，形成锥形的硬角。

2. 茸鹿脱角　茸鹿在出生后第 3 年（3 岁），开始一生中的首次脱角生茸。茸鹿的脱角、鹿茸的生长、鹿茸的骨化呈现以年为周期的规律性。

梅花鹿、马鹿等茸鹿每年春季脱角生茸，脱角生茸时间早晚与茸鹿种类、年龄、体况、气候等因素有关。正常情况下，梅花鹿 3～4 岁多在 6—7 月脱盘，4～5 岁多在 5—6 月脱盘，5～6 岁多在 4—5 月脱盘，6 岁以后多在 4 月脱盘。马鹿脱盘时间较相同年龄的梅花鹿早 20d 左右。脱角生茸时间南方早于北方。

茸用公鹿在脱角生茸前，草桩与角盘连接处的破骨细胞、多核细胞表现活性，并逐渐被侵蚀，在角基的内部和外周发生哈弗氏薄板的重吸收，形成重吸收窦，这些窦迅速延伸，最后相互融合形成分离层，加之外部机械力的作用，致使角盘脱落。梅花鹿头骨与脱落的角盘见图 1-2-2、图 1-2-3。

3. 鹿茸的生长　脱盘后创面周围的皮肤呈向中心生长，逐步在顶部中心愈合，称为封口，伤口愈合需 7～10d。当伤口愈合，中部处于凹陷的碗状时称为灯碗子。梅花鹿脱角后 15d 后生长成出两个突起，鹿茸生长高度在 1.5～2cm 时称为磨脐，继续生长到 3～4cm，顶部开始增粗，此时称为茄包。

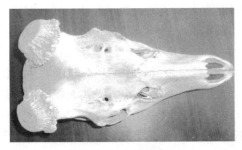
图1-2-2 梅花鹿头骨

图1-2-3 梅花鹿角盘

梅花鹿脱角后20d分生第一分枝，此时的鹿茸形似马鞍，故称为鞍子，生长初期称为小鞍，当主干生长高于眉枝时称为大鞍，再继续生长一定高度称为小二杠。梅花鹿脱角后30～50d，平均45d，开始分生第二分枝，此时至第三分枝分生之前的鹿茸称为三权茸。梅花鹿脱角后51～75d，平均70d，开始分生第三分枝，分生后的鹿茸骨化程度很高，茸皮脱落后便成为鹿角。梅花鹿茸角最多可生长成四五权，有"花不过五"之说。

马鹿脱角后15d（13～17d）分生第一分枝，分枝较早，称为坐地分枝；25d（23～30d）分生第二分枝（冰枝），此时的马鹿茸称为马莲花茸；51～75d，平均55d开始分生第三分枝，此时至第四分枝分生之前的马鹿茸称为马三权茸；76～85d，平均80d，开始分生第四分枝，此时至第五分枝分生之前的马鹿茸称为马四权茸；85～90d分生第五分枝，分生后的鹿茸骨化程度已经很高，因此马鹿"五权茸"也已经失去了固有的药用价值，茸皮脱落后便成为鹿角。

四、鹿茸的采收

1. 收茸的种类 收茸的种类影响鹿茸的产量、质量和产值，应根据鹿的种类、年龄、个体生茸特点、市场需求及茸的价值等情况综合考虑。马鹿茸收取种类确定可参照梅花鹿进行。

（1）初角茸。出生后翌年（2岁）的小公鹿，3—4月开始生长初角茸，为避免穿尖，使角基变粗，以利于以后提高鹿茸的产量和质量，应锯尖平槎，收取初角茸。

（2）二杠茸。出生后第三年（3岁）的小梅花鹿，由于仅生长1个分枝，只能收取二杠茸；4岁的小梅花鹿，虽然大部分可生长出三权茸，但由于生长潜力有限，要以收取二杠茸为主。壮年鹿，对于主干细短、顶端生长无力的锥形茸，主干过于弯曲的羊角茸、爬头茸，嘴头扁平、顶沟长的掌形茸或小嘴头茸，嘴头主侧枝方向不正、大小不相称、不扭嘴或其他畸形茸，应收取二杠茸，这样可以避免生长出畸形三权茸，可以增加产值。

（3）三权茸。4岁的小梅花鹿，在3岁时鲜茸产量高于0.5kg的，可根据具体情况收取部分三权茸。5岁（三锯）以上的公鹿，脱盘早，生茸期长，生长发育旺盛，茸体肥大，收三权茸较二杠茸产量增加明显，应大量生产三权茸。

（4）梅花鹿砍头茸。梅花鹿砍二杠茸和砍三权茸是我国传统出口商品，在国际市场上享有很高的声誉，近年来国内市场也有需求，应严格根据市场需求组织生产。花二杠砍头茸干重不应低于0.25kg，花三权砍头茸干重要在0.75kg以上，应在6岁以上公鹿中选择生产。

2. 收茸适期 收茸种类确定后，适时收茸是保证鹿茸质量，取得最大经济效益的重要技术措施。在收茸期必须每天晚饲前到鹿群中观察鹿茸生长情况，确定最佳收茸日期。

（1）梅花鹿锯茸。成年公鹿生长的二杠茸，如果主干与眉枝肥壮、长势良好，应适当延长生长期，如果为瘦条茸应酌情早收；壮年公鹿生长的羊角茸、爬头茸等，由于通常长势好、生长速度快，应当晚收；3岁公鹿通常第一次生长分权茸，由于脱盘较晚，生长潜力不大，应适当早收。成年公鹿生长的三权茸如果茸大型佳，茸根不老，上嘴头肥嫩，可适当延长生长期，收大嘴三权，嘴头长度不超过14cm。

（2）梅花鹿砍头茸。砍头茸的收取应较同规格的锯茸适当提前2~3d进行。砍二杠茸应在主干肥壮、顶端肥满、主干与眉枝比例相称时收取；砍三权茸在主干上部粗壮、主干与第二侧枝顶端丰满肥嫩、比例相称、嘴头适度时收取。

（3）初角茸和再生茸。发育好的育成公鹿在6月中旬前后，初角茸长至5~10cm时，应锯尖平桩。以后长至8月中、下旬再分期分批收再生茸。一般在7月上旬前锯过茸的4岁（二锯）以上的公鹿到8月中旬绝大多数都能长出不同高度的再生茸，于8月中旬前依据茸的老嫩程度分期分批收取，但最晚不能晚于8月20日。

3. 收茸方法 收茸方法有"吊圈"收茸和化学药物保定收茸两种方法。"吊圈"收茸法是一种传统的机械保定收茸方法，生产中已很少使用，如今广泛使用的是化学药物保定收茸法。

（1）化学药物保定。

①药物选择。目前，所用药物有氯化琥珀胆碱、静松灵（2，4-二甲基苯胺噻唑）、氯胺酮、眠乃宁等注射药品，其中以眠乃宁注射液最为确实、可靠，得到国内养鹿界的普遍认可和广泛使用。眠乃宁用量：肌内注射每100kg体重梅花鹿1.5~2.0mL，马鹿1.0~1.5mL，年老体弱者应适当减量，而年轻体壮者应适当增量。鹿肌内注射本品后7~10min倒地熟睡，表明用药量恰到好处；如给药后3~5min倒卧，用药后反应剧烈、头颈强直后弯或突然摔倒，表明眠乃宁用量偏大或鹿体敏感。如给药后15min达不到理想效果时，可追加首次用量的1/2至全量。本品配有特效拮抗药苏醒灵注射液，给以等量苏醒灵4号，可在2~3min苏醒。

②给药方法。化学药物保定法采用的注射方法有麻醉枪、长杆式注射器、麻醉箭等。使用麻醉枪注射在生产上受很多因素限制，如必须按照有关枪支管理条例使用和保存，子弹需到相应的部门购买，一般除野生动物保护部门和一些大型养殖场外很少使用。长杆式注射器普遍用于对茸鹿进行麻醉注射，但由于必须与鹿相距较近时才能有效进行注射，且容易造成鹿群惊慌，所以逐渐被麻醉箭所取代。

麻醉箭由两部分组成（图1-2-6），一是发射管——吹管，长度约1.7m，可用不锈钢管代替；另一部分是飞针，飞针用2~5mL的塑料注射器制成，自动注射的动力可来源于气压，也可以来源于橡胶带。飞针的注射器针头通常需10~12号，将原针孔用焊锡堵死，并在距针头尖端1~1.5cm处打一小孔（进药孔）。在使用麻醉箭前，先将药物吸入注射器，然后在针头上插一块橡胶块，以便将出药孔堵死，再套上乳胶带或注入气体，即准备完毕。使用时将飞针装入吹管，对准备麻醉的鹿用力将飞针吹出，只要飞针能准确刺中鹿体，便会自动注射。

（2）收茸方法。根据收茸前观测鹿茸长势所确定的收茸种类和待收茸鹿号，于每天早饲前进行收茸。收茸时掌锯人一手持锯，另一手握住茸体，从珍珠盘（鹿茸锯掉后残留在角柄上的鹿茸骨化物）上方 2~2.5cm 处将茸锯掉，接血人用盆在茸根部接取茸血，锯茸后要马上进行止血。止血时将止血药撒在已消毒好的敷料上，用手托着敷料扣在锯口上，并轻轻按压。目前使用的止血药有七厘散、止血粉、消炎粉和由各种中草药配制的复合型锯茸止血药等。收茸要注意在麻醉后马上进行，收茸后要及时注射苏醒灵，锯茸操作速度要快，锯口必须保持平整。

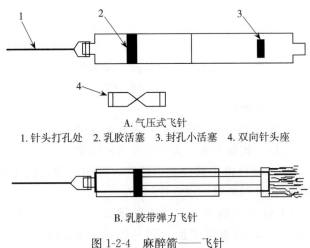

A. 气压式飞针
1. 针头打孔处 2. 乳胶活塞 3. 封孔小活塞 4. 双向针头座

B. 乳胶带弹力飞针

图 1-2-4　麻醉箭——飞针

五、鹿茸的初加工

鹿茸加工就是将鲜茸脱水干燥，加工成干品的商品茸，便于保存和运输。加工过程对鹿茸还起到了防腐、保形、定色的作用。由于鹿茸成分复杂、含水量高，如果加工不当，不仅难于脱水干燥，而且容易腐败变质，影响药效，造成重大经济损失。因此，鹿茸加工技术直接影响产品质量和经济效益，是养鹿生产极为重要的环节。鹿茸初加工主要有煮炸烘烤式加工和活性鹿茸加工方式，煮炸烘烤式加工有排血茸加工、带血茸加工两种方法。

1. 排血茸加工技术　排血茸的传统加工方法是通过煮前排血、煮炸加工、烘烤、风干、煮头等工序，对收取的各种鲜茸进行处理，排出茸内的血液，蒸散水分，加速干燥，以获得优质的成品茸。排血茸加工大致工序如下：

（1）登记。将采收的鲜茸进行编号、称重、测尺、登记。

（2）排血。即指鹿茸在水煮前机械性地排除鹿茸内血液的过程。方法有真空泵负压排液、真空泵循环排液、打气筒加压排液等，通过空气压缩与循环作用，使茸血从锯口排出。大致排液量是：梅花鹿二杠茸 7%~8%，梅花鹿三杈茸 8%~9%，马鹿茸 7%~10%。

（3）洗刷去污。用 40℃ 左右的温水或氢氧化钠溶液浸泡鹿茸（锯口勿进入），并洗掉茸皮上的污物。在洗刷同时，用手指沿血管由上向下挤压，排出部分血液。

（4）破伤茸处理。为避免或减少加工事故，提高鹿茸加工质量，在鹿茸正式煮炸加工前，要对破伤茸进行处理。茸体有淤血现象的，要用毛巾蘸温水进行揉搓热敷；对于眉枝或主干出现折断现象的，要在矫正茸形后，在折断处用长约 3cm 的钉进行固定；茸体若有皮下血肿，用注射器将血肿抽出后进行热敷即可；若茸体出现破皮现象，要首先用大头针将破裂的皮肤恢复平整，然后用白线进行固定。在茸体有伤痕等处要敷上蛋清，以增强隔热效果。

(5) 第一水煮炸与风干。煮炸前先将全茸浸入沸水中，只露锯口烫 5~10s，取出仔细检查有无暗伤。在虎口封闭不严或伤痕处有蛋清面脱落等现象再敷上蛋清面，下水片刻使其固着封闭，然后便可进入第一水第一排煮炸。

在第一排煮炸的前 1~5 次入水煮炸时，随下水次数的增加每次煮炸时间逐渐延长。在第一排的 1~5 次煮炸中，应先以嘴头及茸干上半部在沸水中推拉振荡搅水（带水）2~3 次，促进皮血排出，然后继续下水至茸根，在水中轻轻做画圆运动和推拉往复运动（撞水），注意锯口不能入水。至 4~5 次下水时，由于茸体内部受热，开始从锯口排出血液，此时应用长针挑一挑锯口周围的血栓块，并由锯口向茸髓部位深刺数针，必要时用毛刷蘸温水刷洗锯口以利于排血。当煮炸至大血排完，锯口流出血沫时，便可结束第一排煮炸，间歇冷凉 20min 左右，便可进行第二排煮炸。

第二排煮炸第一次下水时间与第一排最后一次煮炸时间相同，以后逐次缩短。第二排煮炸下水中间和出水前，需适当提根煮头。为了避免眉枝脱皮，可事先在眉枝尖敷蛋清面。当锯口排出的血沫由多变少，颜色也由深红变为淡红，继而出现粉白沫时，说明全茸基本熟透，茸内血液基本排净，即可结束第一水煮炸加工。

结束第一水煮炸加工前要将鹿茸全茸（连同锯口）入水煮炸 10s 左右取出，以避免生根现象发生。取出鹿茸后，剥去蛋清面，用毛刷蘸温水刷去茸皮上附着的油脂污物，再用柔软纱布或毛巾彻底擦干，连同茸架一起送至风干室中，放在通风良好的台案上风干。

由于鹿茸的种类、规格和支头大小不同，其煮炸与烘烤时间有很大差别。一般而言，皮薄老瘦的茸比皮厚肥嫩的茸耐煮；三杈茸比二杠茸煮炸时间长些；同等规格的鹿茸，粗大的比细小的煮炸时间长。排血茸第一水煮炸时间见表 1-2-25。

表 1-2-25 排血茸煮炸时间表

茸别	鲜茸重（kg）	第一排水		间歇冷凉（s）	第二排水	
		下水次数	每次时间（s）		下水次数	每次时间（s）
花二杠锯茸	1.5~2.0	12~15	35~45	20~25	9~11	30~40
	1~1.5	9~12	25~35	15~20	7~9	20~30
	0.5~1.0	6~9	15~25	10~15	5~7	10~20
花三杈锯茸	3.5~4.5	13~15	40~50	25~30	11~14	45~50
	2.5~3.5	11~13	35~40	20~25	8~11	35~40
	1.5~2.5	7~10	30~35	15~20	5~8	25~35

(6) 回水与烘烤。鹿茸经过第一水煮炸加工后，第 2~4 天继续煮炸称为回水，回水又可分为第二水、第三水和第四水，第二水煮炸两排，第三水和第四水各煮炸一排，每水煮炸都要适当提根煮头，随回水次数的增加由主要煮炸上 2/3~1/3。每次回水后都要在 70~75℃烘干室中烘烤 40~60min，回水烘烤的主要目的是防腐、消毒、加速干燥。烘烤以后送风干室冷凉风干。

(7) 煮头与顶头整形。在经过四水煮炸与 3 次烘烤加工后，含水量比鲜茸减少 50% 以上，以后靠自然风干为主，适当地进行煮头和烘烤。最初 5~6d 每隔一天煮 1 次茸头，烘烤

20～30min后自然风干，以后便可根据茸的干燥程度和气候变化情况不定期地煮头与烘烤。煮头只煮茸尖部4～6cm处，时间以煮透为宜。对于梅花鹿二杠茸，为了避免空头与瘪头，美化茸形，每次回水煮头后，要在光滑平整的物体上顶压茸头，使之向前呈半圆形握拳状。梅花鹿茸三杈和马鹿茸不用进行顶头加工。

2. 带血茸加工技术 带血茸是将茸内血液全部保留在茸内的成品茸，由于茸内流体有效成分不流失或少流失，不仅提高了产品质量，而且鲜茸的干燥率增加2.4%～3.2%，提高了成品率。带血茸加工是一项操作复杂、要求严格的技术，包括封锯口、称重、测尺、编号、登记、洗刷茸皮、煮炸与烘烤、煮头与风干等过程。

带血茸第一水煮炸比排血茸入水次数少，煮透即可。花二杠茸第一水煮炸共入水2～3次，第一次入水煮炸50～60s，间歇冷凉炸50～60s，然后再水煮炸50～60s，见锯口中心将要流出血液即可结束煮炸。花三杈茸第一水煮炸共入水3～4次，每次入水煮炸60～80s，之后间歇冷凉50～60s，待见到锯口中心将要流出血液即可结束煮炸。马鹿茸茸体大，抗水煮能力强，不论三杈茸、四杈茸，第一水煮炸均入水3～4次，每次入水60～80s，之后间歇冷凉60s，待见到锯口中心将要流出血液即可结束煮炸。

经过第一水煮炸后再进行的煮炸加工称为回水，一至四水煮炸要连续进行。马鹿茸每次水煮40～50s，共入水煮炸3～7次，两次之间间歇冷凉30s；梅花鹿茸每次水煮30～40s，共入水煮炸3～5次，两次之间间歇冷凉30s；直至茸毛耸立、茸头有弹性、发出熟蛋黄香味为止。回水煮炸要注意提根，主要煮茸的上1/2～2/3，四水之后主要煮炸茸的尖部，熟称"煮头"，时间与下水次数不限，主要是把硬茸头煮软，使其具有弹性。

带血茸脱水主要靠烘烤，每水煮炸结束后擦干茸体即可烘烤。一至四水每天烘烤1～2次，五水后连日或隔日回水与烘烤1次，到鹿茸八分干时可视情况不定期煮头、烘烤。烘烤温度为70～75℃，时间为2～3h，每次烘烤结束后都要擦干茸体上的水珠与油脂，送入风干室进行风干。为了使血液分布均匀，带血茸烘烤时要平放，一至四水烘烤时中间要将鹿茸翻转1次。带血茸风干时最初2d要平放，以后进行挂放。带血茸加工程序参见表1-2-26。

表1-2-26 带血茸加工程序

天数	马鹿茸				花三杈锯茸				花二杠锯茸			
	煮炸		烘烤		煮炸		烘烤		煮炸		烘烤	
	下水次数	时间(s)	温度(℃)	时间(h)	下水次数	时间(s)	温度(℃)	时间(h)	下水次数	时间(s)	温度(℃)	时间(h)
第1天	3～4	60～80	73	2～3 2～2.5	3～4	50～60	73	2～2.5 2～2.5	3～4	40～60	73	1.5～2
第2天	5～7	40～50	73	1.5～2 1.5～2	4～5	30～40	73	2～3 2～3	3～4	10～20	73	1～2
第3天	4～5	40～50	73	1.5～2 1.5～2	4～5	20～30	73	1～1.5	3～4	10～20	73	1～2
第4天	3～4	50～60	73	1～1.5 1～1.5	3～4	10～20	73	1～1.5	3～4	10～20	73	1～1.5

学习评价

一、名词解释

鹿茸　茸用鹿　二杠茸　马莲花茸　花三杈茸　初角毛桃　再生茸　念珠茸　珍珠盘　角盘　冰枝　眉枝　排血茸　躲茸现象　草桩

二、填空题

1. 鹿茸初加工中烘烤最佳温度是_____，排血茸加工共煮炸_____水。

2. 不同的茸用鹿的鹿茸各有特点，其中_____公鹿、母鹿都生茸，_____茸角第一分枝向后分生。

3. 在茸用鹿生产中为创造更高的经济效益，对于生长爬头茸的成年茸用鹿应收取_____茸，对于出生后第四年且3岁时生产二杠茸在0.7kg以上的茸用鹿应收取_____茸。

4. 在梅花鹿饲养管理中，人们通常说的小鞍茸是指脱盘后_____d后的鹿茸，磨脐是指脱盘后_____d左右的鹿茸。

5. 成年雄性东北马鹿体重是_____kg，成年雌性梅花鹿体重是_____kg；梅花鹿仔鹿初生重大约是_____kg，马鹿仔鹿初生重是_____kg。

6. 我国最大的茸用鹿是_____，最小的茸用鹿是_____；梅花鹿、马鹿的鹿茸分枝方向是_____分生，驯鹿的第一分枝方向是_____分生。

7. 梅花鹿出生后第_____年可以生长二杠茸，正常情况下，生后第_____年后以收取三杈茸为主；梅花鹿脱盘后大约_____d开始分生眉枝，马鹿脱盘后大约_____d开始分生冰枝。

三、选择题

1. 梅花鹿出生后_____的鹿称为第四锯鹿。
   A. 第一年　　B. 第三年　　C. 第五年　　D. 第六年　　E. 第八年

2. 排血茸加工第二水煮炸加工共煮炸_____。
   A. 一排　　B. 两排　　C. 三排　　D. 四排　　E. 五排

3. 莲花茸通常在马鹿脱盘后_____内收取。
   A. 15d　　B. 25d　　C. 55d　　D. 75d　　E. 85d

4. 躲茸期是指_____。
   A. 鹿的配种期　　　　B. 鹿的产仔期　　　　C. 鹿的硬角期
   D. 鹿的生茸期　　　　E. 鹿的妊娠期

5. 梅花鹿出生后_____的鹿称为第二锯鹿。
   A. 第一年　　B. 第二年　　C. 第三年　　D. 第四年　　E. 第五年

6. 排血茸加工中从_____煮炸加工后开始进行烘烤。
   A. 第一水　　B. 第二水　　C. 第三水　　D. 第四水　　E. 第五水

7. 关于鹿茸说法正确的是_____。
   A. 梅花鹿二杠茸的排液率通常是7%～8%
   B. 茸鹿出生后分枝数量随着年龄增加而增加

C. 梅花鹿出生后第二年开始生茸

D. 冰枝是指鹿茸的第三分枝

E. 梅花鹿与马鹿茸的区别之一是马鹿茸第一与第二分枝间距较近

四、思考题

1. 茸用鹿有哪些常见种类？有何外貌特征？
2. 如何区分天山马鹿与东北马鹿？
3. 梅花鹿、马鹿有哪些生物学特性？生产中如何应用这些特性？
4. 茸鹿不同时期的饲养管理要点有哪些？
5. 肺坏疽病是如何发生的？应如何防治？
6. 对茸鹿如何确定收茸种类？收茸时机如何把握？
7. 梅花鹿排血茸初加工工序如何安排？第一水煮炸加工收技术要点有哪些？

项目三 水貂养殖

水貂在动物分类上隶属哺乳纲、食肉目、鼬科、鼬属，是短毛型小型珍贵毛皮动物。水貂皮板质柔韧、毛绒细密，轻便美观，针毛呈剑状，富有光泽。毛绒丰厚致密，毛色美观富有光泽。水貂皮是世界流行的高档裘皮服装和服装镶边的原料，在国内外市场占有十分重要的地位，是裘皮市场三大支柱之一，有裘皮之王的美称。

学习目标

能够根据水貂生物学特性，选择适宜场所建造貂场；掌握水貂繁育技术，能完成水貂的选种选配；掌握水貂的营养需要和标准，重点掌握不同时期的饲养管理要点。

学习任务

任务一 貂场建设

一、场址选择

水貂场址要建在地势较高、地面干燥、背风向阳的地方，同时要有稳定的饲料来源。貂场用水量很大，场地应选在地上或地下水源充足和水质好的地方。交通便利、用电方便，但应注意距离主要的公路干线、铁路、居民区和其他畜牧场 500m 以上。

二、水貂棚舍

貂棚是安放水貂笼箱的简易建筑，有遮挡雨雪及防止烈日暴晒的作用。水貂棚舍结构简单，只需要棚柱、棚梁和棚顶，不需要四壁。棚顶可用石棉瓦、油毡纸等覆盖。貂笼在棚内可双层两行排列，中间为过道。

水貂棚舍大致规格是：棚长 50～60m（长短据规模灵活掌握），棚宽 3m，棚间距离 3～4m；棚檐高 1.1～1.5m，屋顶高 2.5m 左右，用"人"字形起架（图 1-3-1）。

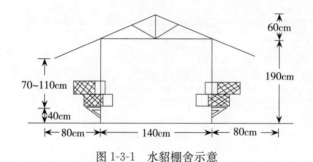

图 1-3-1　水貂棚舍示意

三、貂笼与窝箱

1. 貂笼　貂笼是水貂活动的场所，多用电焊网编制笼子，其规格和样式较多，但必须具有简单实用、不影响正常活动、确保不跑貂、符合卫生条件和便于管理等特点。常见水貂笼长、宽、高的规格是：种貂笼 60cm×45cm×45cm，皮貂笼 60cm×40cm×40cm。

2. 窝箱　用 1.5~2cm 厚木板制成。其长、宽、高种貂分别是 40cm、35cm、35~40cm，皮貂分别是 35cm、38cm、25cm。皮貂窝箱为连体结构，在 38cm 宽度的正中有隔板，使窝箱一分为二。种貂窝箱上方留有可开启的箱盖，在箱盖的下方安装有网盖。在窝箱与笼网相接的一侧开有直径 10~12cm 的圆孔，此孔为窝箱通向笼网的水貂出入孔，孔的边缘用镀锌铁皮包边，以免水貂咬损和擦损水貂毛皮。

3. 其他辅助设备　包括饲料加工室、饲料贮藏室、毛皮加工室、兽医室和综合化验室等。

任务二　水貂的生物学特性

一、形态特征

自然界中，水貂有美洲水貂和欧洲水貂两种，目前人工饲养的水貂主要是美洲水貂的后代。美洲水貂体躯细长，头小而圆，眼小而圆，耳郭小，四肢较短，前后肢均为五趾，趾端具有锐爪，趾间有微蹼，肛门两侧有腺体。尾细长，尾毛长而蓬松。成年公貂体重明显大于母貂，公貂体重 1.5~3.0kg，体长 38~50cm，尾长 18~22cm；成年母貂体重 0.9~1.5kg，体长 34~37cm，尾长 15~17cm。仔貂初生重 7~10g，刚出生的仔貂身上裸露无毛，闭眼。

水貂按照毛色分为标准貂和彩貂两大类，标准貂体毛呈黑褐色，下颌有白色喉斑，被毛短而密，周身针毛呈剑状，绒毛细柔；彩貂是标准貂变异或人工培育而成，毛色有白色、灰蓝色、黄褐色、黑色等多个色系。

二、生物学特征

1. 生理学特点　水貂的寿命一般为 12~15 年，其中繁殖能力年限 8~10 年，人工饲养条件下，繁殖利用年限为 3~6 年。

2. 消化特点　水貂是单胃食肉性动物，消化道短，胃肠容积小，无盲肠，食物通过消化道的速度快（一般 3~4h），易于消化吸收营养价值高、含有大量蛋白质和一定数量的动物性饲料。水貂有贮食习性，家养情况下水貂有为开食仔貂叼送饲料的习性。水貂的采食比较匆忙，要注意饲料的加工调制。

3. 生活习性　水貂生性凶猛，听觉、嗅觉灵敏，行动敏捷。喜欢游泳和潜水，多在夜间活动。水貂喜欢单独活动，只有交配季节雌雄才可能一起活动。水貂有搬弄仔貂行为，在野生状态下，当受到声音或气味惊扰时，哺乳期母貂便会将仔貂叼离原来巢穴至另外的巢穴，这是一种自卫反射。水貂有定点排粪行为，一旦选定排粪地点便很难改变。母貂在仔貂开食前有舔食仔貂肛门刺激仔貂排粪尿行为，这一行为对于保持巢穴或窝箱的卫生十分有利。

4. 毛被脱换　水貂的被毛生长、脱换具有明显的季节性，以春分和秋分为信号，每

年春、秋季各换毛一次。水貂冬毛的生长与光照关系密切，每年夏至后随着日照时数的逐渐缩短，到8月末、9月初夏毛开始慢慢脱落，冬毛开始长出；秋分后冬毛生长加快，9—11月为水貂冬毛生长期，11月末、12月初冬毛成熟。在南方，水貂被毛成熟较北方晚。

任务三　水貂的繁育

一、水貂的生殖生理

水貂是季节性繁殖的动物，每年2月下旬至3月发情交配，4月下旬至5月产仔。育成貂9～10月龄性成熟。

1. 公貂的生殖器官及特点　公貂的生殖系统由睾丸、附睾、输精管、副性腺及阴茎等部分组成。睾丸有明显的季节性变化，春分以后，随着光照时数的增加，公貂睾丸逐渐萎缩，进入退化期。秋分以后，随着光照时数的逐渐缩短，睾丸又开始发育，到2月时，睾丸重量可达2.0～2.5g，体积增大，形成精子，雄性激素分泌明显增加，出现性欲。3月上、中旬是公貂性欲旺期，3月下旬配种能力下降，5月睾丸发生退行性变化，到夏至时睾丸重量和体积降至最低值。

2. 母貂的生殖器官及特点　母貂的生殖系统由卵巢、输卵管、子宫、阴道和外生殖器官组成。母貂有一对卵巢，左右各一，是周期性产生卵细胞的器官，同时还分泌雌性激素，以促进其他生殖器官及乳腺的发育，并使发情期母貂产生性欲。在4月下旬至5月上旬，成年母貂卵巢重量和体积逐渐减少，秋分以后，卵巢中的卵泡开始发育，卵巢的重量和体积有所增长，当卵泡直径达1.0mm以上时，母貂就出现发情和求偶现象。

3. 发情　公貂在整个配种季节始终处于发情状态，母貂为季节性多次发情。在整个配种季节里，母貂出现2～4个发情周期，每个发情周期通常为7～10d，动情期持续1～3d，间情期一般为5～6d。母貂在动情期容易接受交配，并能排卵受孕，但在间情期内不接受交配，即使强行交配，也不能诱发排卵，故此期称为排卵不应期。

4. 排卵　水貂是诱导性排卵的动物，排卵需要交配刺激或类似的神经刺激。母貂通常在交配后37～72h排卵，排卵数平均是9（3～17）个。

5. 受精　母貂的受精部位在输卵管的上段，精子在母貂生殖道内保持受精能力的时间通常为48～60h，而卵细胞在排卵后12h左右失去受精能力。

6. 妊娠　水貂的妊娠期变化幅度很大（37～83d），平均为51～52d。水貂的配种日期、水貂毛色、配种方法及个体差异等都在不同程度上影响妊娠期。配种期每差1d，妊娠期平均缩短0.44d。在交配1次的情况下，水貂的妊娠期与配种日期关系可表示为：$G=59.31-0.44 \times t_1$。式中，G为妊娠期；t_1为配种日期。水貂自受精到产仔整个妊娠过程可分为卵裂期、胚泡滞育期、胎盘期三个阶段。

7. 产仔　母貂的产仔期为4月下旬至5月下旬，旺期是4月25日到5月10日，占总产胎数的70%～80%。胎平均产仔数为6.5只，变动范围为1～19只，彩貂产仔数比标准貂稍低。胎产仔数与产仔日期有关，在5月10日前产仔的母貂窝产仔数较高。产仔时间多在夜间或清晨，顺产持续时间为0.5～4h，每5～20min娩出1只仔貂。判断母貂产仔的主要依据是听产箱内仔貂的叫声和查看母貂食胎盘后排出的黑色粪便。

二、水貂毛色遗传常识

已知控制水貂毛色的基因有 21 对，目前世界上通用的水貂名称和基因符号有美国和斯堪的纳维亚半岛两个系统，后者主要用于丹麦、瑞典、挪威、荷兰和俄罗斯等国家。

彩貂是标准貂毛色基因突变及其组合而成，目前水貂毛色基因发生突变的已有 30 多个，组合型已增加到百余种，有些彩貂具有较高的经济价值，如岩红色水貂（aappbaba bmbm）皮单价比标准貂高 10～15 倍，玫瑰色水貂（Ffbbt^{s}t^{s}kk）皮的单价高达标准貂皮的 25～40 倍。

根据引起彩貂毛色发生变化的基因型不同，可将彩貂划分为隐性突变型，如银蓝色貂（pp）、白化貂（cc）、咖啡色貂（bb）等；显性突变型，如黑十字貂（SS、Ss）、银紫色貂（Ff）等；组合型，如蓝宝石色貂（aapp）、咖啡十字貂（bbSS）、帝王白貂（bbcc）等。根据对控制毛色特征起主要作用的基因数不同，通常将彩貂分为一对特征基因彩貂、两对特征基因彩貂、多对特征基因彩貂等。

三、水貂的选种选配

1. 选种 包括初选、复选和精选。

（1）初选。在 5 月末至 6 月进行。根据配种期和产仔期的情况，淘汰不良的种貂。

公貂应选择配种开始早、性情温顺、性欲旺盛、交配能力强（交配母貂 4 只以上，配种 8 次以上）、精液品质好、所配母貂全部产仔和产仔数多的继续留种。

母貂选择发情正常、交配顺利、产仔早、产仔数多（5 只以上）、母性好、乳量充足和所产仔貂发育正常的继续留种。

仔貂主要是窝选，选择出生早（公貂 5 月 5 日前，母貂 5 月 10 日前）、发育正常、系谱清楚和采食早的仔貂，比计划留种数多留 30%～50%。

（2）复选。在 9 月 10 日进行。对成年种貂，除个别有病和体质恢复较差者以外，一般继续留种。育成貂则要选择体质健壮、体型较大和换毛早的个体留种。复选的数量应为计划留种数的 20%～25%。

（3）精选。在 11 月下旬打皮前进行，对所有欲留种的种貂进行一次选种，最后按生产计划定群。精选时要结合系谱综合考虑，将毛绒品质作为重点。

毛绒品质：标准水貂毛色深，近于黑色，全身被毛基本一致。针毛灵活、平齐、有光泽、长度适宜、分布均匀、无白针。针毛长不超过 2.5cm，分布均匀；绒毛厚密，长 1.2～1.4cm，呈深灰色，针绒毛长度比在 1：0.65 以上。被毛密度，鲜皮每平方厘米 1.2 万根以上，干皮每平方厘米 2.0 万根以上。

体型与体质：体型大、体质好、食欲正常、无疾病。公貂后肢粗壮，尾长而蓬松，经常翘尾。母貂体型稍细长，臀部宽，头部小，略呈长三角形，短而粗胖的母貂不能留种。

公、母比例：标准貂是 1：（4～4.5），彩貂为 1：（3～3.5）。

年龄：2～3 岁的水貂繁殖力高，应占貂群的 50%～60%，当年留种的幼貂占 30%。

2. 选配 选配是选种工作的继续，有了优良的种貂后，只有合理选择公、母貂进行交配，才能获得更为理想的效果。

（1）品质选配。可分为同质选配和异质选配两种。同质选配是选择性状相同、性能表现一致的优良公母貂进行交配,目的在于巩固和发展这些优点。异质选配是选择在主要性状上各不相同的公母貂交配,以综合双亲优点,创造一个新的类型;或选择具有同一性状而性能优劣表现不同的公母貂进行交配,其目的在于以优改劣。

(2) 亲缘选配。根据个体之间的亲缘关系,亲缘选配可分为近交和远缘杂交。近交可分为与亲本的回交、全同胞交配、半同胞交配等。

(3) 等级选配。等级选配是根据公母貂交配双方的等级进行的选配方式。由于公貂对后代的影响面远远高于母貂,所以要求公貂的等级高于母貂,决不能使母貂的等级高于公貂。

(4) 年龄选配。种貂的年龄选配对选配的效果有一定的影响。一般 2~3 岁的壮年种貂的遗传力比较稳定,选配后的生产效果也比较好;而年龄较小的种貂遗传力相对不稳定,老年的种貂选配后其后代的生活力往往较差。所以,生产上要尽量避免老公貂配小母貂、小公貂配小母貂、老公貂配老母貂的选配组合。

(5) 体型选配。大型公貂配大型或中型母貂,中型公貂配中型母貂或小型母貂,小型公貂配小型母貂为宜。大型公貂和小型母貂或小型公貂和大型母貂不宜配对。

四、水貂配种

1. 配种前准备 从 12 月开始注意貂的体况,调整饲料搭配,使种貂达到腹部平展、体躯匀称、肌肉丰满健壮、行动灵活、性欲旺盛的要求。

2. 科学把握配种期 水貂配种期受光周期制约,有地域差异,一般在 2 月末至 3 月下旬,历时 20~25d,配种旺期一般集中在 3 月中旬。为获得较好配种效果,生产中通常采用分阶段异期复配配种体制,要求初配阶段完成初配,不允许复配,复配阶段尽可能完成复配,补配阶段查空补配。

3. 发情鉴定 以检查外生殖器为主,结合活动表现进行综合判断。公貂发情烦躁不安,食欲不振,常在笼中徘徊走动并发出"吱咕"叫声。母貂发情时精神兴奋,趋向异性,排尿次数增多或伏卧笼底。观察外生殖器可见外生殖器周围的毛被略分开,阴唇充血、肿胀和微外翻,黏膜湿润呈白色或粉红色,并有白色或黄色黏液流出,为适宜配种期。

4. 选择合理配种方式
(1) 同期复配。在一个发情周期里,母貂连续 2d(1+1)或隔 1d(1+2)交配 2 次称为同期复配。对初配阶段未完成初配的母貂进入配种旺期必须采用这种方法,以确保完成复配并获得较好的效果。

(2) 异期复配。在两个以上的发情周期里进行 2 次以上的有效交配称为异期复配,也称为周期复配。根据实际情况,异期复配又可分为两个发情周期 2 次交配(1+7)、两个发情周期 3 次交配(1+7+1、1+1+7、1+2+7)两种方法。前者是前一个发情周期初配,间隔 7~9d 后再交配 1 次;后者是指前一个发情周期交配 1 次,间隔 7~9d 后再交配 2 次(1+7+1),或前一个发情周期交配 2 次,间隔 7~9d 后再交配 1 次(1+1+7、1+2+7)。

5. 掌握水貂配种技术 放对又称为试情配种。初配阶段,每日放对 1 次,可在早晨喂饲后 0.5~1.0h 进行。配种旺期即复配阶段,母貂发情的多,复配的也多,可每日放对 2 次,在早饲前和下午各放对 1 次。放对时,将发情母貂(连同牌号)抓至公貂笼门前,来回逗引,如果公貂发出"咕咕"叫声,打开笼门,将母貂头颈部送入笼内,待公貂叼住颈背部后,母貂并不激烈挣扎,将母貂顺势放入公貂笼内,松手关好笼门,让其交配,并观察一段时间，以便掌握配种情况。对于发情不好或未发情的母貂，当公貂爬跨时往往挣扎或逃避，有时还会发出刺耳的尖叫，对公貂表示敌意甚至咬公貂，应立即抓回母貂，以防咬伤公貂。

6. 配种结束后处理　对于配种能力强的公貂要合理应用，初配期，每天只能交配1次，复配期每只每天最多配2次。2次间隔时间至少是在4h，连续2d交配4次的公貂要休息1d才合理。不能利用的公貂可以分等级淘汰。母貂进入妊娠初期要细心饲养。

任务四　水貂的饲养管理

一、水貂饲料与合理利用

1. 动物性饲料　动物性饲料在水貂日粮中可占60%～70%，比较理想的动物性饲料搭配比例是：肌肉10%～20%，肉类副产品30%～40%，鱼类40%～50%。

（1）鱼类饲料。鱼的种类较多，资源广泛，价格低廉，是水貂动物性蛋白质的主要来源之一。鱼类概括起来可分为海杂鱼类和淡水鱼类两种，除了河豚有毒外，都可以作为水貂的饲料。水貂日粮中全部以鱼类为动物性饲料时，可占日粮重量的70%～75%，如果鱼、肉及副产品搭配时，鱼类可占动物性饲料的40%～50%。

就营养成分而言，100g杂鱼中平均含10～15g可消化蛋白质、1.5～2.3g脂肪和334.4～355.3kJ代谢能。新鲜海鱼含有较多的脂溶性维生素，但利用长期保存的鱼类时，必须考虑在日粮中补加脂溶性维生素。

（2）肉类饲料。肉类饲料种类很多，只要新鲜、无病、无毒，均可作为水貂饲料。对病畜肉和来源不明及可疑被污染的肉类，必须经过兽医检查或高温无害处理后方可利用。

在水貂的繁殖期里，严禁利用经己烯雌酚处理过的畜禽肉。如果日粮中含有10μg以上的己烯雌酚就可能导致水貂不育。用难产死亡及注射过催产素的动物肉饲喂水貂可造成水貂流产。

（3）肉类副产品。肉类副产品包括畜禽的头、骨、内脏和血液等。这些产品除肝脏、心脏、肾脏和血液外，蛋白质的消化率和生物学价值较低。因此，利用这些副产品喂貂数量要适当，并注意同其他饲料搭配。繁殖期注意不喂含激素的副产品。肉类副产品一般占动物性饲料的40%～50%。

（4）乳类和蛋类。乳类是全价蛋白质饲料，消化率很高（95%），适当添加可提高饲料的适口性和蛋白质的生物学价值。但由于成本高，一般只在妊娠期和哺乳期使用，每只水貂的喂量一般不超过40g。鲜乳在70～80℃下经15min消毒后方可使用，酸败变质的乳不可使用。如果用全脂乳粉调制，用开水按1：（7～8）的比例稀释。

蛋黄对水貂性器官的发育、精子和卵子的形成及乳汁分泌都具有良好的促进作用，蛋壳可作为矿物质的补充来源，在准备配种期，公貂每只用量10～20g，可提高精液品质。由于生蛋的蛋白中含有一种抗生物素蛋白，这种蛋白能与生物素结合形成无生物活性的复合体，长期使用生蛋喂貂会使水貂出现皮肤炎、毛绒脱落等症状，所以应熟喂。

（5）干饲料。常用的动物性干饲料有鱼粉、干鱼、血粉、干蚕蛹和羽毛粉等，饲喂时应逐渐增加喂量，并经过蒸煮处理后与其他饲料搭配。

2. 植物性饲料

（1）谷物。在生产中常用的谷物有玉米、小麦、大麦、高粱、细米糠等。各地饲养场多数以玉米作为主要的谷物性饲料。

在水貂日粮中,每只貂平均15～30g谷物,一般不超过50g。在生喂情况下,谷物性饲料消化率较低,比如玉米面与肉类搭配,其中的淀粉消化率仅为50%,而熟喂其消化率可提高到91%以上,因此谷物性饲料应熟喂。

豆类一般占日粮中谷物类的20%～30%为宜。国外油饼类占日粮的15%～20%,即每日每只貂4～6g。马铃薯和甘薯熟制后可用来代替部分谷物饲料(9—10月可代替谷物30%～40%)。发芽的马铃薯含有大量龙葵素,能引起中毒,不能饲喂。

(2) 瓜果与蔬菜。常用的蔬菜有白菜、油菜、菠菜、甘蓝、胡萝卜、萝卜、南瓜、嫩苜蓿和一些野菜及水果等,是维生素E、维生素K、维生素C的主要来源。

叶菜的维生素和矿物质含量丰富,日粮中可占10%～15%(重量比),即30～50g,占总热量的3%～7%。菠菜有轻泻作用,同时由于草酸含量高,容易和钙、铁等形成不溶性的草酸盐,影响矿物质的吸收,一般与白菜和莴苣结合利用为好。瓜果类可占瓜果与蔬菜总量的30%。蔬菜、瓜果要充分洗净,打碎后与饲料混合生喂。要了解是否有农药,以防中毒,造成不必要的损失。

3. 添加剂饲料

(1) 维生素。水貂日粮中要注重适当添加维生素A、维生素E、维生素B_1、维生素C等,正常饲养情况下,其他维生素基本不缺。

(2) 矿物质。常用的矿物质主要有钙、磷和食盐,有的还添加铁、铜、钴等微量元素添加剂。

二、营养需要与饲养标准

1. 营养需要

(1) 蛋白质。水貂所需要的蛋白质主要来源于动物性饲料。在水貂日粮中,动物性蛋白质占80%～90%,而植物性蛋白质仅占10%～20%。

在水貂的准备配种期、配种期和育成期,以肉类或海杂鱼为主的日粮,水貂每千克体重需要可消化蛋白质20～25g,妊娠期为25～30g,冬毛生长期以杂鱼和动物副产品为主时,每千克体重需要可消化蛋白质30g以上,维持期不能低于17g。一般7—10月每千克体重需要可消化蛋白质30g,11—12月为27g,1—3月为22～25g。

(2) 脂肪。脂肪是能量的主要来源,水貂在不同时期对脂肪的需要量有较大差异。繁殖期脂肪可占日粮干物质的15%～18%,哺乳期为20%～25%,育成期23%,冬毛生长期可降至18%～20%。

因为水貂的日粮中含有较多的脂肪,所以通常不需要补充必需脂肪酸。但是,在大量采用鱼粉、干鱼、蚕蛹粉等干饲料时则需要补加。日粮中含有1.5%的亚麻油酸和0.5%亚麻酸就可有效地预防必需脂肪酸的缺乏症。

(3) 糖类。含1MJ代谢能的饲料中,谷物的最低标准量是9.6g,最高28.7g,相当于代谢能的10%和13%。水貂日粮中谷物的含量一般为15～25g。

水貂对纤维素的消化能力很低,若日粮的干物质中含有1%的纤维素,则对胃肠道的蠕动、食物的消化和幼貂的生长都有良好的促进作用;但增加到3%时就会引起消化不良。

2. 饲养标准 我国饲料来源广泛,水貂日粮的饲料组成和类型多种多样,各地区的气候条件也有很大的差别，因此还没有制定出全国统一的科学标准。以下仅介绍一些经验性的标准，供参考。

（1）以热量为基础的日粮标准。该标准依据水貂不同时期每天所需要的热量为基础，并规定日粮中所含可消化蛋白质的数量（表1-3-1、表1-3-2）。

表1-3-1　以热量为基础的日粮标准

饲养时期	月	代谢能（kJ）	可消化蛋白质（g）	占代谢能比值（%）			
				肉、鱼类	乳、蛋类	谷物	蔬菜
准备配种期	12月至翌年2月	1 045.0～1 128.6	20～28	65～70	—	25～30	4～5
配种期	3	961.4～1 045.0	23～28	70～75	5	15～20	2～4
妊娠期	4—5	1 086.8～1 254.0	25～35	60～65	10～15	15～20	2～4
哺乳期	5—6	1 045.0*	25～35	60～65	10～15	15～20	3～5
幼貂育成期	6—9	752.4～1 463.0	20～35	65～70	5	20～25	4～5
恢复期	♀7—8 ♂4—8	1 045.0	20～28	65～70	—	25～30	4～5
冬毛生长期	9—11	1 045.0～1 254.0	30～35	60～65	5（血）	25～30	4～5

* 在1 045kJ的基础上，根据胎产仔数及其采食量的增加，逐日增加饲料。

表1-3-2　育成期幼貂经验标准

月龄	性别	代谢能（kJ）	占日粮热能比（%）			可消化营养（g）		
			动物性饲料	谷物类	果蔬类	蛋白质	脂肪	糖类
1.5～2	公貂	1 046～1 464.6	65	28	7	30～40	6～9	16～24
	母貂	795～920.6				22～30	4～7	12～16
2～3	公貂	1 046～1 129.8	60	32	8	25～35	4～6	22～32
	母貂	962.5～1 129.8				18～25	3～5	16～22
3～4	公貂	1 129.8～1 422.8	60	32	8	28～40	5～6	22～32
	母貂	836.9～1 046				20～28	5～6	16～22
4～7	公貂	1 046～1 464.6	65	28	7	30～45	6～8	16～24
	母貂	836.9～1 046				22～30	6～8	12～16

（2）以重量为基础的日粮标准。该标准以水貂不同时期每天所需饲料的总重为基础，并规定日粮中所含可消化蛋白质的数量，以及各种饲料所占重量的百分比（表1-3-3、表1-3-4）。

表1-3-3　以重量为基础的日粮标准

生理阶段	月	日粮（g）		日粮组成（%）				
		总重量	可消化蛋白质	肉、鱼	乳、蛋	谷物	蔬菜	豆汁
准备配种前期	9—11	350～300	30～25	50～60	—	15～20	12～14	15～20
准备配种后期	12月至翌年2月	300～250	30～23	55～60	—	10～15	8～10	10～15
配种期	3	220～250	23～28	60～65	5	10～12	8～10	5～10
妊娠期	4—5	260～350	25～35	60～65	5～10	10～12	10～12	10～15
泌乳期	5—6	300以上	25以上	55～60	10～15	10～12	10～12	10～15

（续）

生理阶段	月	日粮（g）		日粮组成（%）				
		总重量	可消化蛋白质	肉、鱼	乳、蛋	谷物	蔬菜	豆汁
幼貂育成期	7—8	180～350	15～30	55～60	—	12～14	12～14	15～20
冬毛生长期	9—11	350～300	30～25	45～55		12～14	12～14	15～20

注：喂貂用的谷物组成是玉米80%、豆粉10%、麦麸10%。

表1-3-4　不同饲养时期维生素需要标准（每日、每只）

饲养时期	月	维生素					
		A（IU）	D（IU）	E（mg）	B_1（mg）	B_2（mg）	C（mg）
准备配种期	12月至翌年2月	500～800	50～60	2～2.5	0.5～1.0	0.2～0.3	
配种期	3	500～800	50～60	2～2.5	0.5～1.0	0.2～0.3	
妊娠期	4	800～1 000	80～100	2～5	1.0～2.0	0.4～0.5	10～25
哺乳期	5—6	1 000～1 500	100～150	3～5	1.0～2.0	0.4～0.5	10～25
恢复期	7—8	300～400	30～40	2～5	0.5	0.5	
冬毛生长期	9—11	300～400	30～40	—	0.5	0.5	

知识拓展

水貂红爪子病

水貂红爪子病是日粮中缺乏维生素C所致，妊娠母貂日粮中长时间缺乏维生素C不仅可导致妊娠母貂化胎，还可导致出生后的仔貂爪子充血红肿。初生仔貂爪子充血红肿会引起母貂为其舔舐而引起出血，最后引起母貂食仔现象的出现。为避免水貂红爪子病的发生，对于妊娠期的母貂日粮中要注意补加维生素C与蔬菜；对于患病的仔貂，可通过滴喂维生素C制剂进行治疗。

三、不同时期水貂的饲养管理

1. 准备配种期的饲养管理

（1）准备配种期的饲养。将准备配种期分为准备配种前期（9月21日至10月21日）、准备配种中期（10月22日至12月21日）和准备配种后期（12月22日至3月4日）3个时期。

准备配种前期主要是促进冬毛生长，恢复体况，为安全越冬做准备，因此日粮中应用较高的能量。准备配种中、后期主要是调整营养，平衡体况，以促进生殖器官尽快发育，因此需要全价蛋白质饲料和多种维生素，热量标准可适当降低。

（2）准备配种期的管理。在水貂准备配种期，要为配种做好准备，调整体况，注意防寒保暖，做好卫生防疫、保持干净清洁，做好发情鉴定、适时放对配种，做好种貂和皮貂的饲养管理。

2. 配种期的饲养管理

（1）配种期的饲养。由于受性活动的影响，水貂的食欲有所减退，特别是公貂更为明显，因此要供给新鲜、优质、适口性好和易于消化的饲料，但喂量不宜过多。对于食欲下降明显甚至拒食的公貂，可在日粮中加一些鲜肝、生肉等，使其尽快恢复食欲。

（2）配种期的管理。水貂配种期通常采用早饲后放对，中午补饲，下午放对后喂饲的方法。无论饲喂制度如何安排，都必须保证水貂有一定的采食与消化时间，早饲后 1h 内不宜放对，中午应使水貂休息 2h 以上，不能连续放对。晚上不宜带灯饲喂和放对，以免因增加光照时间从而引起水貂发情紊乱，造成失配和空怀。必须保证水貂有充足而清洁的饮水，特别对配种结束后的公貂更为需要，同时要搞好配种记录，为翌年选配和后代留种提供依据。

3. 妊娠期的饲养管理

（1）妊娠期的饲养。妊娠期必须保证饲料品质新鲜，严禁喂给腐败变质或贮存时间过长的饲料，日粮中不许搭配死因不明的牲畜肉、难产死亡的母畜肉、经激素处理过的畜禽肉及其副产品，以及动物的胎盘、乳房、睾丸和带有甲状腺的气管等。日粮必须注意维生素 C 的添加，妊娠母貂缺乏维生素 C 容易出现化胎现象。

（2）妊娠期的管理。妊娠期内要适当控制体况在中等略偏下水平，夜间禁止开灯、防止化胎，做好卫生防疫、饲喂用具定期消毒，对妊娠母貂随时观察、做好记录。

4. 产仔哺乳期的饲养管理

（1）产仔哺乳期的饲养。哺乳期的日粮要维持妊娠期水平，在饲料种类上尽可能多样化，适当增加蛋、乳类和肝脏等容易消化的饲料。水貂在临产前后多半食欲有所下降，日粮应减去总量的 1/5，几天后母貂食欲恢复正常，应根据胎产仔数和仔貂日龄及母貂食欲情况，每日按比例增加饲料量。常规饲养一般日喂 2 次，中午补饲 1 次。此期的饲料要加工得细一些、调制得稀一些，但必须能使母貂衔住以便喂养仔貂。

（2）产仔哺乳期的管理。随时观察、随时待产。照顾好新生仔貂，注意气候骤变，保持环境安静，保持小室清洁干净。

5. 仔幼貂的饲养管理

（1）仔貂的养育。仔貂饲养不当就会导致死亡。引起仔貂死亡原因很多，主要包括：给妊娠母貂喂饲氧化变质的或营养不全价的饲料，以及妊娠母貂患有某些疾病，导致难产、流产、死胎和胎儿畸形造成的死胎；窝箱保温不良，在笼网上产仔，或初生仔貂掉在地上，都可被冻死；产后缺水、检查人员手带有异味和外界异常的惊扰等，会引起水貂搬弄仔貂、遗弃仔貂、咬仔和吃仔；仔貂出生后不能及时吃不上初乳而造成的死亡；仔貂患有脓疱病、尿湿症和红爪子病等，都会引起仔貂死亡。

（2）幼貂育成期饲养管理。断乳后头 2 个月，幼貂正处在生长最迅速、骨骼和内脏器官发育最快的时期，应加强饲养管理，促进幼貂生长。断乳初期，日粮要用多种动物性饲料搭配，同时适当增加脂肪。7—9 月的日粮中，脂肪占总代谢能的 30%～31%，对幼貂的生长发育会收到良好的效果。此期日粮中要适当增加维生素和矿物质给量。

6. 恢复期的饲养管理 由于母貂经过妊娠期和哺乳期、公貂配种后体力消耗很大，变得很消瘦，所以水貂恢复期（公貂 3 月 21 日至 9 月 20 日；母貂 6 月 20 日至 9 月 20 日）的前半个月到 1 个月的日粮，应维持原来较高的饲养水平，待食欲和体况恢复后，再转入较低水平的恢复期饲养，否则会影响翌年的繁殖。

7. 冬毛生长期的饲养管理 不论是幼年貂还是成年貂，9—11 月均为冬毛生长期。进入 9 月，水貂由主要生长骨骼和内脏转为主要生长肌肉、沉积脂肪，同时随着秋分以后的日照周期变化，将陆续脱掉夏毛长出冬毛。日粮中应含蛋白质 27～35g，脂肪 10～16g，糖类 15～17g，日粮总量可达 300～400g。

皮用水貂应养在貂棚的阴面，避免阳光直接照射，否则会使黑褐色水貂毛色变浅。种貂放在阳面，以促进生殖器官发育。

知识拓展

预防水貂尿湿症

尿湿症是水貂的一种常发病、高发病，是水貂泌尿系统疾病的一个征候，而不是单一的疾病，有很多疾病，如阿留申病、黄脂肪病等都可继发尿湿症。维生素 B_1 缺乏、卫生较差引起水貂尿路感染、饲料的氧化变质等也可引发尿湿症。维生素 A 缺乏引起中枢神经系统机能紊乱，使盐类形成的调节机能障碍，肾、尿路上皮形成不全（角化）及脱落，以及长期饮水不足、尿液 pH 大于 6.1 等引发尿结石，也出现尿湿症。

该病主要发生于 40～60 日龄的仔、幼龄貂，如果继发于尿结石，常发生在生长发育旺期的幼貂阶段。病貂表现不随意地频频排尿，后肢、会阴、腹部被毛高度浸湿、黏着，皮肤变红、肿胀，逐渐出现脓疱，形成溃疡，以后被毛脱落、皮肤硬固、粗糙、出现坏死变化，步态蹒跚。由于病因不同，该病剖检变化不一。如果是黄脂肪病，机体皮下脂肪黄染，肝、肾土黄色。如果继发于阿留申病，机体消瘦，营养不良，可视黏膜苍白，口腔黏膜有溃疡。

该病根据临床症状可以确诊。采用抗生素结合 B 族维生素、维生素 E 治疗，可收到良好效果。采用加强卫生管理、供给充足饮水、保证饲料品质和维生素的有效添加、在幼貂阶段饲料中添加氯化铵等综合措施，可有效预防该病发生。

学习评价

一、填空题

1. 水貂繁殖特点包括_____性排卵、季节性_____发情、有_____不应期、妊娠期有_____期，水貂的妊娠期通常是_____d。
2. 水貂按毛色分为_____和_____两大类。
3. 水貂寿命一般为_____年，繁殖年限_____年，水貂睾丸有明显的_____变化。
4. 水貂是_____食肉性动物。
5. 水貂选种包括_____、_____、_____。

二、选择题

1. 水貂选配方法不包括_____。
   A. 同质选配　　　B. 产地选配　　　C. 亲缘选配　　　D. 体型选配
2. 引起水貂红爪子病的原因是缺乏_____。
   A. 维生素 C　　　B. 维生素 A　　　C. B 族维生素　　　D. 维生素 E

3. 与引起水貂化胎有主要关系的因素不包括_____。
   A. 妊娠期光照紊乱　　　　　　　　B. 饲料中含有带甲状腺的副产品
   C. 维生素 C 缺乏　　　　　　　　　D. 蛋白质水平偏低
4. 与水貂发生结石症有关的因素包括_____。
   A. 水貂患有尿湿病　　　　　　　　B. 日粮中维生素 A 缺乏
   C. 幼貂生长速度快　　　　　　　　D. 尿液 pH 小于 5.9
5. 水貂属于_____毛皮动物。
   A. 草食性单胃　　B. 肉食性　　C. 草食性反刍　　D. 杂食性

三、思考题

1. 水貂配种方法有哪些？
2. 水貂所需营养物质有哪些？
3. 饲料加工调制原则有哪些？
4. 如何对水貂进行选种？
5. 在水貂饲养管理中，植物性饲料和动物性饲料都有哪些？

项目四 狐养殖

狐在动物学分类上属于哺乳纲、真兽亚纲、食肉目、犬科,有狐属、北极狐属、大耳狐属、灰狐属和耳廓狐属等。狐是珍贵的肉食性毛皮动物,养狐是为了取得优质皮张。狐皮属于大毛裘皮,被毛轻暖,美丽素雅,是高档服装、披肩、围巾、帽子等产品的重要原料。近年来我国养狐业蓬勃发展,狐皮价格多年来比较稳定,从世界毛皮动物养殖总体趋势来看,我国养狐业有比较广阔的发展空间,前景良好。

学习目标

了解狐的形态学和生物学特性,并能在生产中应用这些特性指导生产;能够完成狐场的设计和建造,合理规划;熟悉狐的生殖生理及选种选配要点,依据繁殖特点掌握种狐的人工繁殖技术要点;掌握狐各时期饲养管理要点。

学习任务

任务一 狐场建设

一、场址选择

狐场场址的选择是养狐的基础,可影响狐场的效益和今后生产的发展。因此在建场前要考虑好以下几个方面:一是在地势较高、地面干燥、排水良好、背风向阳的地方建场;二是要有充足的饲料来源,最好建在产鱼区或畜禽屠宰场、肉联厂附近;三是要有良好的水源、电源;四是便于防疫;五是要交通便利,距离公路不远于300m,以便于调运饲料及各种物质器材。

二、狐场的建筑和设备

1. 狐棚 狐棚结构简单,只需棚柱、棚梁和棚顶,主要用来遮挡风雨及防止烈日暴晒。可用砖瓦、竹苇、油毡纸、钢筋水泥等制作。一般长50~100m,宽4~5m(2排笼舍)或8~10m(4排笼舍),脊高2.2~2.5m,檐高1.3~1.5m。

2. 笼舍 笼舍是狐活动、采食、排便和繁殖的场所,一般用12~14号铁丝编织而成。网眼规格:底为3cm×3cm,盖及四周网眼为3.0cm×3.5cm。种狐笼规格为长100~150cm、宽70~80cm、高60~70cm。将其安装在牢固的支架上,笼底距地面50~60cm。在笼正面一侧设门,规格为宽40~45cm、高60~70cm。

3. 小室 种狐和较为珍贵的皮用狐设有小室,可提高狐养殖经济效益。北极狐小室长、宽、高分别为60cm、50cm、45cm;银黑狐小室略大于北极狐,长、宽、高分别为75cm、60cm、50cm。小室内设走廊以防寒保温,在小室顶部设一活盖板,在朝向笼的一侧留直径为 25cm 的出入口。

4. 其他　根据养狐场规模，可建筑冷藏设备、毛皮加工室、兽医室、仓库、菜窖及围墙等；养狐场应备有自动捕狐箱、捕狐钳、捕狐网、捉狐手套、水盆、水桶、食盆及清扫的用具等。

任务二　狐的生物学特性

一、狐的形态特征

世界上人工饲养的狐有 40 多种，分属于狐属和北极狐属。养殖数量较多的主要有狐属的赤狐、银黑狐和北极狐属的北极狐，以及各种突变型或组合型的彩色狐。

1. 赤狐　又称红狐、草狐，在我国分布很广，有 5 个亚种，即西藏亚种、华南亚种、东北亚种、华北亚种和蒙新亚种。其中东北和内蒙古的赤狐毛长绒厚、色泽光润、品质最佳。赤狐体型细长，四肢较短，吻尖，耳直立，尾长而蓬松；足掌生有浓密短毛；肛门两侧有腺腺，能释放奇特臭味，称"狐臊"。赤狐毛色因季节和地理分布而有较大变异，常见的有火红、棕红、灰红等，四肢及耳背呈黑褐色，腹部黄白色，尾尖呈白色。成年公狐平均体重 5～6kg，体长 60～90cm，尾长 40～50cm；成年母狐平均体重 4.5～5.5kg，体长 60～80cm，尾长 36～40cm。

2. 银黑狐　又名银狐，起源于北美洲的阿拉斯加和西伯利亚东部地区，是赤狐在野生环境下的一个毛色突变种，也是人工驯养最早的一种珍贵毛皮动物，目前是狐属动物中人工养殖最多的一种，遍及世界很多国家。体躯比赤狐大，形态特征与赤狐相似，嘴尖，耳郭较大，耳形较尖。银黑狐的基本毛色为黑色，全身被毛中有黑色、白色和三色段（基部为黑色，毛尖为黑色，中间一段为白色）3 种针毛，3 种针毛比例和分布不同，毛被色泽和银色强度不同；绒毛的颜色为青灰色或灰褐色，银毛衬在灰褐色绒毛和黑色的毛尖之间，形成银雾状。嘴角、眼周围有银毛分布，脸上有一圈银色毛构成银环，形成一种"面罩"。耳、尾部、四肢下部、嘴部为黑色，尾尖为白色。银黑狐成年公狐体重 5.5～7.5kg，体长 57～70cm，尾长 40～50cm；母狐体重 5.0～6.6kg，体长 63～67cm。

3. 北极狐　产于亚洲、欧洲和北美北部近北冰洋地带，以及北美南部沼泽地区和森林沼泽地区。体型较小，体态圆胖，四肢和嘴较短，耳小。野生北极狐有两种毛色，一种为白色北极狐，该色型的狐被毛呈明显的季节性变化，冬毛主色调为白色，针毛有黑毛梢，背部、头部黑毛梢较多，夏季毛色呈灰蓝色；另一种为淡蓝色北极狐，其毛色在冬季呈淡褐色，其他季节呈深褐色。两种色型的北极狐的绒毛均为灰色或褐色。由于淡蓝色型北极狐的毛色主要为淡褐色，近于蓝色，白色北极狐夏季毛色呈灰蓝色，所以人们又将北极狐称为"蓝狐"。蓝狐绒毛细密、丰厚，针毛相对不发达。成年公狐体重 5～7kg，体长 56～68cm，尾长 25～30cm；成年母狐体重 4～6kg，体长 55～65cm，尾长 21～27cm。近年来，我国改良的北极狐体重可达 10～15kg，公狐体长达 80cm 以上，母狐体长达 65～70cm。

4. 彩色狐　是银黑狐、赤狐和北极狐的毛色变种或组合型的彩色狐。常见的狐属彩色狐有大理石狐、白金狐、琥珀色狐、巧克力色狐、珍珠狐、铂色狐、葡萄酒色狐等，北极狐属彩色狐，有北极珍珠狐、蓝宝石狐、奥达蓝宝石狐、北极蓝狐、影狐、桑立白狐等，以及狐属与北极狐属杂交形成的蓝霜狐、北方白狐、金岛狐等彩色狐。

二、狐的生物学特性

1. 生活习性 狐的生活环境较为多样,栖息地包括森林、草原、沙漠、高山、丘陵、平原和河流、溪水、湖泊岸边等地,常以石缝、树洞、土穴、墓地的自然空洞为洞穴,栖居地的隐蔽程度好,不易被人发现。狐狡猾多疑,昼伏夜出,反应机警,行动敏捷,攻击性强,会游泳,善于奔跑,听觉和嗅觉相当发达,记忆力强。狐以成对及家族居住为主,北极狐多数群居,规模可达20~30只。狐的汗腺不发达,毛大绒足,因此狐不耐炎热,抗寒力较强。在自然界中狐的天敌有狼、猞猁等猛兽。

2. 食性 狐的食性较杂,但以肉食为主。野生状态下以小型哺乳动物、鸟类、爬行动物、两栖动物、鱼类、蚌、昆虫及野兽和家禽的尸体、粪便为食,有时也采食浆果、植物籽实。狐还具有贮食性,当捕捉到多余食物时,就将当时未吃完或不太喜欢的食物贮存在松土、树叶或积雪下面以备将来食用,并习惯把贮藏食物的地点伪装起来,排尿做标记。

3. 毛被脱换 狐每年换毛1次,早春3—4月开始脱绒毛,先从头部、前肢开始换毛,其次为颈、肩、后肢、前背、体侧、腹部、后背,最后是臀部和尾部;7—8月开始脱换针毛,针毛、绒毛一起生长,直到11月形成长而稠密的冬毛。狐毛被生长的顺序是由后向前生长,因此在挑选种狐时,对于白色北极狐要选择尾部被毛首先变白的个体;在冬季打皮时,观察耳根、嘴处老毛是否换完是判断毛被是否成熟的一项重要指标。

4. 繁殖特性 狐属于长日照繁殖动物,一年繁殖1次,每年春季发情配种,公母狐共同抚育后代。赤狐的寿命为8~12年,繁殖年限为4~6年,银黑狐和北极狐的寿命分别为10~12年和8~10年,繁殖年限分别为5~6年和3~5年。

任务三 狐的繁育

一、生殖生理

狐属于季节性单次发情动物,一年只繁殖1次,只有在繁殖季节才能发情、排卵、交配、射精、受精。人工饲养条件下,狐的性成熟期为9~11月龄,一般公狐比母狐稍早一些。银黑狐配种期一般在1月中旬至3月下旬,旺期在2月,而北极狐配种期一般在2月中旬至4月下旬,旺期在3月。

1. 公狐的生殖器官及特点 公狐的生殖器官由睾丸、输精管、副性腺和阴茎组成。睾丸在5—8月处于静止状态,睾丸非常小,不能产生成熟的精子,8月末至9月初,睾丸开始发育,到11月睾丸明显增大,至翌年1月可见到成熟的精子,但此时不能配种,1月下旬至2月初,公狐睾丸质地柔软有弹性,有性欲,可进行交配,整个配种期60~90d。

2. 母狐的生殖器官及特点 母狐的生殖器官由卵巢、输卵管、子宫、阴道及外生殖器官组成。外生殖器官包括阴道前庭、阴唇和阴蒂。母狐的卵巢在夏季(6—8月)一直处于萎缩状态,8月末至10月中旬,卵巢上的卵泡逐渐发育,黄体开始退化,到11月末消失,卵泡迅速增长,翌年1月发情排卵(一般银黑狐在1月中旬开始发情;蓝狐要到2月中旬开始发情)。子宫和阴道也随卵巢的发育而发生变化,此期体积明显增大。

二、妊娠与分娩

1. 妊娠 狐的妊娠期平均为 51～52d，按初配日期推算：预产期应为月加 2、日减 8。妊娠期由于胎儿的生长发育，母狐新陈代谢旺盛，食欲增强，体重增加明显，毛色日渐光亮。母狐表现出性情温顺，喜安静，活动减少，常卧于笼网晒太阳，对周围异物、异声等刺激反应敏感。妊娠前期胚胎发育缓慢，30d 后可以看到腹部膨大，稍有下垂，越接近产仔期越明显。母狐有 4～5 对乳头，在妊娠后期乳房迅速发育，接近产仔期，在狐侧卧时可清楚看到颜色变深的乳头。

2. 产仔 银黑狐分娩产仔一般从 3 月中旬开始，多集中在 3 月下旬至 4 月上旬；北极狐则集中在 4 月下旬至 5 月上旬。产前用 2% 的氢氧化钠或 5% 的碳酸氢钠清洗产箱，小室和产箱之间的空隙之处用草堵塞，并在产箱内铺垫清洁柔软的干草。

母狐在分娩产前 2～3d 均有临产征兆，主要表现为大多数母狐拔掉乳房周围的毛和叼草做窝，产前一般突然停食 1～2 顿，分娩前母狐表现行动不安，用爪子不断挠产箱底，频繁出入产箱，频频排泄粪尿。母狐分娩时间多集中在夜间和清晨，分娩持续期为 1～3h，产仔间隔 10～20min。胎儿出生后，母狐将胎衣吃掉，咬断脐带并舔干仔狐身上的黏液。

刚出生的仔狐两眼紧闭，没有牙齿，身上被有稀疏胎毛。仔狐出生后 1～2h，身上胎毛干后，便可爬行寻找乳头吸吮乳汁，3～4h 吃乳 1 次，饱食后便睡。银黑狐每胎平均产仔 4～5 只，北极狐每胎平均产仔 8～10 只。仔狐初生重银黑狐平均 80～100g，北极狐 60～80g。

三、选种选配

1. 选种 在适合时间内进行不同阶段筛选，并根据毛色、毛绒品质、体型、繁殖力及系谱等不同方面进行留种和培育。

(1) 选种时间。

初选：5—6 月结合仔狐断乳分窝进行。成年狐根据繁殖情况进行初选。幼狐根据同窝仔狐生长发育情况、出生早晚进行初选。

复选：9—10 月根据生长发育、换毛、体质状况，在初选的基础上进行复选。选留生长发育快、体型大、换毛早而快的个体。

精选：在打皮之前进行，要根据个体品质、生产性能、祖先记录和后代品质好坏，严格选留，淘汰不合格的个体。体型小，银黑狐年龄在 7 年以上、北极狐年龄在 6 年以上的老龄狐不宜留种。

(2) 种狐的选择标准。

①银狐。毛绒品质：躯干和尾部的毛色为黑色，背部有明显的黑带，尾端白色应在 8cm 以上。种狐银毛率应达到 75%～100%，以银色强度大为宜，银环要求纯白而宽，但宽度不超过 15mm。针毛、绒毛长度正常，即针毛长 50～70mm，绒毛长 20～40mm，密度以稠密适宜；针毛的细度为 50～80μm，绒毛细度为 20～30μm。体型鉴定：体大而健壮，体重在 6～7kg，体长在 65～70cm，公大于母。全身无缺陷。繁殖力：成年公狐睾丸发育良好，发情早，性欲旺盛，交配能力强，性情温顺，无恶癖，择偶性不强，当年交配的母狐在 4～5 只，交配次数在 10 次以上，精液品质优良，所配母狐的产仔率高；成年母狐的发情早（2 月以前），性情温顺，胎平均产仔数较多，母性强和泌乳力高，所产仔狐的成活率高。系谱

要求：选择种狐时，一般将3代之内有共同祖先的归为一个亲属群。同系谱内的各代毛色、毛绒、体型和繁殖力等遗传性能要稳定。

②北极狐。毛色：蓝色北极狐全身被毛浅蓝，不宜带褐色或白色斑纹，白色北极狐黑毛稍不过多，毛绒长度4cm左右，细度54～55μm。底绒色正，密度适中，长度在2.5cm左右。彩狐要求被毛纯正，不带杂色。毛绒品质：针毛平齐，丰满而有光泽，无弯曲，长度在40～60mm，数量占2.9%以上；绒毛色正，长度25mm左右，密度适中，毛绒灵活。体型：公狐体重大于7.5kg，体长在70cm以上；母狐体重大于6.5kg，体长在65cm以上。全身发育正常，无缺陷。其他条件：公狐的配种能力强，精液品质好，择偶性不强，无恶癖和疾病；母狐胎平均产仔数高（7只以上），母性强，泌乳力高，无食仔恶癖，对环境的不良刺激不过于敏感。

2. 选配 种狐选定后还要根据双亲的品质、血缘关系、年龄等情况进行科学选配，以保证双亲的优良性状在后代得以遗传。选配时公狐的毛绒品质要优于母狐，以生产为目的的养殖场应尽量避免近亲选配；生产上要采用大型公狐与大或中型母狐交配，不宜采用大公狐配小母狐或小公狐配大母狐的交配组合；在年龄上通常以当年公狐配经产母狐或成年公狐配当年母狐、成年公狐配经产母狐生产效果较好。

四、配种技术

1. 发情鉴定 常用的鉴定方法有外部观察法、试情法、阴道分泌物涂片法和测情器法。

（1）外部观察法。根据母狐外阴部变化和行为表现将发情期分为发情前期、发情旺期、发情后期和休情期。

发情前期：阴门肿胀，近于圆形，子宫腺体分泌增多。母狐此时对相邻笼舍的公狐表现出较强的兴趣。当放入公狐笼内，公狐企图交配时，母狐又表现回避，甚至恫吓公狐。此时，性欲特别旺盛的公狐能够完成交配，由于母狐未进入排卵期，这种交配是无效的，此期一般持续1～2d。初次参加配种的母狐外生殖器变化通常不十分明显，而且发情前期延续时间较长，一般要4～7d，个别出生晚的母狐只出现发情前期，阴门即开始萎缩。

发情旺期（适配期）：阴门呈圆形，外翻，颜色变深，呈暗红色，而且上部有轻微的皱褶，阴门流出白色或微黄色黏液或凝乳状的分泌物。母狐愿意接近公狐，当公狐爬跨时，母狐温顺，把尾翘向一侧，接受公狐交配。北极狐发情旺期持续2～4d，银黑狐持续1～3d。

发情后期：阴门肿胀逐渐消退，黏液分泌量少而黏稠。母狐不论是否已经受配，均对公狐表现出戒备状态，拒绝交配。

休情期：阴门恢复正常，母狐行为又恢复到发情前的状态。

（2）试情法。试情公狐性欲要旺盛，体质要健壮，要有配种经历，且无咬母狐的恶癖。试情时一般将母狐放进公狐笼内，当发现母狐或公狐嗅闻对方的阴部、翘尾、频频排尿或出现相互爬跨等行为时，就可初步认定此母狐已发情。

试情一般隔天进行1次，每次试情时间为20～30min，一般不超过1h。个别母狐和部分初次参加配种的母狐会出现隐性发情或发情时间短促现象，以上两种现象都容易错过配种机会，采用试情法进行发情鉴定是非常必要的。

（3）阴道分泌物涂片法。用消毒过的玻璃棒伸入母狐阴道内蘸取母狐的阴道内容物，制作显微镜涂片，在200～400倍镜下观察，根据阴道分泌物中白细胞、有核角化上皮细胞和无核角化上皮细胞的变化，判断母狐是否发情。

（4）测情器法。利用测情器（排卵检测仪）检测由于母狐阴道内容物的变化而导致的电阻值的变化，以确定最佳交配时间。

2. 配种

（1）配种要求。狐比较怕热，放对时间在清晨为好，在阴天或下雪天气放对效果更佳。放对要在喂饲完1h以后进行，放对过程中要注意观察，以便进行有效配种判断，同时有利于及时发现择偶性强的母狐、及时更换公狐，以使配种工作顺利进行。

（2）配种方法。生产中本交通常采用人工放对的方法进行人工辅助配种，将处在发情旺期的母狐放进公狐笼内，交配后再将公、母狐分开。对首次参加配种的公狐，放对前应进行精液品质的检查，以确保母狐的受胎率。

（3）配种过程。母狐的排卵期往往晚于明显发情的时间，而且卵子不是同时成熟和排出的，一般银黑狐持续排卵3d、北极狐可持续排卵5~7d，而精子在母狐的生殖道中可存活24h。因此，必须采取连日或隔日复配2~3次的配种方式才能提高受胎率。商品狐场的复配可采用双重交配，以提高受胎率。公狐的配种能力个体间差异较大，一般在一个配种季节可交配10~25次，每日可配2次，2次要间隔3~5h。对体质较弱的公狐一定要限制交配次数，适当增加休息时间。体质好的公狐可以适当增加使用次数。个别公狐如果几次检查精液品质仍差者，只能做试情公狐，禁止参加配种。自然交配时的公母比例为1：（3~4）。

五、狐的人工授精

人工授精技术主要的优点有：提高优良种公狐的利用率，自然交配1只公狐仅能交配3~5只母狐，采用人工授精，1只公狐可交配30~50只母狐；节约部分公狐的饲料费，降低生产成本；可进行银狐和蓝狐的属间杂交，生产质优价高的蓝霜狐皮；此项技术是在严格无菌操作下进行，可减少疾病传播机会。人工授精过程包括采精、精液稀释和输精。

1. 采精　采精前先将公狐保定。狐精液的采集方法主要有按摩法、电刺激法和假阴道法三种，其中按摩法是目前生产中常用的采精方法。具体操作要点为：待公狐安静后，用42℃ 0.1%高锰酸钾溶液（或0.1%新洁尔灭）对阴茎及其周围部位进行消毒。然后，操作人员右手拇指、食指和中指握阴茎体，上下轻轻滑动，待阴茎稍有突起时将阴茎由公狐两后腿间拉向后方，上下按摩数次，20~30s，公狐即可产生射精反应。操作人员左手持集精杯随时准备接取精液。银黑狐和北极狐的采精方法有一定差异，北极狐以刺激阴茎膨大部为主，银黑狐则以刺激阴茎膨大部和龟头相结合。该方法采精时，应预先训练2~3d，使之形成条件反射，操作人员的技术要求熟练，动作要有规律，宜轻勿重，快慢适宜，忌粗暴。此外，公狐对操作手法也有一定的适应性和依赖性。采精频率：每天1次，连续2~3次休息1~2d。精液品质：狐排精量0.5~2.5 mL，精子数目3亿~6亿个，精子活力大于0.7。采精后对精液的精子密度、精子活力和畸形率进行检查。若精子活力低于0.7，畸形率高于10%，母狐的受胎率明显下降。

2. 精液稀释　采精前，把精液稀释液移至试管内，置于盛有35~37℃水的广口保温瓶内或水浴锅中预热保存。采精后，将预热的稀释液慢慢加入精液中，先做1倍稀释。在确定原精液的精子密度后，再进一步稀释，使稀释后的精液精子密度为每毫升5 000万~15 000万个。精液稀释后要避免升温、震荡和光线直射，经精子活力检查符合要求后方可输精。

3. 输精　所用输精器材如输精器、阴道插管等经事先严密消毒备用,使用时每只母狐1份,用后再统一消毒处理。输精时需要两人配合,一人保定,一人输精。用捕狐钳子将发情母狐的脖子套住,头朝下提起尾,母狐的阴道向后上方倾斜,与脊柱呈45°角,用70%酒精棉球进行外阴部消毒。输精员用稀释液棉球擦拭消毒过的输精器前端和开膣器,将消毒过的开膣器缓慢地插入母狐的阴道,并抵达阴道底部。用左手的拇指、食指和中指3个手指隔着腹壁沿着开膣器前端触摸且固定子宫颈。然后用输精器吸取精液,用右手的拇指、食指和中指3个手指握住消毒过的输精针,调整输精针的标志,使其对准右手的虎口。左手在固定子宫颈的同时,略向上抬举,保持开膣器前端与子宫颈的吻合,适度调整子宫颈方向,使输精针前端插入子宫颈口内1~2cm,将精液缓慢注入母狐的子宫,慢慢取出输精针、开膣器。每次输精0.5~1.5 mL,每只母狐每次所输入的精子不应少于3 000万个。一个发情期给母狐输精2~3次,每天1次。

任务四　狐的饲养管理

一、生物学时期的划分

北极狐、银狐等毛皮动物在长期的进化过程中,其生命活动在一年中呈现明显的季节性变化,如春季繁殖交配、脱换被毛,夏、秋季哺育幼崽,秋、冬季蓄积营养能力增强,并在入冬前长出丰厚的毛被。因此,在毛皮动物饲养管理中,为更好地适应狐自身不同季节的生物学特点,改善饲养效果,人们将其一年的饲养时期进行了科学的划分。但狐各饲养时期间不能截然分开,彼此间既有密切联系,又互相影响,每一时期都是以前一时期为基础。狐饲养时期的划分见表1-4-1。

表1-4-1　狐饲养时期划分

类别	配种期	妊娠期	产仔哺乳期	恢复期	冬毛生长期	打皮期	准备配种期
北极狐	2—4月	3—4月	4—7月	7—9月	9—11月	11—12月	12月至翌年2月
银黑狐	1—3月	2—3月	3—6月	6—9月	9—11月	11—12月	12月至翌年1月

二、营养需要与饲养标准

1. 营养需要　营养需要是指狐每天对各种营养物质的实际需要量,主要包括蛋白质、脂肪、糖类、无机盐、维生素和水。

2. 饲养标准　饲养标准是指动物在不同生物学时期所需要的各种营养物质实际的定额。目前,我国尚无统一的狐营养需要和饲养标准,现行的标准多借鉴国外的研究结果或国内的经验数据。

表1-4-2　狐对三大营养物质的需要量(g/MJ)

银黑狐			北极狐		
蛋白质	脂肪	糖类	蛋白质	脂肪	糖类
16.7	8.6~12.4	20.6~11.7	16.7	9.6~12.7	18.2~11.2
19.1	7.4~11.5	20.6~11.7	19.1	9.1~12.0	17.0~10.3

(续)

银黑狐			北极狐		
蛋白质	脂肪	糖类	蛋白质	脂肪	糖类
21.5	7.2~11.2	18.6~9.6	21.5	8.4~11.0	15.8~9.6
23.9	6.0~10.5	18.6~8.4	23.9	7.4~10.5	15.3~8.1
26.3	6.0~9.3	16.0~8.4	26.3	6.5~9.8	15.1~7.2
28.7	6.0~8.1	13.4~8.4	28.7	6.2~8.6	13.4~7.2

三、狐不同阶段的饲养管理

1. 仔狐的饲养管理

(1) 仔狐的饲养。仔狐出生后，生长发育迅速，应及时补饲。10日龄前平均绝对增长 10~20g/d，20日龄前日增重为30~39g。20~25日龄的仔狐完全以母乳为营养，25日龄以后雌狐泌乳量逐渐下降，而仔狐对营养的需要更多，母乳已不能满足其营养需要，此时应补充一些优质饲料，同时提高雌狐的日粮标准。日粮可由肉馅、牛乳、肝脏等营养价值高而又易消化的品种组成，调制时适量多加水。30日龄以后的仔狐食量增大，必须另用食盘单独投喂适量补充饲料。

(2) 仔狐的管理。银黑狐3月下旬至5月产仔，北极狐4月中旬至6月中旬产仔，银黑狐每胎产4~5只，北极狐每胎产6~8只。银黑狐初生重80~100g，北极狐初生重60~80g。仔狐初生时闭眼、无牙齿、无听觉，身上披有稀疏黑褐色胎毛。14~16日龄睁眼，并长出门齿和犬齿。18~19日龄开始吃由母狐叼入的饲料。产后12h内要及时检查登记，保证仔狐吃上乳、吃足乳。

2. 育成狐的饲养管理

(1) 育成狐的饲养。仔狐一般45~50d断乳，仔狐断乳分窝后到打皮前为育成期。仔狐断乳分窝后生长发育迅速，特别是断乳后头2个月，是狐生长发育最快的时期，也是决定狐体型大小的关键时期。因此一定要供给新鲜、优质的饲料，同时按标准供应维生素A、维生素D、维生素B_1、维生素B_2和维生素C等，保证生长发育的需要。一般断乳后前10d仍按哺乳母狐的日粮标准供给，各种饲料的比例和种类均保持前期水平。10d以后按育成期日粮标准，此时期要充分保证日粮中蛋白质、各种维生素及钙、磷等的需要量。蛋白质需要量占饲料干物质的40%以上。日粮一般不限量，随着日龄的增长而增加，以吃饱为原则。

(2) 育成狐的管理。采用一次断乳或分批断乳法适时断乳分窝，开始分窝时，每个笼内可放2~3只，随着日龄的增长和独立生活能力的提高，逐步单笼饲养。各种用具要洗刷干净，定期消毒，小室内的粪便及时清除。秋季小室里阴凉潮湿，幼狐易发病死亡，在小室内要垫少量垫草。保证饲料和饮水的清洁，做好防暑降温工作，将笼舍遮盖，防止直射光，场内严禁随意开灯。断乳后10~20d接种犬瘟热、病毒性肠炎等疫苗。

3. 成年狐的饲养管理

(1) 准备配种期的饲养管理。准备配种期的主要任务是平衡营养，调整种狐的体况，促进生殖器官的正常发育。

①准备期的饲养。银黑狐自11月中旬开始，北极狐自12月中旬开始，饲料中的营养水平需进一步提高，通常银黑狐需代谢能1.97~2.30MJ，可消化蛋白质40~50g，脂肪16~

22g、糖类 25～39g；北极狐分别为 2.0～2.64MJ、47～52g、16～22g、25～33g。日粮中要供给充足的维生素，维生素 A 2 000～2 500IU、维生素 B_1 2～5mg、维生素 B_2 15～25mg、维生素 E 15～20mg、维生素 C 20～30mg。如果以动物内脏为主配制的日粮，每只每日供给骨粉 3～5g。准备配种期每天喂食 1～2 次，保证充足的饮水。

②准备期的管理。在准备配种期，要清除个别换毛不够好的、体型不够大的、发育不够壮的、毛色不够好的、经产狐中有乳汁不好的、护仔不强的、有吃仔记录的、有自咬症状的狐，以保证配种顺利进行。种狐体况与繁殖力有密切关系，体况是指狐体质健康状况的总称，适宜的何况才能有高水平的繁殖性能。准备配种后期气候寒冷，做好防寒保暖工作，在小室内铺垫清洁柔软的垫草，及时清除粪便，保持小室干燥、清洁。

银黑狐在 1 月中旬，北极狐在 2 月中旬以前，应做好配种前的准备工作，维修好笼舍，编制好配种计划和方案，准备好配种用具、捕狐网、手套、配种记录、药品等。

(2) 配种期的饲养管理。

①配种期的饲养。配种期狐的性欲旺盛，食欲降低，由于体质消耗较大，大多数公狐体重下降 10%～15%，为保证配种公狐有旺盛、持久的配种能力和良好的精液品质，母狐能够正常发情，日粮中应适当提高动物性饲料比例，银黑狐供给代谢能 1.67～1.88MJ，可消化蛋白质 55～60g，脂肪 25～35g，糖类 35～40g。配种期日粮中要添加维生素 B_1 2～5mg（或复合 B 族维生素 5～10mg）、维生素 B_2 25～30mg。饲料要新鲜、易消化、适口性好。对参加配种的公狐，中午可进行一次补饲，补给一些营养价值高的肉、肝、蛋黄等。此期严禁喂含激素类的食物，以免影响配种。保证充足的饮水。

②配种期的管理。在配种期随时检查笼舍，关严笼门，防止跑狐。配种期间，场内要避免任何干扰，谢绝外人的参观。饲养员抓狐时要细心而大胆操作，避免人或狐受伤。配种期要争取让每只母狐受孕，同时认真做好配种记录。

(3) 妊娠期的饲养管理。

①妊娠期的饲养。妊娠期母狐除供给自身代谢需要外，还要供给胎儿生长发育的需要，母狐的日粮标准要酌情提高，尤其要保证蛋白质和钙、磷及多种维生素的需要。一般每日需要可消化蛋白质，银黑狐妊娠前期为 55.2～61.0g、后期为 62～67g，北极狐为 70～77g；脂肪，银黑狐妊娠前期为 18.4～20.3g、后期为 20.7～22.3g、北极狐为 23.3～25.7g；糖类，银黑狐妊娠前期为 44.2～48.8g、妊娠后期 49.6～53.6g，北极狐为 56～61.6g。维生素 C 缺乏时妊娠母狐容易出现化胎现象，此期对维生素 C 的需要量是所有时期最高的，应添加 30～35mg；此期日粮中要添加维生素 B_1 3～5mg（或复合 B 族维生素 10mg）、维生素 B_2 30mg、维生素 E 30mg。

妊娠 25～30d 后，由于胎儿开始迅速发育，应提高日粮的供应量，临产前的一段时间由于胎儿基本成熟，加之腹腔容积被挤占，饲料量应较前期减少 25%～30%，但要保证质量。北极狐由于胎产仔数多，日粮中的营养和数量应比银黑狐高一些。

②妊娠期的管理。在妊娠期间，应认真搞好卫生防疫工作，经常保持场内及笼舍的干燥、清洁，对饲喂用具要严格消毒刷洗，同时提供安静环境，防止母狐流产。狐对光照十分敏感，此期要保持自然光照，严禁开灯照明，否则，光照紊乱容易引起化胎。每日要观察和记录每只妊娠母狐的食欲、活动表现及粪便情况，要及时发现病狐并分析病因，予以妥善治疗。根据预产期，产前 5d 左右彻底清理母狐窝箱，并进行消毒。产箱注意垫草保温，并按

其窝形营巢。妊娠期不能置于室内或暗的仓棚内饲养，此期无规律地增加或减少光照都会导致生产失败。

(4) 产仔哺乳期的饲养管理。

①产仔期的饲养。产仔期饲料要根据仔狐的数量、仔狐日龄及母狐的食欲情况及时调整并增加喂料量。饲料的质量要求全价、清洁、新鲜、易消化，以免引起胃肠疾病，影响产乳。产仔哺乳期母狐的饮水量大，加上天气渐热，渴感增强，必须全日供应饮水。哺乳期日粮应维持妊娠期的水平，饲料种类上尽可能做到多样化，要适当增加蛋、乳类和肝等容易消化的全价饲料。日粮标准：银黑狐的代谢能 2.51～2.72MJ，可消化蛋白质 45～60g，脂肪 15～20g，糖类 44～53g；北极狐分别为 2.72～2.93MJ、50～64g、17～21g、40～48g。此期日粮中要添加维生素 B_1 5～10mg、维生素 B_2 30mg、维生素 E 30～35mg、维生素 C 30mg。为了促进乳汁分泌，可用骨肉汤或猪蹄汤拌饲料。

②产仔期的管理。要保证狐场安静，确保饲料卫生、不发霉变质，注意产箱卫生，经常打扫，防止其中饲料酸败，保证供给清洁饮水，检查有无乳产生，必要时要投放催乳片或注射催乳针，在母狐产后 7d 内，要实施监护，对无乳的要快速代养，对不护仔的也要快速代养，总之饲养人员在白天和晚上要听声音、观现象、不离现场，做到精心繁育。

(5) 恢复期的饲养管理。公狐从配种任务结束，母狐从仔狐断乳分窝，一直到 9 月下旬为恢复期。因为在配种期及哺乳期的体质消耗很大，狐一般都比较瘦弱，因而该期的核心是逐渐恢复种狐的体况，保证种狐的健康，并为越冬及冬毛生长贮备营养，为翌年繁殖打下基础。公狐在配种结束后、母狐在断乳后 20d 内，分别给予配种期和产仔泌乳期的日粮，以后喂恢复期的日粮，日喂 2 次。管理上注意根据天气及气温的变化，优化种狐的生存环境，加强环境卫生管理，适时消毒，并对种狐进行疫苗注射，以防止传染病的发生。

知识拓展

预防仔狐瘫软症

仔狐瘫软症常发生在出生初期的仔狐，当天气突然变凉时时有发生。患病仔狐主要表现是身体瘫软如泥，不能主动哺乳，如不及时采取措施势必导致死亡。当妊娠后期及哺乳期母狐日粮中富含糖类的谷物类饲料比例过低，同时影响糖异生作用的维生素 B_1 缺乏时，会导致母狐乳汁中乳糖较低，从而引发仔狐低血糖的发生，当天气突然变凉时便会表现为明显的症状。

预防该病发生的有效方法是避免日粮中糖类水平过低，注意维生素 B_1 补加。当仔狐发生瘫软症时，可在母狐日粮中添加适量白糖，同时为仔狐滴喂葡萄糖，并加强保温。

学习评价

一、填空题

1. 狐属于季节性_____发情、妊娠期_____d。

2. 野生北极狐有_____、_____两种毛色，白色北极狐夏毛呈_____色。

3. 北极狐的成年公狐体重通常为_____kg，银黑狐的成年公狐体重通常为_____kg，北极狐仔狐初生重通常_____g，银黑狐仔狐初生重通常_____g。

4. 正常情况下北极狐大约在_____日龄睁眼、_____日龄开食，哺乳期通常_____d。

5. 成年狐被毛每年脱换_____次，其冬毛生长顺序是由_____向_____。

二、选择题

1. 狐自然交配雄雌比例为（　　）。
   A. 1：（3～4）　　B. 2：（3～4）　　C. 1：（5～6）　　D. 1：（6～7）

2. 关于狐下列说法不正确的是（　　）。
   A. 狐属于食肉性毛皮动物　　　　B. 狐每年被毛脱换2次
   C. 狐有半冬眠习性　　　　　　　D. 狐的肠道约是体长的4.5倍

3. 狐发情鉴定不包括（　　）。
   A. 发情前期　　B. 发情旺期　　C. 发情后期　　D. 发情中期

三、思考题

1. 狐有哪些生物学特性？
2. 狐饲养时期划分有哪些？
3. 简述狐各时期饲养管理要点。
4. 狐人工授精要点有哪些？
5. 仔狐瘫软症是如何发生的？应如何预防与治疗？

项目五　貉养殖

貉是一种珍贵毛皮动物，具有很高的经济价值。貉皮属大毛细皮，坚韧耐磨、柔软轻便、保温美观，是制作大衣、皮领、帽子和皮褥等皮制品的优质原料，在国际裘皮市场上十分畅销。貉的针毛和尾毛可用来制作高级化妆用毛刷、高级画笔和胡刷的原料。貉肉细嫩鲜美、营养丰富，不仅是可口的野味食品，还含有一些人体所必需的维生素及氨基酸，用来制作滋补营养品。貉胆具有很高的药用价值，可代替熊胆入药。貉油除食用外，还是制作高级化妆品的原料。

学习目标

了解貉的形态特征和生物学特点；能根据貉的繁殖要点进行选种选配；能够完成貉的人工授精；掌握貉不同阶段的饲养管理技术。

学习任务

任务一　貉的生物学特性

一、分类与分布

貉在生物学分类上属于哺乳纲、真兽亚纲、食肉目、犬科、貉属。貉在我国的分布较广泛，根据1987年版的《中国动物志》，将我国貉划分成3个亚种，其中指名亚种分布于华东、中南地区；东北亚种分布于辽宁、吉林、黑龙江三省；西南亚种分布于华南等地区。

生产中通常以长江为界，将貉分成南貉和北貉两大类。北貉体型较大，毛长、色深，底绒厚密，毛皮质量优于南貉；南貉体型小、毛绒稀疏、毛皮保温性能较差，但南貉毛被较整齐、色泽艳丽，别具一番风格。

二、形态特征

貉体型似狐，但较肥胖、短粗，尾短蓬松，四肢短粗，耳短小，嘴短尖。面颊横生淡色长毛，眼下有黑色长毛，构成明显的"八"字形黑纹。背毛基部呈淡黄或带橘黄色，针毛尖端为黑色，底绒多为灰褐色，以淡紫色为上品；两耳周围及背中央黑色毛尖较多，体侧呈灰黄色或棕黄色，腹部呈灰白色或黄白色，绒毛细短，并没有黑色毛梢；四肢呈黑色或黑褐色，尾的背面为灰棕色，中央针毛有明显的黑色毛梢，尾下毛色较淡。白色貉是野生貉的显性突变型（Ww），貉白色显性基因有纯合致死的作用，故所有白貉个体均为杂合体，白貉被毛为白色，体型与野生貉差异不大。

成年公貉体重5.4～10kg，体长58～67cm，体高28～38cm，尾长15～23cm；母貉体重5.3～9.5kg，体长57～65cm，体高25～35cm，尾长11～20cm。

三、生物学特性

1. 生活习性 野生貂表现明显的昼伏夜出，严冬季节因食物缺乏，貂进入非持续性的冬眠阶段（蛰眠）。家养貂的活动范围较小，多在笼中进行直线往返运动，性情迟钝、温顺，由于人为的干扰和充足的饲料，冬眠不十分明显，但大都活动减少、食欲减退。

2. 食性 貂属于杂食性动物，其消化道的长度约为体长的7.5倍。野生貂常在溪边捕捉鱼、蚌、虾、蟹或在鼠洞捉鼠为食，也食青蛙、鸟类、昆虫和其他动物的尸体、粪便等动物性食物。此外，还食各种浆果、粮食作物的籽食和各种植物的果实、根、茎、叶等植物性食物。家养貂日粮中动物性饲料通常在30%以下，植物性饲料为70%左右。

3. 繁殖性和毛被脱换 貂寿命为8~12年，繁殖年限为6~7年，2~5岁繁殖力最强。貂1年换毛1次，在2月上旬至3月初开始脱掉绒毛，随着毛被的脱落，绒毛随后逐渐长出，形成以稀疏的针毛为主的毛被，7月以后针毛开始脱落。幼貂出生后4~5周龄胎毛开始脱落，至6月夏毛形成，从8—9月冬毛开始生长，至11月中旬冬毛成熟。

4. 栖息性 野生貂生活在平原、丘陵及山地，常栖居于靠近河、湖、溪的丛林中和草原地带。喜穴居，邻穴的双亲和仔貂通常在一起玩耍嬉戏，母貂有时也不分彼此相互代乳。在家养条件下，可利用这一特性，将断乳后仔貂代养。

任务二　貂的繁育

一、生殖生理

貂为季节性繁殖动物，其繁殖与光照时间、年龄、营养、遗传等因素有关，其中年龄因素对一年中发情配种早晚影响比较大。幼貂8~10月龄性成熟。

1. 公貂的生殖生理 5—8月，公貂睾丸变化很小，处于静止期，约黄豆粒大，直径为3~5mm，坚硬无弹性，附睾中没有成熟的精子。9月下旬，睾丸开始发育，但发育速度非常缓慢，12月以后，睾丸发育速度加快，1月末到2月初直径达25~30mm，触摸时松软而有弹性，此时附睾中已有成熟的精子。阴囊被毛稀疏，松弛下垂，明显可见。公貂开始有性欲，并可进行交配。整个配种期延续60~90d。到5月又进入生殖器官静止期。

2. 母貂的生殖生理 5—8月，生殖器官处于静止期，每年9月下旬，母貂的卵巢开始缓慢发育，12月以后，卵巢发育速度加快。母貂季节性一次发情，自发性排卵，发情期在2—4月，2月中旬发情比较集中。影响母貂发情的因素有很多，光照的紊乱、体况过肥可能导致母貂不发情或发情不明显。2~3岁的母貂发情通常较早，大多在2月17—19日；1岁母貂较晚，大多在2月26日前后；而4~5岁的老母貂发情时间也略晚于2~3岁的母貂，通常在2月21日前后发情。母貂发情期持续10~12d，发情旺期2~4d。

二、妊娠与产仔

貂的妊娠期为54~65d，平均60d。母貂妊娠期睡眠增加，表现安静、温顺、食欲增加、代谢旺盛。妊娠25~30d时，从空腹母貂的腹部可以摸到胎儿，约有鸽卵大小。妊娠40d，由于胎儿发育迅速，子宫体明显增大，母貂腹部膨大下垂，背腰凹陷，后腹部毛绒竖立，形成纵向裂纹，而且行动逐渐变得迟缓，不愿出入小室活动。4月上旬至6月是貂的产仔期，集中在4月下旬至5月上旬。母貂在分娩前半个月开始拔掉乳房周围的毛绒，使乳头全部暴露出；绝食1~4顿。分娩前1d粪条开始由粗变细，最后便成稀便，并有泡沫；往返于小室与运动场，发出呻吟声，回顾舐嗅阴门，用爪抓笼壁。母貂多在夜间或清晨分娩。分娩持续时间4~8h，个别也有1~3d，仔貂每隔20min产1只，分娩后母貂立即咬断脐带，吃掉胎衣和胎盘，并舐仔貂的身体，直至产完才安心哺乳。母貂一般产仔8只左右。初生貂体重100~120g，低于85g很难成活。仔貂生后1~2h即开始爬行寻找乳头，吸吮乳汁，每隔6~8h哺乳1次。9~12日龄睁眼，20日龄后随母貂出窝采食。

三、选种选配

1. 选种

（1）选种时间。初选在5—6月进行。成年公貂在配种结束后根据其配种能力、精液品质及体况恢复情况进行一次初选。成年母貂在断乳后根据其繁殖、泌乳及母貂的母性行为进行一次初选。当年幼貂在断乳时，根据同窝仔貂数、出生日期及生长发育情况进行一次初选，选择5月10日前出生的留种。初选时应按留种计划多留40%。9—10月进行复选，根据貂的脱毛、换毛情况、幼貂的生长发育和成年貂的体况恢复情况，选择幼貂生长发育好、成年貂换毛早而快的个体留种。这时选留的数量要比计划留种数多留20%~30%。在11—12月打皮前进行最后精选。在复选的基础上淘汰不理想的个体，最后落实留种。选定种貂时，公、母比例1:（3~4）。

（2）选种标准。成年公貂要求睾丸发育好，交配早，性欲旺盛，交配能力强，性情温和，无恶癖，择偶性不强，每年交配母貂5只以上，精液品质好，受配母貂产仔率高，仔貂多，生活力强，年龄在2~5岁。对成年母貂，选择发情早（不能迟于3月中旬），性行为好，性情温顺，体型大，毛色纯正；胎平均产仔多，初产不低于5只，经产不低于6只，母性好，泌乳力强，有效乳头数多，仔貂成活率高，生长发育正常的留作种用。当年幼貂应选择双亲繁殖力强、5月10日前出生的。

2. 选配

（1）选配方法。同质选配：选择性状相同且性能表现一致的优良公母貂进行交配，使这种优良性状在后代中得以巩固或提高。同质选配多用于纯种繁育和核心群的选配。异质选配：选择具有不同优良性状的公母貂交配，使后代中获得同时具有双亲不同的优良特性；或选择性状相同但性能有所差异的公母貂进行交配，以达到以优改劣的目的。异质选配是改良貂群品质、提高生产性能、综合有益性状的有效选配。

（2）选配的原则。公貂的品质特别是毛绒品质一定要优于母貂。以大型公貂配大型母貂或中型母貂为宜。公貂的繁殖力要优于母貂或接近母貂的繁殖力，才可选配。除育种需要外，公母貂不允许近亲交配。

四、配种技术

1. 发情鉴定

（1）公貂的发情鉴定。公貂的发情比母貂略早些，由1月末持续到3月末均有配种能力，此时公貂的睾丸膨大（鸽卵大）、下垂，具有弹性，活泼好动，经常在笼中走动，有时翘起一后肢斜着向笼网上排尿，也有时向食盆或食架上排尿，经常发出"咕咕"的求偶声。

此时触摸睾丸,其质地松软而具有弹性,配种期下降到阴囊中。

(2)母貉的发情鉴定。母貉的发情要比公貉稍迟一些,多数是2月至3月上旬,个别也有到4月末的。生产中通过外部观察和放对试情相结合进行母貉发情鉴定。

外部观察:母貉开始发情时行动不安,徘徊运动,食欲减退,排尿频繁,经常用笼网摩擦或用舌舔外生殖器,阴门开始显露和逐渐肿胀、外翻,此期为发情前期,通常持续7~10d。发情盛期,精神极度不安,食欲减退甚至废绝,不断地发出急促的求偶叫声,阴门肿胀有所消退、外翻、弹性减弱,呈"十"字形或Y形,阴蒂暴露,有大量乳黄色黏稠分泌物,通常持续2~4d。发情后期活动逐渐趋于正常,食欲恢复,精神安定,阴门收缩,肿胀减退,分泌物减少,黏膜干涩,持续5~10d。发情盛期是交配的最佳时期。

放对试情:发情前期,母貉有接近公貉的表现,但拒绝公貉爬跨。发情盛期,母貉性欲旺盛,后肢站立,尾巴翘起等待或迎合公貉交配。遇到公貉性欲不强时,母貉甚至钻入公貉腹下或爬跨公貉以刺激公貉交配。发情后期,母貉性欲急剧减退,对公貉不理甚至怀有"敌意",需将二者分开。

2. 放对配种

(1)放对。一般将发情的母貉放入公貉笼内,以缩短配种时间、提高配种效率。但对于性情急躁的公貉或性情胆怯的母貉,也可将公貉放入母貉笼内。对已确认发情母貉,放对30~40min还未达成交配的,应立即更换公貉。放对时间以早晨、傍晚天气凉爽和环境安静为好。

(2)配种次数。初配结束的母貉需每天复配1次,直至母貉拒绝交配为止。为了确保母貉的复配,对那些择偶性强的母貉,可更换公貉进行双重交配或多重交配。母貉在发情期内进行多次配种,可降低空怀率和提高产仔数。一般每只公貉每天可放对2次,成功地交配1~2次,连续交配2~4d应休息1d。在配种期内,每只公貉一般可配3~4只母貉,如果公貉在整个配种期内一直性欲很强,最多可配14只母貉。

(3)注意事项。貉在放对过程中有时会出现"敌对"现象,应及时分开防止咬伤。配种过程中有时个别发情母貉后肢不能站立,不抬尾,阴门位置或方向不正常而引起难配,这时需要进行辅助交配。

任务三 貉的饲养管理

一、饲养时期划分

貉是一种长毛型毛皮动物,在长期的进化过程中,其生命活动在一年中呈现明显的季节性变化。为更好地适应其不同季节的生物学特点,改善饲养管理效果,人们将其一年的饲养时期进行了科学的划分。貉各饲养时期间不能截然分开,彼此间既有密切联系,又互相影响,每一时期都是以前一时期为基础。貉饲养时期的划分见表1-5-1。

表1-5-1 貉饲养时期划分

类别	月											
	12	1	2	3	4	5	6	7	8	9	10	11
成年公貉	准备配种后期		配种期			恢复期				准备配种前期(或冬毛生长期)		

(续)

类别	月											
	12	1	2	3	4	5	6	7	8	9	10	11
成年母貂	准备配种后期		配种期 妊娠期		产仔泌乳期			恢复期		准备配种前期（或冬毛生长期）		

二、营养需要量及饲养标准

目前，我国现行依据的标准多借鉴国外的研究结果或国内的经验数据。貂不同生物学时期的营养需要与饲养标准参见表 1-5-2 至表 1-5-5。

表 1-5-2　成年貂营养需要（g/MJ）

标准	月						
	1	2	3	4	5	6	7—12
代谢能（MJ）	1.570	1.013	1.155	2.534	2.218	3.593	2.410
可消化蛋白质	24.21	24.09	23.85	23.92	23.42	23.92	22.34
可消化脂肪	8.28	8.37	8.97	9.16	8.66	8.28	8.90
可消化糖类	12.99	12.92	11.75	11.29	12.99	13.30	12.37

注：5 月、6 月是母貂和窝内仔貂的共同消耗量。

表 1-5-3　成年貂饲养标准（热量比）

饲养时期	总热能（kJ）	日粮组成（%）				
		鱼肉类	熟制谷物	乳类	蔬菜	鱼肝油
7—11 月	2 717	30～35	53～58	—	10	2
12 月至翌年 1 月	2 383	35～40	50～55	—	6	4
配种期	2 006	50～55	29～34	5	3	3
妊娠前期	2 508	45	37	10	5	3
妊娠后期	2 926	45	37	10	5	3
哺乳期	2 717	45	38	10	4	3

表 1-5-4　成年貂饲养标准（重量比）

时期	日粮（g/只）	日粮组成（%）				
		鱼肉类	内脏下杂	熟谷物	蔬菜	其他
9—10 月	487	20	—	60	20	—
11—12 月	375	30	—	60	10	—
1 月	375	30	10	60	—	—
2 月	375	20	12	60	5	3
3 月	412	20	12	60	5	3
4 月	487	20	12	60	5	3
5—6 月	487	30	12	50	5	3
7—8 月	475	20	12	60	5	3

表 1-5-5　幼貉的日粮标准

月龄（月）	日粮（g/只）	热能（kJ）	饲料重量配比（%）				
			鱼肉类	熟制谷物	鱼肉副产品	蔬菜	骨粉及其他
3（7月）	262	1 881	40	40	12	5	3
4（8月）	375	2 508	40	40	12	5	3
5（9月）	487	2 717	35	40	12	10	3
6（10月）	525	2 842	35	40	12	10	3
7~8（11—12月）	487	2 717	30	60	10	—	—

三、各阶段貉的饲养管理

1. 成年貉的饲养管理

（1）准备配种期的饲养管理。

①准备配种期的饲养。准备配种期饲养的目的是保证种貉有良好的繁殖体况，满足性器官生长发育的营养需要，为配种打下良好的基础。

准备配种前期日粮以吃饱为原则。增加脂肪类饲料，以帮助体内囤积脂肪，准备越冬。准备配种后期的饲养首先根据种貉的体况对日粮进行调整，全价动物性饲料适当增加，补充一定数量的维生素 A、维生素 E 及对种貉的生殖有益处的酵母、麦芽。从 1 月开始每隔 2~3d 可少量补喂一些刺激发情的饲料，如大葱、大蒜和动物脑等。准备配种后期天气寒冷，貉处于非持续冬眠状态，采食量减少，所以日粮质量要高，12 月可日喂 1 次，1 月开始日喂 2 次，早上饲喂日粮的 40%，晚上喂 60%。

②准备配种期的管理。准备配种期要注意做好防寒保温工作，从 10 月开始应在小室中添加垫草。要经常打扫笼舍和小室的卫生，使小室保持干燥清洁。注意确保每天饮水，在准备配种后期严禁饮冰渣水。准备配种后期要加强驯化，多逗引貉在笼中运动，这样可增强貉的体质，有利于消除惊恐、提高繁殖力。准备配种后期要做好配种前各项准备工作，对于体况过肥的要通过控制饲养、加强运动等措施调整体况，使种貉在配种前达到中上等的繁殖体况。

（2）配种期的饲养管理。母貉从受孕之日起即进入妊娠期，经过 60d 左右的妊娠期即产仔，结束妊娠。妊娠管理是整个貉群繁殖的关键，如果饲养不当、管理疏忽，则极有可能引起母貉妊娠中止，出现胎儿被母体吸收及流产、死胎、烂胎、仔弱等严重后果。因此根据妊娠期的特点，搞好饲养管理十分重要。

①配种期的饲养。要供给公貉营养丰富、适口性好和易于消化的日粮，以保证其旺盛持久的配种能力和良好的精液品质。饲料的投喂一般分早晚 2 次进行，早晨在放对前 1h 投食，按日粮的 40% 左右投喂，必须保证吃食在放对前 0.5h 结束，以免影响配种；晚上投喂则视情况而定，在放对交配完成 0.5h 以后方可投喂，将余下的 60% 日粮全部投喂完毕即可，并供给充足饮水。公貉中午要补饲，主要以鱼、肉、乳、蛋为主，每日每只蛋白质要达到 45~55g。

②配种期的管理。配种期要注意及时检查维修笼舍，防止跑貉；注意保持貉场安静，控制放对时间，进行科学合理放对，保证种貉充分休息；此期还要注意添加垫草，搞好卫生，加强饮水，尤其交配结束要给予充足的饮水。

（3）妊娠期的饲养管理。

①妊娠期的饲养。此时任务是保证胎儿的正常生长发育，并顺利产仔。在日粮上必须做

到供给易消化、多样化、适口性好、营养全价、品质新鲜的日粮，同时要保证饲料的相对稳定，不能突然改变，严禁喂腐败变质的饲料及含激素类的食物，以防止流产。此期每只每天蛋白质要达到60～70g。妊娠初期（10d左右），日料量可以保持配种期的水平。10d以后，日粮调制浓度要稍稀一些，到妊娠后期最好日喂3次，但饲料总量不要过多。饲喂时要区别对待，不能平均分食。

②妊娠期的管理。保持安静，防止惊恐，禁止外人参观，饲喂时动作要轻，不要在场内大声喧哗。为使母貂产仔期间不致惊恐，妊娠前、中期饲养员可多进貂场，以使母貂适应环境的干扰，而后期则少进貂场，以保持环境的安静。注意观察貂群的食欲、消化、活动及精神状态等，发现问题及时采取措施加以解决。发现阴门流血，有流产症状的应肌内注射黄体酮15～20mg、维生素E 15mg，连续注射2d，用以保胎。同时搞好卫生，加强饮水，做好小室的消毒及保温工作。

(4) 产仔哺乳期的饲养管理。

①产仔哺乳期的饲养。日粮配合与饲喂方法与妊娠期相同，但为促进泌乳，可在日粮中补充适当数量的乳类或豆汁，根据同窝仔貂的多少、日龄的大小区别喂食，以不剩食为准。当仔貂开始采食或母乳不足时，可进行人工补喂，其方法是将新鲜的动物性饲料绞碎，加入谷物饲料、维生素C，用乳调匀喂仔貂。

②产仔哺乳期的管理。在临产前10d就应做好产箱的清理、消毒及垫草保温工作。小室消毒可用2%的氢氧化钠溶液洗刷，也可用喷灯火焰灭菌。临近预产期，采取听、看、检相结合的方式，通过听仔貂的叫声，看母貂的采食、粪便、乳头及活动情况判断母貂是否产仔，确保仔貂及时吃上母乳。

产后要对仔貂健康情况进行检查，第一次检查应在产仔后的12～24h进行，以后根据情况随机进行。检查操作要注意将母貂诱出小室或在喂饲时关上小室门后进行，同时检查时饲养人员最好戴手套，手上不要有异味，用小室的垫草把手擦拭后再拿仔貂，以减少对母貂的干扰。健康的仔貂在窝内抱成一团，发育均匀，浑身圆胖，肤色深黑，身体温暖，拿在手中挣扎有力。由于母貂的护仔性强，一般少检查为好，但发现母貂不护理仔貂，仔貂叫声不停、叫声很弱，必须及时检查。有些母貂由于检查而不安，会出现叼仔貂乱跑的现象，这时应将其引入小室内，关闭小室门0.5～1h，即可防止。遇到母貂缺乳或没乳时应及时寻找保姆貂或其他动物喂养，也可人工喂养。

仔貂一般3周龄时开食，这时可单独给仔貂补饲易消化的粥状饲料。如果仔貂不太会吃饲料，可将其嘴巴接触饲料或把饲料抹在嘴上，训练其学会吃食。45～60日龄以后，大部分仔貂能独立采食和生活，可根据仔貂发育情况采用一次断乳或分批断乳。

(5) 恢复期的饲养管理。公貂在配种结束后20d内、母貂在断乳后20d内，分别给予配种期和产仔泌乳期的标准日粮，以后喂恢复期的日粮。日粮中动物性饲料比例（重量比）不要低于15%，谷物尽可能多样化，以使日粮适口性增强，尽可能多吃些饲料。同时加强管理，保证充足的饮水，做好疾病防治工作。

2. 幼貂的饲养管理　仔貂断乳在产后45～60d进行，如果仔貂发育均匀，采用一次性断乳法断乳；如同窝仔貂生长发育不均匀，要采用分批断乳法，按先强后弱顺序分两批进行。

刚分窝的幼貂因消化系统不健全，最好在日粮中添加助消化的药物，如胃蛋白酶和酵母片等，饲料质量要好、加工要细，断乳后头 2 个月是骨骼和肌肉迅速生长的时期，应供给优质的全价饲料，蛋白质每只 50~55g/d。幼貉每天喂 2~3 次，此期不要限制饲料量，以不剩食为准。

断乳 15d，进行犬瘟热和病毒性肠炎预防注射及补硒等工作。要经常在喂前喂后对幼貉进行抚摸，逗引驯教，直到驯服。7—8 月天气炎热，要做好防暑、清洁卫生等工作。

学习评价

一、填空题

1. 貉寿命一般_____，繁殖年限_____，貉属于_____繁殖动物。
2. 成年公貉的体重通常_____kg，成年母貉体重通常_____kg。
3. 生产中通常以长江为界，将貉分成_____和_____两大类。
4. 正常情况下貉大约在_____周龄开食，哺乳期通常_____d。
5. 成年貉被毛每年脱换_____次。

二、选择题

1. 关于貉下列说法不正确的是（   ）。
   A. 貉属于食肉性毛皮动物   B. 貉每年被毛脱换 1 次
   C. 貉有半冬眠习性   D. 貉的肠道约是体长的 4.5 倍
2. 种貉精选时公、母比例为（   ）。
   A. 1：(3~4)   B. 2：(3~4)   C. 3：(3~4)   D. 4：(3~4)
3. 貉饲养时期不包括（   ）。
   A. 准备配种期   B. 配种期   C. 恢复期   D. 活跃期
4. 关于貉下列说法正确的是（   ）。
   A. 貉喜穴居   B. 貉喜在河里生活
   C. 貉昼出夜伏   D. 家养貉冬眠明显

三、思考题

1. 貉的选配原则有哪些？
2. 貉放对配种的注意事项有哪些？
3. 成年貉不同时期的饲养管理要点有哪些？

实训一　毛皮初加工与质量鉴定

一、毛皮分类

各类毛皮在毛型、毛色、产地、张幅及所具有的特征上都有很大的差异，根据不同的目的，可进行不同的分类。

根据来源不同，可分为野生和家养毛皮；根据用途不同，可将皮张分为革皮和裘皮；按照毛型，可分为大毛细皮、小毛细皮和胎毛皮；按产区，分为东北路、西北路、西南路、华北路和江南路等；按产季不同，分为冬皮、春皮、夏皮和秋皮，生产中一般都是正产季节皮，非正产季节皮很少；根据毛被成熟早晚，可分为早期成熟类（霜降至立冬成熟）、中期成熟类（立冬至小雪成熟）、晚期成熟类（小雪至大雪成熟）、最晚期成熟类（大雪后成熟）四大类。

二、影响毛皮质量的因素

1. 动物因素

（1）性别、年龄、种类的影响。雌性动物由于妊娠和哺乳育仔的影响，毛被脱换及光泽不如雄性动物的毛皮；鼬科动物的雄性个体比雌性大，其毛皮价格一般明显高于雌性。幼龄和老年动物的毛皮品质不如壮年的毛皮好。当然，不同动物的毛皮质量相差更为悬殊。

（2）气候和生长地区的影响。不同的纬度地区毛皮质量差异显著，对裘皮而言，一般产于北方的往往比南方的质量好。产于同一地区的毛皮，由于动物生长在山南、山北，阴坡、阳坡，黑土地、黄土地或沙土地的不同，毛皮质量也有所不同。

（3）营养与疾病的影响。一般肉食动物的毛皮比草食动物的毛皮有较好的光泽。动物在营养状况好的情况下，毛皮质量亦佳。动物的寄生虫病等同样影响毛皮质量。

2. 人为因素

（1）打皮季节的影响。立冬至立春所产的皮为冬皮，针毛稠密、整齐、灵活，底绒丰厚，色泽光润，皮板细韧，油性好，呈乳白色，尾毛丰满，质量最佳。

立春至立夏所产的皮为春皮，冬毛逐渐脱落并换成稀短的夏毛。早春皮毛绒较弱，光泽差，底绒稍欠灵活，皮板呈粉红色，略厚硬，油性差，尾毛略有弯曲；中春皮针毛略弯曲，底绒已显黏合，干涩无光，皮板发红，显厚硬，枯燥无油性，尾毛勾曲；晚春皮针毛枯燥、弯曲、凌乱，底绒黏合或已经浮起，皮板厚硬，呈红黑色，尾毛已脱针。

立夏至立秋的皮为夏皮，以粗毛为主而底绒较少，稀短且显干燥，皮板枯白薄弱，尾毛稀短，大部分没有制裘价值。

立秋至立冬所产的皮为秋皮。早秋皮针毛粗短，稍有油性，尾毛短；中秋皮针毛较短而平伏，底绒稍厚，光泽较好，仅头、颈部有少量夏毛，皮板厚，呈青色，有油性，尾毛较短；晚秋皮针毛整齐，底绒略显空疏，光泽好，皮板较厚，颈部或臀部呈青色，油性好，尾毛丰满。

（2）捕捉与屠宰方法的影响。捕捉和屠宰方法不当常易造成各种伤残，如淤血、火燎、枪洞、刀伤等，影响毛皮的使用、降低质量，因此应采用合理的捕捉和屠宰方法。

（3）初加工的影响。剥皮不慎可造成刀洞、描刀、缺材、撕伤等伤残；晾晒不当易造成脏板、油浸、贴板、掉尾、焦板、霉板、冻板和皱板等缺欠。

（4）保管与运输的影响。保管与运输不当容易发生虫蛀、鼠咬、发霉、掉毛等事故，轻者降低质量，重者使毛皮失去使用价值。

三、毛皮初加工技术

1. 剥皮　打皮要在毛皮成熟后进行。毛皮动物死亡后 30min 剥皮，严禁在毛皮动物尚未彻底死亡的情况下剥皮。剥皮方法有袜筒式剥皮、片状剥皮、圆筒式剥皮等方法，圆筒式剥皮法由于剥出的皮张为圆筒式外形，便于上楦板干燥和毛皮收购时进行质量鉴定，是生产中主要采用的方法。剥皮时先用骨剪去掉前爪掌，再挑开尾皮，抽出尾骨，最后剥离开整张皮即可。

2. 刮油　从尸体上剥下来的鲜皮板上的油脂、血污和残肉等必须刮掉，否则易造成皮板假干、油渍和透油等缺陷，降低皮张等级和使用价值。刮油时，首先将毛皮毛向里套在粗胶管或光滑的圆形木楦上，便可用刮油刀从尾部和后肢开始向前刮油。

刮油必须在皮板干燥前进行，刮油刀要用钝刀，刮油方向要由尾根部和后肢向前刮，用力要均匀，切忌过猛；刮油时不要使皮皱褶，头部皮不易刮净，可用剪刀除去残肉；刮油前必须将毛皮上的锯末等硬物抖净，以免由于凸起刮破毛皮。

3. 洗皮　刮油后要用硬质锯末进行搓洗，以便洗去附着在毛被、皮板上的附油。洗皮前要将锯末进行筛选，漂洗后晾干备用。先用较细的锯末搓洗板面上的油脂，然后将皮翻过来，用粗锯末，按照先逆毛后顺毛的顺序搓洗毛面。

4. 上楦　为了使原料皮按照商品规格要求呈对称形状，防止干燥过程中收缩折皱，洗皮后要及时进行上楦定型。

5. 干燥　皮张的防腐方法有干燥法、冷冻法、盐腌防腐法、盐干防腐法、浸酸防腐法等多种方法，而干燥法比较常用。毛皮的干燥法有自然干燥法、烘干法和机械鼓风干燥法。

6. 下楦贮存　烘干后的皮张板质易干燥、出皱褶，毛被不平顺，特别是颈部毛锋不易抖起，影响毛皮美观，故应在烘干后进行加工整理，使其商品化。将新毛巾蘸温水，将烘干后的皮张逐个擦拭，使皮张皮板洁净并稍微回潮、软化，然后将皮张背对背地码成垛（貂皮高度不宜超过10对），用纸或苫布苫好防尘，用平滑的木板压在上面，6~8h 后打开苫盖物逐张抖动通风即可。库内的温度保持在 5~25℃，相对湿度为 50%~70%。

四、毛皮质量鉴定

1. 毛皮质量鉴定要求　对所有毛皮的鉴定，都应以毛被的质量和影响毛被的伤残鉴定为主，兼顾皮板质量。验皮分级应在固定灯光下进行（在验质板上方 70cm 处设有 4 只 40W 的日光灯管，案板最好是浅蓝色）。

（1）大毛裘皮的鉴定。有特殊的斑点或斑纹的皮张主要用来制作高贵的翻毛大衣和装饰品，鉴定时除要求板质良好、毛绒丰厚平齐、毛细、色泽鲜艳外，最主要是斑点、花纹是否清晰。狐、貉、犬、狼和羊皮鉴定时要求板质良好，毛大绒足，毛细，针毛平齐无残缺。獾皮主要是拔取针毛，以供制造高级刷子，因此鉴定时主要以针毛坚挺、毛长而密、毛尖洁白、毛条黑白节分明为重点。

（2）小毛细皮的鉴定。这类毛皮鉴定时必须仔细慎重，毛被和皮板上的任何伤残甚至胡须、四肢、尾、爪等部位的伤残都会对质量产生较大的影响。此外，在毛色方面亦极为重要，均要求毛色纯、无异色混杂。

2. 各类皮张收购规格

（1）水貂皮。

①加工要求。采用圆筒式剥皮，剥皮适当，剥皮完整，头、腿、尾、耳齐全，去掉前爪，抽出尾骨、腿骨，除净油脂，开后裆，毛朝外，圆筒按标准楦板晾干。

②等级规格。一等皮，毛色黑褐、光亮，背、腹部毛绒平齐、灵活，板质良好，无伤残。二等皮，毛色黑褐，毛绒略空疏；具有一等皮毛质、板质，可带下列伤残之一：毛色淡，或次要部位略带夏毛，或有不明显的轻微伤残，或轻微塌脊、塌背；自咬伤、擦伤或小伤疤，面积不超过 $2.0cm^2$；轻微流针、飞绒或有白毛锋集中一处，面积不超过 $1.0cm^2$。不符合等内要求的，或受焖掉毛、开片皮、白底绒、毛锋勾曲较严重者为等外皮。

③长度比差。公貂皮 000 号（89cm 以上）150%，00 号（83～89cm）140%，0 号（77～83cm）130%，1 号（71～77cm）120%，2 号（65～71cm）110%，3 号（59～65cm）100%，4 号（53～59cm）90%；母貂皮 2 号（65～71cm）130%，3 号（59～65cm）120%，4 号（53～59cm）110%，5 号（47～53cm）100%，47cm 以下 80%。

④等级比差。一等皮 100%，二等皮 75%，等外皮 50% 以下按质计价。

⑤品种比差。标准貂皮 100%，普通彩貂皮 125%，杂花色貂皮按等外皮对待，50% 以下按质计价（除指定的育种场外）。

⑥性别比差。公貂皮 100%，母貂皮 80%。

⑦颜色比差。标准貂皮颜色分级比差国际标准是：浅褐色 96%，中褐色 98%，褐色 100%，最褐色 102%，最最褐色 104%，黑色 106%。国内标准是：漆黑 110%，黑色 105%，黑褐色 100%，褐色 95%。

（2）银黑狐皮。

①加工要求。加工过程和皮张样式与水貂皮相同。

②等级规格。一等皮，毛色深黑，针毛从颈部至臀部分布均匀，色泽光润，底绒丰足，毛锋齐整、灵活，皮张完整，板质优良，无伤残。二等皮，毛色暗黑或略褐，针毛分布均匀，毛绒略空疏或略短薄，带有光泽；或具有一等皮毛质、板质，但有轻微塌脖，或臀部针毛略有擦尖（即蹲裆），或两肋针毛略擦尖（即拉撒）。三等皮，毛色暗褐欠光润，针毛分布不甚均匀，毛绒空疏或短薄，板质薄弱；或具有一等、二等皮毛质、板质，具有下列伤残之一者为三等：塌脖、塌脊较重，或臀部针毛擦尖较重，或两肋针毛擦尖较重，或中脊针毛擦尖。

③等级比差。一等皮 100%，二等皮 80%，三等皮 60%，等外皮 40% 以下按质计价。

④尺码标准。国内尺码规格：000 号为 115cm 以上，00 号为 106～115cm，0 号为 97～

106cm，1号为88～97cm，2号为79～88cm，3号为70～79cm。

现行市场尺码国际规格：0号长度为80～85cm，00号长度为85～90cm，000号长度为90～95cm，0000号长度为95～100cm，00000号长度为100cm以上。

⑤尺码比差。00000号按150%计价，0000号按140%计价，000号按130%计价，00号按120%计价，0号按110%计价，1号按100%计价，2号按90%计价，3号按80%计价。银黑狐皮现行市场尺码比差本着尺码大价格高的原则随行就市。

（3）北极狐皮。

①加工要求。加工过程和皮张样式与水貂皮相同。

②等级规格。一等皮，颜色纯正，毛绒丰足，针毛齐全、灵活，色泽光润，板质优良；无伤残。二等皮，毛绒略空疏或略短薄，针毛齐全，板质良好；或具有一等皮毛质、板质，但有轻微塌脊，或臀部针毛略有擦尖，或两肋针毛略擦尖。三等皮，毛绒空疏或短薄，针毛齐全，板质略薄弱；或具有一等、二等皮毛质、板质，具有下列伤残之一者为三等：塌脖、塌脊较重，或臀部针毛擦尖较重，或两肋针毛擦尖较重，或中脊针毛擦尖。

等级比差、尺码标准、尺码比差、皮形标准等与银黑狐相同。

（4）貉皮。

①加工要求。剥皮适当，皮形完整，头、腿、尾齐全，除净油脂，展平或用标准楦板晾干。

②等级规格。一等皮，毛绒丰足，针毛齐全，色泽光润，板质良好，可带枪伤、破洞2处，总面积不超过11.0cm^2。二等皮，毛绒略空疏或略短薄，可带一等皮伤残；或具有一等皮毛质、板质，可带枪伤、破洞3处，总面积不超过16.6cm^2。三等皮，毛绒空疏或短薄，可带一、二等皮伤残；或具有一、二等皮毛质、板质，可带枪伤、破洞，总面积不超过55.4cm^2。三等皮可用不符合统一规定的楦板加工的皮张。不符合等内要求的为等外皮。

③长度规定与尺码比差。现行市场尺码国内规格：0号99cm以上，按130%计价；1号90～98cm，按120%计价；2号81～90cm，按110%计价；3号72～81cm，按100%计价；4号63～72cm，按85%计价；5号57～63cm，按70%计价；6号57cm以下，按55%计价。

貉皮现行市场尺码国际规格：国际规格0号，尺码长度为80～85cm；国际规格00号，尺码长度为85～90cm；国际规格000号，尺码长度为90～95cm；国际规格0000号，尺码长度为95～100cm；国际规格00000号，尺码长度为100cm以上。貉皮现行市场尺码比差本着尺码大、价格高的原则随行就市。

④等级比差。一等皮100%，二等皮80%，三等皮60%，等外皮40%以下按质计价。

⑤地区品质比差。黑龙江、吉林、内蒙古、辽宁、天津、北京、河北、山西为100%，其他地区为60%。

知识拓展

哺乳类经济动物养殖业发展前景

我国地大物博，特种经济动物品种资源丰富，特别是哺乳类经济动物，是发展前景较好的特色养殖业。哺乳类经济动物种类繁多、经济价值广，具有药用、肉用、皮用、毛用及观赏用等价值，满足了人类多方面和多层次的特定需求。哺乳类经济动物养殖业已成为发展乡村特色产业，拓宽农民增收致富的渠道，在我国实现全面小康、精准扶贫和乡村振兴过程中起着不可忽视的作用。在哺乳类经济动物的学习过程中，结合动物的认知、理解、饲养、保护和合理利用，收集并介绍特定动物在中国传统文化中的丰富蕴意，例如在鹿的学习中，拓展鹿象征吉祥、长寿、尊严、谨慎小心等丰富蕴意，体现"人与自然和谐统一""人与自然是生命共同体"的思想。从事经济动物养殖和经营，必须遵从《中华人民共和国野生动物保护法》和《国家重点保护野生动物驯养繁殖许可证管理办法》等法律法规，培养学生遵纪守法，爱护动物的人文素养，树立正确的职业道德和行为准则。

学习评价

一、填空题

1. 毛皮初步加工过程包括＿＿＿＿、＿＿＿＿、＿＿＿＿、＿＿＿＿。
2. 毛皮动物的屠宰方法有＿＿＿＿、＿＿＿＿、＿＿＿＿、＿＿＿＿。
3. 立春至立夏产生的皮为＿＿＿＿。

二、思考题

1. 影响毛皮质量因素有哪些？
2. 毛皮动物剥皮有哪些要求？
3. 毛皮质量鉴定要求是什么？
4. 简述水貂皮的等级规格设定标准。

模块二

珍禽类经济动物养殖

学习目标

了解珍禽类经济动物的场地建设及布局、养殖常用设备；熟悉肉鸽、鹌鹑、雉鸡、火鸡、鸵鸟等的形态特征及生物学特性。能识别肉鸽、鹌鹑、雉鸡的常见品种及其公母鉴别。重点掌握各珍禽的繁育技术及不同生理阶段的饲养管理要点。

思政目标

培养学生坚定的理想信念，树立良好的职业道德及职业素养；培养学生德智体美劳全面发展，成为能适应现代化畜牧业生产岗位需要的高素质技能型人才。

项目一　肉鸽养殖

鸽在动物学分类上属于鸟纲、今鸟亚纲、突胸总目、鸽形目、鸠鸽科、鸽属。家鸽是由野鸽经长期驯化而来，从用途上可分为信鸽、观赏鸽和肉鸽3种类型。肉鸽营养丰富、药用价值高，是高级滋补营养品。经测定，乳鸽含有17种以上氨基酸，含10余种微量元素及多种维生素，鸽肉细嫩味美，是高蛋白质、低脂肪的理想食品。肉鸽有很好的药用价值，其骨、肉均可入药，能调心、养血、补气，具有预防疾病、消除疲劳、增进食欲的功效。目前世界上肉鸽生产的主要产品是乳鸽，是指4周龄内的肉鸽，体重500～600g上市。

学习目标

了解鸽场建设和布局；熟悉肉鸽的生物学习性和品种；掌握肉鸽不同生理阶段的饲养管理要点；能进行鸽的公母鉴别和保健沙配制。

学习任务

任务一　鸽场建设

一、场址选择与布局

1. 场址选择　大规模饲养肉鸽时，需要建筑鸽舍，选择鸽场场址时，一定要考虑如下基本条件：①地势高燥，排水良好。阳光充足，最好是坐北朝南，向南或向东南倾斜。既便于通风采光，又能做到冬暖夏凉。②水源充足，水质好，供水方便。③交通便利，又利于防疫。鸽场与主要交通干道距离应不少于 500m，四周 100m 内无其他畜禽饲养场和污染空气、水源的工厂。鸽场应有专用道路与交通干道相连，以便于运输饲料、产品及粪便等物。场地四周可栽种些树木，以利于防疫。④保证供电。在电力不足、经常停电的偏远地区，最好能配备发电设备。⑤土质坚实，土壤渗透性良好。能经常保持鸽舍地面干燥。

2. 建筑物合理布局　　鸽舍及其附属建筑物宜建在空气流通的高处。饲料进场口与鸽粪污物出场口严格分开，且进口宜规划在上风向，出口设于下风向。在一个饲养区域内严禁与其他畜禽混养，场与场之间应保持一定距离。在肉鸽饲养区域内，要按生产种鸽、育成鸽（童鸽）、待售鸽划分成各饲养小区，并在远离饲养区的下风向，建有一定数量的病鸽隔离舍。职工住宅生活区与鸽舍之间的距离不得少于 50m，每一幢鸽舍的进口均需建有消毒池，以利于防疫。

二、鸽舍设计与设备制作

1. 鸽舍设计　　少量饲养者可因地制宜，使用简易鸽笼。大型肉种鸽饲养场常采用以下两种形式的鸽舍或鸽笼：

（1）群养式鸽舍。通常采用单列式平房，每幢鸽舍一般长 12～18m，宽 1.1m，檐高 2.5m，内部用鸽笼或铁网隔成 4～6 个小间，每间 12m²，可养种鸽 25～30 对或青年鸽 50 对。室内地面用砖或水泥铺设，稍倾斜；舍内设置肉鸽栖息架。每间鸽舍要前后开设窗户，前窗可离地低些，后窗要高些。在窗户上方设栖板，以供鸽登高休息。在后墙距地面 40cm 处开设两个地脚窗，以有利于鸽舍的通风换气。鸽舍的前面应有 100cm 宽的通道，每小间鸽舍的门开向通道。鸽舍周围开排水沟，通道两面是 30cm 宽、5cm 深的排水沟。冬季注意保持舍内温度，最好在 6℃以上。

鸽舍的前面是运动场，其面积是鸽舍面积的 2 倍，上面及其他三面均用铁网围住，门开在通道的两头。运动场的地面上应铺河沙，并且经常更换。在运动场外栽种一些树木或搭建遮阳棚；场内要放浴盆，供鸽洗浴，洗浴后要及时倒掉污水。

（2）笼养式鸽舍。把种鸽成对关在一个单笼内进行饲养，将鸽笼固定放在鸽舍内。整栋鸽舍长 16m、宽 3.8m，由鸽笼分层（4 层为宜）排列组成小舍。鸽笼用铁网制成，一般规格为 70cm×50cm×50cm；也可用砖或水泥砌成。每个鸽笼配置一个运动场，大小与鸽笼基本一致，可略深。每笼养 1 对种鸽。笼中间用半块隔板将笼分为上下两层，在鸽笼中设置巢盆，盆直径 25cm、高 8cm，便于高产鸽将孵化和育雏分开，防止因哺乳鸽影响下窝孵化。笼外挂饲料槽、水槽、保健沙杯。

鸽舍可以是敞篷式的，周围用活动雨布遮挡，也可以在平房内，做成框架，重叠排放鸽笼。鸽笼下设活动承粪板，每天可及时清除粪便。笼养式的优点是鸽群安定，采食均匀，清洁卫生，便于观察和管理；其受精率、孵化率及成活率都高。其缺点是鸽子无法进行洗浴运动。

2. 养鸽设备制作　　养鸽设备主要有鸽笼、巢盆、饲槽、饮水器、保健沙杯、浴盆、假蛋和足环等。

（1）鸽笼。有柜式和箱式两种。柜式鸽笼一般分 4 层，整个柜高 2.07m、宽 1.20m、深 0.5m。箱式鸽笼高 50cm、宽 60cm、深 50cm。鸽笼可叠放、吊放或单层排放，组合方便。

（2）巢盆。每对种鸽需有两个巢盆，供产蛋、孵化、育雏使用。鸽巢盆有石膏盆、瓦钵、木盆等多种形式，一般直径为20～26cm，盆深8～10cm。巢盆最好悬挂在鸽笼之中，使之成为吊床式样。使用时巢盆内需垫软草。既便于清洗消毒、保暖通风，又使鸽蛋不易破损，提高孵化率。

（3）饲槽。常用的有竹制饲槽、木制饲槽和铁皮饲槽3种。饲槽的规格一般为40cm×10cm×8cm，槽长的1/4盛放保健沙，3/4盛放饲料，平挂于笼外壁上，骑挂于2个鸽笼之间，供相邻2对产鸽使用。如是群养肉鸽，饲槽应放在鸽舍地面上，供鸽集体用。

（4）饮水器。有杯式、槽式和水管饮水器3种。常用的是槽式饮水器，是一条长形水槽，水槽可用铁皮制成，高约5cm，口宽6cm，底宽4cm，长度与笼舍长度一样。这种水槽也可用直径为5～7cm的塑料管焊接而成。这种水槽大型种鸽场应用最普遍，单列式、双列式鸽笼均可用。

（5）保健沙杯。最好用陶瓷、木材或塑料制品制作，忌用金属制作，因为金属制品容易与保健沙发生化学变化。常用的有塑料饮水杯或圆形筒，上口直径为6cm，深度不超过8cm，内盛少量保健沙挂在笼子外侧，供鸽子自由采食。简单的办法是在饲槽的1/4部分隔开，放置保健沙供鸽食用。

（6）假蛋。饲养种鸽者，可用石膏、石灰浆或其他胶料制一假蛋，其大小、形状、颜色与真蛋一样。遇到2枚蛋中有1枚是非受精蛋时，将受精蛋取出，用假蛋代替，让种鸽孵几天后，将假蛋和非受精蛋一起取出，促使种鸽提前交配产蛋。受精蛋则放入另一对同时产蛋的种鸽巢中孵化。

（7）足环。是建立系谱资料和识别鸽子的标志，套在鸽子的胫部，编上号码，填上简明记录，便于建立档案和遗失时认领。

任务二　肉鸽的形态与习性

一、肉鸽的形态特征

鸽体多呈流线形，体外被羽，分为头颈部、躯干部、尾部、翼部和后肢。头颈部包括嘴、蜡膜、额、头顶、枕部、颊、眼、鼻、耳和颈项等；特点是头形因品种而异，眼睛大而亮。躯干部包括背部、胸部、腰部、腹部，为鸽体最大的部分。尾部有12根尾羽，尾羽基部有尾脂腺，能分泌油脂，将油脂涂抹于全身羽毛上可防止羽毛淋湿。不同品种的鸽尾羽形态不同，飞翔能力也不同；单形圆尾鸽善于飞行，而扇形尾鸽不善于飞行。鸽的羽色以瓦灰色为主，其次有黑色、白色、红绛色等。

理想的肉鸽应该是体型大、生长速度快、产肉性能好、饲料转化率高、繁殖力强、体质健壮、易于饲养的品种。

二、鸽的习性

1. 晚成雏　鸽属于晚成雏，刚孵出的雏鸽，身体软弱，体表只有少量绒毛，闭眼，腿脚软弱无力，不能行走和觅食，亲鸽以嗉囊里的鸽乳哺喂雏鸽，需哺育1个月后雏鸽才能独立生活。

2. 群居性　鸽喜群居，喜欢集体活动觅食，很少独来独往。常有放养的小群鸽混入大群鸽中。青年种鸽采取大群饲养很少发生争斗行为，3～4月龄后，随着鸽群逐渐进入性成熟，偶尔会因为争夺配偶而发生一些摩擦。

3. 一夫一妻制的配偶性 肉鸽属于单配制，成年鸽对配偶有选择性，饲养中必须严格执行"一夫一妻"制，当一公一母配对成功后，公母鸽总是亲密地生活在一起，共同承担筑巢、孵化、哺育雏鸽、守卫巢窝等职责，"夫妻"关系通常能保持终生。配对时，如把多只种鸽放入同一笼中则会互相打斗，不能繁殖后代。配对后，若飞失或死亡一只，另一只需很长时间才重新寻找新的配偶。

4. 素食性 肉鸽没有嗉囊，食物以植物性饲料为主，尤其喜欢采食玉米、稻谷、小麦、高粱等颗粒状的原粮。如将原粮粉碎饲喂，则会导致采食量下降、厌食，影响产蛋和哺喂。人工饲养条件下，可以将饲料原料按其营养需要配成全价配合饲料，以保健沙为添加剂，再加些维生素，制成直径为3～5mm的颗粒饲料，鸽子能较好地利用这种饲料。肉鸽饲料中需要特殊的添加剂——保健沙，以补充矿物质、微量元素的不足，同时沙粒还可以帮助磨碎整粒的原粮，利于消化。

5. 好清洁性 鸽爱好洗浴，以用来清洗羽毛和消除体表寄生虫。因此养鸽场要在场地设置洗浴池，每天清洗水池、更换清水，供鸽群洗浴。笼养种鸽也要定期抓出，人工辅助洗浴。用沙池代替水池也可起到清洗和消除寄生虫的作用。

6. 适应性和警觉性 鸽子在热带、亚热带、温带和寒带均有分布，能在-50～50℃气温中生活，抗逆性强，对周围环境和生活条件有较强的适应性。鸽子具有较高的警觉性，若受天敌（鹰、猫、黄鼠狼、鼠、蛇等）侵扰，就会发生惊群，极力企图逃离笼舍，逃出后便不愿再回笼舍栖息，在夜间，鸽舍内的任何异常响声都会导致鸽群的惊慌和骚乱。因此，生产中要保持环境的安静，减少各种惊吓的应激影响。

7. 记忆力和归巢性 鸽子记忆力极强，对方位、巢箱及仔鸽的识别能力极强，放养的家鸽能从很远的地方飞回饲养地，甚至经过数年的离别，也能辨别方向，飞回原地，在鸽群中识别出自己的伴侣。对经常接触的饲养人员，鸽子能建立一定的条件反射，特别是对饲养人员在每次饲喂中的声音和使用的工具有较强的识别能力，持续一段时间后，鸽子听到这种声音、看到饲喂工具后，就能聚于食槽一侧，等待进食。相反，如果饲养员粗暴，经过一段时间后，鸽子一看到饲养员就纷纷逃避。

8. 有驭妻习性 鸽子筑巢后，公鸽就开始迫使母鸽在巢内产蛋，如母鸽离巢，公鸽会不顾一切地追逐，啄母鸽让其归巢，不达目的绝不罢休。这种驭妻行为的强弱与其多产性能有很大的相关性。

任务三 肉鸽的繁育

一、肉鸽的品种

目前世界上家鸽的品种多达300多个，著名的信鸽品种有几十个，观赏鸽品种也很多，其中肉鸽品种最多。理想的肉鸽应该是体型大、生长快、产肉性能好、饲料转化率高、繁殖力强和体质健壮而易于饲养的品种。这里主要介绍一些著名的肉鸽品种。

1. 王鸽 又称美国王鸽，是世界上最著名的肉鸽品种，1890年育成于美国的新泽西州，含有贺姆鸽、鸾鸽、马耳他鸽和蒙丹鸽等的血统。其羽色有白、银灰、灰、红、蓝、黄、绛、黑等，但以白色羽和银灰色羽为多。王鸽有展览型和肉用型两个品系。展览型品系体型大而短，尾上翘，因在孵化时易压破种蛋，不宜用作乳鸽生产。肉用型品系的特点：体态丰满结实，体躯宽广、胸深宽呈球形，尾短略上翘，腿直立、两腿间距宽。成年公鸽体重700～850g，母鸽体重680～800g，年产乳鸽6～8对，28日龄乳鸽活重500～750g。目前，我国饲养的大多是杂种王鸽。

2. 鸾鸽　原产于意大利，世界上最古老的鸽种之一，是目前肉鸽品种中体型最大、体重最重的。其体型侧面呈方形，胸部稍突出，胸肌丰满，尾羽较长，羽色较杂，有黑、白、银灰和灰二线等。成年公鸽体重可达1400～1500g，母鸽体重1250g左右，年产乳鸽6～8对，28日龄乳鸽活重750～900g。鸾鸽性情温顺，不善飞翔，适合笼养。但由于体型过大，孵化时易压破种蛋，繁殖率偏低，通常作为观赏鸽或对其他品种进行杂交改良。

3. 卡奴鸽　原产于法国北部和比利时南部，属肉用和观赏两用型鸽。卡奴鸽外观雄壮，颈粗，站立时姿势挺立，体型中等结实，翅膀短，羽毛紧贴，胸宽，肌肉丰满，属中型肉用鸽品种。成年公鸽体重700～800g，母鸽体重600～700g，乳鸽28日龄体重500g左右。该鸽性情温顺，繁殖力强，年产乳鸽8～10对，高产的可达12对以上。就巢性强，育雏性能好，受精率和孵化率均较高。

4. 贺姆鸽　原有肉用贺姆鸽和纯种贺姆鸽两个品系。1920年，美国用肉用贺姆鸽、王鸽、蒙丹鸽和卡奴鸽育成第三个品系，即大型贺姆鸽。其特点是：平头，羽毛坚挺紧密，脚部无毛。羽毛有白色、灰色、黑色、棕色及雨点等多种颜色。成年公鸽体重700～750g，母鸽体重650～700g，28日龄乳鸽体重达600g左右。繁殖力强，育雏性能好，年产乳鸽8～10对，成活5～6对。其乳鸽肥美多肉，肉质细嫩，并带有玫瑰花香。其种鸽是培育新品种或改良鸽种的好亲本，但其繁殖性能较王鸽稍差。其乳鸽生长速度快，但一过乳鸽期体重增加的速度便明显减慢，育雏期亲鸽及乳鸽的食量均很大。

5. 蒙丹鸽　又称法国地鸽，原产于法国和意大利，在王鸽育成以前被广泛作为肉鸽饲养。其体型与王鸽相似，但尾羽不上翘。羽色多样，有黑、白、银灰和灰二线等，以白色最为普遍。成年公鸽体重750～850g，母鸽体重700～800g，年产乳鸽6～8对，28日龄乳鸽活重750g左右。

6. 石岐鸽　原产于广东省中山市石岐镇，是我国优良的肉鸽品种之一。其体型与王鸽相似，但其身体、翅膀、尾羽均较长，形如芭蕉蕾，平头、光胫、鼻长嘴尖、眼睛较细，胸圆，羽色较杂，以白色为佳。成年公鸽体重750g，母鸽体重650g，年产乳鸽7～8对，28日龄乳鸽活重500～600g。石岐鸽适应性强，耐粗饲，性情温顺，肤色好，骨软，肉嫩。但蛋壳较薄，孵化时易碎，故需在窝底铺柔软垫料，以减少破蛋现象。

7. 公斤鸽　原产于昆明，是我国育成的一个新肉鸽品种。其体型偏长，以瓦灰色最多，也有雨点和其他毛色。具有适应性和抗逆性强，乳鸽前期生长速度快、早熟、易肥、料耗低等特点。公斤鸽是肉鸽中飞翔能力最强的品种，在军事上也用于运送急救药品、情报资料、地图、胶卷等。

二、肉鸽的繁殖特性

1. 配对繁殖　肉鸽属于单配制，饲养中必须严格执行"一夫一妻"制，否则不能进行正常繁殖。目前肉鸽生产中多采用单笼配对饲养种鸽，以保证其正常的繁殖不受干扰，且便于观察和管理。

2. 繁殖习性　肉鸽的繁殖表现出明显的周期性，其繁殖周期包括配对、筑巢、产蛋、孵化和育雏等环节。性成熟后的青年鸽有求偶配对现象，配对成功后，公母鸽共同承担筑巢、孵蛋、哺育雏鸽及守护巢窝的工作。产蛋间隔决定繁殖周期的长短，人工饲养的种鸽繁殖周期一般为45d左右。另外还受遗传、季节和饲养管理的影响，高产鸽比低产鸽的繁殖周期短，春、夏季比秋、冬季短。生产中可通过一些管理措施缩短繁殖周期，如孵化期的并蛋、人工孵化，哺喂期并窝、人工哺喂等，进而提高其繁殖率。

3. 繁殖率较低　一对种鸽每个繁殖周期仅产2枚种蛋，然后进行自然孵化、自然育雏，所以与其他禽类相比，繁殖率较低，现代优良肉鸽品种一对种鸽年产乳鸽在6～8对。因此，在肉鸽生产中，能否提高种鸽的繁殖率和年产乳鸽数是决定养殖场经济效益的关键。现代养鸽生产中，采用人工孵化、人工哺喂乳鸽，繁殖率可提高2～3倍。

4. 种鸽利用年限　鸽的寿命长达20多年，其繁殖利用年限一般5～7年。实践证明，1～3岁的种鸽繁殖性能最强，4岁以后繁殖性能下降，表现产蛋间隔延长、繁殖率下降，所以留种的幼龄鸽应来自1～3岁的种鸽。

三、鸽的公母鉴别和年龄鉴定

1. 鸽的公母鉴别　正确地进行肉鸽的公母鉴别在鸽的引种、选种、配对上具有重要意义。由于肉鸽两性羽色完全相同，体型大小差异不明显，因而直观判断较困难，需要具有一定的技术和经验。

（1）乳鸽的公母鉴别。

①肛门鉴别。4～5日龄的乳鸽，可观察泄殖腔的形状：公鸽的肛门下缘短，上缘覆盖着下缘，母鸽相反；从后面看，公鸽的泄殖腔两端稍向上弯曲，而母鸽则稍向下弯。

②外形比较。同窝的一对乳鸽，公鸽体型稍大、颈短粗、鼻瘤大而扁平、喙长而宽、尾脂腺尖端开叉，10日龄左右时，把手伸到其面前，常仰头站立、反应灵敏、用喙啄人手、羽毛竖起，到能走动时，爱离巢活动、行动活泼，亲鸽哺喂时常争先抢食，母鸽则相反。

（2）成年鸽的公母鉴别。成年鸽主要从体型、性行为表现、头部特征、耻骨特征和孵蛋时间等方面进行鉴别（表2-1-1）。

表2-1-1　肉鸽的公母鉴别

项目	公鸽	母鸽
体型	体型大而长，雄壮	体型小而短圆
性情	活泼好动，喜欢啄斗厮打	性情温顺，不爱活动，避让陌生鸽
头颈部	头大而圆，颈短粗，头顶隆起呈方形	头较清秀，颈细长，头顶平
喙和鼻瘤	喙短粗，鼻瘤大而宽，中央很少有白色内线	喙较细长，鼻瘤小而窄，中央多数有白色内线
鸣叫	叫声长而清脆动听	叫声短而尖
主翼羽	第7～10根末端较尖	第7～10根末端较钝圆
性行为表现	发情明显，常发出"咕咕"的叫声，并喜追逐母鸽，向母鸽频频示爱，颈羽和背羽突起，尾羽展开呈扇形，不时拖地，尾羽较脏	发情不明显，表现温顺，走动较慢，受到公鸽追逐无叫声，背羽较脏。接吻时公鸽张嘴，母鸽将喙伸进公鸽嘴里
骨盆、耻骨特征	骨盆窄，耻骨硬厚，耻骨间距约1指	骨盆宽，耻骨薄软，两耻骨间距约2指
孵蛋时间	多在9：00—16：00	多在16：00至翌日9：00

2. 肉鸽的年龄鉴定　在育种场一般在乳鸽出壳10～14d时佩戴脚环，做好记录，能清

楚地了解鸽的年龄。但在生产场，要想准确鉴定肉鸽的年龄比较困难，生产者必须根据一些外部特征鉴定成年鸽和幼龄鸽，便于引种、选种和日常饲养管理（表2-1-2）。

表2-1-2 肉鸽年龄鉴定

项目	成年鸽	幼龄鸽
喙及嘴角特征	喙末端钝、硬而圆；嘴角厚，结痂大，5岁以上呈茧子状，锯齿形	喙细长、末端软而尖；嘴角薄，结痂小，1岁以下无结痂
鼻瘤	较大，粗糙无光泽，有白色粉末状物质	较小，柔软有光泽，呈肉色，无粉末
眼圈皱纹	皮肤粗厚，裸皮皱纹多	皮肤薄，呈肉色，皱纹少
脚及脚垫	脚粗壮，颜色暗淡呈暗红色，鳞片硬而粗糙，鳞纹界限明显，脚垫厚而粗糙，爪坚硬	脚纤细，颜色鲜艳呈粉红色，鳞片软平，鳞纹界限不明显，脚垫薄而软滑，爪较软

四、肉鸽的选择

选种的目的是获得肉质好、产量高的乳鸽，以获得好的经济效益。选种应从个体品质、系谱、后代等方面进行综合评定。

1. 个体表型选择

（1）体型外貌。选留体型、羽色符合本品种特征，眼有神，虹彩清晰，羽毛有光泽，体质健壮，结构匀称，发育良好，体躯、脚及翅膀无畸形，龙骨直而不扭曲，胸宽而发达，脚粗壮，性情温顺，哺乳性能好，护仔力强，抗病力强的作种用。

（2）体重。要求种鸽6月龄达到性成熟，上笼配对时公鸽体重在750g以上，母鸽体重在600g以上。

（3）繁殖性能。选留产蛋多、个体体重大、符合本品种年产仔数的鸽子（每对种鸽年产乳鸽6对以上，乳鸽28日龄体重550g以上），及时淘汰产仔数和乳鸽体重不达标的种鸽。

（4）年龄。肉种鸽的利用年限一般为5~7年，但生产中发现1~3岁的种鸽繁殖性能较强，4岁以后逐渐下降。因此留种的幼龄鸽应来自1~4岁的种鸽，对低产的老龄鸽要及时淘汰，更换后备种鸽。引种最好是6月龄左右刚开产的种鸽，年龄太大的种鸽利用期短。

2. 系谱选择 平时对优良种鸽的来源、各种生产性能应做详细的记录，建立系谱档案。选择时一般考察3代的情况，主要应以父母代为主。

3. 后代选择 指通过对后代进行品质测定，从而确定该个体是否留作种用的一种方法。后代品质的好坏是判断种鸽种用价值的最好证据，特别是对遗传力低的性状，只有通过后代测定才能正确估计其遗传性能。对于活鸽无法提供的测定性状或公鸽不能表现出来的隐性性状，也只能通过后代测定来提供判断依据。但是后代选择耗时长，需付出巨大的人力、物力、财力；有时也因具备参加后代选择条件的个体数量不多，而难以做到高强度选择。这种方法多用于育种场。

五、肉鸽的繁殖技术

1. 肉鸽的配对 肉鸽一般3~4月龄达到性成熟，开始出现求偶配对行为，大群饲养的青年鸽要采取公母分群饲养，避免早配，等到5~6月龄达体成熟后才能进行配对繁殖。肉鸽的配对有自然配对和人工强制配对两种，生产中常采用人工强制配对。

（1）自然配对。是指将发育成熟的公母种鸽按照相同比例放入同一场地散养，让公母鸽自行选择配偶，然后将配对成功的一对种鸽放入一个繁殖笼中饲养。为了及时辨认配对成功的组合，在场地周围要设置临时巢盆，晚上将同一巢盆中的公母鸽捉入同一笼中。一般自然配对的种鸽关系能维持较长时间，甚至终生不变。但自然配对容易出现近交，导致近交衰退。

（2）人工强制配对。将发育成熟的种鸽鉴定性别后，直接把一公一母放入一个繁殖笼中，人为决定种鸽的配偶。配对后必须注意观察，一旦发现打斗，要及时分开，重新配对。配对成功后的种鸽戴上脚号放入种鸽笼中饲养。人工强制配对不需要专门的配对场所，方法简单；同时有利于育种工作的开展，因此被多数养鸽场采用。但这种配对方法对公、母鉴别的准确度要求较高，且成功率不高。

2. 肉鸽的筑巢、产蛋和孵化

（1）筑巢。自然条件下，公母种鸽配对后就开始筑巢，通常由公鸽衔草、母鸽筑巢，一般在配对后1周左右筑好蛋巢。人工饲养种鸽一般采用笼养，要设置专用巢盆，事先铺好垫料。

（2）产蛋。肉鸽每窝产2枚蛋，很少见有只产1枚蛋或3枚蛋的。一般在交配后2~3d产下第一枚蛋，26h后产下第二枚蛋。肉鸽通常在16：00—18：00产蛋，平均蛋重21.5g。

（3）孵化。母鸽产下2枚蛋后，开始由公母鸽轮流孵化，一般公鸽在9：00—16：00、母鸽在16：00至翌日9：00孵化。经过18d（从产下第一枚蛋起）孵化，幼龄鸽出雏。饲养员可于孵化的第5天、第10天各照蛋一次，剔除无精蛋、死精蛋和破蛋，防止污染正常发育的胚胎。同时做好各鸽栏的生产记录，如配对日期、产蛋日期、受精蛋数、出雏日期、出雏数等。

3. 肉鸽育雏 鸽属于晚成雏，刚出壳的乳鸽绒毛稀少，闭眼，不能站立和觅食，需由亲鸽哺喂。鸽的育雏由公母鸽共同完成。前3d哺喂的完全是鸽乳——亲鸽嗉囊上皮细胞分泌的一种米黄色、黏稠状的营养物质。前3d是鸽乳分泌最快的时期，乳鸽4日龄后，亲鸽哺喂的食物中逐渐加入饲料，7日龄后鸽乳分泌停止，完全靠亲鸽吃的饲料哺喂乳鸽。哺喂时乳鸽将喙从亲鸽喙角伸入亲鸽喙中，亲鸽伸颈低头，从嗉囊中吐出食物进入乳鸽喙中。人工饲养时，为缩短鸽的繁殖周期、提高繁殖率，乳鸽15日龄后，可进行人工哺喂。

拓展知识

肉鸽品种的提纯复壮

目前许多肉鸽生产场品种退化严重，年产乳鸽数量少，乳鸽上市体重偏小等。为了提高肉种鸽的生产性能，增强市场竞争力，必须做好肉种鸽的选育工作。

1. 引起肉种鸽品种退化的原因

（1）肉种鸽纯度差。许多养鸽场在引种时，不注重鸽种的纯度，引的鸽种不纯，遗传性能不稳定，表现为个体体重差异较大，繁殖性能高低不一。所以，引种时要到正规的种鸽场引种，引种后要加强种鸽的选留和淘汰。

（2）近亲繁殖。许多肉鸽场在生产中缺乏规范的生产记录，自繁自养时容易导致近亲繁殖，在后代的选留中，不注重合理的淘汰，经过几代近亲繁殖后，导致鸽群出现严重品种退化。

(3) 种鸽生理机能衰退。种鸽连续繁殖时间过长导致种鸽繁殖疲劳，直接影响后代的品质和下一年生产性能的发挥。随着种鸽年龄的增大，生理机能会出现衰退，一般5岁以上的种鸽生产性能明显下降，后代品质变差。

(4) 饲养管理不当。如营养不平衡、营养物质缺乏、环境条件恶劣等因素都可引起种鸽品种退化。

(5) 疾病因素。鸽场防疫不到位，缺乏严格的消毒措施，造成鸽场疾病长期流行，鸽群长期处于亚健康状态，其生产性能很难正常发挥。同时严重影响后代的品质，导致品种退化现象。

2. 肉种鸽提纯复壮的措施

(1) 建立核心群。核心群是种鸽选育的基础，要严格对核心群进行选择。要求体型、羽色等符合本品种特征，体质健壮、结构匀称、发育良好、无畸形。雄鸽体重在750g以上，雌鸽在600g以上。种鸽年产乳鸽在6对以上，所产乳鸽28日龄体重在550g以上。进入核心群的种鸽年龄要求在1~4岁，严格淘汰不达标的种鸽，一般5岁以上的种鸽要及时淘汰出核心群。

(2) 核心群的选择。

①初选。在25~30日龄乳鸽离巢时进行，要求留种鸽的体重在600g以上，生长发育良好，体型外貌符合本品种特征。

②复选。在6月龄上笼配对时进行，要求留种鸽体重在750g以上，体质健壮，具有本品种特征。配对公母鸽要求是同一品种、同一羽色类型，避免近亲繁殖。

③最后鉴定。在12月龄配对半年后进行，主要考察其生产性能。要求半年产乳鸽数在3对以上，乳鸽28日龄体重在550g以上的种鸽可入选核心群。

(3) 核心群的扩大和更新。建立核心群后，对核心群的后代应做好系谱记录，以便于根据后代生产性能对核心群种鸽进行后代鉴定。把符合条件的优良后代选入核心群，同时要及时把后代品质差、生产性能低下、出现异色羽和畸形的种鸽淘汰出核心群，从而使核心群不断扩大、更新，种质不断提高。

(4) 核心群的管理。

①专人负责。核心群建立后要专人负责选种、选配工作，最好有专家指导，有技术人员的参与。

②加强饲养管理。核心群的种鸽都是优秀个体，易受各种应激影响，所以要加强管理，保证充足的营养供应，严格控制环境条件，提供卫生、舒适的环境。

③做好各项记录工作。入选核心群的种鸽要做好编号、种鸽卡片记录、初选体重、复选体重、羽色、年龄等记录工作。生产记录包括产蛋、孵化、育雏、乳鸽成活率、28日龄体重等内容。

任务四 肉鸽的饲养管理

一、肉鸽的饲养标准

肉鸽各阶段的生理特点不同，对营养的需求也有很大差异，生产中，应根据肉鸽各阶段的生长发育特点不同，采用不同的饲养标准，合理配制饲料。目前，肉鸽养殖还没有统一的国家饲养标准，表2-1-3为肉鸽的推荐饲养标准，仅供参考。

表 2-1-3 肉鸽的推荐饲养标准

生长阶段	代谢能（MJ/kg）	粗蛋白质（%）	粗纤维（%）	钙（%）	磷（%）
青年鸽	11.7	14	3.5	1.0	0.75
非育雏亲鸽	11.1	13	3.2	1.5	0.85
育雏亲鸽	11.9	17	3.0	1.5	0.85
乳鸽（15～28d）	12.56	22	3.0	1.2	0.65

二、肉鸽的饲料与保健沙

1. 肉鸽的常用饲料

（1）能量饲料。主要有玉米、小麦、高粱、稻谷、大麦等谷类籽实。玉米是肉鸽养殖最常用、也是必不可少的饲料，用量占到日粮的25%～60%。小麦的种皮中含有大量的镁离子，具有轻泻性，用量为5%～25%。高粱含有鞣酸，用量大时易引起便秘，一般用量应控制在8%～10%。稻谷适口性差，且易损伤消化道黏膜，哺乳期种鸽最好不用，或脱壳后饲喂，最好用糙米，不用精米饲喂。

（2）蛋白质饲料。主要有豌豆、野豌豆、绿豆等豆科籽实。此类饲料特点是蛋白质含量高，为20%～40%，蛋白质品质好，是肉鸽所需蛋白质的主要来源，用量占日粮的15%～30%。另外，火麻仁和油菜籽脂肪含量高，营养丰富，有健胃通便、促进羽毛生长的作用，宜在鸽的换羽期添加，用量不宜过大，一般为1%～5%，过量时易引起腹泻或兴奋。

（3）肉鸽的饲料配方举例。见表2-1-4和表2-1-5。

表 2-1-4 乳鸽的饲料配方（%）

原料	配方1	配方2	配方3
玉米	40	20	40
小麦	15	5	20
大麦	0	30	0
糙米	20	20	0
大豆	15	15	0
豌豆	10	10	20
麸皮	0	0	10
乳粉	0	0	5
酵母	0	0	5

表 2-1-5 亲鸽的饲料配方（%）

原料	育雏期	非育雏期	原料	育雏期	非育雏期
玉米	30	35	杂豆	0	15
高粱	10	15	豌豆	10	0
小米	0	15	绿豆	15	0

(续)

原料	育雏期	非育雏期	原料	育雏期	非育雏期
糙米	20	20	火麻仁	5	0
小麦	10	0			

2. 肉鸽保健沙

(1) 保健沙的作用。肉鸽一般采用笼养或舍养，不能放飞，不能在野外自由觅食矿物质和微量元素，保健沙可满足肉鸽生长发育对矿物质的需求，增强肉鸽体质，促进生长发育，保证健康，提高繁殖能力。保健沙中含有一定比例的沙粒，用来磨碎肌胃中的原粮，帮助消化。另外保健沙中的一些中草药具有防病、促进消化的功能；生石膏含有丰富的硫元素，在换羽期添加，有促进羽毛生长的作用。

(2) 保健沙的配方。见表2-1-6。

表2-1-6　肉鸽保健沙配方 (%)

原料	1号	2号	3号	4号	5号	6号	7号
红泥土	24	35	34	25	35	40	23
河沙	32	25	10	20	25	20	25
贝壳粉	30	15	30	30	15	20	30
骨粉	2	10	5	10	5	9	10
石灰石	0	0	5	5	5	0	0
木炭末	5	5	10	4	5	5	5
食盐	4	5	4	5	5	4	4.5
生石膏	0	5	1	0	5	0	0
龙胆草	0	0	0.5	0.5	0	0.5	0
甘草末	1	0	0.5	0.5	0	0.5	1
生长素	2	0	0	0	0	1	1.5
合计	100	100	100	100	100	100	100

(3) 保健沙的使用。保健沙应现配现用，保证新鲜，防止某些物质被氧化或发生不良变化而影响效果，一般每次最多配3~7d的用量。肉鸽自产蛋、孵化到育雏，所需保健沙的量逐渐增加，一般占饲料采食量的5%左右，通常每对种鸽供给15~20g。一般在每天15：00—16：00供给定量的保健沙。应配备专用保健沙杯，并定期清理，保证质量，免受污染。

三、肉鸽常规饲养管理技术

1. 分餐饲喂，定时定量　每天饲喂次数：离巢幼龄鸽3~4次，生产种鸽2~3次。日喂量：童鸽75~100g，配对生产种鸽90~125g，青年、成年鸽80~110g。每天要定时供给新鲜的保健沙1次。

2. 分群饲养　一般在乳鸽离笼独立生活后即进行分群，每平方米7只左右，35~40对为一群较为适宜。

3. 定期清洁消毒 群养鸽每天要清除粪便，笼养种鸽每 3~4d 清粪 1 次；食槽、水槽每 3d 必须冲洗消毒 1 次；鸽舍、鸽笼及用具在进鸽前可用福尔马林进行熏蒸消毒，巢盆和散养地面应在乳鸽离巢及出售后清扫消毒备用。

4. 全天供给清洁饮水 一对种鸽日饮水量约 300mL，育雏亲鸽饮水量增加 1 倍以上，夏季饮水量增加。生产中一般采用自由饮水，并保证饮水清洁卫生。

5. 观察鸽群，做好防病治病工作 每天应仔细观察鸽群，一看精神动态，二看采食饮水情况，三看粪便形态、颜色是否正常。坚持预防为主的原则，依据常见鸽病发生的年龄及流行季节等制订预防措施，发现病鸽应及时隔离治疗。

6. 定时沐浴 根据季节和气候，夏季每天应给鸽子沐浴 1 次，冬季每周 1~2 次。鸽群沐浴的适宜时间是中午前后，每次半小时即可。单笼笼养的种鸽洗浴较困难，可每年洗浴 1~2 次，并在水中加入敌百虫等药物，以预防和杀灭体外寄生虫。洗浴前必须让鸽饮足清水，以防鸽子饮用洗浴药水。

7. 保持鸽舍的安静与干燥 鸽舍阴暗潮湿、周围环境嘈杂等会诱发疾病，严重影响鸽群的生产和健康。因此生产中，应避免鸽舍潮湿，保持环境安静，为鸽子提供良好的生产场所。

8. 捕捉鸽子的方法 鸽胆小易惊，在鸽舍里捉鸽时，首先要看准被捉的鸽子，然后诱其归巢，在窝内捕捉，不要惊动整个鸽群。如果被捉鸽不进笼，可将其赶到一角，举起双手，张开手掌，从上往下捕捉，但不要用力过猛，以免伤鸽。捉鸽时动作要轻快，不要犹豫。切忌在鸽舍内乱追乱扑，惊动鸽群，影响生产。捕到鸽后，握鸽的方法是：用大拇指压住鸽的腰部，其余四指握住鸽的腹部，同时用食指和中指夹住鸽脚，另一只手托住鸽的胸部，便可牢固地固定鸽体。捉雏鸽时，先把雏鸽放在左手掌上，再用右手轻轻按住鸽背，以防逃脱或跌落地上。

四、肉鸽不同生长阶段的饲养管理

肉鸽在不同阶段的生理特点、生长发育、营养需求等各方面有很大差异，因此在饲养管理上，需采取阶段饲养法。一般把肉鸽分为乳鸽期、童鸽期、青年鸽期和成年种用期四个阶段。

1. 乳鸽期 指从出壳至 28 日龄的鸽。这一阶段的雏鸽自己不会采食，需要在巢盆中由亲鸽哺喂。这时的雏鸽体小质弱，容易死亡，一定要加强管理。生产中要养好乳鸽，提高乳鸽的成活率和亲鸽的繁殖力，在乳鸽管理上应做好以下几点：

（1）注意清洁卫生。做好巢盆、垫料的清洁卫生，定期更换垫料，并对巢盆进行消毒，保持巢窝清洁干燥，保证乳鸽的健康。

（2）加强种鸽饲喂。雏鸽出壳后，要逐渐增加种鸽的饲喂量，延长饲喂时间，增加豆类饲料的比例，此期日粮粗蛋白质水平为 18%，代谢能为 12.14MJ/kg，同时保证优质保健沙的供给，以满足亲鸽哺喂的需求，提高乳鸽的生长速度。饲喂次数由原来的每天 2 次增加为 3 次，饲喂量由每对种鸽每天 100g 逐渐增加到哺喂后期每对种鸽每天 400g 左右，每次饲喂时间 30min，保证种鸽有足够的采食和哺喂时间。

7~14 日龄，乳鸽采食到的饲料由鸽乳、颗粒饲料组成的混合料逐步转变为全部的颗粒饲料，乳鸽往往不能适应新饲料，而发生嗉囊积滞、消化不良等病症，因此生产中要及时预防。一般从乳鸽8日龄开始，每日加喂半片酵母片，同时亲鸽要投喂颗粒小、易消化的饲料原粮，保证保健沙中的微量元素更加全面。

（3）调换乳鸽位置。亲鸽总是先哺喂巢盆中固定位置的乳鸽，长期下去，会导致两只乳鸽生长不均匀。因此，生产中要每3～5d调换1次位置，以使其均匀受食、均匀生长。

（4）调并乳鸽。在育雏中，如有一只乳鸽死亡，可把另一只并入其他日龄相近的窝中，由保姆鸽带养。保姆鸽可哺喂2～3只乳鸽，但最多不能超过3只，以免加重保姆鸽的负担。并雏后不带雏的种鸽可提前10d产蛋，以缩短其繁殖周期，提高其繁殖性能。

（5）人工哺喂。实践证明，人工哺喂的乳鸽体重大、屠体丰满、美观，皮下脂肪沉积适量，深受欢迎。一般在15日龄时开始人工哺喂的效果最好，过早则乳鸽成活率低，过晚则达不到缩短繁殖周期的目的。人工哺喂是借助一定的器械，将调制成糊状的配合饲料喂入乳鸽的嗉囊中。常见的有奶瓶哺喂和机械哺喂两种。要求哺喂配合饲料含粗蛋白质22%、代谢能13.56MJ/kg。每只乳鸽每次填喂量50～100g，每天2～3次。

（6）及时离巢、上市出售。超过上市日龄的肉鸽体重会有所下降、肉质会变差，因此25～30日龄的乳鸽要及时从巢盆中抓出，留种或出售，避免影响亲鸽下一窝的正常生产。

2. 童鸽期　留做种用的乳鸽从离巢到性成熟配对前为童鸽，一般指1～3月龄的幼龄鸽。童鸽由原来巢盆中亲鸽哺喂变为离巢独立生活，其生活方式发生了很大变化，是肉鸽最难饲养的阶段。

（1）童鸽的饲养方式。童鸽对环境的适应性较差，一般采用舍内网床平养或地面平养，要求房舍保暖性好、通风良好，并带有运动场，保证阳光充足。

（2）童鸽的饲喂。童鸽由亲鸽哺喂变为自己采食，其采食能力弱，且消化能力较差，因此刚开始采食期间，最好用颗粒较小的饲料，以便于采食。饲喂前可先用水浸泡软化，以利于消化。对没有学会采食的童鸽要进行人工塞喂，同时保证供给优质的保健沙。

（3）疾病预防。童鸽阶段抗病力弱，是鸽子一生中最易患病的时期，易患消化不良和肠道疾病。因此，要在饲料或饮水中适当添加一些维生素、酵母片等物质。童鸽约在50日龄时开始换羽，在换羽期间，外界的不良刺激（寒冷、营养不良、环境污染等）会引起疾病的流行。因此，冬季要做好鸽舍的防寒保暖和清洁卫生工作，同时，饲料中添加适量的火麻仁，增加能量饲料的比例，保证营养的充足供应。

（4）童鸽的选择。肉鸽是纯种繁育，一般大型鸽场要自己留种。留种鸽的初选在28日龄离巢时进行。凡是外形、羽色符合本品种特征，生长发育良好，没有畸形，体重达标的鸽子可以留种。准备留种的乳鸽一般不进行人工哺喂。

3. 青年鸽期（4～6月龄）

（1）饲养方式。青年鸽适合大群地面平养或网上平养，地面或网上设置栖架，饲养密度为每平方米2～3只。要有较大的运动场，一般运动场面积是舍内面积的2～3倍，运动场要求向阳、干燥，以加强青年鸽的运动，促进生长发育。鸽的采食、饮水等活动在运动场内进行。

（2）分群饲养。为防止鸽早配、早产，影响种鸽以后的生产性能，要尽早鉴别公母，采取公母分群饲养。

（3）限制饲养。青年鸽生长发育速度快，新陈代谢旺盛，自由采食会导致过肥。为防止过肥，可进行限制饲养，适当减少日粮中能量饲料的比例，适当控制喂量。

（4）驱虫和防疫。3~4月龄时应进行一次驱虫，同时接种鸽瘟疫苗0.5mL。6月龄时进行驱虫、配对和上笼等工作，为减少对鸽的应激刺激，可同时注射鸽瘟疫苗1mL。

4. 种鸽期 种鸽6月龄时，通过配对，单笼饲养，进行乳鸽生产，进入种鸽期。

（1）上笼前的选择和驱虫。种鸽上笼前要进行一次选择，要求体型、羽色符合本品种特征，羽毛有光泽，体质健壮，结构匀称，发育良好，无畸形，上笼配对时要求公鸽体重在750g以上，母鸽体重在600g以上。在上笼前后1周各进行一次驱虫，以彻底消灭体内寄生虫。

（2）避免不良配对。不良配对的类型有两公、两母、一公一母感情不和等。种鸽配对后1周，饲养员要注意观察，一旦发现配对不当或错配的，应及时拆开重新配对。

（3）产蛋至出雏前的管理。①产蛋后要及时检查、取出畸形蛋和破蛋，对初产鸽要经常观察蛋巢是否固定，两枚蛋是否集中在蛋巢的中央底部。②对新配偶要观察是否和睦，是否互相啄斗导致踩破种蛋。对于体型大的鸽要小心护理，防止压碎蛋。要防止营养不全或有恶食癖的鸽啄食种蛋。③要按时进行照蛋，及时处理坏蛋，对无精蛋、死精蛋和死胚蛋应及时取出，以防蛋变臭，影响正常发育的蛋和产鸽的健康。发现无精蛋和死胚蛋应查明原因，完善管理制度。④对窝产一枚蛋或者两次照蛋后剩一枚蛋者，应合并同时间蛋进行孵化，以提高繁殖率。

（4）巢盆及垫料的管理。繁殖期内，每对种鸽应准备两套巢盆、多套垫料，垫料一般用麻袋片、海绵、地毯等做成，要求柔软、温暖、干净、干燥，便于清洗消毒和重复利用。乳鸽出壳后应注意保温，经常更换垫料，经常洗刷巢盆中的粪便，以保持清洁卫生。在乳鸽12日龄时，应将新巢盆放到笼架上，原来的巢盆和乳鸽放到笼底，以免影响孵化。在15日龄左右种鸽开始产第二窝蛋，担任哺乳和孵化的双重任务，此阶段要精心饲养管理，增加饲料营养和喂料次数，以保证种鸽双重任务的完成。

（5）做好生产记录工作。要随时做好产鸽的各项生产记录，为以后的饲养管理提供重要的数字依据。

拓展知识

肉种鸽的繁殖异常

1. 引起种鸽停止产蛋的原因与对策

（1）年龄。2~3岁的种鸽繁殖性能最高，4岁以后逐渐下降。因此，要及时淘汰低产的老龄鸽，不断更新鸽群。

（2）换羽。种鸽在9—11月停止产蛋，陆续进入换羽期。一般高产鸽换羽时间较晚，持续时间短；低产鸽开始换羽时间早，持续时间长。

（3）营养。饲料营养水平偏高或偏低，导致种鸽过肥或营养不良，都会影响种鸽的产蛋。因此生产中，要合理搭配饲料，保证全价营养，保证保健沙的质量与供给。

（4）疾病与药物影响。鸽瘟、鸽痘、念珠菌病等传染病的发生会导致种鸽停产。因此，生产中要做好防疫与消毒工作，避免传染病的发生。一些药物（如金霉素、氯霉素、磺胺类等）的使用也会影响产蛋，生产中应慎用。

（5）产蛋疲劳。生产中有些种鸽场，种鸽上一年的繁殖任务太重，繁殖率很高，而下一年繁殖率显著下降，主要是由于种鸽产蛋疲劳引起。如果种鸽长期繁殖，营养需要也无法满足，会导致种鸽营养不良、消瘦，易受应激影响，若冬季继续繁殖，会使下一年繁殖率显著下降。因此，除在种鸽繁殖旺季要加强营养外，每年冬季结合换羽应有1~2个月的休整期，下笼散养。

2. 种鸽不孵蛋的原因与对策

（1）饲养环境。温度偏高或偏低、环境噪声、鸽舍有害气体浓度过大等都会引起种鸽不孵蛋，所以管理上要尽量创造舒适、安静的孵化环境，杜绝猫、鼠类、鸟的干扰。

（2）垫料。巢盆中无垫料或垫料潮湿、污染等都会使种鸽不孵蛋，因此生产中要经常更换垫料，刷洗巢盆，保持巢盆垫料干燥、柔软、清洁卫生。

（3）体表寄生虫。种鸽体表有寄生虫，浑身瘙痒，不能安心孵蛋。因此每年春、秋季要定期驱虫。

学习评价

一、填空题

1. 肉种鸽的一个繁殖周期主要包括_____、_____、_____、_____、_____等几个环节，大约_____ d。
2. 肉鸽常用选种方法有_____、_____、_____等。
3. 肉鸽的生理阶段一般分为_____、_____、_____、_____四个阶段。
4. 肉种鸽个体品质选择时主要从_____、_____、_____、_____等几个方面进行选择。
5. 肉鸽的饲养设备主要有_____、_____、_____、_____、_____、_____等。
6. 生产中导致种鸽停止产蛋的原因主要有_____、_____、_____和_____等几个方面。
7. 鸽子根据经济用途分类，可分为_____、_____和_____三大类。
8. 鸽子的配对方式有_____和_____两种方式。
9. 鸽舍的形式有两种，即_____和_____。

二、选择题

1. 肉鸽的食性属于（   ）。
   A. 素食性　　　　　B. 杂食性　　　　　C. 肉食性
2. 乳鸽适宜的离巢上市时间是（   ）。
   A. 28~30日龄　　　B. 2月龄　　　　　C. 3月龄　　　　　D. 4~6月龄
3. 肉种鸽适宜的上笼配对时间是（   ）。
   A. 12月龄　　　　　B. 2月龄　　　　　C. 3月龄　　　　　D. 6月龄
4. 生产中肉种鸽的配对一般采用（   ）。

A. 大群自然配对　　　B. 人工强制配对　　　C. 人工授精
5. 下列哪些因素可以导致肉种鸽的品种退化？（　　）
A. 鸽种不纯　　　B. 近亲繁殖　　　C. 营养不平衡
D. 种鸽生理机能衰退　　E. 疾病

三、思考题

1. 肉鸽的生物学特性有哪些？
2. 成年鸽的公、母鉴别要点是什么？
3. 简述肉鸽保健沙的配制方法、成分、作用及使用方法。
4. 乳鸽的饲养管理要点有哪些？
5. 繁殖期种鸽的饲养管理要点有哪些？

项目二 鹌鹑养殖

鹌鹑在动物学分类上属鸟纲、今鸟亚纲、突胸总目、鸡形目、雉科、鹌鹑属，是鸡形目中最小的一种禽类。鹌鹑肉肌纤维细嫩，肉质肥实，味道鲜美，含有丰富蛋白质、铁、钙、磷，被誉为野味之珍；鹌鹑蛋富含卵磷脂、脑磷脂，易于消化吸收，对过敏症和肠胃病有特殊疗效，对人体神经系统有特殊的营养作用。目前我国鹌鹑养殖量约1.5亿只，居世界首位，占世界饲养量的16%，是我国饲养量最大、分布最广的一种经济动物。

学习目标

了解鹌鹑场建设和养殖设备；熟悉鹌鹑的生物学习性和品种；能进行鹌鹑的公母鉴别；重点掌握鹌鹑不同生理阶段的饲养管理要点。

学习任务

任务一 鹌鹑场建设

一、场址选择

1. 地形地势 鹌鹑场应建在背风向阳、通风良好、排水方便、地势高燥、土壤压缩性小、地下水位低的地方，不能建在涝洼地和受洪水冲刷的地方。

2. 便利兼顾防疫 鹌鹑场既要交通便利，又要利于防疫。鹌鹑场应距主要公路500m以上，次要公路100m以上，距离居民点、其他畜禽场、工业污染区等污染源不少于1 500m。农村养鹌鹑户可利用家中闲置的房舍或村里闲置院落作为饲养场舍，但应注意平时消毒和免疫接种工作。

3. 水电充足 鹌鹑场水源要充足，水质要符合饮用水卫生要求。电力必须充足，易停电的地区可自备电源。

二、鹌鹑舍设计与设备

1. 鹌鹑舍的设计 一般小型鹌鹑场与养殖专业户可利用原有民房适当改建，但应设有顶棚，地面以水泥地为宜。大型的专业鹌鹑场则应按孵化厅、雏鹌鹑舍、仔鹌鹑舍、种鹌鹑舍、产蛋鹌鹑舍、育肥仔鹌鹑舍、附属用房等总体布局，分别设计。鹌鹑舍的规格以长10~12m、宽2.7~3m、高2.7m为宜。舍内环境条件包括温度、湿度、光照、密度、灰尘、有害气体、噪声等。鹌鹑舍要有供暖和通风设施，冬季保暖、夏季隔热效果好；鹌鹑舍采光性能好、通风良好、干燥。

（1）温度。鹌鹑对温度极为敏感。初生雏鹑平均体温为38.61~38.99℃，公雏略高于母雏，较成年鹌鹑低3℃左右，至8~10d时才达到成年鹌鹑体温，但其体温调节中枢仍不健全，因此在育雏阶段必须保温。在室温22～24℃情况下的育雏鹌鹑温度1～3d为40～38℃，7d为35℃，14d为30℃，21d为25℃，28d为22～20℃。育雏温度还应根据雏鹌鹑的饮食、动态、粪便、睡眠及笼具层次做必要的调整。成年鹌鹑最适温度范围为20～25℃，温度高于30℃会导致食欲减退、产蛋率下降、蛋壳变薄；温度低于10℃则产蛋率剧降，甚至停产与脱毛。

（2）湿度。要求相对湿度为55%。高湿不利于高温与低温时热的调节，机体热调节差，导致其产蛋、产肉性能和抗病力下降，发病率与病死率高。实践证明，潮湿闷热环境易诱发球虫病、曲霉菌病、肠胃炎与禽霍乱等病。

（3）通风。鹌鹑舍应有一定的通风换气量，以确保鹌鹑正常的新陈代谢，排出有害气体与灰尘。通风要与保温协调好，注意风速勿过大，要防止穿堂风与贼风。

2. 鹌鹑笼具 鹌鹑适合笼养，通常2～5层，既可提高房舍利用率、减少投资，又便于管理、效益好。按鹌鹑生长发育与生产阶段，可分为雏鹌鹑笼、仔鹌鹑笼、产蛋鹌鹑笼、种鹌鹑笼、育肥笼等。

（1）雏鹌鹑笼。主要养育0～2周龄或3周龄的雏鹌鹑。形式多样，常用的有层叠式，每层的2/3面积供雏鹌鹑采食、饮水、活动；1/3面积用木板或纤维板制一木罩，其顶与两侧均留有通气孔，供雏鹌鹑休息；中间设隔板或布帘，留有洞门供雏鹌鹑出入；在木罩门上可镶一块玻璃窗，以便观察。雏鹌鹑笼示意图见图2-2-1、图2-2-2。

笼门网眼为10mm×15mm的钢板网或塑料网，用合页将门框焊接在笼门架上，于上方设挂钩或圈套固定门，其侧网、后壁网均采用网眼为10mm×15mm的钢板网；底网采用网眼为10mm×10mm的金属编织网，下设支撑；顶网采用网眼为10mm×10mm的塑料网或塑料窗纱。每层底网下配置承粪盘，可用白铁皮、铝皮、玻璃钢和塑料等制成。雏鹌鹑笼的热源有电热丝、电热管、白炽灯、红外线灯等。可根据条件进行自控，或调整白炽灯数量和功率，照明灯另设。

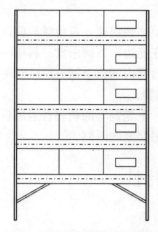

图2-2-1 5层式雏鹌鹑笼架正面示意

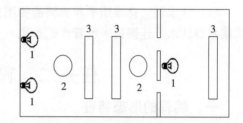

图2-2-2 5层式雏鹌鹑笼架单层示意
1. 白炽灯 2. 饮水器 3. 食槽

（2）仔鹌鹑笼。供3周龄或4～6周龄仔鹌鹑用，也可作为育肥笼或种公鹌鹑笼使用。规格与育雏笼同。其底网规格为网眼20mm×20mm的金属编织网（必要时上再铺一块网眼为10mm×15mm的塑料网过渡）。料槽与水槽可悬挂于笼外，承粪板规格与要求同雏鹌鹑笼。如仍处于保温需要，供热设备与雏鹌鹑相同。

（3）种鹌鹑笼。应根据品种、配比、用途制订规格，要求适度宽敞，保证正常配种，种蛋破损率低，饲料不溅失，粪便不溅落，种鹌鹑头部不易损伤，光线明亮，观察方便，坚固耐用，操作与安装、维修方便。一般分为整装式与拼装式、单列式与双列式、叠层式、全阶梯式与半阶梯式等。目前以拼装式（组装式）与叠层式（4~6层）较为多用。每单元可养4~8只种鹌鹑。以下简介拼装5层双列式种鹌鹑笼的结构：

①每层为双列四单元结构，每层宽600mm、长1 000mm、中高240mm，两侧各为280mm。

②每单元可饲养种公鹌鹑2只和种母鹌鹑5~7只。

③笼门宽120mm、高150mm，位于各单元的正中位，边框用8号铁丝，以小合页焊接在栅格上方，用挂钩扣住下边栅条上。

④笼架边框用6mm圆铁，正面栅格用8号铁丝上下焊接于边框上。

⑤笼底两侧及中间隔网均用孔眼为10mm×20mm的钢板网，笼底倾斜角为7°。

⑥笼体架在角铁上，角铁规格25mm×25mm×3mm，或每层间采用套筒支架连接。

⑦料槽与水槽规格同，每层每侧3个，槽的规格为300mm×60mm×50mm，中央的一个槽子设为水槽，可供两笼单元种鹌鹑使用。槽底顶留有30mm间隙，供产下的鹌鹑蛋滚落在集蛋槽上。

⑧承粪盘为长方形，可采用白铁皮、玻璃钢、塑料制成。三个边设卷边高25mm，应留一窄边不设卷边，以便于倾倒粪便。

⑨笼顶铺设塑料制网或塑料窗纱，预防成年鹌鹑飞跃时头部受伤。

（4）产蛋鹌鹑笼。专供产蛋鹌鹑用，不放入种公鹌鹑。其笼高（中线）可缩至180~200mm，并不设中间隔栅而成为大单元筒间。叠层增至6~7层。其余可参考种鹌鹑笼规格。饲养密度具体可按品种、季节、饲养管理水平而定。

3. 食槽与饮水器

（1）料盘与料槽。料盘用雏鸡料盘即可，开食完成后上面加装料桶，避免雏鹌鹑进入料盘中造成饲料的浪费。鹌鹑上笼后需要用料槽喂料，料槽挂在笼边，方便采食。料槽一般用铁皮、塑料、木板等制成，要求便于添料、冲洗和消毒。在料槽内饲料上铺一块铁丝网，网眼10mm×10mm，可防止鹌鹑把饲料钩出槽外，造成饲料浪费。

（2）饮水器。育雏期平养鹌鹑需要用自制简易饮水设备。上笼饲养的鹌鹑普遍用自动杯式饮水器饮水，连接自来水管或贮水罐，自动饮水杯设置在每层笼的两侧。

任务二　鹌鹑的生物学特性

一、鹌鹑的形态特征

鹌鹑头小、嘴尖、尾短、翅长、无冠、腿短无距，脚有4趾。野鹌鹑成年体重100g左右，成年家鹌鹑体重蛋用型为110~160g，肉用型为200~250g。其羽毛分正羽、绒羽、纤羽三种，正羽覆盖身体表面，绒羽多在腹部，纤羽在绒羽之下、少而纤细。鹌鹑有季节性换羽的特性，春秋两次换羽。母鹌鹑喉部黄白色，颈、胸部有暗褐色斑点，脸部毛色浅。公鹌鹑头顶至颈部暗褐色，脸部毛色为褐色，胸腹部毛色为黄褐色、无斑点。不同品种的鹌鹑在体型和毛色上存在一定差异。

二、鹌鹑的生物学特性

1. 适应性强　鹌鹑喜温暖干燥，畏寒冷潮湿，易于调教，尤耐密集型笼养，便于集约化生产。产蛋最适温度为 20～22℃，低于 15℃和高于 30℃产蛋率下降；残留有一定的诸如爱跳跃、快走、短飞等野性。

2. 神经质　鹌鹑对外界刺激极其敏感，易骚动、惊群、啄癖，甚至啄斗。公鹌鹑善鸣、好斗、胆怯、怕强光，叫声高亢响亮。母鹌鹑叫声尖细、低回。

3. 沙浴习性　鹌鹑平时常以喙部钩取粉料于身躯，或于底网上及料槽内做沙浴动作。

4. 杂食性　鹌鹑为杂食性禽类，以谷类籽实为主，喜食颗粒饲料。其摄食行为较有规律，早晨及傍晚进食与饮水频繁，鹌鹑食量小，每次间隔时间较短，在饲养上要少喂勤添。母鹌鹑在产蛋前 1h 停止采食。

5. 代谢旺盛、生长发育快　鹌鹑性成熟早、生长速度快、饲料转化率高，生产周期短。出雏时体重仅 7～8g，肉用鹌鹑 21～28d 体重达 125～200g，蛋用鹌鹑 45～50 日龄性成熟，体重可达 120g，每只鹌鹑从孵出到产蛋仅耗料 500g，但鹌鹑对饲料质量要求高。母鹌鹑产蛋一年后自然死亡率上升，因此产蛋 10～12 个月的应及时淘汰。

任务三　鹌鹑的繁育

一、鹌鹑的品种

目前国内外培育的鹌鹑品种与配套系有 20 多个，主要有蛋用型和肉用型两种类型。

1. 蛋用鹌鹑

（1）日本鹌鹑。为世界著名的蛋用型培育品种，主要分布在日本、朝鲜、中国、印度和东南亚一带。日本鹌鹑体型较小，羽毛多呈现栗褐色，夹杂黄黑色相间的条纹。公鹌鹑的面、颏部为赤褐色，胸部羽毛红褐色，其上镶有一些小黑斑点，至腹部呈淡黄色。母鹌鹑面部为黄白色，颏部与喉部为白灰色。成年公鹌鹑体重 110g，母鹌鹑 130g。35～40 日龄开产，年产蛋量 250～300 枚，高产者 300 枚以上，蛋重 10.5g。蛋壳上有深褐色斑块，有光泽，或呈青紫色细斑点或块斑，蛋壳表面为粉状而无光泽。

（2）朝鲜鹌鹑。由朝鲜采用日本鹌鹑培育而成，体重较日本鹌鹑稍大，羽色基本相同。成年公鹌鹑体重 125～130g，母鹌鹑约 150g。45～50 日龄开产，年产蛋量 270～280 枚，蛋重 11.5～12g，蛋壳色斑与日本鹌鹑同。蛋用性能与肉质俱佳，商品利用率高，肉用仔鹌鹑 35～40d 活重可达 130g，半净膛屠宰率 80% 以上。

（3）法国白羽鹌鹑。由法国鹌鹑育种中心育成。体羽为白色，成年鹌鹑体重 140g，40d 开产，年平均产蛋率 75%，最高达 80%，平均蛋重 11g。生活力与适应性强，0～5 周龄耗料约 400g，每枚蛋耗料 35g。

（4）中国白羽鹌鹑。中国白羽鹌鹑是北京市种禽公司、中国农业大学和南京农业大学等联合培育出的白羽鹌鹑新品系。由朝鲜鹌鹑白羽突变个体选育而成，体羽洁白，偶有黄色条斑，具有伴性遗传的特性，为自别雌雄配套系的父本。用中国隐性白羽公鹌鹑与有色羽母鹌鹑交配，后代浅黄色为母鹌鹑（后变为白色），有色羽为公鹌鹑。

中国白羽鹌鹑生产性能高，45 日龄开产，年平均产蛋率达 80%～85%，年产蛋量 265～

300枚，蛋重11.5～13.5g，蛋壳有斑块与斑点。其体型略大于朝鲜鹌鹑，成年公鹌鹑体重145g，母鹌鹑体重170g。每日每只鹌鹑耗料23～25g，料蛋比为2.73∶1。中国白羽鹌鹑育雏视力差，育雏条件高，成活率低。

（5）自别雌雄配套系。由北京市种禽公司种鹌鹑场、中国农业大学和南京农业大学联合杂交选育而成。以中国白羽鹌鹑为父本，以朝鲜鹌鹑、法国肉用鹌鹑等栗色羽鹌鹑为母本，其杂交一代可根据羽色自别雌雄，浅黄色羽（初级羽后为白色）均为雌性，栗色羽均为雄性，其鉴别准确率100%。

2. 肉用鹌鹑

（1）法国肉用鹌鹑。又称法国巨型肉用鹌鹑，由法国鹌鹑育种中心育成，为著名肉用型品种。体型硕大，体羽呈灰褐色与栗褐色，间杂有红棕色的直纹羽毛，头部呈黑褐色，头顶部也有三条淡黄色直纹，尾羽较短。公鹌鹑胸部羽毛呈棕红色，母鹌鹑则为灰白色或浅棕色，并缀有黑色小斑点。初生雏胎毛为栗色，背部有三条深褐色条带，色彩明显，具光泽，其头部金黄色胎毛至1月龄后才逐步脱换。6周龄活重240g，4月龄种鹌鹑活重350g，年平均产蛋率为60%，孵化率60%，蛋重13～14.5g。

（2）美国法老肉用鹌鹑。为美国育成的肉用型品种。成年鹌鹑体重300g左右，仔鹌鹑经育肥后5周活重达250～300g。生长发育速度快，屠宰率高，鹌鹑肉品质好。

（3）美国加利福尼亚肉用鹌鹑。为美国育成的著名肉用型品种。按成年鹌鹑体羽颜色可分为金黄色和银白色两种，其屠体皮肤颜色亦有黄、白之分。成年母鹌鹑体重300g以上，肉用仔鹌鹑屠宰适龄为50d。该品种种鹌鹑生活力与适应性强。

二、鹌鹑的繁殖特性

1. 性成熟早 鹌鹑在所有家禽中是性成熟最早的一种，40～45日龄达到性成熟，开始产蛋。种鹌鹑开产后10～15d就可以进行交配。刚开产的鹌鹑蛋个体小，受精率低，畸形蛋比率较高，不适合孵化，只能作为商品蛋销售。60～70日龄时，产蛋率达到80%以上，达到合格种蛋的要求，才能孵化出健康的雏鹌鹑。

2. 种用期短 从产蛋率达到80%以上计算，蛋用种鹌鹑的利用期为8～10个月，肉用种鹌鹑为6～8个月。过了适宜的种用期，鹌鹑的产蛋量下降较快，而且种蛋的合格率下降，因此种用鹌鹑最多饲养1年，第2年要培育新的种群进行繁殖。

3. 无就巢性 就巢孵化是野生禽类进行繁殖的本能，但家养鹌鹑经过人类的长期驯化，产蛋性能得到了大幅度提高，已经丧失了就巢性。因此，现代鹌鹑生产必须进行人工孵化，人工孵化的孵化率可达75%～89%。鹌鹑为单配偶制及有限的多配偶制，性成熟后有求偶行为，但选择配偶严格，交配多为强制性行为，故受精率较低。

三、种鹌鹑的选择

1. 初生鹌鹑的选择 初生鹌鹑的选择即是对初生雏鹌鹑进行选择，由于雏鹌鹑的活重是蛋重的68%～70%，首先要剔除所有体重过轻的雏鹌鹑；另外，凡孵化率高的雏鹌鹑，其健雏率亦高，所以要在孵化率高的雏鹌鹑中进行选择。此外，初生雏鹌鹑要绒毛整洁、丰满而具光泽，脐部愈合良好，腹部柔软，肛门处绒毛无污染，活泼，两脚有力，无畸形。

2. 种鹌鹑的选择 通常的方法是采用肉眼观察外貌有无失格，同时配合用手触摸予以鉴别。种公鹌鹑要羽毛覆盖完整而紧密，颜色深且富光泽，体重达标，体质结实，头大，喙色深而有光泽，吻合良好，趾爪伸展正常，爪尖锐，眼大有神，雄性特征明显，叫声高亢响亮，其泄殖腺发达，能挤出泡沫状分泌物（为性成熟标志），交配力强，体重120~130g。种母鹌鹑要求羽毛完整，色彩明显，头小而俊俏，眼睛明亮，颈部细长，体态匀称，耻骨与胸骨末端的间距较宽，体重130~150g。

产蛋性能是母鹌鹑选种的重要指标，按母鹌鹑开产3个月的产蛋量推算，年产蛋达250枚以上者为好，年产蛋率蛋用鹌鹑应达80%以上，肉用鹌鹑应在75%以上，月产蛋量24枚以上者为佳。

种鹌鹑无论公、母都应选择三代以内发育良好、无疾病，且外形丰满的鹌鹑，近亲后代不能留作种用。

四、鹌鹑的公、母鉴别

早期鉴别仔鹌鹑的公、母对养鹌鹑业有着重要的经济效益与育种价值。自别雌雄配套系鹌鹑，1日龄即可通过羽色鉴别；有色羽鹌鹑可外貌鉴别公、母，鹌鹑出壳至性成熟期间公、母的主要区别见表2-2-1。

表2-2-1　鹌鹑出壳至性成熟公、母鹌鹑的主要区别

项　目	公鹌鹑	母鹌鹑
肛门鉴别（24h）	生殖突起为黄赤色	无生殖突起
胸部和面颊羽毛	红褐色	灰间杂褐色斑点
鸣叫声	短促高朗	细微
肛门	上方有红色膨大的性腺	上方有膨大的性腺
粪便	附有白色泡沫状物	无泡沫状物
体型	小而紧凑	大且宽松

五、鹌鹑的繁殖技术

1. 配种年龄　母鹌鹑3月龄至1年，公鹑以4~6月龄最好。但实际生产中，50~60日龄的公、母鹌鹑开始配种繁殖，繁殖利用1年就淘汰。自然交配公、母比例以1∶（2~3）为宜。

2. 配种方式　生产目的不同，可分别采用单配（1公1母）或轮配（1公4母，每天在人工控制下进行间隔交配）；小群配种（2公、5~7母）；大群配种（10公30母）。生产证明，小群配种优于大群配种，小群配种公鹌鹑斗架较少，母鹌鹑的伤残率低，受精率高。种鹌鹑入笼时，应先放入公鹌鹑，使其先熟悉环境，占据笼位顺序优势，数日后再放入母鹌鹑，这样可防止众多母鹌鹑欺负公鹌鹑，是防止受精率低的措施之一。鹌鹑的早晨和傍晚性欲最旺，交配后受精最高，以早上第一次喂饲后让其交配最好。

3. 人工授精

（1）采精方法。采精时，将公鹌鹑抓在手掌内，使头朝下，肛门部向上固定，用左手的拇指和右手的拇指按摩腹部。这样，公鹌鹑便出现性兴奋，位于肛门处的舌状性器官勃起，这时用手指压迫泄殖腔，性器官就会射出乳白色或乳黄色的精液，可用小型吸管收集起来。每次射精量约0.01mL。

鹌鹑精子的活力极低,生存时间极短,在 10~15min 就将完全停止活动,因此采精后必须立即输精。

(2) 输精方法。输精时,用左手将母鹌鹑固定,再用右手轻压其腹部,使阴道口外露,然后将装好精液的授精器插入阴道内 1.5cm 处。一般每次输精 0.005mL 即可。人工授精最好选择傍晚或夜间进行,因为夜间母鹌鹑已产完蛋,泄殖腔空虚,受精率较高。

4. 孵化 野生母鹌鹑繁殖期产 7~12 枚蛋即抱窝孵化。人工饲养条件下失去了就巢性,可采用孵化器或热炕人工孵化法或用抱窝的母鸽、母鸡代孵鹌鹑蛋孵化法。

鹌鹑的受精蛋一般经 17d 孵化期雏鹌鹑出壳,为了提高出雏率,可在出壳的前 1d 将孵化蛋放在 38~39℃ 热水里浸泡 1~2 次。出壳雏鹌鹑要及时捉到放有干草或絮被的竹篮里保暖,同时也能防止雏鹌鹑被代孵母鸽或母鸡踩死,待毛干活泼即可移入饲养室饲喂。

任务四　鹌鹑的饲养管理

一、鹌鹑的饲养标准

鹌鹑代谢旺盛,体温高,呼吸频率快,具有生长发育迅速、性成熟早、产蛋多等特点。但其消化道短、对营养物质消化吸收能力差。因此,鹌鹑应有其专用饲养标准。目前,我国尚无鹌鹑的饲养标准,一般参照国外饲养标准,并根据实际情况进行适当调整。鹌鹑的饲养标准可参考表 2-2-2、表 2-2-3。

表 2-2-2　日本鹌鹑的饲养标准

营养物质	开食和生长阶段	种鹌鹑
代谢能(MJ/kg)	12.56	12.56
蛋白质(%)	24.00	20.00
赖氨酸(%)	1.30	1.15
蛋氨酸+胱氨酸(%)	0.75	0.76
蛋氨酸(%)	0.50	0.45
亚油酸(%)	1.00	1.00
钙(%)	0.80	2.50
有效磷(%)	0.45	0.55

表 2-2-3　法国鹌鹑育肥期饲养标准

营养成分	数量	营养成分	数量
代谢能(MJ/kg)	11.84	纤维素(%)	4.10
粗蛋白质(%)	24	可利用磷(%)	0.50
脂肪(%)	3.20	钙(%)	1.03

二、鹌鹑的饲料配方示例

1. 蛋用鹌鹑

(1) 雏鹌鹑(0~20 日龄)。玉米 53%、豆粕 25%、鱼粉 15%、麸皮 3.5%、草(叶)

粉 1.5%、骨粉 1%、添加剂 1%。

（2）仔鹌鹑（21～35 日龄）。玉米 64%、豆粕 20%、鱼粉 7%、麸皮 5%、草（叶）粉 1.5%、骨粉 1.5%、添加剂 1%。

（3）产蛋鹌鹑。玉米 49.5%、豆粕 22%、鱼粉 14%、麸皮 3.5%、草（叶）粉 4.2%、骨粉 2%、石粉或贝壳粉 3.8%、添加剂 1%。

2. 肉用鹌鹑

（1）0～20 日龄。玉米 45%、豆粕 35%、葵花籽饼 3.5%、骨肉类粉 2.5%、羽毛粉 5%、鱼粉 5%、骨粉 0.3%、麸皮 2.5%、赖氨酸 0.2%、添加剂 1%。

（2）21～35 日龄。玉米 54.4%、豆粕 33.5%、羽毛粉 2.4%、鱼粉 5%、骨粉 0.8%、麸皮 2.5%、石粉 0.3%、赖氨酸 0.1%、添加剂 1%。

三、鹌鹑不同生长阶段的饲养管理

1. 雏鹌鹑的饲养管理

（1）雏鹑的运输。有专用运输箱，也可用运雏鸡纸箱、一般的纸箱、木板箱替代。底部最好铺垫回纺布、麻袋布，以保护雏鹌鹑腿部。箱盖、箱壁应有通气孔，运输过程应注意保温、通气、防震、防倾斜，并配备保暖物品，要求出雏后 24h 内运抵目的地，立即置于保暖设备内。

（2）育雏室准备工作。在接雏前 3d，应充分做好以下工作：①室内墙壁与地面常规消毒；②笼具彻底清洗、消毒；③笼具底网铺上深色回纺布或报纸；④准备扁平料槽与瓶式自动饮水器；⑤准备好饲料及有关疫苗、药品；⑥检修好各种设备与电器；⑦备好有关用具、保暖物品；⑧配备好有关饲养人员；⑨各种记录表格。

（3）保暖工作。室温保持 22～24℃，笼内的温度计水银球应与雏鹌鹑背线平行，防止温度忽高忽低。注意通风换气。进雏前 1d 调试好温度，并做好停电时应急准备工作。

（4）适时饮水、进食。长途运雏入育雏笼后，应先饮用 5% 葡萄糖温水溶液，以补充水分与能量，第二天起饮水用 0.05% 高锰酸钾溶液。开食料可饲喂正常日粮，放置于扁平食槽内，上加一层金属编织网，以防雏鹌鹑扒料溅出。雏鹌鹑生活力与模仿力均强，不需调教，即可自行饮水与采食。一般均采取昼夜自由采食制，需保持不断水、不断料；也有采用定时定量饲喂制，必须保证有足够的食槽与饮水位置。生产实践中多喂干粉料，也有的采用湿饲法，喂饲经压制过筛的配合碎裂料则效果更佳。

（5）公、母雏鹑分养制。按性别分养制是一种先进的饲养制度，它不仅避免了由于不同性别的生长速度、耗料差异导致的群体均匀度差、饲料转化率低，还可能避免啄癖或交配引起的骚动与损伤。

（6）日常管理。日常管理是一项非常细致而重要的工作，应事先制订出育雏计划与有关饲养管理操作规程。重点做好如下工作：①0～4 日龄常表现有易骚动不安和逃窜行为的野性，在加料换水时要特别小心，最好在门口底网上加一道 10cm 高的挡板；②为防止雏鹌鹑扒溅饲料，应在扁平料槽上加盖护网罩。饮水器要符合规格，防止沾湿绒毛或淹死雏鹌鹑；③经常检查室温和育雏温度，确保温度平衡，根据雏鹌鹑动态、粪便情况酌情调整；④适期调整饲养密度；⑤定期抽样空腹称重，及时调整日粮营养水平；⑥做好免疫程序规定工作与清洁卫生工作；⑦做好防鼠害、防煤气中毒、防火灾工作；⑧注意天气变化和死淘雏鹌鹑处理工作。

2. 仔鹌鹑的饲养管理

（1）公、母仔鹌鹑及时分群。一般于3周时可根据外貌特征进行公母分群，这种分养制有利于种用仔鹌鹑的选择与培育，对各种性别与用途均可取得较好效果。凡发育差的仔鹌鹑均转入肉用仔鹌鹑育肥笼强化饲养后上市。

（2）适当限饲。为控制种鹌鹑及商品蛋用鹌鹑的体重，防止性早熟，提高产蛋量与蛋的合格率，降低饲料成本，必须限制饲喂量与蛋白质水平。为此，本阶段的饲粮采用育雏饲粮与种鹌鹑（或产蛋鹌鹑）的饲粮混合过渡的方法，至产蛋率达5%时改用种鹌鹑或产蛋鹌鹑饲粮。

（3）控制光照。要按照合理的光照实施方案，每天光照10h，5lx的弱光照度，结合限饲制度，以达到控制体重与正常性成熟期的目的和效果。

（4）保温与离温。根据室温与周龄，适时调整温度，确保仔鹌鹑的正常生长发育。4周龄后，逐步采取离温直至与室温同。

（5）定期称重。为确保限饲的顺利进行，每周应定期抽测仔鹌鹑体重（空腹），数量少时全部称重，数量多时称取10%，求出平均体重及体重分布百分率，如有80%达到标准重（允许±10%），则为均匀良好的标志。过大或在水平以下，则要酌情调整日粮水平。捕捉时要轻捉轻放，防止骨折。朝鲜鹌鹑育成期的耗料量与体重见表2-2-4。

表2-2-4　朝鲜鹌鹑育成期的耗料量与体重（g）

周龄	平均日耗料量	平均体重	增重	累计耗料
4	14.6	84	22.0	268.8
5	17.4	109.5	25.5	390.4
6	19.3	123	13.5	525.7
7	20.1	130	7.0	666.4

（6）疾病防治。必须保持室内外清洁卫生，防止啄癖，定期防疫与检测，及时防治疾病。

（7）转群前准备。根据实有存栏仔鹌鹑数，制订好选配计划和方案，种鹌鹑舍及产蛋鹌鹑、育肥仔鹌鹑舍及时做好接收准备，转群时应连同各项记录报表一并移交归档。

3. 种鹌鹑及产蛋鹌鹑的饲养管理

（1）母鹌鹑的产蛋规律。母鹌鹑开产后1个月左右即达到产蛋高峰，且产蛋高峰期长，因此其年平均产蛋率可望达到75%～80%。但作为种母鹌鹑由于产蛋初期的蛋重小、受精率低，而产蛋后期又因蛋壳质量下降，孵化率低，因此在生产实践中对蛋用型种母鹌鹑仅利用8～10个月的采种时间；对肉用型母鹌鹑的采种时间更为短些，仅为6～8个月。

产蛋母鹌鹑群的当天产蛋时间的分布规律：主要产蛋时间集中于中午后至20：00前，而以15：00—16：00为产蛋数量最多之时。因此，食用蛋多于翌日早晨集中一次性采集；而种蛋一般每日收取2～4次，以防高温、低温及污染，确保孵化品质，每批收集后应进行熏蒸消毒。

（2）成年鹌鹑的利用年限。在笼养条件下，产蛋鹌鹑与种公鹌鹑仅利用1年，种母鹌鹑0.5～2年，育种场则可利用2～3年。利用年限长短主要取决于产蛋量、蛋重、种蛋受精率、种蛋品质，以及经济效益与育种、制种价值。一般情况下，第二个产蛋生物学年度的产蛋量要下降15%～20%，应根据具体情况决定鹌鹑群结构组成比例、淘汰适期与补充计划。

(3) 强制换羽技术。常用的人工强制换羽法多采用停止喂料与饮水达4～7d（夏季需使鹌鹑适度饮水），制造黑暗环境，在突然改变其生活条件的情况下使鹌鹑群迅速停产。接着大量脱落疏毛，再逐步加料，逐步恢复光照，达到整齐开产目的。从停饲到开产仅需20d。只要管理得好，换羽期间的死亡率不是很高，为此要做好防病工作，平时加强观察与护理工作。

(4) 适时转群。一般母鹌鹑在5～6周龄时已有近5%的产蛋率，即应及时转群至种鹌鹑舍或产蛋鹌鹑舍，使其逐步适应新环境。将育成期饲料改为种鹌鹑或产蛋鹌鹑饲粮，光照度也按产蛋鹌鹑的需要逐步延长。笼门上方悬挂种鹌鹑编号。

(5) 饲养方式。不论干粉料、湿粉率、干湿兼饲还是碎裂颗粒饲料，自由采食或定时定量方式均可。只要营养成分全面、平衡，饲喂方式相对稳定，光照时间与光照度达到要求，各种饲喂效果应该是大同小异的。在傍晚要加足饲料，饮水不得中断，冬季宜饮温水。

(6) 光照管理。光照对于产蛋率异常重要，在产蛋期间光照时间每昼夜达到16h，维持光照稳定，直至淘汰时为止。光照度为10 lx或4W/m^2。也有每昼夜只有14h光照或14～16h强光照，其余为弱光照，它可保证连续采食和饮水，可减少应激，也不影响鹌鹑休息。

(7) 清洁卫生。食槽（喂湿料时）、饮水器（或水槽）每天清洗1次，承粪盘每天清粪1～2次。门口应设消毒池，室内备消毒盆，应谢绝参观，防止鼠、鸟、蚊蝇侵扰。

(8) 防止应激。要保持饲养环境条件的相对稳定，更要保持安静，以期高产稳产，降低种鹌鹑的伤残率与死淘率，降低鹌鹑蛋的破损率。高温季节要防暑降温，除加强通风外，可在饮水中添加维生素C与某些电解质，以期保持食欲，稳定产蛋率与受精率，改善蛋壳品质。寒冷季节要采取防寒保暖措施，防止产蛋量急剧下降或输卵管外翻。

(9) 做好日常记录。如入舍鹌鹑数、死淘数、产蛋数、破蛋数、日饲料消耗量、天气情况与值班日记录。

4. 肉用仔鹌鹑的饲养管理 肉用仔鹌鹑指肉用型的仔鹌鹑及肉用型与蛋用型杂交的仔鹌鹑，迄今还包括了蛋用型的仔鹌鹑，是供肉食之用。要符合屠宰适龄与活重，以满足市场的不同需求，获得良好的经济效益。

(1) 笼具。有专用的育肥笼具，法国肉用仔鹌鹑生长速度快，个体硕大，因此笼高达12cm，3周龄入笼育肥，饲养密度以每平方米80～85只为宜。

(2) 日粮与饮水。育肥期间的代谢能应保持在12.98MJ/kg，蛋白质含量为15%～18%。要补充足量的钙和维生素D。同时可添加一些天然色素或人工合成色素添加剂。自由采食，饮水保证充足与清洁。

(3) 光照。应实行10～12h的暗光照饲养，以使其安静休息，以红光为宜。也可采用断续光照3h、黑暗1h制，饲养效果更佳。

(4) 室温。经常保持室温在20～25℃，要做好防暑降温和防寒保暖工作，以期获得更佳的饲料转化率，提高成活率。

(5) 分群。1月龄后按公母、大小、强弱分群饲养育肥，不仅生长整齐度好，而且可降低伤残率，提高饲料转化率。

(6) 上市。一般多于42～49d适期上市，此时肉鹌鹑活重已达200～240g，蛋用型仔公鹌鹑达130g。捕捉与装笼、运输时应注意安全。

学习评价

一、填空题

1. 成年鹌鹑体重蛋用型为＿＿＿＿g，肉用型为＿＿＿＿g。＿＿＿＿日龄达到性成熟，开始产蛋。

2. 种鹌鹑无论公母都应选择三代以内、发育良好、无疾病、体重在＿＿＿＿g以上且＿＿＿＿的鹌鹑，种鹌鹑的配种年龄：母鹌鹑＿＿＿＿，公鹌鹑以＿＿＿＿最好。

3. 鹌鹑饲养场应距主要公路＿＿＿＿m以上，次要公路＿＿＿＿m以上，远离＿＿＿＿、＿＿＿＿等污染源。

4. 成年鹌鹑最适温度范围为＿＿＿＿，温度高于30℃会导致＿＿＿＿、＿＿＿＿、＿＿＿＿；温度低于10℃则产蛋率剧降，甚至停产与脱毛。

5. 产蛋母鹌鹑群的当天产蛋时间的分布规律：主要产蛋时间集中在＿＿＿＿，而以下午＿＿＿＿为产蛋数量最多之时。因此，食用蛋多于＿＿＿＿集中一次性采集；而种蛋一般每日收取＿＿＿＿次。

二、思考题

1. 叙述鹌鹑的生物学特性。
2. 如何选择优良的种鹑？
3. 接雏鹌鹑前需做哪些准备工作？
4. 种鹌鹑和产蛋鹌鹑的饲养管理要点有哪些？
5. 商品肉用鹌鹑的饲养管理要点有哪些？

项目三　雉鸡养殖

雉鸡又称山鸡、野鸡、环颈雉，在动物学分类上属于鸟纲、突胸总目、鸡形目、雉科、雉属。其肉质细嫩，味道鲜美独特，营养丰富，蛋白质含量高，脂肪含量低，含有多种人体必需的氨基酸及微量矿物质元素，是集食用、药用、毛用于一体的一种珍禽。

学习目标

了解雉鸡舍建设和设备；熟悉雉鸡的生物学习性和品种；掌握雉鸡的选种和配种技术；重点掌握雉鸡不同生理阶段的饲养管理要点。

学习任务

任务一　雉鸡舍建设

一、雉鸡舍的建造

雉鸡养殖场应设在地势高燥、平缓、向阳背风、比较安静的地方，饲养雉鸡舍与家鸡舍要求相仿，雉鸡舍面积可根据饲养规模决定，雉鸡舍可用旧房间进行改建，也可建成有窗式密闭雉鸡舍。

1. 雏雉鸡舍　要求保温隔热性能与通风良好。在育雏舍的南北墙都留有窗户，北面墙安装排风扇，可保证空气流通，但气流速度不宜过快，以保持温度相对稳定。

2. 育成雉鸡舍　由雉鸡舍和运动场两部分组成。房舍高3m左右，要留有前后窗，前窗低，便于雉鸡出入运动场，后窗高，利于采光和保温。运动场面积应比舍内面积大1倍左右。运动场地面应有一定的坡度，以利于排水，地面要平整，最好做成水泥地面，以便于清扫。运动场内应设置木板、竹条或金属管等支架，运动场的四周可砌1.8m左右的砖柱，顶上及四周加上拦网，拦网可用铁丝网，也可用尼龙网代替，安装拦网时，可在四周先砌起30~100cm高的矮墙基，再将拦网安装上去，这样既可延长拦网的使用年限，又可使运动场整齐美观。运动场的出入门应设置成双重门，以防人员出入时雉鸡逃逸。

3. 种雉鸡舍　由雉鸡舍和运动场两部门组成。雉鸡舍内部结构简单，水泥地面，便于冲洗；舍内设置栖架，雉鸡在栖架上过夜，同时，雉鸡舍内还应准备好食槽、饮水槽等。运动场由拦网、支架和护栏组成，面积可根据饲养量而定，一般是舍内面积的2倍，由于雉鸡喜欢沙浴，可在运动场一角设沙地，也可用大塑料盆装沙置于运动场。

二、雉鸡饲养设备

1. 供暖设备　育雏雉鸡舍的保温设备有保温伞、红外线灯、火炉、烟道等。为防止雏雉鸡远离热源，可在保温器周围围上护板，护板距热源一般冬季75cm左右，夏季90cm

左右。

2. 育雏笼 一般为重叠式育雏笼，每层笼高28～35cm，中间有承粪板。常见的有普通育雏笼和供温育雏笼两种。

3. 饲喂和饮水设备 饲喂设备主要有1～3日龄雏雉鸡用开食料盘、平面饲养用喂料桶、笼养育雏用料槽等。料槽可用木片钉制，一般长1m、宽5cm、高5cm。槽上可用大眼铁网或小片木片钉好，防止鸡进入食槽。饮水设备主要有1～3日龄雏雉鸡用水盘、地面平养真空饮水器、地面平养吊塔式饮水器、笼养用杯式饮水器、笼养用水槽等。

任务二　雉鸡的生物学特性

一、雉鸡的形态特征

家养雉鸡是由野生雉鸡经过选育、驯化而来，体型略小于家鸡，尾羽较长，雄、雌雉鸡形态有明显区别。

1. 雄雉鸡 雄雉鸡的羽色鲜艳华丽，头和颈上部的羽毛为蓝绿色，带有金属光泽，头顶两侧各有一束耸立的蓝绿色毛角（耳羽簇），面部两侧有白色眉纹。颈部有一白色颈环，故又称环颈雉鸡。胸部羽毛为紫红色，背和腰多为黄褐色，羽毛中央带有蓝黑色斑点，腹部呈墨绿色。尾羽细长，上排列着整齐的黑色横斑。喙为黄绿色，脚趾为灰褐色，翅短圆，不善高飞。

2. 雌雉鸡 羽色不如雄雉鸡的艳丽，头顶为米黄色，有黑色和棕色斑纹，全身羽毛为沙黄至棕黄色，胸部和背部羽片中央有黑棕色斑点；尾羽较雄雉鸡短，呈黄褐色，有黑色条纹；喙为淡黑色，脚趾为灰色，体型和体重均较雄雉鸡小。

二、雉鸡的生物学特性

1. 适应性广，抗病力强 生活环境从平原到山区，从河流到峡谷，栖息在海拔300～3 000m的陆地各种生态环境中，夏季能耐受32℃以上高温，冬季－35℃也能在冰天雪地中行动觅食、饮冰碴水。人工饲养雉鸡一般采取半开放式饲养，雉鸡表现出很强的抗病力，在正常免疫条件下很少暴发传染病。

2. 集群性强，斗性较强 繁殖季节以雄雉鸡为核心，组成相对稳定的繁殖群，独处一地活动，其他雄雉鸡不能侵入，否则易发生争斗。尤其在繁殖季节，雄雉鸡常常为了争夺配偶而发生争斗，因此在饲养管理中要进行断喙，以预防啄癖的发生。在一个配种群中，要选出一个最强壮的雄雉鸡为王，称为王子雉；王子雉的地位确立后可以有效制止其他雉鸡争斗。

3. 胆怯机警，易受应激影响 雉鸡在觅食过程中，时常抬起头机警地向四周观望，如有动静则迅速逃窜。在人工饲养情况下，当突然受到人或动物的惊吓或有强烈的噪声刺激时，雉鸡群便惊飞乱撞，发生撞伤，因此养殖场要保持环境安静，防止动作粗暴及产生突然的尖锐声响，更不能有猫、犬等动物出入雉鸡舍，以防雉鸡群受惊吓。

4. 食量小，食性杂 雉鸡嗉囊较小，容纳食物少，一次采食量少。雉鸡是杂食性鸟，喜欢采食各种昆虫、小型两栖动物、谷类、豆类、草籽、绿叶等。人工饲养时，应以植物性饲料为主，配以鱼粉等动物性饲料；要做到少喂勤添，增加饲喂次数。

5. 善于奔走，不善飞行 雉鸡喜欢游走觅食，奔跑速度快，但高飞能力差，只能短距离低飞，不能持久。人工饲养时，要设置围网，防止雉鸡逃走。

6. 早成雏 雉鸡属早成雏，其幼雏一出壳就能站立、独立觅食，表现出很强的适应能力，因此适合人工育雏，人工育雏时雏雉鸡的成活率高。

任务三 雉鸡的繁育

一、雉鸡的品种

目前我国饲养的雉鸡品种主要有河北亚种雉鸡（本地雉鸡）、中国环颈雉鸡（美国七彩雉鸡）、左家雉鸡、黑化雉鸡、白雉鸡和浅金黄色雉鸡。

1. 中国环颈雉鸡（美国七彩雉鸡） 中国环颈雉鸡是我国华东环颈雉鸡于1881年引入美国后，经100多年的杂交选育而形成的高产品种，因此在美国被称为中国环颈雉鸡。该品种体型较大，雄雉鸡头部眶上无明显白眉，白色颈环较细且不完全（在颈腹部有间断），胸部羽毛红褐色且鲜艳；雌雉鸡腹部羽毛为灰白色，颜色较浅。成年雄雉鸡体重1.5～2.0kg，雌雉鸡体重1.0～1.5kg。具有生产性能高、繁殖力强、驯化程度高、野性小、适应性强等特点，其年平均产蛋量70～120枚，种蛋受精率85%，受精蛋孵化率86%，种蛋重29～32g，成年雉鸡能耐40℃的高温和－10℃的严寒，因此适合于我国大多数地区饲养，目前普遍被商品雉鸡场养殖。但该品种雉鸡肉质较粗糙，肉质风味不如本地雉鸡。

2. 河北亚种雉鸡（本地雉鸡） 由中国农业科学院特产研究所对野生河北亚种雉鸡进行人工驯化繁殖和选育而成。本地雉鸡雄雉鸡头部眶上有明显白眉，白色颈环完全且腹侧稍宽，胸部为褐色，体型细长；雌雉鸡体型纤小，腹部为浅黄褐色。成年雄雉鸡体重1.2～1.5kg，雌雉鸡体重0.9～1.3kg。该雉鸡生产性能较低，一般年平均产蛋量26～30枚，种蛋受精率87%以上，受精蛋孵化率89%左右，种蛋重25～30g，但肉质细嫩、肉味鲜美，深受国内外消费者喜爱。

3. 左家雉鸡 由中国农业科学院特产研究所于1991—1996年利用高繁殖力的中国环颈雉鸡与河北亚种雉鸡杂交培育的新品种。其雄雉鸡眼眶上方有一对清晰的白眉，白色颈环较宽、不完整（在颈腹部有间断），胸部羽毛为红铜色，背部为棕色，腰部为蓝灰色；雌雉鸡背部羽毛呈棕黄色或沙黄色，腹部呈灰白色。成年雄雉鸡体重为1.7kg左右，雌雉鸡体重1.26kg左右；21周龄育成雄雉鸡体重达1.54kg左右，雌雉鸡达1.13kg左右。人工舍养种雉鸡年平均产蛋62枚，种蛋受精率平均为88.5%，受精蛋孵化率平均为87.6%。左家雉鸡肉质白嫩，肌纤维细，香味浓而持久，口感很好，肉质优于河北亚种雉鸡和中国环颈雉鸡，深受国内外消费者的欢迎。

4. 黑化雉鸡 黑化雉鸡是美国七彩雉鸡的隐性突变纯合体，属野生突变型黑化雉鸡。该雉鸡雄性全身羽毛呈黑色，头部、背部、体侧部和肩羽、覆翼羽带有金属绿光泽，颈部带有紫、蓝色光泽；雌雉鸡全身羽毛呈黑褐色。黑化雉鸡的生产性能和肉质风味与中国环颈雉鸡相近。

5. 浅金黄色雉鸡 浅金黄色雉鸡产生于美国加利福尼亚州，其种源不太清楚，目前多数人认为是中国环颈雉鸡和蒙古雉鸡的后代。其雄雉鸡头顶和额为灰黄色，裸露的面部皮肤和肉垂为鲜红色，眼睛为棕色，瞳孔为黑色，全身羽毛呈浅金黄色；雌雉鸡头顶和额部羽毛比身体的羽毛颜色稍暗,眼睛为棕色,瞳孔为黑色,全身羽毛为浅黄色。成年雄雉鸡体重平均为 1.4kg,雌雉鸡体重平均为 1.0kg,年平均产蛋量为 40~50 枚,种蛋受精率 86%,受精蛋孵化率达 86.5%。

6. 白雉鸡 是美国七彩雉鸡的白色突变种,中国农业科学院特产研究所于 1994 年从美国威斯康星州麦克法伦雉鸡公司引进。雄雉鸡头部为纯白色,眼睛蓝灰色,喙为白色,面部皮肤为鲜红色,身体各部分羽毛为纯白色,没有杂色羽毛;雌雉鸡全身羽毛纯白色,尾羽短。其体型、产蛋量、繁殖性能均与中国环颈雉鸡相似。其突出特点为生长速度快,14~15 周龄即可达上市体重。白雉鸡胆大不怕人,家养驯化程度高,适应性强,适合于大规模集约化养殖,市场前景广阔,但羽色不艳丽,在活鸡市场上不受欢迎。

二、雉鸡的繁殖特点

1. 性成熟晚 雉鸡的性成熟较晚,野生雉鸡 10 月龄才达到性成熟,其繁殖具有明显的季节性。经过人工驯化后,性成熟时间有明显缩短趋势,且性成熟越早的雉鸡年产蛋量越高。美国七彩雉鸡 5~6 月龄即可达到性成熟,一般每年 2—3 月开始产蛋,产蛋期可延长至 9 月。人工饲养条件下,雄雉鸡性成熟比雌雉鸡要晚,因此生产中必须对雄雉鸡提前进行光照刺激,以使雄、雌雉鸡同步达到性成熟,提高种蛋受精率。

2. 配种特点 野生状态下雉鸡在繁殖季节以 1 雄配 2~4 雌组成相对稳定的"婚配群",每年 2—3 月开始繁殖,5—6 月是繁殖高峰期,7—8 月逐渐减少并停止。人工养殖的雉鸡要注意掌握配种时间,做到适时放对配种。

3. 产蛋无规律性 野生状态下,雌雉鸡年产蛋 2 窝,个别的能产到 3 窝,每窝产 15~20 枚蛋。蛋壳为浅橄榄黄色,椭圆形,蛋重 24~28g。在产蛋期内,雌雉鸡产蛋无规律性,一般连产 2d 休息 1d,个别连产 3d 休息 1d,每天产蛋时间集中在 9:00—15:00。如第一窝蛋被毁坏,雌雉鸡可补产第二窝蛋。

4. 就巢性强 野生雉鸡有就巢性,通常在树丛、草丛等隐蔽处营造一个简陋的巢窝,垫上枯草、落叶及少量羽毛,雌雉鸡在窝内产蛋、孵化;在此期间,雌雉鸡躲避雄雉鸡,如果被雄雉鸡发现巢窝,雄雉鸡会毁巢啄蛋。所以在人工养殖时,要设置较隐蔽的产蛋箱或草窝,供雌雉鸡安静产蛋,同时可以避免雄雉鸡的毁蛋行为。

三、雉鸡的选种

1. 高产种雉鸡的特征

(1) 生长发育情况。高产雉鸡生长发育良好,无畸形,羽毛生长良好,体型大。优秀雄雉鸡的雄性强,精力旺盛,站立时昂首挺胸;雌雉鸡羽毛紧贴,反应机敏。

(2) 体躯特征。优秀雄雉鸡面部鲜红,毛角直立,喙粗壮端正,两眼有神,羽毛有金属光泽;胸部宽深,手摸胸骨长直、发育好,背部平直;腿脚健壮,距发达,无跛行,两腿间距宽。高产雌雉鸡面部清秀,眼睛明亮有神,喙端正,颈细长;体躯紧凑,腹部柔软、容积大,胸骨末端至耻骨距离在 3 指以上,两耻骨间距在 2 指以上,耻骨边缘柔软而有弹性;腿长短、粗细适中,脚趾发育好,有光泽。

(3) 性情特征。高产雉鸡性情温顺、活跃,食欲旺盛,精力充沛,饲养员易接近。低产雉鸡反应迟钝,野性较强,食欲差,挑食严重,饲养员接近时易受惊吓,从而乱飞乱撞,易受伤害。

2. 种雉鸡的选择 留种的雉鸡一般在16周龄进行一次严格的挑选。选择重点是体重，一般要求雄雉鸡体重在1.2kg以上，雌雉鸡体重在0.9kg以上；美国七彩雉鸡要求雄雉鸡体重在1.5kg以上，雌雉鸡体重在1.2kg以上。雄雉鸡身体各部位匀称，发育良好，体型符合品种特征，面部鲜红，耳羽直立，胸部宽深，羽毛丰满、华丽有光泽，站立时尾不着地，雄性强，雄性特征明显，性欲旺盛，体质稳健有力，体重大。雌雉鸡体型大，结构匀称，发育良好，活泼好动，觅食力强；颈细而长，眼大有神，喙短而稍弯曲，胸部宽深丰满，羽毛紧贴富有光泽，体型外貌符合品种特征；腹部容积大，两耻骨间距宽。有条件的可在2月底、3月初再进行一次选择，淘汰不符合品种特征或雄性不强、精神状态不好的雄雉鸡及至3月初面部不红或尾拖地的雌雉鸡。

生产场种雉鸡一般一年一换，而雉鸡场种雉鸡利用一年后，可根据当年的繁殖性能进行选留，换羽越早的个体产蛋性能越低，应及早淘汰。美国七彩雉鸡要求当年的产蛋量在80枚以上，低于此数的应淘汰。

3. 种雉鸡的提纯复壮 在我国，目前雉鸡养殖生产中普遍存在随意留种，不重视系统选育而导致品种退化、生产性能下降的现象。

(1) 引起雉鸡品种退化的原因。

①近亲繁殖。生产中有许多雉鸡养殖户饲养的雉鸡群较小，又缺乏严格的系谱记录和配种记录，常会出现近亲配对，导致品种退化。

②饲养环境的变化。目前全国各地都有雉鸡引进饲养，各地的饲养环境条件差异很大，不良的自然环境和饲养条件容易导致雉鸡高产性能得不到发挥、生产性能下降，尤其是美国七彩雉鸡表现最明显。

③引种不纯。雉鸡养殖户不能到正规的种雉鸡场引种，部分种雉鸡场缺乏育种技术，后代性状分离，导致品种不纯、退化严重。

(2) 雉鸡的提纯复壮。

①家系育种。有条件的育种场可采用家系育种，加快育种进度。方法：设置10~20个配种小间，每间放入1只优秀雄雉鸡，配5~10只雌雉鸡，后代便可形成1 020个父系半同胞家系。

②建立核心群。等家系育种群完成一个产蛋年后，根据记录资料对各家系进行鉴定和选择，精选出20只优秀雄雉鸡和100只优秀雌雉鸡组成核心群。核心群个体严格按照如下条件选择：品种特征明显，系谱及后代鉴定性能优良；16周龄时雄雉鸡体重1.2kg以上，雌雉鸡体重0.9kg以上；年产蛋量80~120枚，种蛋受精率80%~90%；要求雉鸡体型大、胸阔、背宽、龙骨直，羽毛紧密有光泽，羽色符合品种特征。核心群雉鸡年龄不宜过大，以1~3年雉鸡为宜。

③核心群后代的选育。核心群种雉鸡的后代必须经过严格的初选（雏雉鸡出壳时进行）、复选（2~4月龄进行）、后代鉴定（种雉鸡群繁殖后代半年之后进行），合格的个体方可进入核心群，不合格的淘汰做商品雉鸡。

四、雉鸡的配种技术

1. 适时放对配种 在人工驯养条件下，雄雉鸡一般9~10月龄达到性成熟，雌雉鸡稍晚，于10~11月龄达到性成熟。到繁殖季节即可考虑适时放配，我国北方地区一般3月中旬、南方地区一般2月初放配。放配时间应根据雌雉鸡的鸣唱、红面部或做窝等行为来掌握，并且要考虑气温、繁殖季节及营养水平等因素，雉群生长发育好可以稍提前，而发育情况差的种雉可推后。也可通过试配方法确定，先试放1~2只雄雉鸡入雌雉鸡群，观察雌雉鸡是否愿意"领配"。最佳配对合群时间应在雌雉鸡愿意接受配种前5~10d为好，过早放配不仅影响种雉鸡群成活率，还会导致雄雉鸡早衰，影响后期种蛋受精率，过晚则会造成种蛋浪费。

2. 配种方法及配种比例

（1）大群配种。在较大数量的雌雉鸡群中按1∶5的比例放入雄雉鸡，任其自由交配，每群雌雉鸡在100只左右为宜，繁殖期间发现因斗殴伤亡或无配种能力的雄雉鸡随时挑出，不再补充新的雄雉鸡。生产场普遍采用此方法，其优点是管理简便、节省人力、受精率及孵化率较高；缺点是系谱不清，易造成近亲繁殖、种质退化，应定期进行血液更新。

（2）小群配种。就是以1只雄雉鸡与6~8只雌雉鸡组成"婚配群"，放养在单独的小间或饲养笼内，雌、雄雉鸡均带有脚号。这种方法常用于家系繁殖制种，管理上比较繁琐，但可以通过家系繁殖较好地观察雉鸡的生产性能。育种工作中经常应用此法。

（3）人工授精。雉鸡人工授精技术的使用有明显的优越性，能发挥优秀种雄雉鸡的利用率，节约种雄雉鸡饲养成本。雉鸡的人工授精已在生产上应用，受精率可达85%以上。雉鸡的人工授精原理和家鸡相同，方法也大同小异。

3. 保护王子雉与设置屏障 雄雉鸡入雌雉鸡群后，经过数日争斗，产生王子雉，王子雉在雌雉鸡群中享有优先交配权。雄雉鸡群秩序排定后不得随意放入新雄雉鸡，以维护王子雉地位，减少争斗，减少体力消耗，稳定雉鸡群。但王子雉有不让其他雄雉鸡交配的特点，故应在网内或运动场上设置屏障，以提高产蛋率和受精率。

4. 繁殖利用年限 生产中种雉鸡一般一年一换，但同群种雉鸡第2年死淘率明显低于第1个利用年，且产蛋量、受精率变化不大。因此生产性能特别优秀的个体或群体，雄雉鸡可留用2年，雌雉鸡留用2~3年。美国七彩雉鸡一般利用2个产蛋期。

任务四　雉鸡的饲养管理

一、雉鸡的营养需要与饲料

1. 雉鸡的营养需要特点

（1）对蛋白质需求量大。由于雉鸡采食量小，为满足生长发育、换羽和产蛋的需求，雉鸡饲料中蛋白质含量远高于鸡饲料，并要有一定量的动物性蛋白质饲料。

（2）对粗纤维的消化能力较强。幼龄雉鸡对粗纤维的消化率为9.7%，成年雉鸡对粗纤维的消化率可达到39.9%，因此成年雉鸡饲料中应补充青绿饲料，精饲料中加入麸皮、米糠等粗纤维含量丰富的原料，可明显降低啄癖的发生率。

（3）定期补充沙粒。补充沙粒有利于饲料的消化，增进食欲，应每周投喂一次沙粒，1~4周龄的雏雉鸡，投喂量为每100只250g；5~16周龄的雏雉鸡，投喂量为每100只500g；种雉鸡可设置沙盘，任其自由采食。

（4）饲料中要有一定比例的颗粒饲料。雏雉鸡一般喂粉状饲料，10周龄以上的青年雉鸡要给5%的谷粒,种雉鸡应增加到15%~20%。颗粒饲料在下午供给。

(5)种雉鸡对维生素和微量元素的需要量大。种雉鸡日粮中维生素和微量元素缺乏会直接影响种蛋的受精率和孵化效果,因此种雉鸡日粮中维生素和微量元素的用量要高于商品蛋鸡。

2. 雉鸡的饲养标准　见表2-3-1。

表2-3-1　美国NRC(1994)建议的雉鸡饲养标准

营养成分	0~4周龄	5~8周龄	9~17周龄	种雉鸡
代谢能(MJ/kg)	11.72	11.72	11.30	11.72
蛋白质(%)	28	24	18	15
甘氨酸+丝氨酸(%)	1.8	1.55	1.0	0.5
赖氨酸(%)	1.5	1.4	0.8	0.68
蛋氨酸(%)	0.5	0.47	0.3	0.3
蛋氨酸+胱氨酸(%)	1.0	0.93	0.6	0.6
亚油酸(%)	1.0	1.0	1.0	1.0
钙(%)	1.0	0.85	0.53	2.5
非植酸磷(%)	0.55	0.5	0.45	0.4
氯(%)	0.11	0.11	0.11	0.11
钠(%)	0.15	0.15	0.15	0.15
锰(mg/kg)	70	70	60	60
锌(mg/kg)	60	60	60	60
胆碱(mg/kg)	1 430	1 300	1 000	1 000
烟酸(mg/kg)	70.0	70.0	40.0	30.0
泛酸(mg/kg)	10.0	10.0	10.0	16.0
核黄素(mg/kg)	3.4	3.4	3.0	4.0

3. 雉鸡的饲料需要量　在雉鸡饲养过程中,各阶段的喂料量可参照表2-3-2,结合饲料的营养水平、环境温度、饲养方式等因素进行适当调整。

表2-3-2　雉鸡饲料需要量(g)

周龄	体重	每日耗料	每周耗料	累计料量
1	34.4	5	35	35
2	55.7	9	63	98
3	87.9	13	91	189
4	134.7	17	119	308
5	185	21	147	455
6	260	25	175	630
7	346	31	217	847
8	445	37	259	1 106
9	541	44	308	1 414
10	636	50	350	1 764
11	722	56	392	2 156
12	798	63	441	2 597
13	874	68	476	3 073

(续)

周龄	体重	每日耗料	每周耗料	累计料量
14	925	70	490	3 563
15	977	73	511	4 074
16	1 025	72	504	4 578
17	1 069	71	497	5 075
18	1 111	71	497	5 572
19	1 152	70	490	6 062
20	1 191	70	490	6 552

二、雉鸡各阶段的饲养管理

1. 育雏期的饲养管理 育雏期是指雏雉鸡从出壳到脱温这段时间，一般为1～30日龄，有些地区可长达42日龄。雏雉鸡的生理特点是：新陈代谢旺盛，生长速度快；体温调节能力差，抗病力弱；消化道容积小、采食量小，消化能力差；雏雉鸡在1周龄内死亡率最高。因此育雏期是雉鸡饲养中最关键的环节，生产中要提供适宜的育雏条件，喂给易消化的全价配合饲料，以满足其生长发育的需要。

(1) 育雏前的准备。

①育雏舍的准备。每次育雏结束后都要立即对育雏舍进行彻底清扫、熏蒸消毒。对育雏舍的门窗、保温、供温设备进行检修，并在进雏鸡前24h，对育雏舍预热至需要温度。

②育雏设备、用品的准备。垫料、笼具、采食、饮水用具等在进雏前要准备好，并进行彻底清洗、消毒。育雏的饲料、药品、疫苗、供温设备、燃料等在育雏前要准备好。并根据本场具体情况制订育雏计划，确定批次及每批规模。

(2) 育雏方式。

①地面育雏。直接在清洁的地面上铺垫料进行育雏。该方式设备简单，对房舍要求不高，投资小，适合个体养殖户采用，但雏雉鸡容易感染胃肠道疾病和球虫病等。

②网床育雏。将雏雉鸡饲养在距地面1m左右高度的网床上。该方式提高了饲养密度，且雏雉鸡不和地面接触，清洁卫生，便于防疫。

③立体笼式育雏。大型饲养场普遍采用立体笼式育雏，育雏笼一般为四层重叠式，每层高度28～35cm，中间有承粪板。该方式育雏效率高，清洁卫生，便于防疫，但对房舍及供暖设备要求高。

(3) 育雏条件。雉鸡的育雏条件包括温度、湿度、饲养密度、光照等。

①温度。温度是雉鸡育雏的首要条件，必须控制好适宜、恒定的温度。如温度适宜，雏雉鸡表现为在热源周围均匀分布，采食、饮水正常，睡眠良好；如雏鸡远离热源、张口呼吸、饮水增加、翅膀张开，表明温度偏高；如雏鸡靠近热源扎堆、鸣叫不止、不思饮水，表明温度偏低。如温度忽高忽低，变化太大，雏雉鸡容易感冒、患消化道疾病等，影响生长发育，严重时可引起死亡。育雏温度随着雏雉鸡年龄的增长而降低，脱温时间应视育雏季节、天气变化、供温方法、雏雉鸡体况等灵活掌握。可采取20日龄以后白天脱温、晚上供温的方式，使育雏效果达到最佳。

②湿度。育雏湿度过高，雏雉鸡体内水分蒸发散热困难，食欲不振，容易患白痢、球虫、霍乱等病；湿度过低，雏雉鸡体内水分蒸发过快，会使刚出壳的雏雉鸡腹内卵黄吸收不良，羽毛生长受阻，毛发焦干，出现啄毛、啄肛现象。一般育雏后期为保持舍内干燥，湿度比前期稍低。

③饲养密度。育雏雉鸡饲养密度大小直接影响雏雉鸡的生长发育。密度大小应依据饲养方式、季节等调整。密度过大，雏雉鸡生长速度减缓，均匀度差，易发生啄癖。因此，生产中每周末应调整雏雉鸡的密度。调整密度时，最好按大小、强弱分开饲养，对弱小个体加强管理，以提高群体均匀度、提高成活率。

④光照。雏雉鸡的光照基本与家鸡光照制度一样，但是雉鸡敏感、胆小、易受惊吓，在控制光照时，开关应采用渐暗、渐明式开关调控器，避免雏雉鸡受到惊吓刺激造成意外损失。雉鸡的育雏条件参数参见表2-3-3。

表2-3-3 雉鸡的育雏条件

条件	1周龄	2周龄	3周龄	4周龄
温度（℃）	35～33	32～30	29～27	26～24
相对湿度（%）	65～70	65～70	65～70	60～65
每天光照时长（h）	24～23	18	自然光照	自然光照
饲养密度（只/m²）	80	60	40	20

（3）雏雉鸡的饲喂。

①初饮。雏雉鸡的第一次饮水称为初饮，要求出壳后12～24h进行。长途运输的雏雉鸡到达育雏舍后应立即进行初饮，初饮时间最迟不超过36h。初饮最好用35℃温水，为预防白痢、大肠杆菌病，可在饮水中加入适量抗生素，同时在水中加入维生素、电解质或8%葡萄糖，以尽快恢复雏雉鸡的体力，减小应激。

②开食。雏雉鸡第一次喂料称为开食，一般在初饮后2～3h进行。开食的方法是将配合饲料用水调制到干湿适中，均匀撒在开食盘中或垫纸上，诱使雏雉鸡采食。喂料量控制在0.5h内采食完，要做到少给勤添，防止饲料腐败。1周后饲料中拌1%～2%沙粒，以助消化。

（4）雏雉鸡的管理。

①及时断喙。雉鸡易发生相互啄斗，到2周龄时就有啄癖发生，故应对其进行断喙。一般在14～16日龄进行第一次断喙，7～8周龄进行第二次断喙。断喙时上喙切去1/3、下喙切去1/4。断喙前后3d应在饮水中加入维生素、电解质，有利于止血和减少应激反应。断喙后立即供给清洁饮水，1周内料槽中饲料应加满，以免啄食时啄痛断面。

②卫生防疫。育雏舍门口应设置消毒池，食槽、料盘、饮水器要定期清洗消毒。平时应加强带雏鸡消毒，每周2次以上。育雏期要做好马立克氏病、新城疫、禽痘、传染性法氏囊病和传染性支气管炎等疫苗的防疫。

2. 育成期的饲养管理 雉鸡脱温后至性成熟前这一阶段为雉鸡的育成期。这个时期正是雉鸡长肌肉、长骨骼，体重的绝对增长速度最快的时期，平均每只雉鸡日增重达10～15g，到3月龄时雄雉鸡可达到成年体重的73%，雌雉鸡可达到成年雉鸡的75%。因此育成期的饲养管理对日后商品雉鸡的上市规格和种雉鸡的生产性能有很大影响。

（1）饲养方式。育成期的饲养方式有立体笼养法、网舍饲养法、散养法三种。

①立体笼养法。以商品肉用雉鸡为目的大批饲养，在育成期采用立体笼养法，可以获得较好的效果。此期间雉鸡的饲养密度应随雉鸡周龄的增大而降低，结合脱温、转群疏散密度，使饲养密度达到每平方米20只左右，以后每2周左右疏散1次，笼养应同时降低光照度，以防啄癖。

②网舍饲养法。对作为种用的后备雉鸡可采用网舍饲养法，以为雉鸡提供较大的活动空间，提高种雉鸡繁殖性能。雉鸡育成期性情活跃、活泼好动，应在舍外设置运动场，四周设置围网，防止雉鸡飞逃。运动场上设沙地，供雉鸡自由采食沙粒和进行沙浴。

③散养法。根据雉鸡的野生群集习性，充分利用荒坡、林地、丘陵、牧场等资源条件，建立网圈，对雉鸡进行散养。为防雉鸡受惊飞逃，可在雉鸡出壳后进行断翅，即用断喙器切断雏雉鸡两侧翅膀的最后一个关节。在外界环境温度不低于17℃时，雏雉鸡脱温后即可放养。放养密度为每平方米1～3只。雉鸡基本生活在大自然环境中，空气新鲜、卫生条件好、活动范围大，既有天然野草、植物、昆虫可以采食，又有足够的人工投放饲料、饮水，因此这种饲养方式有利于雉鸡育成期的快速生长。同时，在这种条件下生长的雉鸡具有野味特征，很受消费者的欢迎。

（2）育成期的饲养。

①限制饲喂，控制体重。育成期是雉鸡生长发育最快的时期，在饲喂时要防止体重超标而影响以后的产蛋性能。因此这一时期要进行限制饲喂，定期称重，每周随机抽5%～10%的个体称重，与标准体重对照，以便及时调整日粮营养水平和饲喂量，检查饲养效果。

②饲喂次数。5～10周龄的雉鸡每天喂4次以上，11～18周龄的雉鸡每天喂3次。一般早晨在5：00—6：00、晚上在20：00—21：00饲喂，中间再喂1次，尽量拉开早晚2次喂料的时间间距，中间再喂1次，这样就可避免夜间空腹时间过长。切忌饲喂不定时、饲喂量时多时少、雉鸡饥饱不均。在饲养过程中，必须不间断地供给清洁饮水。在饲养场地应设置有沙池或用细沙铺地，以便于雉鸡自由采食沙粒。

（3）育成期的管理。

①合理光照。育成期雉鸡一般只利用自然光照，在长日照的夏季要进行遮光，避免过强的光照刺激而引起早产。美国七彩雉鸡25周龄左右达性成熟，雌雉鸡在24周龄左右可以开始增加光照，每周增加20min，到每天16h恒定。由于雄雉鸡比雌雉鸡性成熟晚，要比雌雉鸡提前2周进行光照刺激。对于肉用雉鸡，可在夜间增加光照，以促使雉鸡群增加夜间采食量、饮水量，提高生长速度和脂肪沉积能力。

②转群。育成期要进行两次转群，6～7周龄转入育成舍，24周龄由育成舍转入种雉鸡舍。转群前应对雉鸡舍进行彻底清扫消毒，并准备好转群后所需的饲养设备。雉鸡转群前，要进行大小、强弱分群，以便分群饲养管理，达到均衡生长的目的。为减少转群对雉鸡的惊吓应激，要求在光线较暗的傍晚或凌晨进行。

③防疫和断喙。雉鸡育成期应将留种雉鸡所应做的防疫工作全部完成，结合转群进行疫苗接种和断喙可减少对雉鸡的应激次数，减少应激影响。因此转群时可进行新城疫的防疫，对部分断喙后喙又长出的雉鸡，在转群时可再补断一次，避免产蛋期发生啄癖。

3. 繁殖期的饲养管理 繁殖期饲养管理的目的是培育健壮的种雉鸡，使之生产出更多高质量的种蛋。种雉鸡饲养时间较长，可分为繁殖准备期（3—4月）、繁殖期（5—7月）、换羽期（8—9月）、越冬期（10月至翌年2月）。

(1) 繁殖准备期。每年3—4月，雉鸡群便进入产蛋期，应做好一切与繁殖有关的工作。此时天气转暖，日照时间渐长，为促使雉鸡发情，应适当提高日粮能量、蛋白质水平（蛋白质水平应由17%逐渐提高到18%~20%），相应降低糠麸量，添加多种维生素和微量元素，使种鸡恢复体况，增加活动空间，降低饲养密度，为产蛋期的高产做好准备。

①整顿雉鸡群。此时要严格挑选种雉鸡，选留体质健壮、发育整齐的雉鸡进行组群，淘汰部分生长发育不良、羽毛残缺、精神不好的个体。为防止雉鸡打斗，要依据性情强弱、个体大小进行组群，每群50只左右。

②整顿雉鸡舍。产蛋期雉鸡性情活跃、活动量大，普遍采用带运动场的地面垫料平养的饲养方式。舍内地面铺10~12cm厚的垫料；舍外运动场铺垫5cm厚的细沙，运动场一角可设置一个沙浴池，铺15~20cm厚的细沙，供雉鸡沙浴。运动场四周及房顶要设置围网，防止种雉鸡飞逃。在雉鸡舍光线较暗处设置产蛋箱，箱内铺少量木屑，产蛋箱底部应有5°倾斜，以便蛋产出后自动滚入集蛋槽，避免雌雉鸡踏破种蛋、污染种蛋和啄蛋。运动场中央应设置石棉瓦挡板，以阻挡雉鸡视线，减少雄雉鸡争偶打斗和增加交尾机会。

③防疫和断喙。做好种鸡产蛋前的全部防疫工作，在雉鸡开产后最好不做任何免疫接种。做好雉鸡舍环境清洁卫生工作，以防疾病传播。雉鸡有啄蛋的习性，因此在开产前要杜绝啄蛋现象的发生，对种雉鸡没断喙或断喙不彻底的要进行断喙，以防止发生啄蛋，提高种蛋合格率。

(2) 繁殖期。

①繁殖期的饲养。雉鸡在繁殖期由于需要产蛋、配种，需要提高蛋白质水平，并注意维生素和微量元素的补充。产蛋期的本地雉鸡应在4月15日左右将日粮改为繁殖期日粮，美国七彩雉鸡则于3月15日更改日粮，此期采食量逐渐增加，对日粮营养水平的要求也增加。为保证种蛋受精率和种蛋合格率，要求日粮营养全价，配方稳定，不能经常变换。蛋白质水平一般达到22%~24%，钙水平达到2%~3%，产蛋高峰期应加入2%~3%的油脂。此期青绿饲料应占饲喂量的30%~40%，青绿饲料不足时，应补充维生素添加剂。日粮中应增加鱼粉、酵母等动物性蛋白质饲料，减少麸皮的用量，尤其高温季节，要稳定平衡、高品质地供应全价日粮。

②繁殖期的管理。要加强日常管理，创造一个安静的产蛋环境，雉鸡产蛋最佳的温度是10~25℃，北方冬季应采取防寒保温措施，防止舍温低于5℃，否则会增加饲料消耗，降低产蛋量；夏季气温超过25℃时，要采取防暑降温措施，舍温达到30℃时，产蛋率会受到严重影响。同时要保持合理通风和适宜的湿度，饲养密度以每平方米2只为宜。

维持固定的工作程序，首先饲养人员要固定，严禁陌生人进入雉鸡舍；其次每天的喂料、加水、拣蛋、人工补充光照、清粪等的时间要固定。抓鸡、集蛋要轻、稳，做到不惊群，保持群体的相对稳定。勤捡蛋，减少破损蛋，防止啄蛋现象的发生。及时清除破损蛋，避免形成食蛋癖。雉鸡每周至少要沙浴1次，最好在沙浴的河沙中加入2%的敌百虫，以杀灭体外寄生虫。

(3) 换羽期。雉鸡产蛋结束后开始换羽，为了加快换羽速度，日粮粗蛋白质水平要适当降低到17%~18%。同时，在饲料中加入1%的生石膏粉和适量羽毛粉，有助于新羽长出、提前产蛋。光照缩短到12~14h，日喂2次，保证充足的饮水。此期应淘汰病、弱、低产和超过使用年限的种雉鸡。留下的应将雌、雄雉鸡分开饲养。

（4）越冬期。此期应对种雉鸡群进行调整，选出育种群和一般繁殖群。对种雉鸡进行断喙、接种疫苗等工作，同时做好保温工作，日粮中要增加玉米等能量饲料，粗蛋白质水平可降至16％～17％，以利于开春后种雉鸡早开产、多产蛋。

拓展知识

雉鸡啄癖综合防治

1. 断喙 断喙是防止雉鸡啄蛋及其他啄癖的最有效手段。幼雉鸡14～16日龄断喙1次，7～8周龄进行第2次断喙，开产前修喙1次。雄雉鸡断喙尖。

2. 控制密度 雉鸡饲养密度每平方米不超过5只，每群不超过80只。

3. 设沙浴池 种雉鸡网室内铺垫5cm厚的沙，运动场内设沙浴池。

4. 设产蛋箱 繁殖期设置相应的产蛋箱和遮挡视线的屏障。

5. 戴眼罩 应采用透明的红色眼罩，配以由尼龙或铁丝制成的鼻针，从而将眼罩架于喙上，别针则通过鼻腔以固定眼罩。

6. 勤捡种蛋 每天至少捡蛋2次，产在运动场上的蛋更应及时收取，减少雉鸡与种蛋接触的机会，防止啄蛋癖。

7. 放置假蛋 将仿生的塑料雉鸡假蛋放于种雉鸡舍内，在叼啄不破的情况下，雉鸡会逐渐改变啄癖。

8. 装置鼻环 鼻环装配在雉鸡的上喙上，以鼻环针固定在鼻孔上，但勿插入组织里。要选择适合于雉鸡年龄的鼻环。一般在4周龄便可佩戴，一直戴到16周龄出售时为止。凡留作种用的，至16周龄时用截断器将鼻环除掉，再装上成年的雉鸡用鼻环。此环不影响采食和饮水等正常活动。

9. 定期驱虫 对于体表与体内的寄生虫应定期用药驱除，以防止啄羽。

学习评价

一、填空题

1. 留种的雉鸡一般在＿＿＿＿＿＿周龄时进行第一次选择，要求雄雉鸡体重在＿＿＿＿＿＿kg以上，雌雉鸡体重在＿＿＿＿＿＿kg以上。
2. 雉鸡的配种方法有＿＿＿＿＿＿、＿＿＿＿＿＿、＿＿＿＿＿＿三种。
3. 雉鸡的营养需要特点有＿＿＿＿＿＿、＿＿＿＿＿＿、＿＿＿＿＿＿、＿＿＿＿＿＿和＿＿＿＿＿＿。
4. 育成期雉鸡的饲养方式有＿＿＿＿＿＿、＿＿＿＿＿＿、＿＿＿＿＿＿三种。
5. 繁殖期种雉鸡可分为＿＿＿＿＿＿、＿＿＿＿＿＿、＿＿＿＿＿＿和＿＿＿＿＿＿四个阶段。
6. 雉鸡的断喙一般要进行三次，第一次＿＿＿＿＿＿日龄，＿＿＿＿＿＿进行第二次，＿＿＿＿＿＿再修喙一次。

二、思考题

1. 雉鸡的生物学特性有哪些？生产中如何利用这些特性？

2. 生产中可采取哪些措施提高雉鸡的繁殖性能?
3. 雉鸡育雏期的饲养管理要点有哪些?
4. 雉鸡育成期的饲养管理要点有哪些?
5. 雉鸡繁殖期的饲养管理要点有哪些?
6. 生产中如何防止雉鸡啄癖的发生?

项目四 火鸡养殖

火鸡属鸟纲、鸡形目、雉科、火鸡属,也称吐绶鸡,因其皮瘤、肉锥鲜红似火,俗称"火鸡"。又因其皮瘤、肉锥会随着情绪、季节和生理阶段的不同而变化,颜色由粉红变为红、红白、红蓝、火红、紫红和紫色,故又称"七面鸡"。原产于美洲,15世纪末由墨西哥的印第安人开始驯养而成为家火鸡。

人类饲养火鸡已有400多年的历史,我国从19世纪80年代才开始火鸡的商品化生产。火鸡具有生长速度快、饲料转化率高、耐粗饲、适应性广、抗病力强、产肉率高等特点,属节粮型家禽,备受西方国家消费者的青睐。其屠宰率高达85%以上,有"造肉机器"之称,是一种理想的大型肉用禽类。火鸡肉的蛋白质含量为30.4%,比其他禽类(鸡肉25.4%)高,而脂肪含量仅10%(除皮肤外),且胆固醇含量低。火鸡以食草为主,肉质鲜嫩,无膻无臭,味道纯厚可口,营养丰富,保健价值高,是一种天然的营养滋补品。

学习目标

熟悉火鸡的形态特征和生物学特性,并学会在生产实践中加以利用;了解火鸡的品种;能够科学地进行火鸡的选种和繁育;能够根据火鸡的饲养标准对火鸡进行科学合理的饲养管理。

学习任务

任务一 火鸡的生物学特性

一、火鸡的形态特征

火鸡外貌独特,体躯高大、雄壮,颈细长,头颈部皮肤裸露,只有少量针毛,并生有珊瑚皮瘤。喙粗短有力,喙根部鼻孔上方有肉锥,额下有肉垂。肉垂和肉锥为第二性征,公火鸡较大,母火鸡较小。背部隆起、背长而宽,胸、腿部肌肉发达。成年火鸡的头、颈部无羽毛、秃裸,头顶有珊瑚状的皮瘤,皮瘤发达、颜色多变,公火鸡安静时肉锥较长,皮瘤为浅蓝色;激动时则肉锥变小,皮瘤变成蓝白色或紫红色。喙多呈圆锥形,黑褐色或粉红色。羽毛颜色因品种而异,有白色、黑色、青铜色和棕色等,羽毛形状多呈扇形,发达而富有光泽。公火鸡的羽毛闪闪发光,胸前有一束长约15cm的须毛,尾羽发达,可以展开似孔雀开屏。腿长有力,腿部肌肉结实紧凑,胫部较长,颜色以黑色、白色为主,公火鸡的胫后有距。母火鸡的头较小,颈细长,皮瘤小,个体也较公火鸡小,尾羽不能开屏,没有颈毛,胫后无距,体重仅为公火鸡的2/3。

二、火鸡的生物学特性

1. 群居性强　火鸡喜群居，常成群地在草地上觅食、活动，离群的火鸡会出现焦虑不安，适合大群放牧饲养或规模化饲养。火鸡喜欢在饲养场地来回走动，大声鸣叫。

2. 有就巢性　火鸡保留了野生时的就巢性，就巢性会影响产蛋量。因此生产中应尽量防止母鸡在产蛋窝内过夜，减少就巢的机会。就巢性的遗传力很强，在选种时要严格淘汰有就巢性的母火鸡，以逐渐减少就巢性。

3. 有栖高性　火鸡有栖高行为，3 周龄后的火鸡喜欢在栖架上休息。因此，在火鸡舍中应设置栖架，符合火鸡夜晚在栖架上过夜的习性。晚上要关闭产蛋窝，防止火鸡在产蛋窝内过夜。

4. 反应迟钝　火鸡的反应没有其他禽类敏感，条件反射一旦形成不宜轻易变更。因此，生产中喂料、饮水、清粪、开灯、关灯等要有固定的时间，不要轻易改变；食槽和水槽的位置要固定，不要轻易移动。雏火鸡对低温较敏感，要人工供温，为其创造一个适宜的环境条件，以保证其正常的生长发育，提高成活率。

5. 好斗性强　同群火鸡之间常为了争夺配偶、领地甚至食物而发生争斗，尤其是繁殖期的公火鸡。因此生产中不要经常调群。

6. 胆小、易受惊吓　火鸡胆小、怕惊，对声音的刺激非常敏感，一旦有意外声响，会发出"咯咯咯"的叫声，需很长时间才能平静。因此生产中要尽量保持环境安静。

任务二　火鸡的繁育

一、火鸡的品种

火鸡的品种分为标准品种、非标准品种和商品杂交种。标准品种是指列入《美洲家禽品种志》和《不列颠家禽标准品种志》中的品种；非标准品种是指经过一定的育种工作，但尚未列入正式育成品种；商品杂交种是指利用标准品种经过配套杂交培育而成的商品肉用火鸡，具有生长速度快、饲料转化率高和肉质好等特点，适合肉用火鸡生产。

1. 标准品种

（1）青铜火鸡。原产于美洲，是世界上最著名、分布最广的品种。公火鸡颈部、喉部、胸部、翅膀基部、腹下部羽毛红绿色并有青铜光泽。母火鸡两侧、翼、尾及腹上部有明显的白条纹，喙端部为深黄色，基部为灰色。成年体重公火鸡 16kg、母火鸡体重 9kg，年平均产蛋量 50～60 枚，平均蛋重 75～80g，蛋壳浅褐色带深褐色斑点。刚孵出的雏火鸡头顶上有 3 条互相平行的黑色条纹，雏火鸡胫为黑色，成年后为灰色。青铜火鸡性情活泼，成长迅速，体质强壮，体型肥满。

（2）荷兰白火鸡。原产于荷兰，全身羽毛白色，公火鸡胸前有一束黑色须毛，因而得名荷兰白火鸡。喙、胫、趾为淡红色，皮肤为纯白色或淡黄色。成年体重公火鸡 15kg、母火鸡 8kg。母火鸡 25 周龄开产，年平均产蛋量 70～80 枚，平均蛋重 70g。雏火鸡毛色为黄色。该品种屠宰后屠体美观，便于工厂化屠宰加工，适合大规模饲养。

（3）波朋火鸡。原产于美国的肯塔基州波朋县。波朋火鸡是由肯塔基州对当地的塔斯卡惠雷红火鸡进行选育而成的。也可由青铜火鸡、浅金黄色火鸡与荷兰白火鸡杂交选育而成。

全身羽毛为深红色，主翼羽、副翼羽及尾羽纯白色，尾端有红色斑点。公火鸡羽毛边缘略呈黑色，母火鸡羽毛边缘为白色条纹。生长火鸡喙、胫、趾为红色，成年后呈浅玫瑰色，喙为褐色。成年体重公火鸡平均15kg、母火鸡约8kg。

（4）黑火鸡。原产于英国诺福克，又名诺福克火鸡。全身羽毛黑色，带有墨绿色光泽。雏火鸡羽毛为黑色，翼部带有浅黄色点，有时腹部绒毛也有浅黄色点。成年火鸡胫和趾为浅红色，幼年火鸡为深灰色。喙、眼为深灰色，胸前须毛束为黑色。成年体重公火鸡15kg左右、母火鸡8kg左右。

（5）石板青火鸡。是由黑火鸡和荷兰白火鸡杂交而成的一个比较古老的火鸡品种。成年火鸡羽毛为黄色，喙为浅黄色，胫、趾为淡红色，雏火鸡绒毛淡黄色，背部有灰色条纹。成年体重公火鸡15kg左右、母火鸡8kg左右。

（6）贝兹维尔火鸡。该品种身体细长，步伐轻快，体态健美。全身羽毛白色，须毛为黑色，胫和趾为粉红色，冠及肉髯呈红色。具有早熟、饲料适应性强、生长迅速、肉质鲜美、产蛋多等优点。成年体重公火鸡10kg以上、母火鸡5kg以上。平均产蛋率可达60%，平均蛋重76g。该品种商品火鸡14～16周龄上市，平均体重可达3.5～4.5kg。

2. 商品杂交种

（1）尼古拉火鸡。尼古拉火鸡是美国尼古拉火鸡育种公司培育出的商业品种，属重型火鸡品种。成年体重公火鸡22kg左右、母火鸡10kg左右。母火鸡29～31周龄开产，22周产蛋量79～92枚，平均蛋重85～90kg，受精率90%以上，孵化率70%～80%，商品代火鸡24周龄体重公火鸡为14kg、母火鸡为8kg。

（2）巴特火鸡。巴特火鸡是英国巴特联合火鸡育种公司培育的品种。有巴特小、巴特中、巴特重三个类型，全是白羽品种。其中巴特重型成年公火鸡体重最高可达37kg，是目前世界上重型品种中最大的品种。

（3）贝蒂纳火鸡。贝蒂纳火鸡由法国贝蒂纳火鸡育种公司培育而成，有小型和重中型两种，成年体重公火鸡9kg左右、母火鸡5kg左右。采用自然交配，种蛋受精率高，25周平均产蛋量93枚。

商品代小型火鸡20周龄上市，公火鸡体重可达6.5kg，母火鸡体重4.5kg；重中型火鸡成年体重公、母火鸡分别为21kg和7.5kg。母火鸡24周平均产蛋量97.3枚，每只母火鸡可提供56只雏火鸡。商品代14～16周龄上市，肉质优良，味道好。

（4）海布里德白钻石火鸡。由加拿大海布里德火鸡育种公司培育而成。有重型、重中型、中型和小型四种类型，中型和重中型是主要类型。母火鸡32周龄开产，产蛋期24周，不同类型的母火鸡产蛋量不同，一般为84～96枚。平均每只母火鸡可提供商品代火鸡50～55只。

商品代火鸡的生产性能：小型火鸡公、母混养的，12～14周龄屠宰体重为4～4.9kg。中型公火鸡16～18周龄屠宰体重为7.4～8.5kg，母火鸡12～13周龄屠宰体重为3.9～4.4kg。重型和重中型火鸡，公火鸡16～24周龄屠宰体重分别为10.1～13.5kg、8.3～10.1kg，母火鸡16～20周龄屠宰体重分别为6.7～8.3kg和4.4～5.2kg。

二、火鸡的选种

1. 雏火鸡的选择 雏火鸡出壳后要选留出壳时间正常、体重大小适中、眼睛大而有神、叫声清脆、反应敏捷、绒毛干净、脐部愈合良好、卵黄吸收好、腹部丰满有弹性、两脚站立稳定、抓在手里挣扎有力的健雏。淘汰站立不稳、腹部大、卵黄吸收不良、反应迟钝、软弱无力的弱雏。

2. 育成期选择　火鸡育雏结束时，结合转群可进行第 2 次选种。一般在 9~10 周龄进行，将生长发育良好、健康、活泼，符合本品种特征的火鸡，按公、母配比 1∶3（自然交配）或 1∶10（人工授精）的比例留种，其余的全部做商品肉用火鸡饲养。

3. 后备期的选择　后备种火鸡满 29 周龄时应进行第 3 次选种，选种后按一定的公、母比例转入种火鸡舍饲养，其余的淘汰做商品肉用火鸡。选择标准为：

（1）母火鸡的选择。要求繁殖用母火鸡羽毛发育良好，背、胸宽而平，尾羽平直、与地面呈 35°~40°，胸线与背线趋于平行；挡宽、腹部柔软，走路姿势正常，体重达标。

（2）公火鸡的选择。人工授精的公、母留种比例为 1∶（10~15）。因此，公火鸡的选择标准比母火鸡严格，要求体质健壮，双腿粗壮有力，脚趾平直无弯曲；肩、背宽平，胸深，呼吸顺畅，羽毛光滑丰满，体重达标。生殖突起大，性欲旺盛，第 1 次采精量不少于 0.1mL，正常采精期间射精量不少于 0.26mL；精液颜色乳白色，无异味、无杂质。并注意留出 30% 左右的后备公火鸡（比留种公火鸡小 1~2 月龄）。

三、火鸡的繁殖技术

1. 火鸡的繁殖特点

（1）性成熟晚。火鸡的性成熟较晚，一般在 28 周龄左右生殖器官发育成熟，育成期火鸡易过肥，从而影响产蛋。因此，在育成阶段要注意限饲，以免后备种火鸡过肥，进而提高群体均匀度和种用价值。

（2）繁殖季节明显。火鸡虽然一年四季都可以产蛋，但 4—6 月是最佳繁殖季节，为产蛋高峰，此期应加强产蛋种火鸡的饲养管理，提高产蛋量。

（3）就巢性明显。火鸡的就巢行为非常明显，如果发现产蛋箱或巢穴内有蛋，常常会有一只或数只母火鸡争着去孵蛋。因此，生产中应采取一些措施，如增加捡蛋次数，捡蛋时及时把产蛋箱里已产蛋的火鸡赶出，养成火鸡进产蛋箱就产蛋、产完蛋就走的习惯，以减少就巢性的发生。

（4）种火鸡的利用年限。一般情况下，火鸡的产蛋量呈逐年下降趋势，因此生产中一般只利用一个产蛋周期，如果种火鸡群产蛋能力较好，可考虑多用几年。

2. 火鸡的人工授精　公、母火鸡体重相差悬殊，所以必须实行人工授精技术，这样方能确保种蛋的高受精率。在养禽生产中，火鸡的人工授精技术在所有家禽中应用是最早的。

（1）采精前的准备。

①公火鸡的准备及调教。公火鸡通过 16~18 周龄和 29~30 周龄两次选留之后，在繁殖季节前 1~2 周进行采精训练。准备用于采精的公火鸡年龄应在 30 周龄以上，饲养环境温度 15~25℃，每天光照不少于 12h，保证供给充足营养和清洁饮水。采精前要由固定人员定时进行采精训练，一般经过 2~3 周训练便可采精。采精训练时如发现生殖突起不明显、精液颜色不正常、精液量少于 0.1mL 的公火鸡，则应做记号，以便下次采精时再做观察，根据具体情况决定选留或淘汰。公火鸡在第 1 次、第 2 次采精时性反应良好，精液密度好，颜色呈乳白色，排精量在 0.2~0.4mL，这时应该对其做精液检查。

②母火鸡的准备及调教。母火鸡于28～29周龄转入密闭式种火鸡舍饲养，光照时间在原来的8h基础上每周增加0.5～1h，延长至16h为止，以促进卵巢发育。并把饲料换成种火鸡日粮，蛋白质和钙的含量分别增加到16%和2.25%。由于光照时间的增加，母火鸡有开始下蹲的行为表现，个别母火鸡已开产，此时饲养员要定期驱赶母火鸡运动；同时，将产蛋箱门打开，内铺垫草，诱使其到产蛋箱内产蛋。当有80%的母火鸡有下蹲产蛋的动作时，可进行人工授精。

（2）采精。采精方法以按摩法使用最为普遍，并且安全、简便，也易掌握。按摩法采精需要三人合作完成，其中一人是主要采精者，另外两人是助手，负责公火鸡保定和手持集精杯收集精液。第1次采精时，要先剪去火鸡泄殖腔周围的羽毛，并消毒，等酒精挥发后开始采精。采精者坐在一条长木凳上（凳子约长1.2m、宽0.35m、高0.4m），两腿跨骑在木凳的两侧。凳面用软布或麻袋之类的柔软物包紧，以防擦伤火鸡胸部皮肤。采精者和保定者分别抓住公火鸡的腰部和双腿，将其胸部放到木凳上，两腿自然下垂。待公火鸡固定后，采精者用左手托起公火鸡尾根部，右手轻轻按摩尾部，两手合作3～4次，然后右手的拇指和食指分别按在泄殖腔两侧柔软处，从背部向尾根部推动按摩数次，迅速抖动并向上挤压，这时公火鸡的生殖突起有节奏地用力向外突出。此时，收集精液者右手拇指和其他四指分开卡住肛门环两侧，形成一个压挤动作，左手放在公火鸡的腹部使其形成反射性勃起，精液就沿着两侧生殖褶中间的纵沟排出，此时应迅速将精液收集到集精杯中。火鸡每次的射精量因品种、周龄、采精频率及采精方法不同而异，一般在0.26mL以上。采精频率一般为每周2～3次。

（3）输精。

①输精前的准备。在输精前，将一定量的精液分装在每支输精管中，内装0.025～0.03mL精液，或直接用玻璃吸管将精液注入母火鸡阴道内，也可取得同样效果。如果用有刻度的玻璃吸管输精，需要两人合作，输精时一人保定、另一人操作。翻肛者用右手倒提母火鸡双脚（胫部），头向下、尾向上，使泄殖腔朝向输精员，胸部向里夹在翻肛者的双膝之间，并用左腿对母火鸡左腹部施加一定的压力，使泄殖腔张开、左侧上方的阴道口翻出（左侧为阴道管口，右侧为直肠开口）。输精员右手持输精管，左手在火鸡泄殖腔两侧轻压，待输卵管外翻时，将输精管插入输卵管内2～3cm处，输入精液，然后保定人员将压在火鸡腹部的手慢慢松开，使肛门复原。

②输精深度。母火鸡阴道部有一长8～10cm的V形弯曲，而且子宫与阴道联合处又有较强的括约肌。所以在生产中应采用输卵管浅部输精法，以2～3cm深度为宜，可收到很好的效果。

③输精量与输精频率。新鲜精液和稀释精液都应保证在30min内用完。输精量应根据精液品质而定。精子活力高、密度大，输精量可以少些，可稀释后输精，每次输入稀释精液0.05～0.06mL。若用原精液输精，则其用量为0.025mL，但生产中实际输精量一般都超过0.025mL。火鸡精液的精子密度较高，一般每毫升精液精子数达70亿～80亿个，因此每次输入有效精子数为7 000万～9 000万个。

火鸡群一般28～30周龄开产，54～57周龄产蛋结束，输精频率可根据火鸡的产蛋率和周龄适当调整，当火鸡群产蛋率达5%时，开始第1次输精，之后第4天进行第2次输精，以使火鸡尽快适应这种人为的刺激。当火鸡群50%开产时，每周输精1次；当产蛋率达到

75%时，每10~15d输1次。随着火鸡年龄的增长，产蛋量、受精率均随之下降。因此在母火鸡产蛋后期（产蛋18周以后），应增加输精次数，以保持较高的种蛋受精率。

④输精时间。母火鸡输精应在15：00—16：00产蛋后进行，输精后第3天可收集种蛋，种蛋受精率可达85%以上。试验证明，给输卵管内有硬壳蛋的火鸡输精受精率低。

任务三　火鸡的饲养管理

一、火鸡的营养需要与饲养标准

1. 火鸡的营养需要特点　不同品种、不同经济用途、不同生理阶段的火鸡对各种营养物质的需求差异很大。为了提高火鸡生产效益，控制营养物质的供给很有必要。如火鸡的体重大，生长速度快，产肉量多，因此商品肉用火鸡饲料中需要高能量、高蛋白质，以快速催肥上市；而后备母火鸡则要限制饲养，以免过肥影响产蛋。火鸡日粮中氨基酸缺乏会导致雏火鸡体重小、生长缓慢、羽毛生长不良，成年火鸡的性成熟推迟，产蛋小，产蛋高峰期短，易发生啄癖等。火鸡属于草食性禽类，对粗纤维的消化能力强，成年火鸡日粮中粗纤维含量可达10%~15%。火鸡体内不能合成亚油酸，应注意在饲料中添加。火鸡日粮要满足矿物质饲料的供给，尤其产蛋期种火鸡对钙的需要量大，在产蛋火鸡日粮中钙的含量应达到3%~3.5%。

（1）雏火鸡的营养需要。雏火鸡消化功能尚不健全，生长发育又特别快，因此要供给营养丰富、易消化的饲料。一般0~4周龄，代谢能应达到11.72MJ/kg，粗蛋白质28%，粗纤维3%~4%；5~8周龄，代谢能12.13MJ/kg，粗蛋白质26%，粗纤维4%~5%。

（2）生长火鸡的营养需要。生长阶段的火鸡采食量很大，增重很快。这一阶段代谢能应为12.55~13.39MJ/kg，粗蛋白质22%~16%，粗纤维4%~8%。

（3）限制生长阶段的营养需要。为了使火鸡在产蛋期间发挥最佳生产性能，保持种用价值，应喂给低能量、低蛋白质、高纤维的饲料。代谢能12.97~12.13MJ/kg，粗蛋白质12%~15%，粗纤维6%~10%。

（4）种母火鸡的营养需要。为使母火鸡保持良好的体况和最佳产蛋性能，必须提供平衡的营养成分。营养水平低，火鸡体况变差，产蛋减少；营养水平过高，可能短时间内产蛋会有所增加，数周后，母火鸡因肥胖或其他代谢紊乱也会出现产蛋率下降。一般的标准为代谢能11.72~12.13MJ/kg、粗蛋白质14%~15%、粗纤维5%左右。另外，应特别注意钙、磷的平衡，否则会造成蛋壳质量问题。一般标准为钙含量2.5%左右，有效磷含量0.7%左右。

（5）种公火鸡的营养需要。一般种公火鸡饲料代谢能11.72~12.13MJ/kg，粗蛋白质16%，粗纤维6%左右，钙1.5%，磷0.8%。

（6）火鸡对维生素和矿物质的需要。尽管火鸡对维生素的需要量很少，但任何一种维生素缺乏都会影响火鸡的生长发育和生产性能，甚至直接造成疾病的发生。维生素A能促进火鸡生长发育，增强抗病力和提高繁殖能力，维生素A缺乏时，火鸡易患眼病和呼吸道疾病。B族维生素缺乏时，雏火鸡生长发育不良，腿不能直立，趾弯曲变形。种火鸡缺乏B族维生素则出现软脚、瘫痪，种火鸡蛋壳质量下降，也有瘫痪发生。维生素E与生殖有关，充足的维生素E能保证种蛋有较高的孵化率，又能弥补饲料中硒的不足。火鸡在繁殖期对维生素E的需要量高于其他家禽。火鸡的生长发育和产蛋也离不开矿物质元素。矿物质元素主要指钙、磷、氯、钠、钾、镁、铁、锰、锌、铜、硫、钴、硒等。矿物质元素的生理功能包括组成骨骼、蛋壳、羽毛等复杂的物质，参与营养物质的消化吸收，参与生殖等生理活动。如果火鸡不能摄入足够的矿物质元素，其生长发育就会受影响，出现疾病，甚至死亡。因此火鸡生产中特别是规模化舍饲火鸡必须按饲养标准添加各种矿物质，以达到最佳的饲养效果。

2. 火鸡的饲养标准 火鸡的饲养标准是根据火鸡的品种、年龄、不同生理阶段和不同环境条件等因素而制定的一个较为科学合理的营养需要标准。生产中依据饲养标准为火鸡配制日粮，可设计出最理想的配方，提高火鸡生产性能，降低饲养成本。美国、英国、苏联、法国等国家对火鸡营养需要量的研究较早，都有自己的饲养标准。表2-4-1、表2-4-2分别给出了美国NRC火鸡饲养标准和北京市种火鸡的饲养标准，供参考。

表2-4-1 美国火鸡饲养标准（NRC，1994）

营养成分	1～4周龄	5～8周龄	9～12周龄	13～16周龄	17～20周龄	21～24周龄	休产期	产蛋期
代谢能（MJ/kg）	11.72	12.13	12.55	12.97	13.39	13.81	12.13	12.13
粗蛋白质（%）	28	26	22	19	16.5	14	12	14
钙（%）	1.2	1.0	0.85	0.75	0.65	0.55	0.55	2.25
有效磷（%）	0.6	0.5	0.42	0.38	0.32	0.28	0.25	0.35
赖氨酸（%）	1.6	1.5	1.3	1.0	0.8	0.65	0.5	0.6
蛋氨酸（%）	0.55	0.45	0.4	0.35	0.25	0.25	0.2	0.2
精氨酸（%）	1.6	1.4	1.1	0.9	0.75	0.6	0.5	0.6
亚油酸（%）	1.0	1.0	0.8	0.8	0.8	0.8	0.8	1.1

表2-4-2 北京市种火鸡场火鸡不同阶段的饲养标准

营养成分	雏火鸡1号料 （1～4周龄）	雏火鸡2号料 （5～8周龄）	育成期料 （9～18周龄）	限制生长料 （19～28周龄）	种母火鸡料 （29～54周龄）
代谢能（MJ/kg）	11.72	11.85	12.10	12.35	11.97
蛋白质（%）	27.0	24.8	18.5	13.6	16.7
钙（%）	1.12	1.08	1.0	0.8	2.19
有效磷（%）	0.67	0.6	0.5	0.4	0.45
蛋氨酸（%）	0.45	0.42	0.30	0.23	0.35
胱氨酸（%）	0.42	0.4	0.34	0.26	0.28
精氨酸（%）	1.51	1.4	0.98	0.65	0.87

二、火鸡的饲料与日粮

火鸡的饲喂方法有放牧加干饲料、鲜牧草加干饲料、草粉加干饲料和完全干饲料几种。无论是放牧还是舍饲投喂牧草，在促进火鸡增重、提高生产能力和提高饲料转化率方面都有一定的效果，但也存在着劳动量较大、场地限制等缺陷，不适宜现代化火鸡生产。目前，饲喂方法主要使用全价饲料。组成全价饲料的原料有玉米、大麦、碎米、豆饼、鱼粉、苜蓿粉、麸皮、石粉、维生素和矿物质等。

1. 常用饲料

（1）青绿饲料。火鸡属草食性禽类，青绿饲料是火鸡主要的维生素来源，如胡萝卜、青菜、牧草等含有丰富的胡萝卜素和B族维生素，是火鸡饲养中不可缺少的饲料。火鸡尤其喜欢采食葱、蒜、韭菜、洋葱等有辛辣味的青菜，不仅助消化而且可预防消化道疾病，生产中应注意添加。应用青绿饲料时要防止腐烂、变质、发霉等，最好两三种青绿饲料混合饲喂。用量一般占日粮的20%～30%。

（2）草粉、树叶粉。火鸡对粗纤维的消化能力强，草粉、树叶粉等含有丰富维生素和矿物质，对提高火鸡的产蛋量和种蛋品质有良好效果。研究发现，火鸡日粮中添加2%～5%的槐叶粉可明显地提高种蛋的蛋黄品质。用量一般占日粮的2%～7%。

（3）精饲料。玉米、高粱、小麦等谷类籽实及其副产品是火鸡主要的能量饲料，豆粕、鱼粉、棉粕、菜籽粕等是火鸡主要的蛋白质饲料。

2. 火鸡饲料配方举例　　火鸡不同生长阶段的饲料配方见表2-4-3。

表2-4-3　火鸡不同生长阶段的饲料配方

原　料	雏火鸡1号料 1～4周龄	雏火鸡2号料 5～8周龄	育成期料 9～18周龄	限制生长料 19～28周龄	种母火鸡料 29～54周龄
玉米（%）	45	49	60	67	65
麸皮（%）	1.7	1.7	9.6	17.6	4.6
豆粕（%）	40	38	23	10	18
鱼粉（%）	12	10	6	3	7
石粉（%）	—	—	—	1	4
骨粉（%）	1	1	1	1	1
食盐（%）	0.2	0.2	0.25	0.25	0.25
维生素添加剂（%）	0.04	0.04	0.03	0.03	0.04
微量元素添加剂（%）	0.1	0.1	0.1	0.1	0.1

三、火鸡的饲养管理

1. 育雏期的饲养管理　　育雏期是指0～8周龄的雏火鸡阶段。这一阶段的火鸡具有生长速度快、消化机能不健全、体温调节能力差、抗病力差等特点，生产中应加强此期的饲养管理。

（1）育雏方式。由于火鸡的生长速度快、体重相对较大，一般采用平面育雏方式。随着火鸡养殖业的发展，一些现代化的种火鸡场也采用笼养，常用的有以下几种方式。

①勤换垫料式平面育雏。在消毒过的地面上铺3～5cm厚的垫料，在育雏期内经常更换饮水器周围潮湿、板结的垫料。垫料要松软、不易潮湿，最好用稻壳。

②厚垫料式平面育雏。在地面上一次性铺20～30cm厚的垫料，到育雏结束时将垫料一次性清除。地面育雏设备简单，是生产中应用较普遍的育雏方式。

③网上育雏。将雏火鸡饲养在距离地面60～70cm高的铁丝网、塑料网或竹栅栏等网上。雏火鸡在网上采食、饮水、休息，粪便漏到网下，使雏火鸡与粪便隔开，可减少寄生虫病的发生。但随着雏火鸡体重的增加，容易发生腿部疾病和胸部疾病。

④笼养。小、中型火鸡在56日龄以前可饲养在蛋鸡的育雏笼内,56日龄后采用网上饲养或在蛋鸡笼内饲养。重、中型火鸡42日龄前笼养,42日龄后转为网养或地面平养。

(2) 育雏条件。

①温度。温度是火鸡育雏的首要条件。育雏时要勤观察雏火鸡的活动、采食和饮水等情况,做到看雏施温。不同日龄的育雏温度见表2-4-4。

表2-4-4　火鸡的育雏温度(℃)

日龄	1	2~7	8~14	15~21	22~28	29~35	36~42
育雏伞下温度	38	35~37	32~35	30	27	24	21
舍温	24	21~23	21	19	18	17	14~16

②湿度。火鸡怕潮湿、喜干燥。在育雏时随着火鸡体重的增加,其呼吸量和排粪量加大,易造成雏火鸡舍潮湿,要注意通风和更换垫料。适宜的相对湿度为1~2周龄60%~65%、3~8周龄55%~60%。

③通风。由于火鸡的新陈代谢特别旺盛,生长速度快,呼吸频率高,因此火鸡对通风的要求比其他禽类要高。室内的粪便、垫料因潮湿腐烂常产生大量有害气体,污染空气,对雏火鸡生长发育极为不利。室内二氧化碳浓度达7%~8%时会引起雏火鸡窒息。雏火鸡对氨较敏感,室内氨浓度不应高于20mg/L,否则会降低抗病能力。所以,育雏期要在保温的前提下加强通风,保证空气的流通,避免氨气、硫化氢和二氧化碳等有害气体超标,导致雏火鸡发生呼吸道疾病。

④光照。光照对雏火鸡的生长发育和性成熟影响很大。光照时间过长、光照度过大会导致雏火鸡生长速度快、性成熟早、开产早、产蛋率低;光照时间过短或光照度过小则雏火鸡的发育迟缓、采食和饮水减少、性成熟晚。密闭舍人工光照制度见表2-4-5。

表2-4-5　火鸡育雏期的光照制度

日(周)龄	1~2日龄	3~4日龄	5~14日龄	3周龄	4~6周龄	7~8周龄
光照时间(h)	24	20	18	17	16~17	14
光照度(lx)	50	50	25	10	10	10

⑤饲养密度。适宜的饲养密度是保证雏火鸡健康生长发育、提高群体均匀度的关键因素,饲养密度的大小因品种、季节和饲养方式的不同而不同。火鸡育雏期适宜的饲养密度见表2-4-6。

表2-4-6　火鸡育雏期的饲养密度

周龄	大型火鸡(只/m²)	小型火鸡(只/m²)	100只需食槽长度(m)
1~2	30~25	40	6~7
3~5	25~20	30	8~10
6~9	15~10	20~15	11~12

(3) 育雏前的准备。进雏前要对育雏舍及供温、通风、喂料和饮水等设备进行维修。要求育雏舍保温性能好、干燥、通风良好、门窗关闭严密、没有鼠和鸟类进入。维修结束后清

扫,然后用高压冲洗机冲洗、2%的氢氧化钠溶液喷雾消毒,最后用高锰酸钾和甲醛进行密闭熏蒸消毒,48h后打开门窗通风换气。准备好松软、干燥、消毒过的垫料。在进雏前1～2d对育雏舍预热。

(4) 雏火鸡的挑选与运输。雏火鸡出壳后要进行强弱雏的挑选,健康雏火鸡叫声响亮,眼大有神,绒毛干净,卵黄吸收好,腹部丰满有弹性,抓在手里挣扎有力,站立稳,反应灵敏。运输前要对运输车消毒,途中要定时检查雏火鸡的状态,要防压、防闷、防淋雨、防热、防震和防止贼风侵袭,要保证火鸡出壳后24～36h运到育雏舍。

(5) 初饮与开食。

①初饮。雏火鸡的第1次饮水称为初饮,出壳后要尽量早饮水,要先饮水再开食。初饮一般在雏火鸡运到育雏舍后休息0.5～1h进行。雏火鸡行动迟缓、视力较弱,可用颜色鲜艳的饮水器,有利于雏火鸡尽快学会饮水。1～3日龄,可将青霉素、链霉素加入冷开水中,剂量为每只每天青霉素2 000IU,每天饮2次,对预防雏火鸡的葡萄球菌病和白痢效果都很好。饮水器或水槽数量要充足,分布均匀,高度适中。初饮后不能断水,饮水器中的水每4h换1次,经常清洗、消毒饮水器;保持饮水清洁卫生,符合人的饮用水标准。

②开食。雏火鸡第1次吃料称为开食,可以在初饮后2h进行。实践证明,第1次喂食的适宜时间为出壳后的12～24h。开食的饲料应新鲜,颗粒大小适中,易于啄食,营养丰富,易于消化,常用的有玉米、小米、碎米,1～2d后改喂配合饲料。开食料最好用肉鸡饲料,也可以是自配雏火鸡料。开食时可采用浅平食槽或将饲料撒在消毒过的白色厚报纸、塑料布或白棉布上,引诱雏火鸡采食。育雏室内应有一定的光照亮度和温度,以便于雏火鸡采食。

开食后第2天要抽样检查雏火鸡的嗉囊是否有食物,对没有采食到食物的雏火鸡要单独人工喂养。前3d最好喂湿拌料,每4h喂1次,4d后喂干粉料或破碎的颗粒料,要少喂勤添,自由采食不限量,饲料中可以适当加一些切碎的大蒜、葱、洋葱、韭菜、蒜苗等有辛辣的饲料和嫩草,以促进消化,预防白痢等肠道疾病。尼古拉火鸡每只雏火鸡1～8周龄平均耗料5.41kg,饲料转化率2.04:1。但是实际耗料量与雏火鸡出壳季节、饲料能量水平、食槽结构、喂料方法和火鸡群健康状态等有关系。

(6) 雏火鸡的防疫程序。各火鸡养殖场要依据本场的实际,结合当地疾病的流行情况,制订出切实可行的防疫程序。雏火鸡免疫程序为:10日龄,新城疫Ⅱ系弱毒疫苗以1:20浓度稀释后滴鼻,25日龄进行第2次滴鼻,以后每3个月以1:2的新城疫Ⅱ系弱毒苗稀释液进行喷雾免疫。90日龄翅下刺种鸡痘疫苗,以后每3个月接种1次。注意:在免疫前后3d,不要使用任何抗生素类药物,以免降低疫苗效价。

(7) 断喙。为防止火鸡相互啄斗发生啄癖,减少饲料浪费,要对雏火鸡进行断喙。断喙一般在7～10日龄进行,母雏火鸡用断喙器切去上喙1/2,下喙1/3,公雏火鸡只切去喙尖,断后把伤口在刀片上稍烙一下。为减少断喙的应激影响和止血,断喙前后3d应在饲料中添加维生素K和维生素C。为防止雏火鸡啄食时出血,断喙后2～3d要把料槽加满料,停止接种疫苗。

2. 育成期的饲养管理 种火鸡的育成期一般指9～18周龄,商品火鸡指9周龄到上市。火鸡在育成期适应性强、抗病力强、采食量增加、消化能力强、增生速度快,饲养管理一般比较粗放。

(1) 饲养方式。育成期一般采用地面平养或放牧饲养。地面平养便于火鸡的饲养管理，饲料转化率高，生长速度快，是商品肉用火鸡最常用的饲养方式。为降低饲养成本，增强种用火鸡育成期的体质，有条件的场育成期可实行放牧饲养。放牧地可以是山坡、草原或人工草场，要求牧场饲草充足、品质好、无污染，靠近水源。一般白天放牧，早晚视放牧情况在舍内补饲。

(2) 饲养密度。火鸡在育成期的生长速度快、活泼好动、活动量大，因此最好采用带运动场的半开放式育成舍，饲养密度以 3～4 只/m^2 为宜。

(3) 光照。半开放式育成舍一般采用自然光照。人工光照的密闭舍采用 14h/d 的光照，光照度 15～20lx，在离地面 2m 高处悬挂 15W 的灯泡，灯泡之间相距 3m 的间隔即可满足光照需要。

(4) 喂饲。种火鸡育成期以促进骨骼充分发育为主，防止火鸡过肥、过早性成熟，以免影响以后的种用价值。在饲喂时一般采用限制饲养，适当降低日粮能量和蛋白质水平（日粮粗蛋白质水平 14% 左右），增加粗饲料的喂量，每天每只喂料量按自由采食量的 80%～90% 供给。也可限制采食时间，有每日限饲或每周停喂 1d 等方式，但要保证充足的饮水。同时光照时间控制在 8～10h/d。限饲火鸡群要加强观察，如果出现因饥饿而相互啄食或欺压现象，可通过喂青绿饲料解决。尼古拉火鸡育成期的体重和耗料量见表 2-4-7。

表 2-4-7 尼古拉火鸡育成期的体重和饲料消耗量（kg）

周龄	父系			母系		
	体重	日耗料	每周耗料	体重	日耗料	每周耗料
9	3.81	0.227	1.589	3.087	0.162	1.134
10	4.54	0.24	1.68	3.587	0.188	1.316
11	5.27	0.246	1.862	4.086	0.20	1.407
12	5.95	0.286	2.00	4.631	0.207	1.449
13	6.67	0.344	2.408	5.085	0.259	1.813
14	7.35	0.38	2.667	5.54	0.279	1.953
15	7.99	0.386	2.702	5.90	0.253	1.771
16	8.72	0.422	2.954	6.265	0.279	1.953
17	9.44	0.454	3.178	6.583	0.292	2.044
18	10.17	0.454	3.178	6.91	0.247	1.729

商品肉用火鸡满 10 周龄后不仅不限饲，反而要适当增加日粮的能量及蛋白质水平，蛋白质水平应维持在 19% 左右，自由采食，喂料量要充足，光照维持在 14h/d，并根据体型大小进行分群饲养。一般大型火鸡 17～18 周龄、小型火鸡满 22 周龄即可出栏上市，大型火鸡公火鸡的上市体重可达 30kg，母火鸡上市体重可达 17kg。

(5) 转群。青年火鸡满 18 周龄要及时进行转群，同时结合转群进行一次选种。为减少转群对火鸡的应激影响，最好在早晨开灯前或傍晚进行，转群前后可在饲料中添加维生素 C 和抗生素等药物。

3. 种火鸡的饲养管理

(1) 后备种火鸡的饲养管理。后备种火鸡指 19～28 周龄的种火鸡。这一阶段火鸡的生长速度相对减慢，采食量基本趋于平稳而略有增加。因此为控制其过早达到性成熟、防止过肥，应采取较低营养水平的日粮，并适当限饲。

后备阶段要实行公、母分群饲养，公火鸡仍采用育成期的管理，为促进其生殖器官的发育，每天12h光照，开放舍白天要在窗户上挂布帘进行遮光；密闭舍采用15W灯泡进行光照即可。母火鸡满18周龄则转入密闭舍，每天8h光照，到第29周龄时再逐渐增加光照。由于这一阶段母火鸡大部分时间处于黑暗中，必须人为地驱赶火鸡运动，运动量要随着火鸡日龄的增长逐渐延长，以减少火鸡体内脂肪的沉积、防止母火鸡过肥。火鸡开产前1个月要驱除1次体内外寄生虫，并做好疫苗的接种及疾病防治工作，以确保种火鸡开产后有较高的产蛋性能。

（2）产蛋种火鸡的饲养管理。

①开产前的准备。种火鸡进入产蛋舍前，要对种火鸡舍各种设备进行检修，并彻底清扫消毒。在舍内或运动场光线较暗的地方设置好产蛋箱，一般每4~5只1个产蛋箱。料槽、水槽等用具要准备好。

②转群。种母火鸡满29周龄要结合选种进行转群，按一定的配比转入种火鸡舍进行饲养，转群应在早晨开灯后喂料前进行。转群前要适当控制饲料和饮水，使火鸡有饥饿感，有利于火鸡进入新的环境后尽快安静下来。转群时要轻轻地将火鸡驱赶到种火鸡舍，让火鸡自己找到饲料和饮水。

③光照。种火鸡在产蛋期最适宜的光照时间为产蛋前10周采用14h/d，从11周到产蛋结束采用16h/d。密闭舍一般采用100W灯泡，距地面2.2m。开放舍或半密闭白天要把窗户打开，尽量利用自然光照，早、晚适当补充光照。

④环境条件。火鸡的体重大，抗寒能力强，但对高温较敏感。母火鸡产蛋的最适宜温度为10~24℃，舍温低于5℃或高于28℃均会影响火鸡的产蛋率。因此，种火鸡舍要通风良好，夏季高温季节可采用气雾进行降温。种火鸡舍适宜的相对湿度为55%~60%。

⑤饲养。母火鸡在产蛋期适宜的营养水平为代谢能11.72~12.14MJ/kg，粗蛋白质16%~17%，钙3%~3.5%，有效磷0.7%左右，粗纤维5%左右。在母火鸡开产前2周要将饲料过渡为产蛋期料，饲料的更换要依据母火鸡的发育情况来定。要保证料桶里常有料，可根据母火鸡的采食量计算出每天的耗料量，然后一次喂给，让其自由采食。每只母火鸡每天的喂料量为180~320g，到产蛋高峰期日粮中钙的含量适当增加1%~2%。产蛋期每隔7~10d，每100只火鸡补饲粗沙粒（直径2mm）1kg左右。

母火鸡在产蛋期不能缺水，否则会引起产蛋量下降。在14h光照阶段要保证饮水器或水槽里有充足、清洁的饮水；也可采用自动饮水器供水。饮水器或水槽每天要定时清洗，并用0.1%的高锰酸钾溶液进行消毒。

⑥收集种蛋。集蛋前要准备好蛋托和蛋箱，集蛋时要先收集窝外蛋，再收集窝内蛋。每天开始光照2h后应将产蛋箱的门全部打开，让母火鸡进入产蛋箱产蛋。一般开灯后8h进入产蛋高峰，高峰时要增加捡蛋次数，每30min捡蛋1次，每天捡蛋16~18次。捡蛋时如发现有已产完蛋的火鸡在产蛋箱内，要将其驱赶出产蛋箱，促使火鸡运动，这样不仅可缩短产蛋时间，还可减少就巢性。

⑦抱窝火鸡的处理。一是增加捡蛋次数，在产蛋高峰期要每30min捡蛋1次。同时，将已经产完蛋仍在产蛋箱内的火鸡赶走，以避免母火鸡在蛋上诱发抱性。二是增加运动，每

天上、下午火鸡产蛋结束后驱赶火鸡群运动，减少抱窝机会，或在运动场悬挂辛辣的青菜，诱使火鸡跳起采食。三是制订合理的光照制度，适当增加舍内的光照度，并在产蛋箱上方用灯泡照明，较强的光照直射到产蛋箱上，可减少母火鸡抱窝。四是设置抱窝围栏，把开始抱窝的母火鸡和产蛋箱隔开，使其不能进入产蛋箱。五是饲喂醒抱的药物，在日常饲料管理中，凡是发现火鸡蹲空窝的，喂服1~2粒，可有效醒抱。

(3) 种公火鸡的饲养管理。

①饲养。种公火鸡配种期适宜的营养水平为代谢能11.72~12.14MJ/kg，粗蛋白质16%~18%，钙1.5%，有效磷0.8%左右，粗纤维6%左右。在配种季节，种公火鸡日粮中精氨酸含量应不少于日粮粗蛋白质的6%，每只每天不少于50mg。同时，维生素A、维生素D和维生素E要比非配种期增加1~2倍，维生素C的添加量为每1 000kg饲料150g。非配种期可与休产期母火鸡的营养水平相同。保证供应充足、清洁的饮水。

②管理。人工授精的种公火鸡最好采用密闭舍饲养，每天光照12h，采用15W的灯泡弱光照明。开放舍或半密闭舍白天要在窗户上挂布帘进行遮光，早、晚适当弱光照明，避免光照过强影响种公火鸡的精液品质。研究表明，弱光照明不仅可减少种公火鸡之间的争斗，减少死亡，还可提高精液品质和种蛋受精率，延长种公火鸡的利用年限。自然交配的公火鸡可与母火鸡采用相同的光照程序。

学习评价

一、填空题

1. 火鸡的繁殖特点有_____、_____、_____等。
2. 种火鸡选择一般要经过_____、_____和_____。
3. 火鸡的人工授精在家禽中是最早的，包括_____、_____和_____等内容。
4. 火鸡的育雏方式有_____、_____和_____等方式。
5. 种火鸡产蛋期适宜温度为_____，适宜光照时间_____。
6. 抱窝母火鸡的处理方法有_____、_____、_____、_____、_____等。
7. 火鸡生产中常用的饲养设备主要有_____、_____、_____、_____等。

二、思考题

1. 火鸡的生物学特性有哪些？在养殖生产中有何意义？
2. 简述火鸡人工授精技术的操作要点。
3. 提高种火鸡产蛋率和种蛋受精率的措施有哪些？
4. 育雏火鸡的饲喂技术有哪些？
5. 成年种火鸡的饲养管理措施有哪些？

项目五 鸵鸟养殖

鸵鸟属鸟纲、今鸟亚纲、鸵鸟目、鸵鸟科、鸵鸟属，是世界上现存体型最大，不能飞行，但善于奔跑的草食性禽类。鸵鸟家养起源于南非，已有100多年的历史。鸵鸟肉是高蛋白质、低脂肪、低胆固醇、低能量、鲜嫩可口、人类理想的健康食品；鸵鸟皮具有柔软、坚韧、透气性好及其毛根形成的美丽图案等特点，是制作高档服饰、皮鞋、箱包的优质原料，其价格高于鳄鱼皮，在国际市场上供不应求；鸵鸟油具有较高医药价值，可制作高档的化妆品；鸵鸟的蛋、毛、骨可以制成工艺、轻工等产品。

学习目标

了解鸵鸟的分类与品种等常识性知识；熟悉鸵鸟的类型与形态特征；掌握鸵鸟的生物学特性、鸵鸟的繁育技术及鸵鸟各时期的饲养管理。

学习任务

任务一 鸵鸟栏舍设计

根据鸵鸟不同年龄的行为特性和生理特点，通常将鸵鸟栏舍分为种鸵鸟栏舍、生长鸵鸟栏舍和雏鸵鸟栏舍。要求鸵鸟栏舍四周有良好的排水沟，围栏、房舍、饲槽等拐弯处没有突起的棱角，场地内没有异物。

一、种鸵鸟栏舍

种鸵鸟在配种时有追赶行为，所以必须为其提供较大的运动场地。种鸵鸟饲养多采用一公两母或三母为一组，每组种鸵鸟的运动场面积为 $600\sim900m^2$。运动场一般以长方形或楔形为好，楔形的易于从小头集中鸵鸟，便于驱赶；长方形的则更有利于种鸵鸟快速追赶时安全转弯，有足够的奔跑距离。

1. 围栏 一般要求高 $1.5\sim2.0m$，围栏材料可用金属丝网、竹条、圆木或钢管等。两个相邻的种鸵鸟栏之间须保持 $1.3\sim2.0m$ 的间隔，以防止公鸵鸟相互打斗。

2. 房舍 每个种鸵鸟栏内要建一个种鸵鸟舍，用于产蛋、雨天投喂饲料、夏季遮阳、冬季挡风等。南方地区的种鸵鸟舍通常仅三面有墙（甚至完全无墙），北方地区则应四面有墙，并有良好的保温能力，应配置通风换气装置。房舍门高 $2m$、宽 $1.5m$。

二、生长鸵鸟与雏鸵鸟栏舍

1. 生长鸵鸟栏舍 生长鸵鸟不需房舍，只需一个棚子供雨天喂饲、遮阳、挡雨用即可。生长鸵鸟有大群奔跑行为，其运动场以正方形为适宜，运动场面积因年龄不同而不同，一般以30～50只为一群，运动场围栏高1.5～1.8m，围栏底部与地面距离要小，防止鸵鸟钻出。

2. 雏鸵鸟栏舍 雏鸵鸟运动场围栏高1.2～1.5m，多用铁丝网或塑料网，网眼规格小于2cm×2cm，底部砌高30cm的砖墙，然后在其上方架围栏。雏鸵鸟舍要求保温、防潮、通风、便于清扫。雏鸵鸟舍外缘应向外延伸2～5m，建成遮雨棚，以便雏鸵鸟在雨天有足够的运动场地。

任务二　鸵鸟的生物学特性

一、鸵鸟的形态特征

鸵鸟是世界上鸟类中体型最大、体重最重的一种鸟，外观特点是颈长、腿长、体大、头小。公鸵鸟个体较大，体高2.1～2.5m，体重100～130kg，最重可达150kg。母鸵鸟个体略小，体高1.75～1.90m，体重约100kg。公、母两性差异明显，公鸵鸟羽色黑白明显，而母鸵鸟多为灰褐色。美洲鸵鸟体高1.5m左右，体重35kg；澳洲鸵鸟体高1.8m，体重35～40kg。

1. 头部 鸵鸟头小而平，颜色有红色、蓝色或黑灰色。眼睛较大，具上下眼睑，被长长的黑色睫毛所保护。鸵鸟视力敏锐，突出的眼和灵活的颈使它能随意地环顾四周，以保证从远距离看到自己的同伴和可能的敌害。鸵鸟的两耳能开闭，由微细的羽毛所覆盖。喙上有两个鼻孔，通过有形膜呼吸。

2. 颈部 鸵鸟颈部由19块颈椎组成，气管和食管松弛，皮肤有弹性，食物容易通过颈部。颈部也是易受伤的敏感部位之一，但皮肤愈合速度很快。在繁殖季节，公鸵鸟的裸露部分十分鲜艳，在跗跖和颈部最为明显，这两部分颜色在不同亚种间表现为粉红色或蓝色。

3. 躯干 鸵鸟身体庞大，公、母鸵鸟的体色差异明显，仅从羽毛就可加以区分。公鸵鸟羽毛黑色，但翅和尾羽为白色，这种黑白反差明显的被毛有助于鸵鸟在较远距离就能发现同伴。母鸵鸟则全为单调的灰褐色，这种颜色有助于躲避敌害，幼鸵鸟羽色与母鸵鸟相似。鸵鸟没有龙骨突，因而被称为平胸类，但是它们有较凸出的胸骨。

4. 翼（翅） 翅退化，羽毛无羽小钩，因而疏松柔软，不能构成羽片。公鸵鸟翅白色，母鸵鸟翅灰褐色，飞羽数目多达16根。在快速奔跑过程中，尤其在极度转弯时，可用来保持身体平衡。

5. 尾 不具尾骨和尾脂腺，因此羽毛没有防水能力，易被雨水浸湿。公鸵鸟尾羽白色，母鸵鸟灰褐色。公鸵鸟具交配器官，排便时阴茎向外翻出，这在鸟类中是十分少见的。

6. 趾 趾用作身体的支撑与躯体平衡。非洲鸵鸟是鸟类中唯一具两个脚趾的类群，尤其内脚趾厚而强健，体现了它适应快速奔跑的特性，因脚与地面接触面积的减少而获得了奔跑的速度。每只脚的两个趾由三个关节组成，较大的内趾（源于第3趾）和较小的外趾（源于第4趾）具有爪，两趾间有蹼。澳洲鸵鸟、美洲鸵鸟有三趾。

二、鸵鸟生物学特性

1. 生活习性

（1）生长速度快。肉用鸵鸟日增重快，雏鸵鸟初生重仅1kg左右，3月龄时可达12～15kg，12月龄可达100kg以上，其生产速度是所有禽类中最快的。

(2) 喜干燥、厌潮湿、善奔跑。非洲鸵鸟原产于非洲炎热、干旱、旷野的沙漠和草原地带,所以喜干燥、耐炎热、腿长、善于奔跑,而不适于多雨潮湿环境。人工饲养时应注意给鸵鸟提供干燥、温暖、安静的环境条件。

(3) 适应性和抗病力强。鸵鸟对各种恶劣的气候和自然条件均能适应,在-30~45℃均能正常发育和繁殖。鸵鸟与大多数野生动物一样有很强的抗病力。严寒、酷暑、刮风、下雨对其没有显著的不良影响;除1月龄内的雏鸵鸟会因营养不良、管理不当而患病死亡外,成年鸵鸟极少大批患病死亡。

(4) 群居性与应激反应强。鸵鸟平时一般10~15只一群,多的40~50只。当一群鸵鸟在采食或饮水时,通常要轮换放哨;同群鸵鸟很少因采食发生攻击行为。但鸵鸟易受惊吓。当遇到突来的巨响时会惊群,无目的地奔跑,甚至撞到围栏,造成死亡,而且应激后需要数小时才能恢复平静。

(5) 草食性,饲料转化率高。鸵鸟是单胃草食禽类。鸵鸟没有牙齿,也没有嗉囊,食管直通腺胃,其腺胃、肌胃和一对盲肠都很发达,对粗纤维的消化能力很强。绿色树叶、杂草、作物秸秆、青菜等均为上好的青粗饲料,对优质的籽实类饲料需求量少,配以少量的玉米、豆饼、麸皮等精饲料即可满足其营养需要,对饲料的利用率高。鸵鸟主要以采食牧草、树叶为主,精饲料需要量少,不与人畜争粮,饲养成本低,生长速度快。

(6) 孵化湿度低。鸵鸟原产于环境比较干旱的非洲草原和阿拉伯沙漠地区,为适应环境,鸟蛋本身含水量较高、蛋壳厚、蛋重大。因此,孵化需要较低湿度,通常1~39d,其相对湿度应控制在23%~27%,39~42d相对湿度应控制在25%~30%。

2. 繁殖特性

(1) 性成熟期晚。在我国大部分地区,鸵鸟的繁殖主要在春季到秋季(3—9月),与气温有明显关系,如在广东的繁殖时间比山东的要长。鸟的性成熟较晚,母鸵鸟一般在2~2.5岁、公鸵鸟在3岁以后达到性成熟,所以在生产中配对时公鸵鸟应比母鸵鸟大0.5岁以上。鸵鸟达到性成熟的标志是翅膀下缘与尾端的羽毛为白色,其他部位公鸵鸟是黑色、母鸵鸟是棕灰色。

(2) 求偶与交配特性。进入繁殖季节,公鸵鸟的喙、眼睛周围的裸露皮肤及前额和胫的前面变为鲜红色,泄殖腔周围也变红,排尿时露出阴茎,性情变得凶猛,有攻击性。母鸵鸟发情后则变温顺,主动接近公鸵鸟。鸵鸟的求偶是通过公、母鸵鸟一套复杂的动作来完成的。求爱时,公鸵鸟呈蹲式,两翅展开,翅尖触地并不停地抖动,颈向后弯曲几乎贴于背上,随着两翅抖动的节拍左右摆动。母鸵鸟则主动接近公鸵鸟,边走边低头,翅膀下垂,同时两翅快速地一张一合,当公鸵鸟的求爱动作完成后,猛地站起,两翅上举,快速走近母鸵鸟,母鸵鸟两喙张合加快,尾朝向公鸵鸟蹲下,公鸵鸟便骑跨于母鸵鸟背上交配。公鸵鸟一般每天可交配4~6次,多的可达7~8次。

(3) 公、母配比。人工饲养条件下,应根据选种选育的要求,调整鸵鸟的配比。在我国目前鸵鸟生产中多采用1:(4~5),为了达到最佳繁殖效果,公、母比例以1:3为宜。

(4) 产蛋特性。鸵鸟交配后1周左右开始产蛋,产蛋时间一般在15:00—19:00。产蛋性能好的鸵鸟每隔1d产蛋1枚,连产12~20枚休息6~15d,又开始产蛋。个别高产的可连续产蛋40枚左右才休息。休产期的长短与饲养管理、环境条件及自然条件等多种因素有关,一般在高温高湿季节休产期稍长。鸵鸟第1年产蛋量很少,仅20~40枚,以后逐渐增加，到 7 岁达到高峰，年产蛋可达 80～120 枚，繁殖年限 40～50 年，寿命可达 70 年。鸵鸟蛋重 1 200～1 800g，是世界上最大的蛋，种蛋的孵化期 42d。

任务三　鸵鸟的繁育

一、鸵鸟的种类

目前，世界上饲养的鸵鸟主要有三种，即非洲鸵鸟、美洲鸵鸟和澳洲鸵鸟。非洲鸵鸟隶属于鸵鸟目，只有一科一属一种，而美洲鸵鸟和澳洲鸵鸟分别属于美洲鸵鸟目和鹤鸵目。人们习惯上将非洲鸵鸟分为三种类型：红颈鸵鸟、蓝颈鸵鸟和驯化鸵鸟（非洲黑鸵鸟）。在野生状态下，一般认为鸵鸟有四个亚种和一个培育品种。

1. 北非红颈鸵鸟　分布在非洲的毛里塔尼亚至埃塞俄比亚。体型高大，颈和腿较长，腿粗壮。羽毛延伸至颈中部，公鸵鸟羽毛为黑色，翅羽、尾羽纯白色，母鸵鸟羽毛深灰色。头冠上有秃斑，颈上端羽毛呈白色颈环。在繁殖季节，成年公鸵鸟的头部、颈部及腿部变成鲜红色，母鸵鸟和未成年公鸵鸟的皮肤为淡黄色，头距地面 2.4～2.7m，颈长 1.06m，体重可达 125kg。

2. 马塞红颈鸵鸟　分布于东部非洲。其体型高大，头冠可能部分秃毛或完全秃毛，颈环窄小。颈部和腿部为粉红色或灰色，繁殖季节变为鲜红色。

3. 南非蓝颈鸵鸟　分布于非洲南部，是非洲鸵鸟中体型最大的一个亚种，颈、腿为蓝灰色，繁殖季节为红色。头冠上有羽毛，尾部羽毛为暗棕色至鲜肉红色，其他部位的羽色和其他亚种相似，但没有白色颈环。

4. 索马里蓝颈鸵鸟　头冠与北非红颈鸵鸟相似，头冠秃毛，白色颈环粗大，尾羽为白色，顶部与大腿的皮肤呈蓝灰色，繁殖季节变为灰红色。

5. 驯养鸵鸟　是利用蓝颈鸵鸟等原始品种经过长期杂交选育而成的一个培育品种，保留了蓝颈鸵鸟的形态特征，体型较小，腿、颈也成比例地变短，体躯宽厚，羽毛密集，羽毛质量优于野生鸵鸟。皮张小，毛孔密集，分布均匀，皮张质量好，但对饲养管理条件要求较高。

二、鸵鸟的公、母鉴别

15 月龄以前的鸵鸟体型和羽毛基本一致，很难从外表上区别公、母。进行公、母鉴别有利于分群饲养和营养配给。雏鸵鸟的公、母鉴别多采用翻肛法，即翻开雏鸵鸟的肛门，看是否有向左弯曲的阴茎。但这种方法准确性只有 70% 左右。因此雏鸵鸟的公、母鉴别要进行多次，一般在 1 周龄、2 月龄、3 月龄分别进行鉴定。

三、鸵鸟的选种选配

1. 选种

（1）种鸵鸟选择项目。体型外貌：体格健壮，发育匀称，头部清秀，眼大有神，姿势端正，步伐灵敏。产蛋量高的母鸵鸟背部羽片污浊，毛尖干缩，背后半部羽毛稀短或无毛、尾下垂，后躯丰满肥厚。

生殖器：公鸵鸟的阴茎粗、长，向左弯曲，阴茎长 25cm 以上。

生产性能：包括产肉性能和繁殖性能。产肉性能包括生长速度、饲料转化率、屠宰率。繁殖性能指开产日龄、年产蛋量、蛋重、受精率、孵化率、出雏率、育雏成活率等。

（2）选种方法。

①个体选择。根据鸵鸟个体品质直接选种。它不仅是反映种鸵鸟生产力的指标，并在一定程度上反映种鸵鸟的育种价值。

②家系选择。以整个家系（包括全同胞和半同胞家系）作为一个选择单位，根据家系生产性能的平均值进行选择。

③系谱选择。根据系谱记录的祖先、同胞和后代的品种及性能进行选择。

在实际工作中，要综合以上方法进行选种并有所侧重。幼鸵鸟育成阶段以系谱选择为主，辅以外形和生长发育鉴定。当种鸵鸟已表现出生产性能时，则以个体选择为主、系谱选择为辅。

2. 选配

（1）选配方法。

①亲缘选配。种鸵鸟群的选配常采用非近亲交配，即选配种鸵鸟没有3代以内的血缘关系。但为了巩固、培育某些优良性状时，可采用全同胞或半同胞近亲交配。

②同质选配。选用性能相同的公、母种鸵鸟进行交配。

③年龄选配。用年龄较大的公鸵鸟与青年母鸵鸟交配，可以提高受精率。

（2）公、母比例。优秀的公鸵鸟每天可交配5次，性欲强的每天可达8次以上。因此，1只公鸵鸟可以配4~5只母鸵鸟。但为了达到最佳繁殖效果，公、母比例以1:3为宜。在人工饲养条件下，公鸵鸟对配偶没有明显的选择性，故可根据生产需要随时调配种鸵鸟，繁殖季节按1公3母组成1个繁殖单位进行配种，有利于系谱记录和辨认后代血缘。

任务四　鸵鸟的饲养管理

一、鸵鸟的营养需要与饲料

1. 鸵鸟的营养需要　目前，有关鸵鸟的营养需要及饲料营养价值评定的研究开展较少。实际生产中，指导鸵鸟饲料配制的饲养标准及饲料营养价值多是参照其他家禽（尤其是鸡、火鸡）的资料，往往低估了鸵鸟对粗饲料的良好消化利用能力，而降低了生产者的经济效益。因此在参照鸡的饲养标准配合鸵鸟日粮时必须注意：①不能忽视鸵鸟对纤维素的需求量是随着年龄的增长而增长，对蛋白质的需求量是随着年龄的增长而降低的特点，更不能忽视鸵鸟的饲料转化率比鸡高，否则会导致鸵鸟过肥而降低生产性能。②要注意鸵鸟对维生素E和微量元素硒的需求，以免发生白肌病和胸软化病。鸵鸟的推荐饲养标准可参考表2-5-1。

表2-5-1　鸵鸟的推荐饲养标准

阶段	月龄	体重（kg）	代谢能（MJ/kg）	粗蛋白质（%）	赖氨酸（%）	蛋氨酸（%）	蛋氨酸+胱氨酸（%）	钙（%）	磷（%）
雏鸵鸟	0~4	0.8~36	10.9~11.3	19~21	1.10	0.40~0.45	0.75~0.80	1.0~1.5	0.60~0.80
生长	4~6	36~65	10.5	16	0.85	0.35	0.65	1.3	0.60
育肥	6~9	65~100	10.0	14	0.70	0.25	0.50	1.2	0.40

(续)

阶段	月龄	体重（kg）	代谢能（MJ/kg）	粗蛋白质（%）	赖氨酸（%）	蛋氨酸（%）	蛋氨酸+胱氨酸（%）	钙（%）	磷（%）
后备	9～14	100～120	9.6	10	0.60	0.20	0.35	1.0	0.35
维持	—	—	8.4	9	0.50	0.18	0.30	1.0	0.35
产蛋	—	—	10.0	18	0.90	0.40	0.70	2.5	0.40

2. 鸵鸟的饲料与日粮配合

（1）常用饲料。

①能量饲料。主要有玉米、高粱、大麦、小麦等籽实类及糠麸类饲料。高粱因含单宁，味涩，适口性差，多喂易引起便秘，所以4月龄以下的鸵鸟最好不用或少用，6月龄以上的鸵鸟日粮中用量为5%～20%。小麦淀粉含量高，蛋白质含量也较玉米、高粱高，是鸵鸟良好的饲料，用量可占日粮的20%～50%。大麦、玉米是鸵鸟良好的能量饲料，尤其在6月龄以上的鸵鸟及种鸵鸟日粮中可以充分使用。

②蛋白质饲料。主要有饼粕类及动物性蛋白质饲料。饼粕类的蛋白质含量高，价格比动物性蛋白质饲料低，是鸵鸟饲料蛋白质的主要来源，而动物性蛋白质饲料由于成本较高，一般在鸵鸟日粮中用量较低。在配合饲料时，为降低成本，可适当增加杂粕的比例，尽量不用鱼粉等价格高的饲料。

③矿物质饲料。非洲鸵鸟属草食禽类，每天通过放牧或人工饲喂摄入大量的青绿饲料，青绿饲料中矿物质元素含量低，因此在配合饲料时必须供给充足的矿物质饲料。主要有骨粉、贝壳粉、石粉、磷酸氢钙、食盐等。

④草粉。草粉是由禾本科或豆科牧草在适当的生长期刈割，经自然或人工干燥、粉碎制成。草粉一般含有较高的粗纤维和蛋白质，但能值较低。对4月龄以上的非洲鸵鸟，其消化系统基本发育完全，具有很强的消化粗纤维的能力，其维持能量需要的76%可通过饲料粗纤维提供，因此草粉在鸵鸟日粮中用量较大，一般占日粮的5%～75%。

⑤青绿饲料。鸵鸟食性广、杂，对各种牧草、蔬菜等青绿饲料均可采食。因此在生产中保证充足的青绿饲料的供应具有重要意义，不仅可降低饲养成本，不与人、猪、鸡争粮，同时青绿饲料中含有大量的维生素和易被鸵鸟消化的纤维素，对鸵鸟的健康是很有利的。

（2）日粮配合。鸵鸟的饲料包括精饲料和青绿饲料，青绿饲料的供应根据养殖场的情况而定，青绿饲料提供营养后，不足的部分由精饲料补充。在配合鸵鸟饲料时，应注意以下几点：

①稍低的能量水平。由于鸵鸟具有微生物消化的特点，饲料代谢能应稍低些，以免能量过高导致鸵鸟过肥，影响其生产性能。

②必要的纤维素供应。保证鸵鸟饲料中16%～18%纤维素的供应，有利于鸵鸟的健康。

③维生素的供应。由于鸵鸟的消化道结构与鸭的相似，在维生素的供应上可参照鸭的饲养标准。

④饲料种类多样化。单一饲料很难满足鸵鸟的营养需要，必须多种原料配合使用。

（3）鸵鸟饲料配方举例。非洲鸵鸟饲料配方见表2-5-2。

表 2-5-2 非洲鸵鸟饲料配方

原料(%)	0～2月龄 体重0.8～10kg	3～4月龄 体重11～35kg	5～6月龄 体重36～65kg	7～9月龄 体重66～100kg	10～14月龄 体重101～200kg	产蛋
玉米	45.5	44.8	40.8	39.7	36.3	33.9
豆粕	27	21	22	17	5	24
麦麸		5	14	16	18	10
黄豆粉	12	12	8	8	8	8
草粉	5	8	10	15	24	14
统糠	—	—	—	—	5	—
鱼粉	5	4	—	—	—	2
食盐	0.4	0.4	0.5	0.5	0.5	0.5
石粉	1.2	1.1	1.3	1.6	1.3	5.3
碳酸氢钙	3.1	2.9	2.9	1.7	1.4	1.5
预混料	0.8	0.8	0.5	0.5	0.5	0.8

二、不同生理时期饲养管理

1. 雏鸵鸟的饲养管理 雏鸵鸟是指0～4月龄的鸵鸟，此阶段是鸵鸟生长发育过程中最重要的时期，其饲养管理是鸵鸟整个生长周期中技术性和经验性最强的环节，是决定养殖场经济效益的关键。

（1）雏鸵鸟的生理特点。一是生长速度快。非洲黑鸵鸟出壳体重约0.8kg，到3月龄时体重达22kg左右，增加了26.5倍，因此必须保证足够的营养。二是消化机能不健全。雏鸵鸟的消化系统发育不完善，对粗纤维的消化能力较差，到4月龄时才接近成年鸵鸟的消化能力。三是抗病能力差。雏鸵鸟出壳后不久，母源抗体水平逐渐降低，而自身免疫机能尚未建立，因此对外界病原的抵抗力差。四是体温调节能力差。雏鸵鸟被毛疏短，没有绒毛，皮下脂肪少，保温能力差；同时，机体的体温调节能力不健全，因此对育雏温度的要求高。

（2）鸵鸟的育雏条件。

①温度。温度是育雏的首要条件，适宜的育雏温度是获得高成活率的关键。不同周龄雏鸵鸟适宜的育雏温度见表2-5-3。

表 2-5-3 鸵鸟的育雏温度（℃）

周龄	保温区温度	室温
1	35～30	28
2	33～28	26
3	31～26	24
4	29～24	22
5	27～22	22
6	25～20	20
7	25～20	20
8	25～20	18
9	23～18	18

②湿度。育雏的相对湿度通常保持在55%～70%较为适宜。在南方春夏季节雨水多、湿度较大时，应用排风机降低育雏室的湿度。

③通风。雏鸵鸟生长速度快、代谢旺盛，为排出育雏室内的氨气、硫化氢等有害气体，

在严格保温的同时,应保持良好的通风条件,但在冬季应注意防止穿堂风。夏秋季节气温较高时,2周龄后可将雏鸵鸟放到运动场上进行光照和运动,寒冷季节应推迟到3周龄以后。

(3) 雏鸵鸟的饲养管理。

①育雏前的准备。在育雏前1周,对育雏室进行彻底清理、消毒,并对喂饲、饮水、通风、供温等设备进行检修。在进雏前1~2d,对育雏室和育雏器进行预热,要求室温达到25℃,育雏器温度达到36℃。

②入雏。一般采用地面垫料育雏。雏鸵鸟出壳后在出雏机内休息2~3d,按大小、强弱分群,转入育雏室饲养。适宜的饲养密度为5~6只/m²,随着日龄增加,逐步降低密度,15日龄时可减半疏散。

③保温。在供温时要做到看雏施温,若雏鸵鸟挤在一起,紧靠热源,外周雏鸟缩头或颤抖,说明温度偏低,需增温;若雏鸟远离热源,张口呼吸,说明温度偏高,需适当降低温度。

④开食与饲喂。通常在雏鸵鸟出壳后3d开始诱导其采食,可将切碎的青绿饲料或研碎的熟鸡蛋放到盆里,轻敲饲盆,吸引雏鸵鸟采食,一般1~2d可学会采食。青绿饲料可拌入配合饲料中饲喂,也可自由采食。配合饲料的用量及饲喂方式应依据其营养浓度及雏鸵鸟的增重而定,6周龄前可喂湿拌料,6周龄后改喂颗粒饲料。

⑤饮水。3周龄前最好使用鸡的饮水器供水,以防止雏鸵鸟跌入水盆;3周龄后,用水盆供水。供应充足、清洁的饮水。为防止雏鸵鸟患胃肠道疾病,可定期在饮水中加一些土霉素粉等药物。

2. 种鸵鸟的饲养管理

(1) 青年期种鸵鸟的培育。青年期种鸵鸟指5月龄到性成熟(18~30月龄)之前的鸵鸟。对留种的青年鸵鸟要进行严格的选育,对残疾、发育不良、体型不理想、第二性征不明显、形态特征不符合选留标准的个体一律淘汰,作为肉用鸵鸟饲养。留种的鸵鸟14月龄后进入后备期,此阶段体重增加很少,但未性成熟,在饲养中要防止过肥,以免影响繁殖性能。所以饲料应以青绿饲料或干草粉为主,充分开发其耐粗饲性,锻炼其消化能力,配合饲料的用量控制在1.0kg以内。

(2) 成年种鸵鸟的饲养管理。

①饲养。种鸵鸟饲养的重点是保证种鸵鸟生殖器官的正常发育和提高鸵鸟的繁殖力。因此,此期精饲料应保证有足够的蛋白质,一般不低于14%,繁殖旺季应保证在16%以上,多种维生素添加量要充足。配合饲料的喂量应控制在每只每天1.5~1.6kg,饲喂过多会导致过肥,影响繁殖。种鸵鸟具有较强的消化粗纤维的能力,应多喂青粗饲料。每天饲喂次数为青粗饲料4次、精饲料2~4次。

②管理。在鸵鸟繁殖季节一定要保持环境安静,防止应激发生。繁殖期严禁转群。鸵鸟产蛋后要及时收集,并做好产蛋记录及受精率、孵化率、育雏成活率等生产记录,为以后的育种工作提供详细资料。

初产母鸵鸟由于生殖道狭窄,有时会发生难产,尤其是肥胖或蛋特别大的鸵鸟易发生。因此当母鸵鸟长时间表现产蛋动作而没有蛋产出时,应检查是否难产,发生难产时要及时助产。助产常用的方法:一是使用催产素促进子宫收缩;二是将手伸入生殖道,用铁凿打破难产蛋,再慢慢取出。

3. 肉用鸵鸟生产　肉用鸵鸟是指 4~15 月龄的生长期鸵鸟。此期鸵鸟消化系统逐渐发育完善，对粗纤维的消化能力较强；生长高峰期在 6 月龄前，6 月龄后生长速度减慢，饲料转化率降低。因此 6 月龄前应供给较高营养水平的饲料，以充分发挥其最大生长潜力，此期配合饲料和青绿饲料可自由采食，饲料粗纤维含量保持在 12%~14%；6 月龄后，配合饲料的粗纤维含量增加到 16%~18%，并限量饲喂，青绿饲料自由采食，以充分发挥其耐粗饲的特点，降低饲料成本。在我国北方地区，冬季青绿饲料缺乏，可将贮备的干草粉压制成颗粒或用水调制成湿料饲喂。

4. 鸵鸟一般管理技术

（1）鸵鸟的保定。在对鸵鸟进行称重、体检、体尺测量、疾病治疗及运输时，都需对鸵鸟进行保定。常用的保定方法主要有以下几种：

①套头罩。操作者先将头罩套在左手臂上，用左手抓住鸵鸟喙，迅速用右手将头罩从左手臂套到鸵鸟头上，蒙着其双眼，喙和鼻通过头罩上的缺口露在外面，使其失去辨认方向的能力，然后两人将其架住到指定地点，或在原地不动接受检查。

②徒手保定。操作者用左手掐住鸵鸟喙，右手压住其颈基部，防止鸵鸟踢腿，同时助手从尾部向前推住鸵鸟，防止其后退。这种方法虽省力，但危险性较大。

③保定架保定。捉住鸵鸟，套上头罩，赶进保定架内，在鸵鸟背部勒一条绷带，防止其上跳。

④黑暗处保定。对特别凶猛的鸵鸟（如繁殖期的公鸵鸟），可将其赶入一黑暗的房间，或在夜晚借助手电筒的弱光捕捉鸵鸟，然后采取适当措施给鸵鸟套上头罩或注射镇静剂。

（2）鸵鸟的标记。标记是建立鸵鸟档案的必要手段，也是鸵鸟生产中最基本的管理措施。常用的标记方法有以下几种：

①烙号。雏鸵鸟出壳后的第 3 天，在其裸露的大腿上用烧红的烙铁（上有已制好的特定号码）烧烙其表皮，形成疤痕号码。此法是最早的鸵鸟标记方法，目前已不采用。

②脚号。在鸵鸟的腿部戴上预定的号码是目前国内外较常用的一种标记方法，尤其对种鸵鸟和后备鸵鸟。鸵鸟的年龄大小不同，脚标的大小和质地也不同。在国外，3 月龄以上的生长鸵鸟、后备鸵鸟和种鸵鸟用薄带式塑料脚标，3 月龄以下的鸵鸟则用具有一定弹性的脚环。

③颈标。在 3 月龄以上鸵鸟的颈部皮肤上用牛、羊常用的耳标进行标记；但对 3 月龄以下小鸵鸟易脱落，效果不理想。

④微型芯片标记。是目前最先进的一种标记方法，但造价昂贵。它是将"电子号码"通过专门的设备埋植在鸵鸟身体特定部位的肌肉内，平时肉眼看不见号码，需由专用的读码仪贴近埋植部位才可显示出来。

知识拓展

鸵鸟的经济价值

珍禽类经济动物指以生产高档山珍、野味等滋补食品为主的鸟类。我国珍禽类的天然品种资源丰富，野生物种繁多，通过对国家保护性鸟类进行人工驯化繁殖，既有利于野生品种资源保护，减少对野生鸟类的捕猎，又可创造培育新的品种类型，体现了人与自然和谐相处的生态发展理念。

鸵鸟是世界上现存体型最大的鸟类，我国对鸵鸟的产业化养殖开始于20世纪80年代后期，鸵鸟全身是宝，以生产性能高、饲养成本低、经济价值高备受青睐。

1. 鸵鸟肉　鸵鸟肉属纯红肌肉，外观与高档牛肉类似，具有"五高三低"的特点：高蛋白质、高钙、高铁、高锌、高硒，低脂肪、低胆固醇、低能量；肉质鲜嫩，汁多味美，被誉为"21世纪人类新食品"。

2. 鸵鸟蛋　鸵鸟蛋是鸟类中蛋重最大的蛋，营养丰富，鲜美可口；蛋壳质地厚，是制作精美工艺品的原料。

3. 鸵鸟皮　鸵鸟皮属名贵皮革，其皮质轻、柔韧、耐磨、美观，具有特殊的天然羽毛孔圆点图案，有良好的透气性。

4. 鸵鸟羽毛　鸵鸟羽毛质地细软，手感极佳，有很好的保温性能，是服装工业的优质原料；也是制作高档工艺品的原料。

5. 鸵鸟油　鸵鸟油具有较高的医药价值，是生产高级化妆品的原料。

6. 鸵鸟角膜、内脏、骨　近年来研究发现鸵鸟的角膜、内脏、骨等都具有一定的医用和药用价值，有待进一步开发利用。

学习评价

一、选择题

1. 鸵鸟的种类不包括（　　）。
   A. 非洲鸵鸟　　B. 美洲鸵鸟　　C. 澳洲鸵鸟　　D. 亚洲鸵鸟

2. 鸵鸟的性成熟期为（　　）月龄。
   A. 24～30　　B. 10～12　　C. 18～30　　D. 35～40

3. 人工养殖鸵鸟起源于（　　）。
   A. 中国　　B. 南非　　C. 德国　　D. 澳大利亚

4. 鸵鸟蛋孵化的相对湿度通常是（　　）。
   A. 15%～20%　　B. 23%～30%　　C. 30%～40%　　D. 40%～50%

二、思考题

1. 鸵鸟的生物学特性在生产中有何重要意义？
2. 鸵鸟的繁殖习性有哪些？生产中如何根据其繁殖习性提高繁殖力？
3. 生产中如何根据鸵鸟的消化特点合理配制饲料？
4. 雏鸵鸟有哪些生理特点？
5. 雏鸵鸟的饲养管理要点有哪些？
6. 成年种鸵鸟的饲养管理要点是什么？

项目六　绿头野鸭养殖

绿头野鸭又称大红腿鸭、野鹜、水鸭，在动物学分类上隶属鸟纲、雁形目、鸭科、河鸭属。绿头野鸭是一种候鸟，是家鸭的远祖，在世界各地分布广泛。其肉质鲜嫩、瘦肉多、脂肪低，并具有一定的药用价值，鸭绒具有轻、净、柔、暖等特点，是一种集食用、药用和绒用于一身的珍稀水禽。

学习目标

了解野鸭场建设和常用设备；熟悉野鸭的生物学习性和品种；能进行野鸭的公、母鉴别；重点掌握野鸭不同阶段的饲养管理要点。

学习任务

任务一　野鸭场与野鸭舍设备

一、场地选择

野鸭属于野生水禽，且会飞翔，为了使野鸭在人工饲养条件下仍保持野生鸟类的习性，防止退化，在选择场址时，场址要靠近池塘、河流、湖泊、水库等有开阔的流动水面的边缘，水面宽度、深度要适宜，水深1m左右为好。舍外运动场到达水场的路要有一定的坡度，方便野鸭上下。周围环境安静，与村庄、公路等要有一定的距离。如没有自然水体饲养绿头野鸭时，可修建一个人工水池及运动场，池深60cm即可，要配有供、排水系统，以经常更换池水，保持池水清洁。每500只野鸭应有30m²以上的水面。修建野鸭舍的陆地应背风向阳，相对地势较高，以土壤排水良好的沙壤土为好，以保持野鸭舍及环境的干燥；在河流、湖泊附近建场时，更应注意场址的选择，防止雨季水位上涨而淹没野鸭舍。

二、野鸭舍设备

1. 雏野鸭舍　雏野鸭舍包括室内保温区和室外运动戏水区，室内面积一般按每500只雏鸭20~40m²，采用烟道、育雏伞、红外线灯等方式供温。室外运动场与室内面积大小相似，运动场地面有一定坡度，供雏野鸭自由戏水和运动。

2. 育成野鸭舍和商品野鸭舍　此阶段采用简陋的棚屋即可，供晚上的栖息和恶劣天气时避风雨。在70日龄以前，野鸭不具备飞翔能力，采用地面平养，不设置拦网。舍内面积、陆地运动场和水面运动场面积为1∶1∶1。

3. 种野鸭舍　种鸭舍要稍高，有足够的光照和通风条件，应具有降温、保暖措施，舍内要设置产蛋箱或产蛋小间。野鸭70日龄后会飞，为防止飞逃，种野鸭的运动场和戏水池都要设置拦网和围网，围网要深达水底，地面围网高达2m。种鸭舍的舍内面积、陆地运动场和水上运动场面积比为1∶2∶2。

任务二　野鸭的生物学特性

一、野鸭的形态特征

绿头野鸭成年公鸭体型较大，体长55～60cm，体重1.2～1.4kg。头、颈部羽毛呈暗绿色，带有金属光泽（因而得名），颈下有一显著的白色颈环；体羽棕色，带灰色斑纹，肋、腹部羽毛灰白色，副翼羽上有蓝紫色镜羽，有白缘；尾羽大部分为白色，中央4根雄性羽为黑色，并向上卷曲如钩状。喙、胫为灰色，趾、爪为黄色。成年母鸭体型较小，体长50～56cm，体重1kg左右。全身羽毛棕黄或棕褐色，并带有暗黑色斑点；胸腹部有黑色条纹，颈下无白色颈环；尾羽与家鸭相似，但亮而紧凑，带有大小不等的圆形花纹，不上卷。腿、脚呈橙黄色，爪黑色。成年绿头野鸭无论公母，翅膀上均有蓝色闪光的翼斑，翅膀前后都有白色镶边，这是绿头野鸭的重要特征之一。

雏野鸭公、母羽色相似，全身为黑灰色绒羽，面、肩、背和腹部有淡黄色绒羽相间，喙和脚灰色，趾、爪黄色。雏野鸭羽毛生长变化有一定规律，15日龄毛色变为灰白色，腹羽开始生长；25日龄翼羽生长；30日龄翅尖已见硬毛管，腹羽长齐；70日龄翼羽长16cm，开始飞翔；80日龄羽毛长齐，具有成年后的形态特征。

二、野鸭的生物学特性

1. 喜水性　绿头野鸭属水禽，脚趾间有蹼，善于在水中觅食、戏水、求偶交配，尤其喜欢在进食后洗浴。因此，人工饲养时要注意有合适的水面以满足野鸭的需要，不宜采用旱养，以免羽毛光泽度变差和皮肤污垢板结，失去其羽毛和皮肤的外观形象。

2. 喜群居　绿头野鸭保留了野生时成群飞行和群居的习性，喜结群活动和群栖。人工饲养时，采食、饮水、栖息、戏水、活动等多呈集体性，在陆地或水中都有合群活动的习性。在放牧时易于训练和调教，个别离群的会高声鸣叫寻找鸭群，适合群体规模饲养。

3. 耐寒性强　绿头野鸭具有浓密的绒毛，羽毛紧凑，尾脂腺发达，耐寒力强，冬季即使在0℃左右的水中仍能自由地进行洗浴活动。

4. 飞翔能力强　绿头野鸭的翅膀发达，具有较强的飞翔能力。10周龄时其翅膀上的主翼羽基本长齐，能够从陆地或水面起飞，尤其10～13周龄是野鸭野性发作的时期，常表现出烦躁不安、飞跃。在人工饲养时，野鸭舍、运动场及水场都要设置拦网和围网，防止野鸭飞逸外逃。

5. 杂食性　绿头野鸭的食性广杂，其食管容积大，能容纳的食物多，味觉、嗅觉不发达，对饲料的适口性要求不高，肌胃发达，磨碎食物的能力强。因此其不仅能利用植物性籽实、青绿饲料，还可以利用鲜活的小鱼、小虾、甲壳类动物、昆虫等优质动物性饲料。人工饲养时，要考虑适当添加鲜活的动物性饲料。

6. 敏感性　绿头野鸭富有神经质，胆小，对异常的声音、动静敏感，易受惊吓而相互挤压践踏，造成伤残。因此人工饲养时，应防止陌生人、家畜、野兽、犬、猫、鼠、鸟类等进入而导致野鸭堆挤、飞逃。

7. 就巢性 野生状态时，野鸭有就巢性。就巢性的遗传力很强，在人工驯养条件下，为提高野鸭的产蛋量，在野鸭选种过程中严格淘汰有就巢性的母野鸭，使其就巢性变差，所以现代野鸭养殖生产中，需人工孵化繁衍后代。

8. 适应性强 绿头野鸭抗病力强，适应性强，发病少，成活率高，在－25～40℃的温度范围内均可正常生活，只要在有水域的地方搭建棚舍即可饲养，适于集约化饲养。

任务三　野鸭的繁育

一、野鸭的繁殖特性

1. 野鸭的繁殖特点

（1）性成熟期。绿头野鸭性成熟早，公野鸭110～120日龄达到性成熟，母野鸭在145～160日龄开产。由于各地野鸭的种源和饲养管理方式不同，性成熟的时间也不同。

（2）交配行为。性成熟后的野鸭多采用自然交配，配种没有专一性，一般1只公鸭配4～6只母野鸭。配种多在水面上进行，在陆地交配的野鸭产的蛋无精蛋较多。求偶交配时，大多公野鸭行为较主动，追逐母野鸭，求偶信号完成后，公野鸭爬跨到母野鸭背上进行交配，整个过程15～20min，一只公野鸭一天可与8～30只母野鸭交配。

（3）产蛋规律。绿头野鸭的开产时间和产蛋持续期除受自身的生理特点影响外，还受外界气候条件的影响。如果早春气温高，2月下旬便可产蛋；如果气候较冷，常常推迟到4月上中旬才开产。产蛋时间多集中在夜间，且喜产在干爽、松软的草窝或沙窝里。一般每年的2—5月为产蛋高峰期，9—11月为第2个产蛋期。年产蛋量120～150枚，高产的可达180～200枚。

2. 公、母比例及利用年限

（1）公、母比例。野鸭的配种比例受季节、饲养条件等影响，生产中要根据种蛋的实际受精率进行调整。一般公、母比例为1：（6～9），以1：5的比例配种种蛋受精率最高。

（2）利用年限。种母野鸭的利用年限一般为1～3年，其中第2年的产蛋量最高，第1年和第3年次之，但饲养周期过长会加大饲养成本，且易传播疾病。因此大型野鸭场除特别优秀的个体外，一般只利用一个繁殖周期。种公野鸭一般只利用1年即淘汰。

二、野鸭的公、母鉴别

1. 雏野鸭的公、母鉴别

（1）翻肛鉴别法。将刚出壳的雏野鸭握于左手掌中，用中指和无名指夹着野鸭的颈部，使头向外、腹部向上，呈仰卧姿势；然后用右手大拇指和食指挤出胎粪，再轻轻翻开肛门，如是公雏，可见肛门内壁上方有芝麻粒大小、长3～4mm的交尾器，母雏则没有。

（2）按捏肛门鉴别法。用左手握着雏野鸭，使其背向上、肛门朝向右手，然后用右手的大拇指与食指轻轻按捏肛门外侧，如是公雏，手指间可感觉到有芝麻粒大小的交尾器，如是母雏，则感觉不到有异物。

2. 成年野鸭的公、母鉴别　成年公野鸭尾羽在尾根部中央有4根雄性羽，为黑色，并向上卷曲如钩状；颈下有一明显的白色圈环。这些是成年公野鸭典型的第二性征，而成年母野鸭则没有这些特征。

三、种野鸭的选择

1. 雏野鸭的选择　在雏野鸭出壳绒毛干燥后进行。选留体重符合品种标准（40g左右）、活泼好动、眼大有神、反应灵敏、叫声响亮、腹部柔软、脐部收缩良好、大小适中、毛色一致的个体。凡是歪头、瞎眼、拐脚、畸形、大肚、脐部收缩不良的个体均应剔除。

2. 后备种野鸭的选择　野鸭7周龄时，应结合转群进行1次选择。选留体重适中、体况不过肥也不过瘦、体形正常、具备野鸭特点、羽毛丰满、性情活泼、体质健壮的野鸭做后备种鸭。满10周龄时再进行第2次选留。要求体重在1.1kg左右、眼睛明亮有神、羽毛光滑、脚颜色鲜艳，此次留种的公、母比例为1：（4～6），未被选中的全部做商品野鸭处理。如果群体较小，只在70日龄选择1次，到第2年产蛋前1个月再进行第2次选择。

3. 种野鸭的选择　野鸭一般在2月下旬到3月中旬开产，所以一般在1月底结合防疫对后备种鸭再进行1次选择，并适当提高营养水平及喂量。

留种的公野鸭要求喙宽而直、头大、宽、圆、颈粗、中等长；胸部丰满向前突出，背长而宽，腹部紧凑，腿粗、短，两脚间距宽；体型大，羽毛光亮、鲜艳，雄性羽完整，体质健壮，体格中等、不过于肥胖，活泼好动，外形符合野鸭的形态特征。

留种的母野鸭要求头部清秀，颈细长，眼大有神；臀钝圆而宽，下垂而不拖地，腿稍高，两脚间距宽，蹼大而厚；羽毛紧密贴身、色泽鲜艳，体质健壮，叫声响亮，行动灵活，体重中等，肥度适中，觅食力强。各阶段的选育都要以野鸭标准的形态特征为基本条件，不完全符合这种特征的个体必须淘汰。

选留的公、母野鸭一般能够使用2年。在选种时应注意，尽量不从已经过4代选育驯养的群体内选留种野鸭，以防止品种退化。

任务四　野鸭的饲养管理

一、营养需要与日粮配合

1. 野鸭的营养需要　野鸭在不同的生长阶段对营养水平的需求是不同的。生产中要依据不同阶段的营养需求不同合理地配制日粮。目前对野鸭的营养需要标准研究不多，表2-6-1是参照了家鸭的饲养标准提供的数据，在应用时，各养殖场应依据饲养效果进行调整。

表2-6-1　野鸭的推荐饲养标准

营养	育雏期 （0～4周龄）	育成期 （5～10周龄）	种鸭后备期 （11周龄至开产）	种鸭产蛋期
代谢能（MJ/kg）	12.13	11.34	10.9	11.7
蛋白质（%）	19～20	15～16	13～14	16～18
粗纤维（%）	3	3.5	3.5	2.5
钙（%）	0.9	0.7	0.7	2.75
磷（%）	0.6	0.6	0.5	0.6

2. 饲料配方举例　野鸭的营养需求与饲料利用特点和家鸭的相似，生产中肉用野鸭的饲料常采用肉用家鸭的全价颗粒饲料，也可自配料。野鸭的饲料配方举例见表2-6-2，应用

时，要结合当地的饲料条件和环境条件进行适当调整。

表 2-6-2　野鸭饲料配方举例

原料（%）	育雏期		育成期		产蛋期	
	1	2	1	2	1	2
玉米	40	35	35	40	40	54.5
麸皮	10	13	13	15	15	5.6
大麦	15	10	13	13	—	3.3
高粱	5	5	15	12	—	—
豆饼	15	20	10	8	30	20
鱼粉	8	10	7	5	10	9.4
血粉	—	—	—	—	—	1
菜籽饼	—	—	—	—	—	1.9
葵花籽饼	—	—	—	—	—	1
贝壳粉	—	—	—	—	4	2.3
骨粉	4.7	4.7	4.7	4.7	1	—
微量元素添加剂	—	—	—	—	—	1
食盐	0.3	0.3	0.3	0.3	—	—
沙粒	2	2	2	2	—	—

注：每 50kg 饲料加入禽用维生素添加剂 5g。

二、野鸭各阶段的饲养管理

1. 育雏期（0～4 周龄）的饲养管理

（1）育雏期野鸭的特点。雏野鸭的生长发育迅速，出壳重仅 40g 左右，30 日龄时体重达 400g 以上。但雏野鸭对外界环境的适应能力差，消化器官的容积小、消化能力差，体温调节能力不完善。因此饲养上要根据雏野鸭的特点，给以营养全价、易消化的饲料和良好的环境条件。

（2）野鸭育雏前的准备。进雏前 1 周，要对育雏棚舍的所有设备进行检修，彻底清扫干净，消毒。旧雏野鸭舍最好用福尔马林进行熏蒸消毒，消毒时温度不低于 25℃，相对湿度为 70%～75%；密闭门窗消毒 24h 后，打开门窗放出残余气体，空舍 1 周才能进雏。在进雏前 1d 对育雏舍进行预热，要求在雏鸭到舍前 2～3h 将室温升至 28～30℃；同时在地面铺上柔软、干燥的垫料。另外，准备好饲料和保健药物、饲养用具、各种记录表格等，安排好饲养人员并拟订好育雏计划和防疫程序。

（3）野鸭育雏方式。野鸭的育雏方式有地面平养育雏、网上平养育雏和立体网箱育雏 3 种。

①地面平养育雏。在消毒过的地面上铺上 3～5cm 厚的垫料，育雏过程中要勤换垫料，保持干燥卫生。地面可用铁丝网隔成约 2m² 的小栏，每个小栏可放养雏野鸭 50～60 只。上挂保温灯供温，1 周后随着雏野鸭长大，应逐渐降低饲养密度，并合群饲养。

②网上平养育雏。将雏野鸭饲养在距地面 70～80cm 高的铁丝网或塑料网上，网眼规格

1cm×1cm。此方式既节省垫料，又避免雏野鸭与粪便接触，降低了感染疾病的机会，雏鸭的成活率高。

③ 立体网箱育雏。常采用3层立体网箱，网箱尺寸为90cm×60cm×30cm，地网距地面高30cm，上下两层间距10cm，地网网眼规格1cm×1cm。供暖方式采用电动散热器，自动恒温控制整个育雏室。此方法饲养密度大，房舍的利用率高，雏鸭成活率高。

（4）野鸭的育雏条件。

① 温度。温度是育雏的关键条件。雏野鸭比其他雏禽有较高的耐寒性，不需要较高的温度，一般夏季2周即可脱温，春、秋季3周左右脱温。但供温时要防止温度忽高忽低。

育雏温度是否适宜应根据雏野鸭的行为表现来判断，如果雏野鸭均匀散开，喂食后静卧而无声，则为温度适宜；若雏野鸭靠近热源、堆挤、鸣叫不止、不吃食，则温度偏低；若雏野鸭远离热源、张口喘气、饮水增加，则温度偏高。雏野鸭的育雏温度见表2-6-3。

表2-6-3　野鸭的育雏温度（℃）

日龄	1～3	4～7	8～14	15～28
室温	25	24	20	18
活动区温度	32～30	30～27	26～24	22～20

② 湿度。育雏舍内湿度一般应控制在60%～70%。育雏后期要注意保持舍内干燥，避免潮湿。

③ 饲养密度。雏野鸭的饲养密度和群体的大小都会影响其生长发育，所以在育雏期应采用分群饲养，地面或网上平养的每群100只左右，最多不应超过200只。分群时应根据体重大小、强弱、性别进行，最好把公、母雏鸭分别组群。地面平养育雏的可将育雏舍分成若干小栏，每个小栏面积约2m²，1周内，每个小栏饲养雏鸭数不宜超过60只，以后逐渐降低饲养密度。地面平养的饲养密度见表2-6-4。

表2-6-4　雏野鸭的饲养密度（只/m²）

日龄	0～7	8～14	15～21	22～28
饲养密度	25～30	20～25	15～20	10～15

④ 通风与光照。在保温的同时应保持育雏室空气流通、新鲜，光照充足，使雏野鸭有个良好的生长环境，提高其生活力和抗病力。冬季通风时要防止贼风直吹雏野鸭身体。野鸭育雏期的光照制度见表2-6-5。

表2-6-5　野鸭育雏期的光照制度

日龄	1～3	4～7	8～21	22～28
光照时间（h）	23～24	18	15	14
光照度（lx）	5	4	3	3

（5）野鸭育雏期的饲养管理。

① 分群。刚出壳的雏野鸭要依据体质强弱和大小进行分群。一般结合捡雏进行，健雏脐带收缩良好，腹部柔软不膨大，羽毛丰满，眼大有神，活泼好动，走动时步态正常。育雏时

将强弱、大小不同的雏野鸭分开饲养可防止大欺小、强欺弱，便于对弱雏加强管理，确保野鸭群均衡生长。

雏野鸭应采用小群饲养，以50～100只一群为适宜。随着日龄增长，可将鸭群逐渐合并，进行大群饲养，以利于野鸭喜群栖的特性发挥，从而减少饲养管理的工作量，提高饲养人员的劳动效率。

②饲喂和饮水。雏野鸭的第一次饮水称为初饮。在出壳12h左右绒毛干燥后，即可转入育雏舍进行饮水。一般可采用饮水器或浅水盆饮水，1～3d最好饮用温开水，为预防胃肠道疾病，可在饮水中加入0.01%的高锰酸钾或0.02%的抗生素。同时，用5%的糖水、3.5g氯化钠、1.5g氯化钾、25g葡萄糖粉加1 000mL冷开水混合连饮1～2d。在育雏期要保证供给充足、清洁的饮水，保证不断水。

雏野鸭的第一次喂料称开食。一般在雏野鸭饮水后有觅食表现时进行。1～3日龄的开食料多用夹生的大米饭或小米等加拌鱼粉、豆饼或葡萄糖等，以补充营养、促进消化。米饭要求松散，防止采食时黏口而影响食欲。可将开食料撒在浅盘里或塑料纸上，让雏野鸭自由采食。4日龄后，改喂配合饲料，为防止突然换料对雏野鸭的影响，要有2～3d的过渡期，逐渐换料。

为满足育雏期野鸭快速生长的需要，饲喂时要做到少喂勤添，第1周每天8次，第2周每天6～7次，第3周每天5次。

③放水。野鸭有喜水的生活习性，应适时放水。在雏野鸭10日龄前后，若天气晴朗，水温、气温适宜可试行放水。开始时每天1～2次，每次2～3min。注意水温应不低于20℃，水深20～30cm。每次放水后，要待野鸭理干羽毛后才能赶入野鸭舍，以免沾湿垫料。以后随着日龄增加，野鸭对环境的适应能力增强，可逐渐增加放水次数、延长放水时间。25日龄后，可选晴天10：00左右放野鸭群到鸭坪和水上运动场进行适应性锻炼，30日龄后则可让野鸭群在鸭坪和水里自由活动，以满足其野性喜水的需要。

由于雏野鸭对曲霉菌较为敏感，尤其是夏季，当环境或饲料被曲霉菌污染时，易造成大批死亡。因此应搞好雏野鸭舍环境卫生，加强通风，防潮湿积水，饲喂用具要每天清洗，禁止使用变质的饲料，对已感染的雏野鸭应及时隔离和治疗。饲料中加入0.2%硫酸铜，连用3～5d，可减缓曲霉菌中毒，降低霉菌性肺炎的发病率。

2. 肉用野鸭的饲养管理 野鸭如果做肉鸭生产，一般可在65日龄前后开始填饲育肥，即人为地强迫野鸭进食大量的高能量饲料，使其在短期内迅速生长和蓄积大量脂肪。一般经过15d左右的填饲，80日龄前后，平均体重达1kg以上即可出栏上市。填饲育肥的野鸭肉质鲜美、柔嫩多汁，商品价值高。

填饲用填鸭饲料用适量开水将配合饲料调成糊状，也可搓成小团状。填饲时，用两腿夹着鸭体，左手大拇指和食指捏着野鸭的上颌，中指压着鸭舌头的前部，其余两指托着下嘴壳，右手取调制好的饲料填入鸭嘴，直至填饱为止。每天填喂4次，白天2次，夜间2次。填饲后要保证供给充足的饮水，每天除了30min的水浴时间外，尽量减少育肥鸭运动。应注意，填饲的最初几天不要喂太饱，以免造成食滞，待育肥鸭适应后，再逐渐增加填饲量。

肉用野鸭也可以采用放牧饲养或舍饲方式进行育肥，但饲料应采用填饲育肥的高能量日粮，这样也可获得很好的育肥效果，且保持了野鸭肉的野味。生产中，为保持野鸭肉的野味，肉用野鸭可采用放牧饲养，或在圈养条件下饲喂较多的野生动、植物饲料，适当增加舍外运动时间等。为防止肉用野鸭因闹棚出现体重下降,在70日龄前后,体重达到1kg左右即可出栏上市。

3. 种野鸭育成期的饲养管理 5~10周龄的野鸭为育成期野鸭。此阶段野鸭的特点是生长速度快、代谢旺盛、觅食力强、消化能力强、对外界环境的适应性强,此阶段是野鸭体重增长的关键时期。此阶段饲养管理的好坏将直接影响种野鸭的质量和商品肉用野鸭的产肉率。

(1) 饲养方式。野鸭育成期可采用舍饲和大群放牧饲养。舍饲时野鸭舍结构应由鸭舍、运动场和水场组成,每100只野鸭需要的野鸭舍、运动场和水场的面积分别为10~15m²、20m²和20~30m²。大群放牧时每群应控制在300只以内,以便于放牧管理。野鸭70日龄时,羽毛已经长齐,如果受到惊扰会四处飞奔,因此舍饲要在鸭坪周围加拦网,牧场周围都要用尼龙网封闭,防止野鸭飞逃;且放牧场要避免有其他动物进入,以免野鸭惊群。

(2) 野鸭育成期的饲养。野鸭在育成阶段体重增长速度快,同时其食欲和消化能力也显著增强。此期可适当减少谷类饲料和动物性饲料等精饲料的用量,增加糠麸、水草和青绿饲料,以适应其野性的食性需要。为使野鸭的飞翔野性发作推迟或减轻,节约饲养成本,在40~60日龄应限制饲喂,即适当减少蛋白质饲料和能量饲料,增加糠麸、水草和青绿饲料。野鸭最好进行户外饲喂,以保持野鸭舍的清洁卫生。每天喂3~4次,喂量以保证每只野鸭都能吃到而不剩料为宜。如果放牧饲养,则应根据放牧情况决定是否补料和补料量。

(3) 野鸭育成期的管理要点。

①饲养密度和分群。野鸭育成期适宜的饲养密度为4~6周龄15~20只/m²,7~8周龄14只/m²,9~10周龄11只/m²。野鸭由育雏转入育成阶段时应进行一次挑选,按照一定比例选留种野鸭,并按体质强弱和体重大小分群,以提高群体均匀度。为防止鸭群之间相互干扰,每群以100~150只为宜。

②加强洗浴。育成野鸭活泼好动,喜欢洗浴,洗浴可增加运动量,促进骨骼、肌肉和羽毛的生长。因此野鸭育成期要加强洗浴,育成前期每天可进行2次洗浴,每次10~40min,后期可自由下水和自由洗浴。但做肉用的野鸭,为减少其能量消耗,要控制其洗浴,每天1次,时间不超过30min。

③防止闹棚。野鸭生长到9~10周龄时,由于体重增加速度较快,体内脂肪沉积多,羽毛已经长齐,体内的生理机能出现一些变化,从而激发野鸭的野性,表现为鸭群骚动不安、精神敏感、采食量减少、在圈舍或运动场飞跳、体重有所下降。因此生产中应采取一些措施减轻或克服闹棚的发生。常用的措施有保持饲养环境、工作人员、饲养管理规程的稳定,保持环境安静,减少外来动物和人员的进入和干扰,增加青绿饲料喂量等。

4. 成年种野鸭的饲养管理

(1) 后备期种野鸭的管理。后备种野鸭是指11周龄至开产前的野鸭。后备期野鸭的体重增长速度缓慢,但性成熟速度加快。为防止野鸭过早性成熟,提高产蛋量和种蛋合格率,此期应采取限制饲养。此期日粮蛋白质水平可维持在11%左右,每天每只精饲料喂量90g左右,分早晚2次饲喂。并逐步增加青绿饲料和粗饲料的喂量,以适当控制体重,促使野鸭长成大骨架。开产前3~4周应进行一次彻底清扫和消毒,并逐渐过渡为种野鸭饲料,加强饲养管理,为种鸭产蛋做好准备。

(2) 繁殖期种野鸭的饲养管理。

①产蛋箱的配置。在种母鸭开产前 2 周应在舍内设置足够的产蛋箱，或在靠墙处设置产蛋区，产蛋箱或产蛋区铺有柔软、干净的垫草，以吸引母野鸭到产蛋箱内产蛋。为防止母野鸭到处产蛋，造成种蛋污染，成年野鸭舍内不宜铺太多垫草。

②饲养。产蛋种野鸭代谢旺盛，应尽量满足它对产蛋营养物质的需要，以充分发挥产蛋能力和得到合格的种蛋，降低野鸭的死淘率。此期要用种野鸭饲料，日粮中粗蛋白质含量应达 18%～20%，代谢能 10.45～11.29MJ/kg，并添加足够的矿物质、微量元素、维生素等添加剂。每天喂 3～4 次，每天每只的自由采食量约 170g，生产中要根据野鸭体重和产蛋量调整日喂量。白天要让种野鸭充分洗浴、运动、晒太阳和交配，以提高种野鸭的产蛋率、受精率和孵化率。

③环境控制。一是温度，野鸭产蛋适宜的环境温度为 15～25℃，温度过高、过低都会影响种野鸭产蛋，降低产蛋量。因此生产中要尽量为种野鸭创造一个适宜的温度环境，减少高温、低温对野鸭产蛋的不良影响。二是光照，在野鸭性成熟前 2 周开始增加光照时间，在产蛋期间要保证每天光照 16h。在离地面 2m 处，每 30m^2 鸭舍装一个 15W 的灯泡，在灯泡下放置料桶和饮水器，夜晚通宵弱光照明，既可增加光照又可以防惊群。三是饲养密度，种野鸭在繁殖期需要保持环境安静，减少相互间的干扰，因此饲养密度不可过大，一般每平方米 3～4 只为宜，群体数量应控制在 300 只以内，以便于管理。

④管理要点。野鸭在繁殖期要尽量保持环境安静，避免陌生人进入，尽量避免惊扰鸭群；要保持野鸭舍干燥，勤换垫料；要及时清扫野鸭舍，定期消毒。日常的饲喂、洗浴时间要有规律性，不可频繁变更。鸭坪应配置拦网，以免野鸭受惊扰后飞逃。饲养员要常观察野鸭群，发现异常要及时解决。

(3) 休产期种野鸭的饲养管理。在休产期一般采用与育成期相似的饲料和饲养方式，但要根据野鸭群的体重适当调整日粮营养水平和饲喂量。

(4) 野鸭的放牧技术。放牧饲养有助于提高野鸭机体的免疫力，降低饲养成本，增强野鸭肉、野鸭蛋的野味，所以有条件的可实施放牧饲养。野鸭放牧应从小训练，一般 1 周龄开始，选择风和日丽、气温较高的中午，将雏野鸭赶到草地或浅滩自由玩耍 30～40min，赶回野鸭舍喂饱，以后逐渐延长放牧时间。1 月龄以后，野鸭绒羽已基本褪尽，可让其自由地在草地采食、下水嬉戏。10 周龄时翅膀基本长成，具备了飞翔能力，只要打开圈门，野鸭便会成群飞往放牧地和水塘。放牧野鸭群具有极强的规律性，因此饲喂时间要固定，一到饲喂时间，野鸭便会自行返回野鸭舍采食。但在返回途中，要避免迎面驱赶或受其他动物冲击，否则会导致野鸭受惊吓而不归巢。

学习评价

一、填空题

1. 绿头野鸭的生物学特性有_____、_____、_____、_____、_____、_____和_____等。

2. 种野鸭的选择一般要进行 3 次选择，即_____、_____和_____。

3. 野鸭的配种比例为_____时种蛋受精率最高；种母野鸭利用年限一般为_____

年，其中_____产蛋率最高；种公野鸭一般只利用_____即淘汰。

4. 野鸭的育雏期指_____，育成期指_____，后备种野鸭指_____。

5. 野鸭的育雏方式有_____、_____、_____ 3种。

二、思考题

1. 野鸭的生物学特性及其在养殖生产中的意义有哪些？

2. 种野鸭要进行几次选择？选择标准是什么？

3. 绿头野鸭育雏期的管理要点有哪些？

4. 绿头野鸭繁殖期的饲养管理技术有哪些？

项目七 乌鸡养殖

乌鸡又称乌骨鸡、丝毛鸡、竹丝鸡等，是我国劳动人民经过长期选拔、培育出来的一种稀有珍禽，也是我国特有的药用保健鸡种，饲养历史悠久，全国各地均有饲养。乌鸡的外貌美观奇特，肉质细嫩，味道鲜美，营养丰富，鸡肉富含氨基酸、黑色素、多种维生素、矿物质和微量元素，经常食用能增加人体内的血红细胞和血色素，提高人体的免疫力，具有较高的滋补、药用和观赏价值。原产于江西省泰和县的泰和乌鸡是我国乌鸡的典型代表，在国际上已被列为标准品种。此外，白毛乌骨鸡、金阳丝毛鸡、雪峰乌骨鸡、余干乌黑鸡等均有一定的饲养量。

学习目标

了解乌鸡的形态特征及生活习性；熟悉乌鸡的常用饲料及日粮配合原则；重点掌握乌鸡各阶段的饲养管理技术。

学习任务

任务一 乌鸡的生物学特性

一、乌鸡的形态特征

乌鸡品种的形成距今有700多年的历史，由于我国幅员辽阔，环境条件多样，其选择目标和饲养条件又不一致，乌鸡形成了不同类型的地方品种，按羽色分有白、黑、杂花色，按羽状分有丝羽、平羽、翻羽，也有以乌肉、白肉分的。目前全国饲养量最大、分布最广的是泰和乌鸡。现将我国不同类型乌鸡的形态特征简述如下：

1. 泰和乌鸡 泰和乌鸡又名白色丝毛乌骨鸡，主要产地在江西省的泰和县，福建省的泉州、厦门和闽南沿海地区。是世界稀有珍禽，为我国宝贵的品种资源，现在国际上已被列为标准品种。泰和乌鸡外貌美观奇特，全身羽毛洁白无瑕，体型娇小玲珑，体态紧凑，风韵多姿，惹人喜爱，在国内外享有盛誉，尤其以药用、滋补、观赏闻名于世。典型的泰和乌鸡具有丛冠、缨头、绿耳、胡须、丝毛、五爪、毛脚、乌皮、乌肉、乌骨十大特征，故有"十全"之誉。

（1）丛冠。母鸡冠小，如桑葚状，色黑；公鸡冠特大，冠齿丛生，像一束怒放的奇花，又似一朵火焰，焰面出现许多"火峰"，色为紫红或大红色。

（2）缨头。头顶长有一丛丝毛，形成毛冠，母鸡尤为发达，形如"白绒球"。

（3）绿耳。耳叶呈现孔雀绿或湖蓝色，犹如佩戴一对翡翠耳环，在性成熟期更是鲜艳夺目、光彩照人。成年后色泽变浅，公鸡褪色较快。

（4）胡须。在鸡的下颌处长有一撮浓密的绒毛，人们称之为胡须。母鸡的胡须比公鸡更发达，显得温顺而庄重。

(5) 丝毛。由于扁羽的羽干部变细，羽支和羽小支变长，羽小支排列不整齐，且缺羽钩，故羽支与羽小支不能连接成片，使全身如披盖纤细绒毛，松散柔软，雪白光亮，只有主翼羽和尾羽末端的羽支和羽小支钩连成羽片。

(6) 毛脚。跖部至脚趾基部密生白毛，外侧明显，观赏者称之为"毛裤"。

(7) 五爪。在鸡的后趾基部又多生一趾，故成五趾，又称为"龙爪"。

(8) 乌皮、乌肉、乌骨。全身皮肤均为黑色；全身肌肉、内脏及腹内脂肪均呈黑色，但胸肌和腿部肌肉颜色较浅；骨膜漆黑发亮，骨质暗乌。

2. 白毛乌骨鸡　本品种主要产在浙江省的江山市境内。本品种特征是：羽状为纯白平羽，乌皮、乌肉、乌骨、喙、脚也有乌色，耳垂为雀绿色，单冠呈绛色，肠系膜和腹膜等内脏均呈现不同程度的紫色。该品种体态清秀，呈元宝形，眼圆大凸出。

3. 金阳丝毛鸡　又称羊毛鸡，主要产于四川省的金阳县境内，金阳丝毛鸡的外貌特征是：羽毛呈丝状，主翼羽、副主翼羽和尾羽的羽片不完整，母鸡体格中等大小，头大小适中，红色单冠，喙肉色，耳叶多为白色，面部红色或紫色，皮肤白色，个别黑色，体躯稍短，胫肉色或黑色，大多数无胫羽，脚趾 4 个。羽色可分为白色、黑色和杂色三种。

4. 雪峰乌骨鸡　原产于湖南省洪江市的雪峰山区，故称雪峰乌骨鸡。该品种体型中等，身躯稍长，体质结实，乌皮、乌肉、乌骨、乌喙。羽毛富有光泽，紧贴于体。羽色有全白色、全黑色及杂色三种。单冠呈紫红色，耳叶为绿色，虹彩棕色，以内脏解剖观察肌胃、脾、心、肠系膜等呈紫黑色，脂肪呈淡黄黑色，血呈紫黑色。公鸡冠大而直立，体态雄壮，背较长而平直，胸部发育良好，尾羽发达。成年公鸡后尾羽上翘呈扇形。

5. 余干乌黑鸡　该品种因产自江西省余干县而得名，属药肉兼用型地方品种。其主要外貌特征是：全身乌黑，乌黑片状羽毛，皮、肉、骨、内脏均为黑色，母鸡单冠，头清秀，眼有神，羽毛紧凑；公鸡色彩鲜艳，雄壮健俏，尾羽高翘，乌黑发亮，腿部肌肉发达，头高昂，单冠，冠齿一般 6～7 个，肉髯深而薄，体躯呈菱形。

二、乌鸡的生活习性

1. 喜干燥，怕冷怕湿　因羽毛呈丝状或卷羽状，故多怕冷怕湿，不能御寒，尤其是雏鸡。群居性强，性情温和，合群性强，善走不善飞，有利于放牧。

2. 性情温顺，喜欢群居　乌鸡性情极为温和，不善争斗，但最好按照公母、大小分群饲养，使鸡群生长发育均匀、整齐。

3. 喜安静，胆小怕惊　乌鸡雏鸡胆小，对外界环境敏感，稍有声响就会迅速聚集在一起，相互踏压。

4. 杂食性，食性广　喜食杂粮，采食量少，少食多餐。一般的玉米、稻谷、小麦、糠麸、青绿饲料均能喂饲，但应注意饲料要全价，这样有利于乌鸡的生长发育和繁殖性能的提高。

5. 就巢性强　一般产 15～20 枚蛋就要就巢，每次就巢持续时间为 15～20d。要适时醒抱，提高产蛋率。

任务二　乌鸡的饲养管理

一、乌鸡的饲料与日粮配合

1. 饲料的种类　乌鸡需要的营养成分主要有能量、蛋白质、矿物质、维生素和水。饲料由许多种成分组成，含有乌鸡所需的所有营养成分。饲料的种类很多，通常可分为能量饲料、蛋白质饲料、矿物质饲料、青绿饲料、饲料添加剂。

（1）能量饲料。乌鸡的能量饲料包括谷物饲料和块根、块茎饲料，这类饲料富含淀粉与少量蛋白质、脂肪，其他营养素含量较少，因此它能量含量高、粗纤维含量少、易于消化吸收。主要有玉米、高粱、稻谷、大麦、小麦、甘薯粉等，一般在乌鸡的饲料中占55%～65%。

（2）蛋白质饲料。粗蛋白质含量在20%以上的饲料称为蛋白质饲料。它是日粮的重要组成部分。蛋白质饲料主要分为植物性蛋白质饲料和动物性蛋白质饲料两大类。植物性蛋白质饲料有豆饼、花生饼、葵花子饼、菜籽饼、棉籽饼、芝麻饼等；动物性蛋白质饲料有鱼粉、血肉粉、蚕蛹粉、羽毛粉等。

（3）矿物质饲料。矿物质饲料都是含一种营养元素的饲料，有的含两种营养元素。

（4）青绿饲料。鸡的青绿饲料是指细嫩而易消化的蔬菜、牧草等。青绿饲料水分含量高、粗蛋白质含量少，但维生素含量丰富，无机盐含量也较多，且钙、磷比例较合适。青绿饲料适口性好，易消化，成本低，农村养殖户使用较普遍，用量可为精饲料的15%～30%。

（5）饲料添加剂。包括营养性添加剂与非营养性添加剂两大类。营养性添加剂主要是补充配合饲料中含量不足的营养素，使所配合的饲料达到全价。非营养性添加剂并不是营养需要，它是一种辅助性饲料，添加后可提高饲料的利用效率，防止疾病感染，增强抵抗力，杀害或控制寄生虫，防止饲料变质，或提高适口性等。

2. 乌鸡日粮的配制　要使乌鸡充分发挥其生产潜力，就必须喂给含各种营养物质含量全面而平衡的配合饲料。要根据乌鸡的各个生长阶段和产蛋期的营养需要来进行饲料配合。

（1）日粮配合的原则。饲料成本一般占乌鸡养殖成本的70%左右，因此配合日粮时要精打细算，制订典型日粮，既能满足乌鸡的生长和生产需要，保证乌鸡的健康，又不浪费饲料，日粮的价格又低。配合鸡的日粮应遵循以下原则：

①因地制宜选配饲料。要充分利用当地生产的饲料资源，并选用优质价廉的饲料，降低饲料成本。

②饲料要优质。要求新鲜、清洁、适口性强，符合乌鸡的消化生理特点。日粮中的粗纤维含量以不超过5%为宜，粗脂肪含量也不宜过多，霉变饲料不使用，对味道不好的饲料要注意调味，以提高适口性。

③饲料尽量多样化。使营养全面，比例适当，配合饲料时要搅拌均匀，微量元素和维生素添加剂饲料尤其需要拌匀。

④日粮要有一定的体积。体积过大，乌鸡吃不进去，得不到必需的营养；体积过小，乌鸡常有饥饿感，出现抢料，以致采食不均。

⑤饲料要有计划安排。切勿对配方做大变动，以免影响乌鸡群的生长与生产；而且一次不能配制过多，以免使用时间太长而变质。配合乌鸡的日粮时，各类饲料应占相应的比例，

其比例参考值见表 2-7-1。

表 2-7-1　配合乌鸡日粮各类饲料的大致比例

饲料种类	参考值（%）
谷物饲料（一般 2 种以上）	50～70
糠麸类饲料	5～10
植物性蛋白质饲料（豆饼、豆粕等）	15～20
动物性蛋白质饲料	4～10
无机盐饲料	3～6
微量元素、维生素和药物添加剂	0.5～1
干草（树叶）类饲料	2～5

（2）乌鸡的饲养标准。乌鸡的饲养标准见表 2-7-2，可供配合日粮时参考。

表 2-7-2　乌鸡的饲养标准

营养成分	雏鸡（0～60 日龄）	育成鸡（61～150 日龄）	种鸡（151～500 日龄）	
			产蛋率>30%	产蛋率≤30%
代谢能（MJ/kg）	11.91	10.66～10.87	12.28	10.87
粗蛋白质（%）	19	14～15	16	15
蛋白能量比（g/MJ）	15.95	13.13～13.80	14.20	13.80
钙（%）	0.80	0.60	3.2	3.0
总磷（%）	0.60	0.50	0.60	0.60
有效磷（%）	0.50	0.40	0.50	0.50
盐（%）	0.35	0.35	0.35	0.35
蛋氨酸（%）	0.32	0.25	0.30	0.25
赖氨酸（%）	0.80	0.50	0.60	0.50

二、乌鸡各阶段的饲养管理

1. 雏鸡的饲养管理　雏鸡指 0～60 日龄的鸡。要养好乌鸡，必须育好雏。育雏的好坏直接关系到育成鸡的生长发育，种鸡的生产力和种用价值的利用是养鸡生产成败的关键时期。因此育雏是一项十分耐心细致又重要的工作。

（1）雏鸡的饮水。雏鸡进育雏舍后，休息 1～2h 就应先饮水，开始饮水后就不能再断水。适时饮水可补充雏鸡的生理需要，促进雏鸡食欲，帮助消化吸收，促进新陈代谢。水的需要量随雏鸡体重和环境温度变化而变化。给雏鸡的初次饮水最好使用温开水，水温在15～20℃。每升水加葡萄糖 50g 和维生素 C 1g。饮水要用专用饮水器，数量要充足，在鸡舍内分布要均匀，使每只鸡都能饮到足量的水。饮水器的高度要随雏鸡日龄增长及时调整，饮水要清洁卫生、新鲜，饮水器要经常清洗消毒，防止粪便污染。

（2）雏鸡的开食。出壳雏鸡第一次喂食称开食。开食是养好雏鸡的重要环节，尽快使雏鸡吃到饲料可以提高雏鸡成活率。开食的早晚直接影响雏鸡的食欲、消化和今后的生长发育，因此必须选择合适的开食时间。当雏鸡饮水后，发现有 1/3 的雏鸡有寻食表现时就可开食。开食的饲料要求新鲜，颗粒大小适中，易于啄食，营养丰富，容易消化。通常用碎米或玉米粉作为开食料。一般放在小料盘内或撒在干净的报纸或深色塑料布上，使其自由采食，为了使雏鸡容易见到饲料，要增加室内的照明。雏鸡开食后2~3d，改用配合饲料饲喂，让小鸡自由采食，由于雏鸡的消化吸收功能弱，应做到少喂多次，每天5~6次，30日龄后应改用较大的食槽或料桶饲喂，以免浪费饲料。

（3）雏鸡的管理。要保证鸡雏得到合适的温度、适宜的湿度、新鲜的空气、正确的光照、合理的密度，要防止应激和执行严格的卫生防疫制度，要勤观察雏鸡状况。

①适宜的温度。温度与雏鸡的体温调节有关，直接影响雏鸡的活动、采食、饮水、饲料的消化吸收及身体健康。雏鸡体温调节能力差，必须给以适宜的温度，才能保证乌鸡正常的生长发育。乌鸡幼雏体小娇嫩，绒毛稀薄，散热快，御寒能力差，特别怕冷，自然气温降到15℃时，便互相挤拢，若降到10℃时，则聚集成堆，出现压死现象。适宜的育雏温度：第1周33~35℃，从第2周起每周下降2℃。一般60日龄停止加温。

②适宜的湿度。湿度虽然不像温度那样要求严格，但在一定条件下或与其他因素共同作用时，也会对雏鸡造成危害。乌鸡既怕冷又怕湿。适宜的相对湿度为：第1周65%~70%，第2周以后55%~60%。湿度太大，雏鸡羽毛粘连污秽，并给病菌和虫卵繁殖创造了条件，使鸡易患黄曲霉病和球虫病；如相对湿度低于40%，雏鸡的羽毛生长不良，皮肤干燥，空气中尘土飞扬，易诱发呼吸道疾病。如高温高湿，密度又大，通风不良，极易引起白痢和球虫病。

③新鲜的空气。雏鸡生长发育迅速，代谢旺盛，呼吸快，体温高，加之密集饲养，呼吸排出的二氧化碳、粪便及污染的垫草散发的有害气体使空气污浊，对雏鸡生长发育有不良影响。因此必须通风换气。在雏鸡采食或自由活动时，舍内湿闷、空气污浊，可打开通风口换气，不要在雏鸡睡眠或安静休息时通风换气，防止感冒。

④正确的光照。光照对雏鸡的采食、饮水、运动及健康都很重要，因为光照可促进雏鸡采食和饮水，提高雏鸡生活力，又可起保温和干燥作用，还可增加体内的维生素D，促进钙、磷平衡。因此从幼雏开始就应给予合理的光照，以保持育雏时所需的充足光照。幼雏1~5日龄保持24h光照，6~15日龄每天要有16~19h光照，15日龄后每天要有8~10h光照，3周龄后采用自然光照。

⑤合理的密度。密度是指育雏舍内每平方米面积容纳的雏鸡数。密度过大则雏鸡发育不整齐，强弱不匀，易感染疾病和产生恶癖，增加死亡率。因此要根据鸡舍构造，通风和管理条件及季节情况等安排好饲养密度。乌鸡育雏期适宜饲养密度为：1~2周龄50只/m^2，3~5周龄30只/m^2，6~8周龄20只/m^2。

⑥断喙。断喙有助于防止啄癖发生，还能减少饲料损失。断喙一般进行2次，第1次在10日龄，第2次在12周龄前后对第1次断喙不成功或重新长出的喙进行修整。

⑦防止应激。乌鸡胆小易惊，对应激的敏感性特强，遇到意外的声响、颜色、异物均能引起惊恐，必须注意防止发生应激。

⑧严格的卫生防疫制度。幼雏体小，缺乏抗病能力，又密集饲养，一旦发生疫病则很难控制。因此育雏期的卫生防疫工作相当重要，要从防病和免疫两方面进行。防病既要注意环境卫生，又要执行严格的消毒和隔离制度。环境卫生不仅关系到雏鸡的生活环境，而且直接影响疾病的发生和传播，在进鸡前1周，应对育雏舍彻底打扫、冲洗和消毒，经常更换垫

料，保持干燥。鸡舍入口要设置消毒池。对雏鸡要定期预防接种，免疫接种要按照制订的免疫程序进行。

⑨要勤观察。育雏期间要勤观察，发现离群呆立、精神不振、不愿采食并发出"吱吱"叫声、嗉囊空虚或早上嗉囊仍然胀结的雏鸡，多为患病的症状，应及时隔离治疗和加强护理，做好大小、强弱、公母的分群饲养。要创造安静的饲养环境，谨防野兽和鼠害。

2. 育成鸡的饲养管理 育成鸡又称青年鸡，即 61～150 日龄的鸡。

(1) 育成鸡的生理特点。雏鸡进入育成阶段开始性成熟。这个阶段的鸡全身羽毛已经丰满，消化机能已经健全，采食量增大，活泼好动，生长发育快，骨骼、肌肉和器官的生长发育处于旺盛期。育成鸡的饲养管理目的：一是作为优秀个体选入种鸡群，二是使其尽快达到商品鸡的体重，投放市场销售。因此育成鸡饲养管理的好坏直接关系到能否培育成健康的、有高度生产能力和种用价值的个体，对商品鸡能否整齐按期出栏及生产效益至关重要。

(2) 育成鸡的饲养方式。分为地面平养、网上平养和笼养 3 种。

①地面平养。是中小型鸡场普遍采用的饲养方式，地面铺好垫料，料槽和饮水器在舍内均匀分布。此方式设备简单，成本低，鸡活动量大，但卫生条件要求严格，否则极易患球虫病及寄生虫病。

②网上平养。距地面 50～60cm。这种方式能适当提高饲养密度，防止鸡与粪便直接接触，能有效地防止球虫病的发生，提高成活率。这种饲养方式所需温度比地面平养相对高些。

③笼养。育成鸡笼养能大大提高饲养密度，鸡群发育均匀，管理方便，劳动效率和饲料利用率均能提高，还能减少肠道疾病的发生，提高成活率，但设备投资成本大。

(3) 育成鸡的饲养。乌鸡在育成阶段，如果营养全面、饲养管理条件适宜，其生长速度较快，饲养 3 个月平均体重可达 750g 以上，一般乌鸡在 4 月龄后日增重就逐渐下降，此时除要选留种用外，基本上都做商品鸡处理。育成鸡的饲养方法有 3 种：定时饲喂、自由采食、限制饲喂。定时饲喂是每天在固定时间喂 3～4 次，每次间隔 4h，此方法较适用饲喂湿料，每次吃完后清理料槽，尤其是夏季要防止饲料酸败。自由采食多以干粉料形式投放在饲槽中，任鸡自由采食，这种方法能使鸡采食均匀，鸡群发育较为整齐。限制饲喂是对育成鸡日粮进行数量或质量上的限制，此法能保持鸡的适宜体重，可延迟性成熟 5～10d，使开产蛋重增加，产蛋整齐；可使种公鸡保持适宜体重，增强繁殖能力。

(4) 育成鸡的管理。育成鸡管理与雏鸡管理同等重要。

①温度。最适宜的温度为 15～20℃，温度在 30℃ 以上会影响生长。夏季气温较高，应采用人工降温，并降低饲养密度。冬季严寒，需做好舍内防寒保温工作。

②湿度。育成鸡舍的相对湿度以 50%～55% 为宜。每年 4—6 月南方为多雨季节，要采取措施降低湿度，保持舍内干燥，勤换垫料，定期清理粪便，防止饮水器内的水外溢。北方干旱季节，需采取提高湿度的措施。

③光照。光照直接影响性成熟。光照影响性成熟的早晚不在于它的强度而在长短。为了提高种鸡的产蛋性能和种蛋质量，应推迟性成熟的日龄，因此育成鸡的光照原则是逐渐缩短光照时间或保持光照时间恒定，切勿逐渐增加光照时间。10～20 周龄是光照的关键时期，密闭舍恒定 8h 光照，开放式鸡舍光照以当地自然光照的时间变化来控制，恒定此期间最长的自然光照时间，按要求补充人工光照。从 22 周龄起，每周增加 0.5～1h，直到达产蛋期 16h 的光照

时间。育成鸡的光照以暗些为好，可使鸡群安静，防止啄癖的发生。光照度以 5 lx 为宜。

④分群。育成鸡在生长过程中往往出现大小、强弱不均匀的现象，要及时根据鸡的大小、强弱、公母分群饲养，使之发育均匀。在分群时，要特意将小弱鸡进行分栏饲养，加强管理，精心饲喂。

⑤密度。育成鸡生长发育速度快，为保证舍内清洁和空气新鲜，防止啄癖和发育不整齐，必须根据鸡的生长发育过程调整密度。一般乌鸡平养密度为：2～3 月龄 12～15 只/m^2，3～4 月龄 10～12 只/m^2，4～6 月龄 8～10 只/m^2。有条件的可以采用散养，散养的优点是投资少、省料、成本低。如果作为商品雏鸡，则应在 3～4 月龄适当控制其运动量，目的为减少消耗、尽快育肥上市。散养鸡食槽和饮水器要充足。尤其炎热夏季饮水量大，若食槽和饮水器不足，很易造成争抢现象，引起发育不均匀，一般要求每百只鸡饮水器不得少于 5 只，料桶或 1m 长食槽不得少于 4 个。

⑥通风。开放式鸡舍可以适当地打开门窗通风口进行通风换气。

⑦搞好卫生。随着鸡成长和采食量的不断增加，其呼吸量和排粪量均日渐增多，鸡舍空气容易污浊。要勤打扫，打扫内容同雏鸡。

⑧安静的环境。如果鸡群经常受惊，产生应激，就会严重影响鸡群的采食、饮水等。因此在日常管理中一定要细心，尽量避免或减少鸡群的惊动。

3. 种鸡的饲养管理 乌鸡从 151 日龄开始由育成鸡转为种鸡。种鸡生产性能的高低决定于遗传基因和生活环境条件（如光照、温度、湿度、空气等）、饲养管理和营养等。乌鸡生长到 5～6 月龄时，其外貌特征已十分明显地表现出来，公鸡的丛冠很发达，已开始啼鸣，并喜欢爬跨；母鸡也发育得丰满，对异性表现好感，开始鸣唱，约有 5% 的母鸡开产。此时，乌鸡耳叶颜色特别翠绿明亮，十分耀眼，全身丝毛雪白，光洁整齐，此时应进入种鸡的饲养管理阶段。对种鸡采用合理的饲养管理方式，创造适宜的生活环境，充分发挥其遗传潜力，从而获得较高的经济效益和育种效果。

(1) 种鸡的选择。选具有丛冠、缨头、绿耳、胡须、丝毛、毛脚、五爪、乌皮等外貌特征的鸡为种鸡。公鸡应选性欲旺盛、配种力强的个体。

(2) 公、母比例与利用年限。为了获得较好的种蛋品质、种蛋受精率和高孵化率，就必须考虑合理的公、母比例，公鸡太少则种蛋受精率低，公鸡太多会出现打架现象，使母鸡不得安宁，影响产蛋率和种蛋质量，浪费饲料。一般小栏饲养公、母比例以 1∶12 为宜，大群饲养以 1∶10 为宜。公鸡有偏爱性，在饲养过程中应注意观察与检查，适当做好公鸡的换栏调整工作。公鸡的利用年限一般为 2 年，优良者可用 3 年，每年要有计划地更换新种鸡 50% 左右，淘汰的种鸡可做商品鸡处理掉。

(3) 适宜环境的要求。

①光照。乌鸡从 151 日龄开始由育成阶段过渡到产蛋阶段。光照时间逐渐达到 16h，以后保持不变。产蛋期的光照时间只能逐渐延长，而不能缩短。开放式鸡舍主要利用自然光照，自然光照不足时用人工光照加以补充。人工光照的光源多用普通白炽灯。产蛋期光照时间应根据当地日照时间的变化来调节，基本上以夏至的日照时间为准。日照时间短于光照时间，以人工光照补充。

②温度。温度主要影响鸡的采食量和饲料利用率，种鸡最佳温度应为 20～26℃。

③相对湿度。湿度一般与温度相结合对鸡产生影响。高湿（特别是高温高湿或低温高

湿）的影响最大。鸡舍内过于潮湿会影响鸡体散热，也会增加粪便的含水率，使空气污浊，引起疾病。因此鸡舍内应保持干燥为好，种鸡在适温范围内的相对湿度以 50%～55% 为宜。

④空气。改善鸡舍的空气环境，防止有害气体的含量增加，主要措施是加强通风，种鸡舍内的通风应根据鸡的体重和空气湿度进行调节。产蛋鸡舍每 1 000 只鸡的通风量以 1 000～1 500 m³/h 为宜。当气温低于 20℃时，在有害气体含量不超过允许量的前提下，应尽量减少通风，以利保温。当舍温超过 30℃时，以降温为主，稍加大通风量，促使鸡体散热，使产蛋率下降的幅度控制在最低限度。

（4）种鸡的饲养方式。种鸡的饲养方式也分平养和笼养两种。

①平养。平养又分为地面平养、网上平养、板条平养。

地面平养：是当前采用较普遍的方式，舍外设有运动场，舍内有栖架和产蛋箱，产面为土地面或水泥地面。每平方米可养鸡 5～6 只，这种鸡舍造价低、投资少，但需要人力较多。

网上平养：用镀锌铅丝或钢板眼网做成网床，网下设支架，网高 50～60cm，网眼孔径 2.5cm×2.5cm 或 2cm×5cm，每平方米可养鸡 7～10 只。

板条平养：与网上平养相似，只是用板条或木杆、竹竿、竹片做成网状地面。木条截面面积 2.5cm×5cm，间距 2.5cm，每平方米可养鸡 7～10 只。

②笼养。笼养即把鸡关在特定的鸡笼内饲养，这种方法能提高单位面积饲养量。每平方米可养鸡 15～25 只，便于操作管理，而且种蛋质量好，种鸡消耗饲料减少，但投资较大，种鸡对饲料要求较高，需采用人工授精。育种群可采用单笼饲养（特制个体笼）。

不论采用何种饲养方式，育成鸡转入产蛋鸡舍前，都必须对产蛋种鸡舍进行彻底清扫消毒，进鸡之前，舍内设备及门窗均要修好。

（5）种鸡的饲养。乌鸡的开产日龄一般在 170 日龄左右，开产体重 850～950g，产蛋量较低，年平均产蛋量 100 枚左右。但种鸡饲料要求营养全面，其日粮中代谢能、粗蛋白质、钙、磷含量见表 2-7-2。粗纤维应少于 5%；淀粉、脂肪含量高的饲料要控制饲喂。沙粒置于舍内或运动场中。种鸡日粮参考配方：玉米 40%，糠麸 26%，豆粕、豆饼 10%，芝麻粕、菜籽粕 6%，鱼粉 6%，骨粉、贝壳粉 5.2%，草粉 6%，食盐 0.3%，添加剂 0.5%。

（6）种鸡的管理。产蛋期种鸡的管理要控制种鸡的体重，特别要防止脂肪的沉积，创造一个舒适的生活环境，根据四季气候的变化，做好日常的管理工作，采取有效措施提高种鸡的生产性能。开放式种鸡舍受季节变化的影响很大，应根据不同季节对种鸡进行管理。

①春季管理。春季气候温和，日照时间延长，鸡群活动量增加，新陈代谢旺盛，是母鸡一年中最好的产蛋季节，也是孵化繁殖的好季节。因此必须注意提高日粮营养水平，要准备充足的产蛋箱，减少破蛋和脏蛋，提高种蛋质量，笼养鸡要经常除掉网上粪便。春季气温渐暖，也是各种微生物和寄生虫的繁殖季节，在管理上应加强清洁卫生和消毒工作，对疫病加强监测和防疫。春季气候多变，应注意鸡舍内通风换气和保温。

②夏季管理。夏季气候炎热，当温度超过 30℃时，种鸡采食量和产蛋率明显下降。因此中心任务是防暑降温，要做到勤通风、降低乌鸡饲养密度、及时清除粪便。

③秋季管理。秋季日照逐渐缩短，要注意人工补充光照。秋末还应做好越冬准备工作。

④冬季管理。在自然气温降至 10℃以下时，母鸡产蛋受到严重影响，因此鸡舍防寒保温和通风换气工作特别重要。鸡舍的窗户要关闭严密，防漏风。

4. 商品乌鸡的饲养管理

商品乌鸡的饲养管理要求除与雏鸡和育成鸡的饲养管理基本要求相同外，要求营养水平较高，宜采用高能量、高蛋白质日粮，光照时间要求短一些，弱光照明，使鸡处于较暗的环境中，减少鸡的活动量和能量消耗。

（1）管理技术要点。

①提供适宜的环境温度。温度是养好肉仔乌鸡的重要因素，它对雏鸡体温调节，采食、饮水等活动和健康影响极大，因而它对仔乌鸡的生长发育、饲料转化率及成活率影响也极大。温度要求见本项目中雏鸡的饲养管理。在控温时要注意短时间内舍温变化幅度不宜过大，降温速度要平稳，以雏鸡不出现低温反应为宜。温度是否合适要看雏鸡的表现。温度适宜时鸡采食、饮水、活动均表现正常，休息时均匀分布；温度偏高时，鸡双翅下展，张口喘气，争抢饮水；温度偏低时，雏鸡靠近角落或靠近热源处拥挤打堆，精神不振，尖叫声不停。

②湿度适宜。湿度的要求见本项目中雏鸡的饲养管理。通常在生产中易出现的问题是前期太干燥、中后期又太潮湿，这与鸡在不同日龄的饮水量、呼吸和排泄量及饮水器中水的溅出量有关，同时也受供温方式的影响。保持适宜的相对湿度，前期每天用喷雾器喷洒一次消毒药水，既可增加湿度又可消毒灭病；中后期应注意及时更换垫料，清除粪便，加强舍内通风换气，固定牢饮水器，减少水的外溅。但相对湿度不宜低于40%，湿度过低会使舍内粉尘飞扬，刺激鸡呼吸道，易诱发呼吸系统疾病，早期还会使幼雏脱水导致发病、死亡；湿度过大对低温时的保温和高温时的散热都不利。所以在养鸡生产中应忌这两种情况的出现。

③光照控制。光照的目的主要是保证肉仔乌鸡的采食、饮水活动和工作人员的操作能正常进行。育肥仔乌鸡的光照可参照下面方式：即第一周龄长光照，每天光照时间22~23h，光照度20 lx左右，以后光照时间保持每天10~14h，光照度5~10 lx即可。在进入大群饲养的情况下，育肥后期要注意光线尽可能暗一些，以免发生鸡啄癖。

④通风换气。通风是为了使舍内空气新鲜，同时也能调节舍内温度、湿度。一般饲养肉仔乌鸡舍内密度大，耗氧多，排出的粪便及二氧化碳也多。在舍温较高的条件下舍内会产生大量的氨气、硫化氢等有害气体。这些有害气体会对鸡眼结膜、呼吸道黏膜产生刺激而引发炎症，氧含量不足则会诱发鸡的腹水症，危害严重。通风量在前期可适当小些，中后期应逐渐增大；冬季应适当小些，夏季应大些；除夏季外，舍内风速不宜过高，判定通风量的适宜是以人进入鸡舍后无明显臭味，不刺激眼、鼻黏膜为准。

⑤适宜的饲养密度。乌鸡舍饲养密度过高会引发许多问题，饲养密度过低又不经济、不划算，在生产中要合理安排饲养密度。乌鸡体型较蛋鸡小，所以在饲养密度上可参照以下标准（表2-7-3）。

表2-7-3 乌鸡的饲养密度

饲养方式	0~6周龄	7~12周龄	13~20周龄
平养	20~22	10~12	5~7
网上育肥	24~26	14~16	7~9
多层笼育	30~60	24~26	14~16

⑥严格卫生防疫。饲料、饮水、用具和设备等要经常保持清洁卫生；饮水器应每日清

洗，每周进行一次消毒；育肥仔乌鸡要采用全进全出的饲喂方式，每次育雏前，必须对鸡舍进行彻底清理和消毒；严格按照本场或本地区特定的防疫程序和要求，及时采取有效的防疫灭病措施，如接种疫苗、定期消毒、加药预防疾病等。另外在仔乌鸡育肥过程中，还要特别注意预防鸡白痢、球虫病和曲霉菌病等病的发生。

(2) 饲养技术要点。

①饲喂全价优质配合日粮。在目前国内还尚未制定出乌鸡专用的营养与饲养标准情况下，可参照蛋用轻型鸡各生长阶段的营养需要，结合饲养乌鸡的实际情况来拟定全价配合日粮。在配制时应注意以下几点：营养水平不应低于所参照的饲养标准，尤其是必需氨基酸，维生素A、维生素D和维生素B_2等含量要适当增大；自配所用饲料种类要尽量多些，品质要好，要卫生，切忌使用被污染或霉变的饲料；添加剂的剂量要适当，混合要均匀。

②做好开食和饲喂工作。雏鸡出壳后在24～36h开食为宜。要求饲料新鲜，易消化吸收，颗粒大小适中易采食，一般常用的开食料有碎玉米、小米等，也可直接使用配合饲料。开食阶段所用塑料布或料盘颜色要鲜艳，喂料面积要大，每次饲喂时间要长些，次数要多些，一般0～4周龄每天喂6次；4～10周龄每天喂5次；10周龄后每天喂3～4次即可。

③饮水要保持清洁、新鲜、充足。在进雏开食前，必须先饮水，然后才能开食。之后饮水不能中断。饮水要经常保持消毒、新鲜、卫生。饮水设备要合适，平养雏鸡可采用钟形饮水器和水槽两种。饮水器大小要根据生长阶段进行调整，其高度也应根据鸡群大小而适当升高，通常饮水器的水盘或水槽边缘应与鸡背部的高度相平行。这样既可方便鸡饮水，又可防止水外溢。一般一只钟形饮水器可供100～120只鸡使用；水槽供水每只鸡应占饮水长度2～5cm。还要注意保持饮水设备的卫生，要求饮水器中的水每天应更换3次，每次换水应清洗饮水器，并用消毒液浸泡一次。小规模养乌鸡在第1周龄可饮用凉开水；大规模养乌鸡在第1周可在饮水中加入5%～8%的葡萄糖、适量的复合维生素、电解质等。

商品乌鸡日粮参考配方：玉米55%，糠麸类20%，饼粕类15%，鱼粉8%，骨粉（或贝壳粉）1.6%，食盐0.4%。

3. 疫病防治

(1) 消毒。大门、生产区入口及鸡舍门前设置消毒池；及时清理粪污，定期消毒，转群后消毒等。

(2) 乌鸡常见病。乌鸡的常见病主要有鸡新城疫、马立克氏病、鸡传染性法氏囊病、鸡传染性支气管炎等。

①鸡新城疫：又名鸡瘟，是一种急性、败血性传染病，具有传染速度快、病死率高的特点。临床症状为病鸡体温高达43～44℃，精神不振，呼吸困难。

②鸡马立克氏病：是一种常见的传染病，鸡发病后精神沉郁，没有食欲，病后3～6h出现抽搐、惊叫而死亡。

③鸡传染性法氏囊病：是由病毒引起的传染病。

④鸡传染性支气管炎：病鸡出现咳嗽、打喷嚏、气管啰音等呼吸道症状。

目前这些病症还没有特效疗法，对症治疗可减轻症状，通过免疫接种和严格消毒管理可以预防。

(3) 免疫程序。1日龄进行马立克氏病疫苗皮下注射；7～8日龄：鸡传染性法氏囊病弱毒疫苗饮水；14～15日龄：鸡新城疫Ⅱ系疫苗或Ⅳ系疫苗与传染性支气管炎H120疫苗混合滴鼻或点眼；27～28日龄：鸡传染性法氏囊病弱毒疫苗饮水。

学习评价

一、填空题

1. 泰和乌鸡具有_____、_____、_____、_____、_____、_____、_____及乌皮、乌肉、乌骨十大特征。
2. 乌鸡就巢性强，一般产_____枚蛋就要就巢。
3. 乌鸡孵化时，孵化机内的种蛋每_____ h翻蛋一次，翻蛋角度为90°。
4. 乌鸡孵化时，将挑选好的种蛋_____向上放在孵化盘里。
5. 育成鸡的饲养方式分为_____、_____、_____3种。

二、思考题

1. 简述泰和乌鸡的形态特征。
2. 乌鸡的生活习性有哪些？
3. 简述乌鸡的繁殖特性。
4. 简述雏鸡的饲养管理。
5. 简述育成鸡的饲养管理。

项目八 大雁养殖

大雁又称野鹅，属鸟纲、今鸟亚纲、突胸总目、雁形目、鸭科，是鸭科雁中的鸿雁、灰雁、豆雁、雪雁等的总称，属大型候鸟，是我国重要的水禽之一，为国家二级保护动物。主要分布在内蒙古、黑龙江、吉林、辽宁、江苏等地。大雁肉蛋白质含量高，是高蛋白质、低脂肪食品；蛋富含钙、磷、铁等人体必需的矿物质元素，具有极高的滋补保健功效，是传统的上等野味珍品。其羽绒轻软，保暖性好，可做服装、被褥等的填充材料，较硬的羽毛可制成扇子等工艺品。大雁一般性情温顺，易于饲养，而且采食量少，为草食性禽类，饲养成本低，生长速度快，饲料转化率为 2.5∶1，一般饲养 60d 体重可达 5kg 以上，人工驯化不仅经济效益显著，还可以有效保护这些优良品种。

学习目标

熟悉大雁的形态特征及生物学特性；掌握大雁的食性、消化特点及繁殖特性等；重点掌握大雁的饲养管理技术。

学习任务

任务一 大雁的形态与特性

一、大雁的形态特征

鸿雁、豆雁和灰雁都是较大型的鸟类，大雁公母外形相似，喙的基部较高，上喙边缘有齿状突起，喙角较大，鼻纵长，位于喙的中部或稍后处。喙黄色或略带红色，腿和脚为肉红色和略带灰色，眼为棕色。翅长而尖，第 3 根初级飞羽最长，第 5 根最短；尾圆，多由 16～18 根尾羽组成。周身被有灰褐色羽毛，其中背腰部为深鼠灰色，颈、胸和后躯呈淡灰色，腹部有黑色横斑。初生雏头顶及上体为黄褐色，两颊及后颈为黄色，喙为黑褐色，脚为黑褐色。成年雁体重 5～6kg，大者可达 12kg。

二、大雁的生物学特性

1. 生活习性

（1）适应性。大雁的适应性较强，常栖息在水生植物丛生的水边或沼泽地、湖泊及水域附近的沙地、草滩、旷野，也可生活在山区或山林中，多在水边觅食，有时在湖泊中游荡。至霜降前后，大雁选择晴天、无风或风小而且能见度好的夜晚，分批向越冬区迁飞，然后在原野、田间越冬。

（2）杂食性。大雁以植物性食物为食。一般只要是无毒、无特殊气味的野草、牧草都可采食，如杂草种子、植物嫩叶、麦苗、豌豆、马铃薯、谷类，还采食贝类、螺、小虾等。野生状态下，白天在水域休息，黄昏飞至食物场游荡觅食，晚上返回栖宿地。人工饲养时，冬季可直接饲喂粉碎后的农作物秸秆，如玉米秸、大豆秸、花生秧等，尽量放牧，主要在稻茬地、河坝、滩涂、山坡等处活动，不用补料。

（3）早成鸟。大雁为早成鸟，孵化出壳时全身已被有绒毛，绒毛干后，便可在双亲的照料下活动和觅食。

（4）喜水性。大雁能在水中觅食，并喜欢在水中交配，所以人工饲养大雁时应有良好水源或人工水池，供其洗浴、交配之用。

（5）合群性。大雁喜欢群居和成群行动，春季群小，10～20只，冬季群大，数百只，大群达可达上千只。行走时队列整齐，觅食时在一定范围内扩散，成年雁群中也有"小群体"存在，偶尔个别雁离群就"呱呱"大叫，追赶同伴，归队后集体行动。迁徙时可集成数以千计的大群，换羽期也成群隐匿在人迹罕至的水域或岛屿。

（6）性机警，善争斗。大雁生性机敏，警惕性高。野生大雁夜宿时，有一只大雁警戒，若有异常，则大声惊叫，然后成群逃逸。人工饲养大雁时，应加强调教和驯化，接近大雁时应发出它们熟悉的声音。要注意保持周围环境安静，防止猫、犬、鼠等动物进入饲养地，以免大雁受惊而飞逃。

（7）迁移性。野生大雁在霜降前后集成大群，以老公雁为头雁，带领队列呈"一"字形或"人"字形，伸颈悬足，集群横空，边飞边叫，不时替换头雁，飞往较温暖的南方过冬。人工饲养大雁在冬季应做好防寒保暖工作，夏季应注意防暑降温。

2. 大雁的繁殖特性

（1）性成熟晚。在野生状态下，大雁性成熟需要3年。在人工驯养条件下，9～10月龄就可开产，1～2月龄可按1：（2～3）的公、母比例调整好雁群，逐步提高饲料的营养水平，适当增加光照时间，尽可能多地补充青绿饲料。

（2）发情与交配。大雁在野生状态下是单配偶制，即一公配一母，而且是终生配对，双亲都参与幼雁的养育。人工饲养时，可一公配多母。

大雁在春季3月开始发情，野生状态下，当大雁从越冬区返回繁殖区后，有些大雁已在迁徙途中配对，剩下的经过几天集群生活后，就开始分散互配成对，此时常出现追逐动作，公雁在空中打转，并追逐母雁。大雁交配是在水中进行的，求偶时公雁在水中围绕母雁游泳，并上下不断摆头，边伸颈汲水假饮边游向母雁，待母雁也做出同样动作回应后，公雁就转至母雁后面，母雁将身躯稍微下沉后，公雁就蹬至母雁背上，用喙啄住母雁颈部羽毛，振动双翅，进行交配，交配后共同嬉游于水中或至岸上梳理羽毛。

（3）筑巢与产蛋。野生状态下，交配后的大雁开始寻找筑巢地，一般营巢于滩地、水边草丛中或地面低洼的坑中。雁巢大小不一，可用水草、蒲苇、干草、植物叶及自身脱落的羽毛铺成，通常用水草构建的巢小，用蒲苇营建的巢大。一般在营巢后10d左右开始产蛋，每巢4～8枚。蛋呈椭圆形，乳白色或白色缀橙黄色斑点，平均蛋重150g。大雁有明显的护巢本能，从产第一枚蛋后母雁就开始孵化，公雁守卫在母雁身旁，孵化期为28～31d。

人工养殖情况下，大雁交配后10d开始产蛋，间隔2～3d产1枚蛋，初产的大雁年产蛋量在15枚左右，2～6年后年产蛋可达25枚。

任务二 大雁的饲养管理

一、大雁的饲料与日粮

大雁场使用的饲料和饲料添加剂都应是无公害的绿色饲料和饲料添加剂。一般应选用消化率高、营养丰富、安全性高、抗营养因子少的原料，不使用工业合成的油脂、畜禽粪便等。要采取阶段饲养法，定量投料，既保证大雁营养需要，又减少饲料浪费。饲喂大雁的饲料种类不可单一、有什么喂什么，必须喂配合饲料。青绿饲料主要有莴苣叶、苦荬菜、青菜、绿萍、稗草、大麦草、聚合草、紫云英、车前草、麦粮草、狗尾草、稗草、金鱼藻、竹节草等。精饲料有玉米、大麦、碎米、糠麸、油饼等。大雁饲料粗蛋白质需要水平0～6周龄为20%，6周龄以后为15%，种雁阶段为15%。

参考日粮配方（1～21日龄）：玉米55%，小麦麸10%，大豆饼15%，棉仁饼5%，芝麻饼5%，花生饼5%，血粉2%，贝壳粉1.0%，骨粉1.5%，食盐0.4%，添加剂0.1%。

产蛋期母雁日粮配方：优质青干草粉19%，玉米52%，豆饼10%，花生饼5%，棉仁饼3%，芝麻饼5%，骨粉1.5%，贝壳粉4%，食盐0.5%。

二、大雁的饲养管理

1. 雏雁的饲养管理 雏雁是指孵化出壳至1月龄的小雁。刚出壳的雏雁生长速度快，消化道容积小，对饲料的消化能力弱，绒毛稀少，抗寒能力差，对外界环境的适应性及对各种应激的抵抗力弱。

（1）温度与密度。初生幼雁畏寒怕冷，易聚堆挤压造成伤亡，因此必须保持合适的温度与密度。1～4日龄保持30～28℃，20～25只/m²；5～14日龄保持27～25℃，15～20只/m²；15～30日龄保持24～18℃，10～15只/m²；30日龄以后即可脱温饲养。

（2）开饮与开食。雏雁第一次饮水称为开饮，主要作用是刺激食欲、促进胎粪的排出，最适当的潮口时期是出壳几小时后，雏雁已能自如行走，有啄食垫草现象的时候。供给20℃左右的温开水，让雏雁自由饮水3～5min，饮水后就给雏雁开食。开食的食物为用清水淘洗并经浸泡过的碎米和切碎的菜叶或全价颗粒料，碎米要浸泡2h，菜叶可用莴苣叶、苦荬菜、白菜、生菜、菠菜等，碎米或颗粒料与菜叶比为1：（2～3）。开食时间大约为30min，以其吃饱为度。

（3）饲喂。1～15日龄，每天喂9～10次，每次间隔约2h；每天饮水2～3次。此时应防止雏雁打堆。喂食时间不应超过30min，防止雏雁受凉。

（4）分群饲养。为了提高成活率，应将雏雁分群饲养。2周龄内，每平方米饲养雏雁20只，每群30～50只，群体和密度不宜过大，否则会因挤压而造成死伤。15日以后，每群可增加为80～100只。

（5）放牧与下水。如果天气较暖和，室外气温达25℃以上，雏雁自2周龄以后可开始放牧，一般先放草坪、荒田，由其自由采食嫩草。开始放牧时，时间要短，路程要近，白天放牧5～6次，晚上回棚饲喂2～3次。3周龄以后，可选清洁水塘进行第一次下水（如天冷可在21日龄后下水），水温以20～30℃为宜，一般应取15：00—16：00为宜。低温时，要先驱赶雏雁活动后再下水。放牧时注意一定不能让雏雁暴晒，避免长时间在阳光下直射，雏雁会因温度过高、体内缺水而受到伤害。同时，还要防止被暴雨拍打，雏雁会因雨打而受凉，严重时会发生疾病甚至死亡。

（6）卫生及防疫。饲喂雏雁的精饲料、青绿饲料要求新鲜、质地良好。育雏室内要随时通风换气，保持舍内空气新鲜，防止雏雁因室内氨气浓度过大而中毒。料槽和水槽不要被粪便污染，所有的器具都要经常清洗、消毒。无关人员特别是其他禽类饲养场的人员不要随便入内。雏雁出壳1周内，如身体健康，无其他异常，应注射小鹅瘟疫苗。勤观察雁群的粪便，如果发现雏雁的粪便不正常，要及时在饮水中添加土霉素等抗生素类药物。

（7）防止天敌。雏雁的天敌主要是鼠、猫、蛇、黄鼠狼及野生食肉鸟类（如鹰、隼等）。不同的地区还会有其他天敌，因天敌的不同，应采取不同的防护措施。

2. 育成雁的饲养管理 1月龄以上未进入繁殖期的雁称为育成雁或中雁。

（1）放牧。进行放牧前，应对大雁进行断翅，具体做法是割去一侧掌骨和指骨部分，也可切断指伸肌和桡侧腕伸肌或其肌腱。断翅后，包扎好伤口，防止流血过多。1周后，检查伤口愈合情况，已愈合的大雁可去掉包扎物，进行放牧。

育成期饲养的关键是放牧。育成雁的放牧场不但要有足够数量的青绿饲料，还要有一定数量的谷物类，草质要求比雏雁低。放牧应选在早、晚，中午赶往池旁树荫下休息。中雁放水要充足，每次吃饱后均要放水，天热时需增加放水次数，大约每隔20min放水1次。

（2）补料。当大雁长出主翼羽后，应选择体型较大、体质强健、体躯各部位发育匀称、头较大、喙粗短、颈粗长、胸宽深、背腹平整、腿长适宜且腿间距大的大雁留作种用。分前、中、后三个时期补料。育成前期1~2个月，以舍饲为主，结合放牧，饲喂要定时、定料但不定量，每天饲喂3次。育成中期为2~3个月，以放牧为主，适当补料，实行限制饲养，但不应过早。至羽毛完全长齐后，再加入粗饲料进行粗饲，防止母雁过肥及提前开产，饲喂要定时、定料、定量，每天喂2次。育成后期为1个月左右，采取定时、不定量、不定料的饲喂方式，每天饲喂2~3次。饲料主要是谷糠、米糠、麸类、苜蓿草粉、玉米面、杂草籽实等，混合后用水泡软饲喂。

3. 种雁的饲养管理 种雁是指开产的母雁和开始配种的公雁。当青年雁主翼羽完全长出后，选择体型较大、体质强健、身体各部位发育均匀的大雁留作种雁，并按1：（2~3）的公、母比例调整好雁群，对未在幼雏时实施断翅手术的大雁，应将其主翼羽拔掉。留作种用的大雁仍以放牧为主，尽可能多地补充青绿饲料，适当补充精饲料，饲料的营养水平要逐步提高，适当增加光照时间，以促使其尽快达到性成熟。

大雁的交配活动需在水上进行，所以在繁殖期内应增加放水次数，延长放水时间，尤其是上午。最好选择在近处、地势平坦、有充足水源和牧草的地方放牧。放牧期注意观察，如发现有行动不安、四处寻窝的种雁，应及时将其捉住，并用食指按压泄殖腔看是否有蛋，若有蛋应将其送回产蛋窝，防止其养成在牧地产蛋的习惯。

4. 商品肉雁的饲养管理 不做种用的青年雁待主翼羽完全长出后即可进行育肥。对商品肉雁的育肥主要是限制其活动，减少体内养分的消耗，促使其长肉和沉积脂肪。育肥前根据雁群的数量用木条、树枝、秸秆等隔成若干小栏，栏高60~70cm，每栏约1m^2，养肉雁2~3只。饲槽与水槽挂在栏外，通过栏的间隙采食。育肥期每天饲喂3~4次，饲料以玉米为主，另加15%的豆饼、5%的麦麸、10%的叶粉和0.35%的食盐，中午加喂一次切碎的青绿饲料，保证全天饮水。开始育肥前首先要进行驱虫，育肥2~3周达4kg左右时即可出栏。

学习评价

一、填空题

1. 大雁又称野鹅，是鸭科雁中的_____、_____、_____、_____等的总称，属大型候鸟，是我国重要的水禽之一。

2. 雏雁第一次饮水称为_____，主要作用是刺激食欲、促进胎粪的排出。

二、思考题

1. 大雁的生物学特性有哪些？
2. 其野生状态下的繁殖特性和人工养殖时有哪些不同？
3. 自然界中哪些饲料适于作为大雁饲料？
4. 简述雏雁、育成雁、种雁、商品肉雁的饲养管理技术要点。

实训二 珍禽孵化

珍禽的孵化方式和家禽的一样,有天然孵化和人工孵化两种。我国传统的人工孵化方法有火炕孵化法、桶孵化法、缸孵化法、摊床孵化等。目前大规模、产业化特种经济禽类生产中应用最普遍的是机器孵化法。这里主要介绍机器孵化法的操作管理。

一、种蛋的管理

1. 珍禽蛋的构造 珍禽蛋的构造和家禽蛋一样,由外到内可分为胶护膜、蛋壳、蛋壳膜、蛋白、蛋黄及胚盘(或胚珠)等几部分(图实训2-1)。

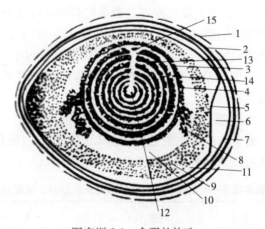

图实训2-1 禽蛋的构造

1. 胶护膜 2. 蛋壳 3. 蛋黄膜 4. 系带层浓蛋白 5. 内壳膜 6. 气室
7. 外壳膜 8. 系带 9. 外浓蛋白 10. 内稀蛋白 11. 外稀蛋白 12. 蛋黄心
13. 深色蛋黄 14. 浅色蛋黄 15. 胚珠或胚盘

(黄炎坤,2004. 新编特种经济禽类生产手册)

(1)胶护膜。覆盖在蛋壳表面的一层透明状的可溶性物质,能防止外界微生物进入蛋内和蛋内水分散失,对种蛋具有保护作用,但不耐摩擦,易脱落。刚产出的禽蛋胶护膜明显,透明有光泽,似霜状,贮存时间长或经水洗、孵化的禽蛋的胶护膜逐渐脱落、不明显。

(2)蛋壳。蛋壳主要成分是碳酸钙,由内外两层构成,外层是由无机物质形成的海绵层,具有一定的抗压强度,内层为有机物质形成的乳头层。蛋壳表面有许多气孔,气孔是孵化过程中胚胎进行呼吸的气体通道,也是蛋内水分向外散失的通道。气孔在蛋的大头分布多而小头分布少。

(3)蛋壳膜。蛋壳膜由两层构成,紧贴在蛋壳内的一层为外壳膜,贴在蛋白质表面的为内壳膜(蛋白膜)。内外壳膜在蛋的大头分离形成气室,其他部分紧贴在一起。气室是蛋产出后,蛋内容物遇冷收缩,蛋内出现真空,外界空气进入而形成。随着种蛋贮存时间的延长和蛋内水分的散失,气室会逐渐扩大;气室大小是判断种蛋新鲜程度的一个标志。

(4) 蛋白。是一种透明的半流动胶体物质,且以不同浓度分层存在。由外向内依次为外稀蛋白、外浓蛋白、内稀蛋白、内浓蛋白(又称系带层浓蛋白)。蛋白的这种分层能保持蛋黄位居种蛋的中心,对蛋黄具有保护作用。随着种蛋保存时间延长,浓蛋白会逐渐被蛋白酶分解变稀。

(5) 蛋黄。是蛋中含营养最丰富的部分,外面包有蛋黄膜。蛋黄主要成分是脂肪,其次是蛋白质,还含有丰富的维生素和少量的矿物质,是胚胎发育的主要营养来源。蛋黄分深色和浅色两种,深色和浅色蛋白呈多层相间分布的同心圆结构。蛋黄表面有一白色小圆点胚珠或胚盘,未受精时卵母细胞不发生变化,圆点较小,称为胚珠;若受精,种蛋在形成过程中,受精卵经过分裂体积变大如盘状,称为胚盘。

2. 种蛋的选择

(1) 种蛋的品质要新鲜。种蛋贮存时间越短,胚胎生命力越强,孵化率也越高,孵出的雏禽往往也健康强壮、成活率高。一般来说,用于孵化的种蛋以1周内产收的种蛋为宜,3~5d的最好。在不加特殊保护措施的情况下,种蛋贮存5~7d孵化率下降1%~2%,以后每天下降2%~4%,下降幅度随保存条件、特禽的种类和年龄等有所不同。

新鲜种蛋壳表面胶护膜完整似有粉霜,照蛋透视可见气室很小,蛋黄颜色呈暗红色,阴影不清晰,近于蛋的中心位置。陈旧的种蛋胶护膜脱落,照蛋可见气室较大,蛋黄阴影明显,靠近蛋壳,容易浮动。

(2) 种蛋的形状大小要合适。珍禽的种蛋大小、蛋形、蛋重(表实训2-1)、蛋色应符合其品种的要求,形状一般呈椭圆形,蛋形指数在1.27~1.40(纵径与横径之比),其中鸵鸟蛋较圆。过大、过小或过圆、过长的蛋都不适宜用来孵化。

表实训2-1　几种珍禽的种蛋重量及自然公、母配比

珍禽种类	蛋重(g)	公母配比
肉鸽	22	1∶1
鹌鹑	10~15	1∶(3~5)
雉鸡	26~34	1∶(6~8)
火鸡	75~110	1∶(8~10)
鸵鸟	1 200~1 700	1∶(2~3)
绿头野鸭	50~65	1∶(6~10)

(3) 蛋壳品质良好。蛋壳厚度要适宜,结构正常,过薄或过厚都影响孵化率。凡是薄壳蛋、钢皮蛋、过于疏松的沙壳蛋及严重的斑驳麻壳蛋等外表结构异常的蛋,都不宜用来孵化。蛋壳表面清洁干净,无裂纹,蛋壳过脏的蛋或有裂纹的蛋常会受微生物污染而最容易腐坏,从而直接导致孵化失败。

(4) 种蛋来源。凡是用来孵化的种蛋,必须来源于饲养管理正常、公母配比适宜、健康高产的种禽群。

(5) 种蛋的综合鉴定。可通过看、触、听、嗅等感官检查和照蛋器对种蛋进行综合鉴定,判断种蛋是否新鲜,蛋重、蛋形、蛋色是否符合品种特征,蛋壳厚度、结构是否适宜,表面是否清洁、有无破损和裂纹等。剔除过长、过圆、两头尖和蛋壳过薄、过厚的钢皮蛋、沙壳蛋等畸形蛋,以及气室较大、系带松弛、蛋黄偏离中心、蛋黄膜破裂、蛋壳有裂纹等的种蛋。

3. 种蛋的消毒 种蛋的消毒方法有很多，其中以熏蒸法最为方便和有效。

(1) 熏蒸法。种蛋收集后立即码盘上架，推入专用熏蒸间消毒，按每立方米容积用福尔马林 30mL、高锰酸钾 15g 的比例密闭熏蒸 20～30min。熏蒸时要关严门窗，保持温度 24～27℃、相对湿度 75%，30min 后排出气体。为防止种蛋在保存期间被污染，在入孵前可再熏蒸消毒一次，但用药量减少 1/3 为宜。

(2) 高锰酸钾溶液浸泡法。将种蛋放入 40℃左右的 0.01%～0.05%高锰酸钾溶液中浸泡 2～3min，捞出晾干。

(3) 碘溶液浸泡法。将种蛋放入 40℃左右的 0.1%碘溶液中浸泡 1min 左右，捞出晾干。可杀死蛋壳表面的杂菌和白痢杆菌。

(4) 新洁尔灭溶液浸泡法。将种蛋放入 40℃左右的 0.2%新洁尔灭溶液中浸泡 1～2min，取出晾干。

4. 种蛋的保存和运输

(1) 种蛋的保存。种蛋保存应有专门的种蛋库，种蛋库至少应隔成三间，一间做种蛋的清点、接收、码盘或装箱用，一间专供保存种蛋，另一间专供消毒用。种蛋库应保持清洁、整齐，不得有灰尘、穿堂风和鼠。要求种蛋保存温度在 10～18℃，并随着保存时间的长短有所不同，保存期在 3～5d 时 17～18℃较好，保存 1 周时 15～16℃为好，保存 1 周以上时 10～12℃为宜。种蛋保存相对湿度以 70%～80%为宜，湿度过小蛋内水分散失较多，蛋重失重较大；湿度过大则容易引起蛋壳表面发霉，影响更大。同时要求种蛋库要适当通风以保持空气新鲜，防止各种污浊气体进入。种蛋、蛋盘、蛋车及种蛋库都要保持清洁卫生，定期消毒。种蛋保存期超过 5d 时，应每天翻蛋 1～2 次。

(2) 种蛋的运输。种蛋运输途中，首先要保证尽量维持种蛋的保存条件，尤其是温度，夏季要避免日光直晒和高温，防止水分散失过多，冬季则要做好防寒保暖工作；其次要注意防止剧烈震动，要求采用专用的种蛋箱和蛋盘，包装结实，运输工具要平稳。

二、孵化条件

1. 温度 温度是禽类胚胎发育的首要条件，只有在适宜的温度下才能保证珍禽的胚胎正常发育，温度过高或过低都会影响胚胎发育，严重时甚至导致胚胎死亡。胚胎发育时期不同，对孵化温度的要求不同，孵化方法不同，控温原则也不同。孵化生产中必须严格控制温度，保持平稳，避免忽高忽低。

(1) 变温孵化法。整批入孵的孵化器一般采用变温孵化法，采用"前高、后低、中间平"的供温原则。孵化初期，胚胎物质代谢较慢，产热量很少，温度要高而且稳定；到孵化中后期，随着胚胎的发育，物质代谢日益增强，尤其是孵化末期，胚胎自身发育产生大量的热，所以后期孵化温度要偏低，中间呈逐渐降低的趋势。

(2) 恒温孵化法。在孵化生产中，因受孵化器数量或每批可入孵种蛋数量的限制，需采用分批入孵的孵化场常采用恒温孵化，即在整个孵化期采用一个温度标准（如 37.5℃），到落盘后的出雏期下降 0.5℃。

由于珍禽类的品种、类型、孵化方法、种蛋数量及孵化室温度等的不同，所需孵化温度均有所不同。孵化生产实践中要掌握"看胚施温"技术和眼皮感温方法，以保持蛋温适宜，使胚胎发育正常，从而获得满意的孵化效果。胚胎对高温十分敏感，故孵化中尤其要防止高温的伤害，孵化前期超温不利于尿囊的合拢；后期超温不利于封门或提前封门。孵化温度偏高，出雏提前，雏禽个体小，畸形率增加，成活率低；孵化温度偏低，则出雏推迟，雏禽出壳后站立不稳，有的卵黄吸收不好，腹部膨大。

2. 湿度 孵化过程中如果湿度不足会导致蛋内水分散失加快，影响胚胎的正常发育；湿度过高会阻碍蛋内水分的正常散失，出雏推迟，雏禽与蛋壳粘连。一般采用"两头高、中间低"的供湿原则。前期湿度高，利于种蛋受热良好、均匀；中期湿度底，以促进胚胎的新陈代谢；孵化后期和出雏期提高湿度（略高于前期），有利于胚胎散热和啄壳出雏。湿度偏低导致出雏早，雏禽体重小，绒毛干枯；湿度偏高则出雏迟，雏禽与蛋壳粘连，卵黄吸收不好，腹部膨大，脐部发炎。胚胎发育能适应的湿度变化范围较大，一般情况下，孵化期相对湿度保持55%～65%，出雏期提高到65%～75%为宜。人工孵化肉鸽的湿度较低，全期50%～55%即可，而鸵鸟的孵化湿度最低，前期22%～28%，落盘后25%～30%。

3. 通风换气 胚胎在发育过程中不断吸收氧气、排出二氧化碳，而且随着胚龄的增加，需要氧气的量和排出二氧化碳的量迅速增加。因此在孵化中，为了保证胚胎正常的气体代谢，在不影响孵化温度和湿度的前提下，应加强通风换气，以保障供给新鲜空气。通风换气的原则是前少后多，孵化过程中应保证胚蛋周围空气中二氧化碳含量不超过0.75%，当二氧化碳含量达1%时，则胚胎发育迟缓、死亡率增加。

4. 翻蛋 翻蛋可促进胚胎活动，避免胚胎与壳膜粘连，使胚蛋受热均匀，利于胚胎的正常发育。孵化过程中应经常翻蛋，尤其是前期最为关键，要求每2h翻蛋1次，转入出雏器后停止翻蛋。

5. 晾蛋 到孵化后期，胚蛋产热量日益增多，加上孵化室温度较高，孵化机通风量不足，往往会导致胚蛋积热超温，烧死胚胎。为防止孵化后期胚蛋超温，应加大通风换气量，同时还应进行晾蛋。晾蛋可加强胚胎的气体交换，促进胚胎发育，排除胚蛋的积热。晾蛋方法一般是每天晾蛋1～3次，每次10～30min，将蛋温降至32.2℃为宜。如果孵化机结构良好，孵化胚蛋较少，不会出现蛋温过高，也可不进行晾蛋，但水禽大多需要晾蛋。

几种珍禽蛋的孵化条件见表实训2-2。

表实训2-2 几种珍禽蛋的孵化条件

孵化条件		肉鸽	鹌鹑	雉鸡	火鸡	鸵鸟	绿头野鸭	大雁	乌鸡
温度 (℃)	前期	38.7	38.0	37.8～38.0	37.5～37.8	36.5	38.0～38.5	38.0～38.5	37.8～38.0
	中期	38.3	37.8	37.5～37.8	37.2～37.5	36.0	37.5～37.8	37.0～37.5	37.5～37.8
	后期	38.0	37.5	37.0～37.5	36.4～37.0	35.5	36.5～37.0	36.0～37.0	37.3～37.5
相对湿度 (%)	前期	60～65	65～70	65～70	55～60	22～28	65～70	60～65	65～70
	中期	50～55	55～60	50～55	50～55	18～22	60～65	60～65	50～55
	后期	65～70	65～70	70～75	65～75	25～30	70～75	70～75	65～70
照蛋时间 (d)	头照	5	5	7～8	7～8	14	7～8	7～8	7
	二照	10	12～13	14	14	24	18	14	—
	三照	—	—	18～19	24～26	36～38	24～25	26～28	18
落盘时间(d)		15～16	14～15	21	25～26	39～40	25～26	28～30	18～20
出雏时间(d)		17～18	16～17	23～24	27～28	40～42	27～28	30～31	20～21
孵化期(d)		18	17	24	28	42	28	31	21

三、孵化前准备

1. 制订孵化计划　在开始孵化前，应根据孵化与出雏能力，提供种蛋数量及畜禽销售合同等情况制订孵化计划。将重要工作列入计划内，并注意将费时、费力的工作错开，如入孵、照蛋、落盘、出雏等工作不要在一天内出现两项，拟定入孵种蛋数计划时，按入孵蛋孵化率70%~90%、公母出雏比例为1∶1进行推算。计划表的格式可参考表实训2-3。

表实训2-3　孵化日程计划

批次	入孵	照蛋	出雏器消毒	落盘	带雏消毒	出雏	出雏结束时间	公母鉴别	接种疫苗	接雏

2. 孵化机的检查和试运行　入孵前1周对孵化器各部件进行仔细检查、维修，在孵化器上、中、下蛋盘内放置校正好的标准水银温度计，调节导电温度计到需要的数值；将孵化机开机试运行24h以上，检查孵化机温度计是否准确，自动控温装置是否正常，报警器和通风设备是否有效等。如有异常，要及时、彻底修好。然后开机运行1~2d，调整机内温度和湿度，使之达到孵化所需的各种条件，一切正常后，即可正式入孵。

3. 孵化室和孵化器的消毒　入孵前对孵化室及孵化器内外进行彻底清扫和刷洗，不留死角，然后用福尔马林熏蒸消毒。按每立方米福尔马林30mL、高锰酸钾15g计算，孵化室温度25℃、相对湿度70%左右，密闭熏蒸1h。最后打开门窗、孵化机门，开动风扇，散去福尔马林气味，即可孵化。

4. 种蛋的预热和入孵　一般种蛋保存温度要比孵化温度低20℃以上，如果将从贮存室取出的种蛋立即送入孵化机内，种蛋表面会凝结一层霜进而形成小水珠（俗称种蛋"出汗"），从而降低孵化率。所以种蛋入孵前要先预热12~20h，使蛋温逐渐缓慢升至30℃左右，再入孵。

四、孵化期的日常管理

1. 孵化温度的观察与调控　入孵后几个小时，机温上升到设定温度后，要每隔0.5h观察一次门表温度，每2h记录一次温度。如有异常，必须立即停机，尽快进行检修。调控温度时，要明确孵化温度、门表温度和胚蛋温度3个温度概念的不同，谨防超温事故的发生。

2. 孵化湿度的观察与调节　每2h观察并记录一次孵化器观察窗内悬挂的干湿球温度计，根据干湿球温差算出孵化机内的相对湿度。湿度的调节可通过机内放置水盆的多少、蒸发面积的大小及水温的高低来实现，也可通过孵化室的湿度间来调节。

3. 通风量的调节　整批入孵的孵化机入孵后风门先不打开，温度升上去后风门开小点，随着胚龄增长逐渐开大，到中后期可酌情全开。具体要根据机内胚蛋装满的程度、孵化室温度、孵化机红绿灯亮的时间长短等而定。

4. 翻蛋　一般要求机器孵化每1~2h翻蛋一次，角度约90°（即前后或左右各45°）。电孵化器有手动翻蛋、半自动翻蛋和自动翻蛋几种形式。

5. 照蛋　孵化过程中应随时抽检胚蛋，以检查胚胎发育情况，并据此调整孵化条件。一般进行2~3次全面照蛋检查，第一次在"起珠"（照检可见胚胎黑色的眼球）时进行，及时剔除无精蛋和死胚蛋。第二次在胚胎转身、"斜口"（气室面倾斜）后进行，剔除死胚蛋，将发育正常的胚蛋移至出雏盘。如有必要，可在中间尿囊合拢时进行一次抽检，以检查孵化温度是否适宜。照蛋操作要求稳、准、快，尽量缩短时间，发现小头朝上的要倒过来，防漏照。

6. 落盘 将胚蛋从孵化盘移至出雏盘的过程称落盘或移盘。胚胎孵化至后期，胚胎转身，绝大部分胚胎的喙深入气室转为肺呼吸。当有5%~10%啄壳时，将胚胎移至出雏机内，在新的孵化条件下（出雏温度比孵化温度偏低、湿度有所提高，通风量增大）继续孵化，直至出壳。

7. 出雏 一般出壳并绒毛干雏数达30%~40%时第一次捡雏，达到60%~70%时第二次捡雏，出雏结束后再捡雏一次，并打扫清理出雏机、出雏盘等设备。捡雏动作要轻、快，同时拣出蛋壳，防止套在未出壳的胚蛋上闷死胚胎，注意刚出壳、羽毛潮湿的幼雏、弱雏应暂留在出雏器内，待下次拣出。

大多珍禽类到出雏后期总有少量雏禽破壳后无力自行出壳，需要进行人工辅助。对壳已啄破、壳膜已经枯黄、血管变成紫色并干枯的胚蛋进行助产，轻轻剥离粘连壳膜，把雏禽头、颈、翅膀拉出壳外让其自行出壳；注意剥离时不应出血，对壳膜湿润发白、血管鲜嫩明显的胚蛋，强行助产容易致死或成残弱雏。

8. 清理 出雏完毕后，分别清点健雏数、弱雏数、残死雏和死胚蛋，并做好生产记录，以备计算孵化成绩，总结经验。最后对出雏器、出雏盘、蛋车及出雏室等进行全面彻底的清扫、冲洗、消毒，以备下次再用。

9. 孵化效果检查和分析 影响孵化效果的因素主要有种蛋品质和孵化条件两个方面，种蛋品质受种蛋的选择、保存、运输、消毒及种禽的健康状况等影响，孵化条件则受孵化机具体性能及状态、孵化技术水平及管理操作等影响。每次孵化结束后，要对孵化效果进行检查和分析，查找孵化过程中存在的问题，以便总结经验，提高孵化成绩。人工孵化效果好坏可通过孵化率、健雏率等成绩来判断。孵化率有两种表示方式，即受精蛋孵化率和入孵蛋孵化率。孵化率和健雏率的计算公式为：

$$受精蛋孵化率 = 出雏数 / (入孵蛋数 - 无精蛋数) \times 100\%$$

$$入孵蛋孵化率 = 出雏数 / 入孵蛋数 \times 100\%$$

$$健雏率 = 健雏数 / 出雏数 \times 100\%$$

拓展知识

几种珍禽的特殊孵化措施

（一）火鸡

1. 温度 火鸡蛋比鸡蛋大，孵化中后期容易出现超温问题，所以要求孵化温度比鸡蛋孵化温度偏低。

2. 晾蛋 由于火鸡蛋大，脂肪含量高，孵化到中后期胚蛋产热量大，所以孵化到中后期应进行晾蛋，打开机门，打开风扇不停晾蛋，或将蛋车推出孵化机外晾蛋10~15min，使蛋温降到30~33℃为宜。晾蛋还可调节胚胎的气体代谢、促进胚胎发育。

3. 移盘　孵化到25d进行移盘，移盘12h后要用40℃左右的温水淋湿蛋面，以后每隔12h淋蛋一次，以增加湿度，刺激胚胎运动，利于及时出壳。

4. 出雏　孵化至26.5d开始出雏，28d出雏结束。要求大量出雏后每隔4~6h捡雏一次。只捡绒毛已干、脐部愈合良好的健雏，绒毛未干的、脐部凸出肿胀的鲜红光亮的弱雏暂不捡出。对已经破壳而难以出壳的弱雏要进行人工助产，如破壳超过1/3，壳膜发黄或焦黄、干燥、血管发紫、绒毛发干的必须人工助产。

5. 幼雏处理　出雏后24h内，应将健雏与弱雏分开、公雏与母雏分开，并将雏火鸡头顶的肉锥剪下，以免成年后因肉锥过大而影响火鸡的采食和饮水，甚至啄伤而发炎。

(二) 鸵鸟

鸵鸟为巨型鸟，在鸟类中蛋重最大，平均达1500g左右，蛋壳最厚，多在2.2mm以上，孵化期最长，为42d，所以鸵鸟蛋在孵化技术、管理及设备等各方面有其独特之处，所用孵化器和照蛋器均需购置专用设备。

1. 种蛋管理　从种蛋收集到孵出雏鸵鸟，全程必须采取严格的消毒措施。种蛋产出后应立即消毒过的纱布或毛巾包住放入已消毒的专用集蛋篮内，蛋壳若被粪便或泥土污染，可用浸泡过消毒液的硬刷刷去。种蛋送入种蛋库后应立即进行熏蒸消毒，按每立方米用福尔马林20mL、高锰酸钾10g，密闭消毒20min。保存期以3~5d为好，钝端朝上放置，保存温度15~18℃。

2. 孵化条件

(1) 孵化温度。采用分批入孵、恒温孵化法，新老蛋交错层次放置。1~39d温度为36.4~36.6℃，39~42d温度为36.0~36.3℃。

(2) 相对湿度。1~39d相对湿度为23%~27%，39~42d相对湿度为25%~30%。同时定期称测蛋重变化，根据失重率控制孵化湿度，实践证明，前39d内失重14%左右可获得较高的孵化率。

(3) 照蛋。应在孵化期的14d、21d和39d进行三次照蛋，并于最后一次照蛋后移盘。

3. 护雏　雏鸵鸟出壳后，应立即用碘酒消毒脐部，并在出雏机内放置24~36h，待绒毛干并能自由活动才送入育雏室。

(三) 雉鸡

雉鸡蛋的孵化技术措施和鸡蛋相似，只是孵化温度偏低。另外，由于中国地方雉鸡品种的蛋重较小（约26g），而美国七彩雉鸡蛋重较大（约34g），故在孵化实践中需酌情调整孵化条件，不断总结、改进孵化技术。

(四) 鹌鹑

1. 种蛋管理　鹌鹑种蛋颜色可以不一致，但选择种蛋时应剔除白壳蛋（早产蛋）和茶色蛋（有病的种鹌鹑所产的异色蛋）。鹌鹑种蛋保存的适宜温度一般为15~18℃，南方地区在梅雨季节湿度过大，可将保存温度提高到17~18℃；保存期短时种蛋钝端朝上较好，如超过5d，应尖端朝上放置，最好每天翻蛋1~2次。

2. 孵化　鹌鹑蛋的孵化条件大致和鸡蛋相似。采用大型电孵化器变温孵化法，具体孵化温度为：1～5d 温度为 38.9～39.1℃；6～10d 温度为 38.6～38.9℃；11～55d 温度为 38.3～38.6℃；16～17d 温度为 36.7～37.2℃。

3. 翻蛋 翻蛋一般按常规操作即可，但应注意，如果蛋温偏高，要先晾蛋，待蛋温降至正常后再开始翻蛋。因为蛋温过高时，胚胎血管处于充血膨胀状态，翻蛋震动极易引起胚胎死伤。

4. 照蛋 鹌鹑的种蛋较小，一般市售照蛋器灯口偏大，不太适用，最好自制照蛋器。购买一个装 2～3 节一号电池的手电筒，并多买一个同型聚光罩，再购买一个可变为 6～8V 的微型变压器；将另一个聚光罩反扣在手电筒头部拧紧固定好，手电筒的尾部按正、负极分别焊接伸出两根导线，和微型变压器的输出端相连即可。

（五）绿头野鸭

野鸭属于水禽，蛋内脂肪含量高，孵化中后期胚蛋自身产热量大，容易出现超温而影响孵化率，所以孵化温度一般比鸡蛋低 0.5℃左右。

若采用变温孵化法，1～15d 温度为 37.5～38℃，16～25d 温度为 37.0～37.5℃，26～28d 温度为 37.0℃，并在孵化 14d 后开始晾蛋，每天晾蛋次数由少到多，时间由短到长。移盘后还可用 30～35℃的温水淋蛋，既可促进晾蛋，又增加蛋面湿度，对促进胚胎破壳有明显效果。

（六）肉鸽

肉鸽通常采用自然孵化，由亲鸽抱孵雏鸽，对技术要求比较简单。随着规模化养殖和人工哺喂乳鸽技术的提高，肉鸽的人工孵化量不断提高。肉鸽的蛋重小，蛋内含蛋黄少，仅占蛋重的 17.9%（鸡蛋蛋黄占 31.9%），蛋白多达蛋重的 74%（鸡蛋蛋白占 55.8%），蛋壳结构细密，质地坚韧，透气性和水分蒸发较差。肉鸽人工孵化的技术要点为：

1. 孵化温度较高 种鸽蛋的适宜孵化温度 38.3～38.8℃，试验表明，超过 39℃或采用 37.8℃孵化效果较差。各地区可依据当地实际情况、季节、孵化器型号、孵化室温度等灵活调节。

2. 孵化湿度全期较低 种鸽蛋孵化期相对湿度宜控制在 50%～55%，防止湿度过高。出雏期不宜淋水。

3. 晾蛋 种蛋孵化至 12d 后，应每天取出孵化箱进行晾蛋。

4. 捡雏 出雏时要及时捡雏，采用多次捡雏，尽量缩短每次捡雏间隔时间。捡出后要及时饲喂，要求在 2～4h 让保姆鸽带喂或先放入 37℃左右的巢盆保温，尽快人工哺喂，利于雏鸽生长。

学习评价

一、填空题

1. 我国传统的人工孵化方法有_____、_____、_____、_____等。
2. 珍禽蛋的构造和家禽的一样，由外到内可分为_____、_____、_____、_____及_____等几部分。

3. 种蛋的消毒方法有_____、_____、_____、_____等。

4. 禽蛋的孵化条件主要包括_____、_____、_____、_____和晾蛋等。其中首要条件是_____。

5. 变温孵化时，孵化温度应采取_____的供温原则，并依据胚胎发育情况做到_____。

6. 各种珍禽蛋的孵化期分别是：火鸡_____d，鸵鸟_____d，雉鸡_____d，肉鸽_____d，鹌鹑_____d，绿头野鸭_____d，大雁_____d。

7. 孵化过程中，一般要进行_____次全面照蛋检查，第一次在_____时进行，及时剔除_____。第二次在胚胎转身_____后进行，剔除_____，将发育正常的胚蛋移至出雏盘。如有必要，可在中间_____时进行一次抽检，以检查_____是否适宜。

二、选择题

1. 种蛋消毒最常用的消毒方法是（　　）。
   A. 福尔马林熏蒸法　　　　B. 碘溶液浸泡法
   C. 高锰酸钾溶液浸泡法　　D. 新洁尔灭溶液浸泡法

2. 以下几种禽类要求孵化温度最高的是（　　），孵化温度最低的是（　　），孵化湿度最低的是（　　），孵化后期必须晾蛋的有（　　）。
   A. 肉鸽　　　B. 火鸡　　　C. 雉鸡　　　D. 鹌鹑
   E. 鸵鸟　　　F. 绿头野鸭　　G. 大雁

3. 以下哪种禽蛋适合做种蛋（　　）。
   A. 来自健康高产的种禽群　　B. 蛋形指数在1.27～1.40（纵径与横径之比）
   C. 两头尖的蛋　　　　　　　D. 钢皮蛋
   E. 蛋壳表面污染严重　　　　F. 蛋壳颜色符合品种特征

4. 分批入孵的孵化器应采用（　　），整批入孵的孵化器则应采用（　　）。
   A. 恒温孵化法　　　　　　　B. 变温孵化法
   C. 恒温孵化与变温孵化都可以　D. 恒温孵化与变温孵化都不合适

三、思考题

1. 珍禽种蛋选择要点有哪些？
2. 珍禽种蛋的人工孵化条件有哪些？生产中如何控制？
3. 孵化机的日常管理要点有哪些？
4. 不同珍禽的特殊孵化措施有哪些？

模块三 特种水产类经济动物养殖

学习目标

了解鳖、黄鳝及淡水小龙虾的形态特征和生物学特性,并能在生产实践中加以利用。能够设计、布局并建造鳖场、鳖池及小龙虾池,掌握黄鳝及淡水小龙虾的放养、投饲、水质、水草种植、防逃等管理技术。

思政目标

培养学生坚定的专业信心和严谨的工作态度,树立安全生产意识和精益求精的工匠精神;培养学生热爱科学、勇于创新及团结协作的精神。

项目一 鳖养殖

鳖全身是宝,是我国传统的中药材,具有滋阴补热、平肝益肾、破结软坚及消瘀等功能。鳖的头、甲、血、肉、胆、卵等均可入药。据《本草纲目》记载,鳖头烧灰服用可治疗小儿诸疾,治久痢脱肛、产后子宫下垂、阴疮等;鳖甲主治骨蒸潮热、阴虚风动、肝脾肿大和肝硬化等;鳖血外敷可治颜面神经麻痹、小儿疳积,兑酒可治妇女血痨;鳖肉可治久痢、虚劳、脚气等病;鳖胆有治痔瘘等功效。鳖卵能治久泻久痢。除药用外,鳖甲和鳖骨还是制造蚊香的重要原料之一。鳖肉的营养丰富,含有大量的蛋白质、维生素和矿物质,肉味鲜美,是高档的营养滋补品。近几年来随着农村经济的发展,我国有不少地方开展鳖的人工养殖研究,并取得了丰硕的成果,积累了很多成功的经验。最近几年鳖的价格不断上涨,因此发展人工养鳖业是一项高效益的淡水养殖业。

学习目标

熟悉鳖的形态特征和生物学特性,并学会在生产实践中加以利用;能够设计并建造鳖场、鳖池;能够正确地选择优质种鳖;能够人工孵化鳖卵;能够掌握各阶段鳖的饲养管理技术。

学习任务

任务一 鳖场建设

一、选址

根据鳖的生态特征和养殖方法的要求,鳖场选址应重点考虑以下几方面:

1. 水源　水体是鳖的主要生活环境，水质的好坏与水量的多少直接关系到鳖的生存和生长，一般来讲，江河、湖泊、水库、工厂余热水等只要水质良好、无污染、无毒，水量充沛，均可作为养鳖水源。养鳖的水源pH以7.0~8.5为好。井水、冷泉水、水库底层水不宜作为养鳖水源，因温度太低鳖不适应，如要利用，必须经太阳暴晒后方可引入鳖池。

2. 土质　养鳖场鳖池的基本结构分土池和砖混构筑池，土池用于培育亲鳖，砖混构筑池用于育种、长成。两种池对土质要求有一定的区别，但在选择上应侧重于符合亲鳖培育池的要求。

以鳖生长对土质的要求来衡量，要既能保水又能完全排干，因此土质以保水性能良好的壤土为最好。沙土虽也适应，但其保水性能差，往往渗水、漏水，池塘易干涸，池埂易坍塌，不宜建造鳖池。如当地均是沙土，必须在建池时铺上一层黏土，以避免池底渗水太多。对底土为黏土、腐殖土的地方，如建亲鳖池，必须在池底覆盖一层30cm左右厚的淤泥和细沙的混合土层，以利于鳖的栖息和冬眠潜居。但沙粒不宜太粗，否则易使鳖的皮肤受伤而染病。

3. 地势和环境　地形平坦、背风向阳、空间开阔、阳光充足的地方有利于提高和保持养殖池的水温，能满足鳖在生长中对光照的需求。平坦的地形也便于规划，方便施工，减少投资，是建场的理想地方。鳖喜静怕惊，鳖场周围环境应安静，不能建在紧靠交通干线、行人车辆来往频繁的路边，也不能建在噪声很大的厂房附近。在鳖场四周建围墙是防止噪声干扰、保持环境安静的一项有效措施。

4. 饲料资源　在工厂化养鳖生产中，饲料是养鳖生产的物质基础，饲料的多少及质量的好坏直接影响鳖的生长快慢和产量高低。鳖是喜食动物性饲料的杂食性动物，因此养鳖场最好设在城镇肉类和鱼品加工厂附近，或沿海、内陆渔区，这些地方饲料资源丰富，价格低廉，运输方便，可以大大降低饲料费用，提高经济效益。

5. 电力和热源　要实施快速养鳖技术，电力和热源是必不可少的条件。要保证排灌、增氧、饲料加工、温房等设备的用电，对用电得不到保证的地区应配备发电机，以使生产不受外界停电的影响。温房是养鳖场十分重要的组成部分，在没有地热水、工厂余热水的地方，温房热源主要靠烧煤等取得，因此建场时就要考虑到热源条件。

二、鳖池建造

1. 亲鳖池　亲鳖池供亲鳖培育和产卵用，需要安静而稳定的环境，亲鳖池要建于室外全场最僻静的地方。为使亲鳖有较大的活动范围，面积不宜太小，放养密度要稀些，可混养少量鱼类，以利于改善池水水质。面积过小会使水温、水质变化幅度大，环境不稳定，不利于亲鳖正常发育；面积过大时，投饲不便，易导致亲鳖吃食不匀，并可能造成产卵场地距离过远，消耗亲鳖体力。通常亲鳖池以面积1 300~3 500m^2、水深1.2~1.5m为宜。池底可用自然土层，并有30cm厚的软泥或沙土层，便于亲鳖栖息和越冬。池底周边斜坡与水面约呈30°，以利亲鳖上坡活动。亲鳖池的设施包括：

（1）防逃墙。鳖善于攀爬逃逸，养鳖池四周要建防逃墙。墙体和水面垂直，用砖块砌成，墙内壁要求光滑，表面用水泥砂浆抹平。墙体高出正常水位线40~50cm，墙基埋入土中0.3cm，顶部做成向池内平行延伸的防逃墙檐，檐宽15~20cm。

（2）产卵场。产卵场主要供雌鳖产卵，同时也是亲鳖晒背、栖息的场所。应选择背风向阳、地势较高、地面略有倾斜（不积水）、适宜搭棚的鳖池岸上。产卵场面积要根据亲鳖放养数量而定,通常按每只雌鳖占 0.2 m² 左右的面积设计,形状以长方形为好。产卵场一侧有 25°～30°的斜坡伸入水池,最高处高出水面 50～60cm。场内铺设 30cm 厚的细沙土,对细沙土的要求是亲鳖产卵时挖洞不易倒塌,不易干涸板结。中间隔一定距离放一排同沙面等高的砖块,以供工作人员收集鳖卵时行走。由于鳖喜欢在隐蔽、凉爽、湿润、无直射阳光的环境中产卵,因此产卵场要有遮阳设施,同时还要不影响鳖晒背等活动。产卵场要保持正常恒定的干湿度,要求排水性能好、不积水。亲鳖池除产卵场一面亲鳖可上岸活动外,池的其余三面不露土,以防止亲鳖分散产卵。

(3) 进、出水口。进、出水口宜互成对角线,进水口略高于池塘正常水位,出水口应考虑能排出池底层的水。在进、出水口处要安装可靠的防逃设施,一般安装大小适宜的铁丝网即可。为了保持水位稳定,保证正常的投饲,在标准水位线处要设若干个溢水口。

(4) 投料台。亲鳖池中应设投料台,投料台有多种形式,一般由料台板和支撑的砖墩构成。料台板有单面和双面两种。单面料台板为一块宽 50cm 的水泥板,搭设时稍向水面倾斜。为防止饲料滑入水中,在料台板下侧的 1/3 处做一条 2cm 高的平缓挡料条。双面料台板即在中间设一隔板,平放在砖墩上,鳖从两侧爬上料台板吃食。

投料台搭设在鳖池的长边的一侧或短边的两侧,离池边 30～40cm,长度为池边长的 70%～80%,料台板可以相连,也可分开搭设。投料台的搭建高度比池塘正常水位高 4～5cm 即可,双面料台板以中间隔板部分露出水面为准,单面料台板则以料台板下侧的挡料条稍没入水中为宜。

(5) 晒背台。晒背台供亲鳖晒背之用。大多采用在水面中间或向阳一侧用毛竹材料做成的固定台,大小视池塘面积、亲鳖数量而定,一般为亲鳖池面积的 5%～8%,可搭建一个或多个。

2. 稚鳖池 稚鳖池用来培育刚孵化出来的稚鳖。稚鳖娇嫩、体弱,对外界环境适应能力差,因此对稚鳖池的各种指标要求较高。稚鳖池一般建在室内,要具有良好的保温、防暑通风系统。一般每池面积 2～4m²,池深 40～50cm。池墙用砖砌成,内壁水泥抹面,池底从进水口向出水口一端呈 12°左右的坡度,使用混凝土材料并抹平,上铺细沙土 3～5cm 厚,但在邻近出水口处的池底,三面需用砖块砌成半圆形的挡沙墙,高度应高于沙的厚度,这样残饵、污物一般不会沉积于沙中,排水时易于清除,也不会造成底沙大量流失,阻塞出水口。进水口略高于正常水位,出水口应比池底再降低 5cm 以便排水,进、出水口用铁丝网拦住,以防稚鳖逃遁。池上设网罩,以防鼠、蛇、鸟等敌害侵袭。

3. 幼鳖池 幼鳖池采用砖、混凝土材料,每池面积 10 m² 左右,池深 0.8m,池堤四周设防逃檐,檐宽 5～10cm。池底从进水口向出水口端的坡度为 10°左右,铺垫细沙土 5～8cm 厚。在出水口一端设投料台,投料台宽 40cm 左右,长度为池边长的 80%。幼鳖池补注的一般都是热水。引水入池有两种方法:一种是热水管口离水面 30～40cm,打开阀门,热水流入池中,由于存在着落差,故进水有一定的曝气增氧作用,但同时也产生较大的噪声;另一种是热水管伸入池中离池底 15～20cm 再横向设置水管,横向水管上有多个小孔,热水从这些小孔中流出,这种形式有利于改善池底水质,促进水温的均匀分布,但应严格控制进水水温,防止烫伤幼鳖。

4. 成鳖池 成鳖池指商品鳖和后备亲鳖饲养池。成鳖对环境的适应能力和活动能力比幼鳖大大增强,因此成鳖池的设计除了防逃设备要求特别严格外,其余均不及幼鳖池严格。

成鳖池一般建于室外，采用砖、混凝土材料，长方形池宜选择南北向。每池面积 50～200 m²，池深 1.2～1.5m，防逃檐宽 15cm。池底从进水口向出口方向坡度 8°左右，铺垫细沙土 10～12cm 厚。进水由安装在池堤上的进水管通过阀门和分管直接流入，出水口应低于池底，并在高水位线上设溢水口。有的地方在离池底 30cm 处增设一个排水口，这对加速更换池水、改善底层水质有较大的作用。成鳖池的投料台与出水口同位于池的南端。在池塘中搭建多处晒背台，方法同亲鳖池。

任务二 鳖的生物学特性

一、鳖的分类与形态特征

1. 鳖的分类 鳖属爬行纲、龟鳖目、鳖科。我国分布的鳖科动物有 3 属 4 种：鼋属，包括 1 种鼋，分布于我国云南、广西、广东、海南、福建、浙江等省份的水域中，为我国一级保护动物，在东南亚的缅甸、马来西亚和菲律宾等国家及几内亚都有分布。山瑞鳖属 1 种，即山瑞鳖，分布于我国贵州、云南、广东、广西和海南等地。中华鳖属 2 种，即小鳖和中华鳖。小鳖仅产于广西东北部及其接壤的湖南部分县市的湘江上游江段，为我国新发现的鳖类物种。中华鳖广泛分布于除宁夏、新疆、青海和西藏以外的我国大部分地区，尤以湖南、湖北、江西、安徽、江苏等省产量较高，另外，在日本、朝鲜、越南等国家也有分布。我国的鳖科动物以中华鳖最为常见，目前养殖的鳖类也以中华鳖为主。

2. 鳖的形态特征 鳖的体躯呈圆形或椭圆形，背腹扁平状，外部形态分头、颈、躯干、四肢、尾五部分。其头部前端稍扁，背观略呈三角形，后部近圆筒状，吻钝，吻端延长成管状吻突，一对鼻孔由鼻中隔分开，呼吸时身体无需外露，只要吻突稍露出水面即可。眼圆而小，位于鼻孔的后方两侧，上侧位有眼睑。口较大，位于头的腹面，上下颌无齿，但颌缘有角质硬鞘，行使牙齿功能，可咬碎食物。口内有短舌，但不能自如伸展，仅能起帮助吞咽食物的作用。

脖颈细长，近圆筒形，伸缩肌发达，可以灵活自如地伸缩、转动。当颈缩入壳内时，其颈椎呈 U 形弯曲。颈延背甲伸长后，吻突可超过后肢基部，但颈延腹甲伸长时，吻突只能达前肢附近，这是因为腹甲前端长于背甲之故。因此捕捉鳖时，一般用拇指和食指插入两后肢的腋窝，既可捉住又可避免咬伤。

躯干部平扁呈椭圆形，由骨板形成的背甲和腹甲组成。背甲稍呈弧形，通常为暗绿色或黄褐色，上有众行排列不明显的疣状颗粒。腹甲平坦，为灰白色或黄白色，并以韧带组织与背甲相连，构成不能活动的甲壳，起到保护作用。背甲左右两侧和后缘的结缔组织发达，构成裙边，游泳时裙边上下波动，可以随意改变方向，并保持身体的平衡。裙边富含蛋白质和胶质，被视为滋补佳品。

尾短、基部粗，基部腹侧有泄殖孔。雄性的尾部明显长于雌性的尾部，并伸出背甲之外，这是区别雌、雄鳖的重要依据。尾部还能协助裙边维持身体平衡。

四肢粗短有力，为 5 趾型，位于躯干的前后两侧，能缩入甲壳内，后肢比前肢大。肢上有皮褶，肢背面有少数角质鳞，肢端有 5 趾（指），趾（指）与趾（指）间有发达的蹼，游泳时用来划水，起到类似鱼鳍的作用，上浮呼吸或潜水下沉也离不开蹼的作用。第 1～3 趾趾端生有钩状利爪，突出在蹼膜之外。

二、鳖的生物学特性

1. 栖息环境与食性 鳖是以水栖为主的两栖爬行动物,天然条件下野生鳖喜欢栖息于水质清洁、底为泥沙的江河、湖泊、水库、溪流、池塘等淡水水域中,亦喜潜伏在岸边树荫底下有泥沙的浅水地带。鳖对环境的适应能力很强,适于在僻静、冬暖、夏凉、阳光充足、水质清洁、较为隐蔽的环境中栖息,具有喜洁怕脏、喜静怕声、喜阳怕风的栖息特性。

鳖为杂食性水生动物,尤其喜食动物性食物,如鱼、虾、螺、蚌、蚯蚓、蝇蛆、蚕蛹、鱼粉、各种动物内脏等,也非常爱吃臭鱼烂虾和屠宰场的下脚料。在动物性饲料缺乏时,也吃甜菜、卷心菜、南瓜、大麦、小麦、黄豆、玉米、高粱等植物性饲料。

2. 生活习性

(1) 日光浴。鳖性喜温,在风和日丽的天气,鳖喜欢爬到岸边沙滩上或露出水面的岩石上晒太阳,进行日光浴,直到背甲上水分干涸为止,俗称"晒壳",每天2~3h,在环境安静感觉无危险时,晒壳时间更长。晒壳是鳖的一种自我保护本能,为生理所需,晒壳有利于迅速提高体温,及早开始昼夜间活动,也可增强皮肤的抵抗力和起到灭菌除害作用。

(2) 性格凶残。鳖相互之间咬斗非常凶猛,体弱的常被咬伤或咬死。饲料缺乏或环境变化威胁其生存时也会互相撕咬、残杀,即使是孵出不久的稚鳖也不例外。鳖在受到其他动物侵害或在产卵时,也会主动攻击对方。由于鳖性格凶残,人捉鳖时手常被咬住,并且不松口,其实这只是鳖出于自卫本能地攻击,只要将手连同鳖放入水中,它便会松口逃跑。

(3) 胆小怕惊。鳖性胆怯,警惕性特强,稍有惊扰,如听到水声、看到远处的人影等便迅速逃入水中或潜入水底泥沙中躲藏起来。在陆地上生活时,一旦遇到危险,便将头颈部和四肢缩入壳内,以御外敌。

(4) 冬眠习性。鳖属冷血变温动物,其生活规律和环境温度变化有着十分密切的关系。在自然条件下有一年一度的冬眠习性,冬眠期随地区而异,在广东、海南等地,每年约4个月,在湖南、湖北等地,每年约6个月,而在东北地区每年6个月以上。一般从寒露前后,当池水水温下降到12℃左右时开始冬眠,至翌年清明前后,当池水水温上升到15℃左右时鳖才从冬眠中渐渐苏醒,从潜伏的泥沙中爬出来活动。冬眠时,鳖颈斜朝上,鼻孔稍出泥沙表面,两眼紧闭,不食不动,伏泥深浅与颈的长短相关,颈有多长就伏泥多深。冬眠期间几乎不用肺呼吸,主要是靠鳃样组织吸收水中的溶解氧维持生命活动。鳖在较长的冬眠期内是靠入冬前积累的营养物质来维持新陈代谢,因此在越冬后鳖体重一般要减轻10%~15%,甚至20%,体质差的鳖越冬期间容易死亡。

3. 生殖特性 鳖为雌、雄异体,体内受精,卵生。鳖属一年多次产卵类型,一般情况下,第一次产卵最早时间在5月中旬,最迟在6月上旬,产卵终止时间均在立秋前后几天内,而盛产期则在芒种到大暑之间。一只雌鳖每年在生殖季节可产卵2~3批,最多的可达5批,每批产卵数少则4~7枚(最少只有2枚),多则40枚,平均为15~20枚,每年可产30~50枚。

任务三 鳖的繁育

一、鳖的选种

1. 亲鳖的选择 亲鳖是指达到性成熟能够繁殖后代的雌、雄鳖,亲鳖质量的优劣关系到人工繁殖和养殖成败。优质的亲鳖每年可产卵 4～5 次，每次产卵 20 枚以上，卵的受精率和孵化率都较高，稚鳖生长发育也快。亲鳖主要有野生鳖驯化和人工繁育两种来源，最好选人工繁殖的成鳖，因其已适应人工养殖环境，便于饲养管理，利于产卵繁殖。

优良的亲鳖应无病无伤、行动敏捷、体质健壮、体形完整、体色正常、皮肤光亮、背甲后缘革状、裙边肥厚。鳖甲颜色以黄绿色为主，背部有黑黄色相间的花纹斑，腹部呈浅黄白色。用手指卡住鳖后肢腋部，将鳖提起，如鳖的颈能自然伸得很长，并能向四周灵活转动，四肢不停地蹬动并想咬人，说明颈部无伤；将鳖仰面放在地上，如能立即翻身并迅速逃跑，稍受惊吓头便迅速缩入背甲内，说明无伤；如有伤则翻转困难，行动迟缓。有严重内伤的鳖有的腹甲发红，有红斑，鳖体软绵无力，在地上行动缓慢，拿起来肢体无力下垂。有疾病的鳖常见的有背甲粗糙，有白色斑点，抹去白斑后会出血；有的背部或四周及四肢有黄色疮疤，其疮疤周围边缘部充血；有的全身水肿或极度消瘦。

2. 年龄、性成熟和体重 因为鳖是变温动物，故其性成熟年龄与水温条件密切相关，各地气候不同，地区积温不同，鳖的性成熟年龄也不一样。一般长江流域鳖 4～5 龄性成熟，华南地区 3～4 龄性成熟，华北地区 5～6 龄性成熟。可以这样说，水温决定鳖的生长速度，同时也决定了鳖性腺成熟的早晚。因此无论在何地区，只需将鳖置于人工控温条件下饲养（28～30℃），完全可以促使鳖早成熟、早产卵、多产卵。在自然环境中，鳖性成熟个体差异很大，这与其环境优劣、饲料丰歉等因素有关。实践证明，即使在同样的饲养条件下，雌鳖由于个体重量起点不同，在幼鳖和成鳖以后的生长过程中会出现明显的差异，一般个体起点重量越大，增重越快。因此繁殖用的亲鳖最小年龄应该是性成熟年龄加上 1～2 龄，如华北地区的亲鳖一般在 6～8 龄参与繁殖，雌亲鳖体重 1.5～3kg、雄亲鳖体重 2～3kg 为佳，体重越大越好。

3. 选留亲鳖的比例 由于鳖的精子在输卵管内能存活半年以上且仍有受精能力，一般 1：（4～5）为最佳的雄、雌配比，卵子受精率可达 95% 以上。雄亲鳖比例过大，不仅占用池塘和消耗饲料，而且在生殖季节还会争配偶而相互咬伤，干扰雌鳖的正常发情产卵。如果雌亲鳖太多、雄亲鳖太少，卵的受精率会下降，影响生产效率。

雌、雄鳖的鉴别方法有很多，最简便、最可靠的方法是看鳖尾巴的长短和体型结构鉴别。雌鳖尾部短软，不能露出裙边外，而雄鳖尾部长硬，能自然露出裙边外；雌鳖背甲呈椭圆形，中部较平，体躯较厚，腹部呈"十"字形，后肢间距较宽；雄鳖则与此相反。

二、鳖的繁殖

1. 发情与交配 每年 4 月下旬至 5 月上旬，鳖冬眠结束开始复苏，主动摄食。当池水温度上升到 20℃ 左右时，性成熟的亲鳖开始第一次发情交配，4—6 月为交配旺盛期，一直延续到 10 月以后。鳖交配一般在晴天的夜间进行，持续时间达 5～6h，交配的最适水温是 25～28℃。发情交配时，雌、雄鳖在沿岸浅水区发情追逐，往往是雄鳖追赶雌鳖，然后雄鳖用四肢紧抱雌鳖，骑背交配。此时雄鳖尾部下垂使泄殖孔与雌鳖泄殖孔对接，再将海绵体交媾器插入雌鳖体内，输射精液至输卵管内，精子与卵子在输卵管上端结合。鳖交配全过程为 5～8min，经 2～3 周后可再次交配。与自然水域不同的是，亲鳖培育池内密度较大，而发情交配时往往是多只雄鳖追逐一只雌鳖，雄鳖容易因角斗而受伤，这也是亲鳖池内不宜多放鳖的重要原因。

2. 产卵

(1) 产卵季节。鳖的产卵季节因各地区气候条件不同而异，我国华南地区为4—9月，华中地区为5—8月，华北、东北地区为6—8月。群体产卵历时最长可达98d，我国台湾、海南地区因气候条件好，亲鳖的产卵期长，从3月开始一直持续到秋后10月结束。一般气温25～32℃、水温28～30℃为最适产卵的温度。水温30℃以上产卵量随之下降，水温超过35℃基本停止产卵。在人工饲养条件下，由于饲料充足、管理周到，产卵季节有提前和集中的趋势。在产卵季节内，如遇天气突变（刮风、下雨和温度下降），久旱无雨或气候过于干燥等均会影响雌鳖的正常产卵，甚至停止产卵。

(2) 产卵时间。亲鳖交配后10～20d雌鳖就开始产卵，通常5—8月是鳖的产卵期，其中6月下旬到7月底为产卵盛期。雌鳖一般在22：00以后产卵。而0：00—4：00环境最为安静，鳖最为活跃，也最为安全。一只雌鳖一年中可产卵3～5次，年产卵10～50枚，两次产卵前后相隔2～3周。同一批鳖前后两批产卵的时间间距一般15～25d，最短为10d，最长为30d。其中以第一批卵质量最好，孵出的稚鳖当年生长期也最长。

(3) 产卵场地。鳖对产卵场地的要求较高，必须具备隐蔽性良好、背风向阳、不旱不涝、沙地疏松等条件，只有这样才能保温、保湿，保证受精卵孵化成功。特别注意保持亲鳖池的安静环境，注排水时应尽量控制不出现水流声，尤其在亲鳖的交配期。在盛夏及干旱季节，亲鳖产卵场早晚要适量洒水，使之保持湿润状态；在多雨季节，则应保持产卵场排水畅通。在特殊情况下，比如河水上涨淹没了产卵场，或迁移至新环境一时找不到产卵场，成熟雌鳖也会产卵，但卵在孵化过程中往往中途夭折，不过在一般情况下鳖对产卵场地的选择都会准确无误的。

(4) 产卵方法。在产卵季节，雌鳖选择地势较高、背风向阳且无积水的树荫或草丛下，尤喜在松软湿润的粉沙土上挖洞产卵。雌鳖产卵持续时间约10min，成熟的卵一次产完，若受惊动立即停止产卵。产卵结束后随即用后脚拨泥沙掩好卵穴，并用腹甲压紧沙土，不留明显痕迹。

(5) 产卵次数、产卵量与产卵潜力。研究表明，已达性成熟的雌鳖卵巢中存在着发育水平、大小等级不同的卵原细胞、初级卵泡、生长卵泡和成熟卵泡，由此证实鳖属于一年多次产卵类型。鳖在一年中的产卵次数、每次产卵量、卵的大小与亲鳖年龄、个体大小、营养条件有直接关系。一般说来，年龄大、个体大、营养条件好的怀卵量多，产卵次数、产卵量也多；反之则少。但个体太老产卵量反而减少。雌鳖的大小不仅影响产卵量，而且也影响卵的质量。大鳖产的卵多，卵的个体也大，且大小均匀。鳖产卵次（窝）数还与所在地域位置有关，长江流域1年可产卵达4～5次，华北地区每年产卵2～3次，华南地区每年可产6～7次。

(6) 受精卵的特征。鳖的卵子属于多黄卵类型。其主要特征是卵黄与原生质截然分开，原生质集中在动物极和卵周，卵黄偏移于动物极原生质汇集所在部位；其次是卵的蛋白质含量很少，且没有蛋白系带。鳖卵呈正圆形，色洁白，卵径1.5～2.0cm，重3～5g，最大卵径可达2～3cm，重6～7g。一般雌鳖小则产的卵也小，雌鳖大则产的卵也大。鳖卵产出不久，就可以明显地观察到一朝上的圆形白色亮区，这是卵动物极（胚体）。此时胚胎已发育至囊胚期或原肠胚期，下面为植物极，即卵黄营养物质，为胚胎发育提供营养。生产中观察到白色亮区会逐渐扩大，说明是正常的受精卵；但若白色亮区光泽暗淡，又不继续扩大，可以认为是未受精卵。

3. 孵化

（1）鳖卵的收集。一般在白天进行，此时沙较温润、色深，有鳖爪和腹甲的痕迹，用手轻轻扒开泥沙可采集到鳖卵。宜收集卵壳呈不透明的乳白色的受精卵，乳白色部分朝下，无此特征的多是未受精卵。

（2）孵化期。在气温30℃以下的自然条件下，受精卵的孵化需要50～70d，由于孵化时间长，受精卵受天气影响大，易受敌害，故孵化率很低，一般只有10%～40%。人工养殖时，采用人工控温快速孵化，鳖卵的孵化期可缩短到40～50d，孵化率可达到85%～95%。刚孵出的稚鳖具有向水性，能主动爬向水中。

（3）人工孵化。鳖卵实行控温、控湿孵化，有两种基本方法，即孵化场孵化和孵化箱孵化。

①孵化场孵化。选择地势高、排水方便、地面呈5°～10°倾斜的地方，面积4m²，长、宽比例为2∶1，围墙高1.2m，四周有排水和通气孔。地面铺5cm厚的细沙，在孵化场底部埋一水缸或水盆，盆口与沙面相平，内装10～20cm深的清水。将受精卵依次排列于细沙上，间距为1cm，排满后再覆盖2cm厚的河沙。

②孵化箱孵化。木箱长、宽各1m，先在箱底钻若干滤水孔，再铺3cm厚的细沙，将受精卵整齐排列其上，卵间距1cm，在稚鳖将要出壳时，放一盛有少量清水的容器。

以上两种方法要求每隔1～2d洒适量清水，将温度控制在（32±2）℃；相对湿度前40d为90%，后7d为85%以下；沙的含水率前40d为7%～10%，后7d为4%～7%。入孵的鳖卵在产后5～7d乳白色小圆形区逐渐变大，第10～12天卵的下部逐渐变为白粉红色，第20～25天变为红色，第26～30天慢慢变为黑色，并隐约见到胎儿，45d左右即可孵化出雏鳖。控温、控湿孵化较自然孵化可提前20～30d出壳，缩短了孵化周期。

（4）出壳。鳖卵在常规温度下孵化需要50～70d，且往往有部分鳖卵不能及时出鳖。生产中可采用人工引发稚鳖出壳，以缩短孵化时间、提高孵化率，使稚鳖达到同步生长。

①适时翻沙。当孵化达到积温要求有少量稚鳖出壳时，可轻轻翻动孵化用沙，将鳖卵放置于沙上10～15min，不久便有大批稚鳖破壳而出，未破壳的鳖卵仍可放回沙中继续孵化。

②温水浸泡。当孵化时间达到或接近雏鳖孵化所需积温时（卵壳上黑点将全部消失），将该批鳖卵轻轻取出放入盆中，然后慢慢加入20～30℃的清水，水体以刚淹没鳖卵为宜。水的刺激加速了雏鳖的出壳速度，一般10min左右大批雏鳖即破壳而出，如果有未出壳的鳖卵，应立即捞出放回沙中继续孵化几天。

③阳光暴晒。此法适于9月底至10月中旬的孵化后期采用，将装有鳖卵的孵化箱放在阳光下晒2～4h，可促使大批稚鳖出壳。此法可反复使用3～4次。

④适当升温。此法可用于无恒温设施的养殖场，每天晚上用塑料纸包裹孵化箱，留4～5个透气孔，这样可提高夜间温度，减少昼夜温差，缩短孵化时间，促使稚鳖提前出壳。

任务四　鳖的饲养管理

一、鳖的常用饲料

鳖是杂食性动物，偏重动物性饲料，对蛋白质含量要求较高。自然界中可作为鳖饲料的生物有很多种，大致可分为天然饲料和人工饲料（又称配合饲料）两种。

1. 天然饲料 鳖的天然饲料包括动物性饲料（如水生动物、底栖动物、浮游动物、陆生动物）和植物性饲料（如水生植物、陆生植物）两种。鳖摄食的动物性饲料主要为水蚤、蚯蚓、河蚌、螺蛳、野杂鱼、陆生昆虫、蝇蛆及鸡、鸭、猪、牛、羊等动物的内脏；植物性饲料主要有瓜类（如西瓜、南瓜、菜瓜、甜瓜），甘薯、胡萝卜等，谷物（如大麦、小麦、玉米、黄豆等）。

2. 配合饲料 随着养殖业的发展，配合饲料的研制与应用越来越受到养殖户的重视，尤其是规模较大的工厂化、集约化、规范化的养鳖场，很多地方直接采用配合饲料养鳖，效果非常理想。下面介绍几组饲料配方仅供参考：

配方1：鱼粉60%、α-淀粉22%、大豆蛋白6%、豆饼4%、啤酒酵母3%、引诱剂3.1%、维生素混合剂0.5%、矿物质混合剂0.5%、食盐0.9%。

配方2：鱼粉60%～70%、α-淀粉20%～25%、酵母粉、脱脂乳粉、脱脂豆饼、肝脏粉、血粉、矿物质、维生素等10%～15%。

配方3：优质鱼粉20%、血粉5%、大豆饼25%、玉米粉23%、小麦粉25%、生长素1%、矿物质1%。

配合饲料具有营养全面、贮藏运输方便、经济效益高的特点，另外，配合饲料还可根据生产需要添加中草药添加剂以防治鳖病。中草药添加剂对许多细菌、某些致病性真菌及少数病毒都有不同程度的抑制和杀灭作用，如黄芪等中草药能提高机体免疫力，从而提高对细菌、病毒的抵抗力，有助于机体的健康和发育。

二、不同阶段鳖的饲养管理

1. 稚鳖的饲养管理

（1）稚鳖的收集。当孵化房中第1只稚鳖破壳而出，此时千万不要将少量稚鳖立即捉出。因为刚刚孵化出的稚鳖羊膜尚未脱落，脐孔还未完全封闭，体质太弱，立即捕捉则易伤、易病；另外，大批量稚鳖的孵出还需要1～2d，最好在羊膜脱落、脐孔封闭、孵化出的稚鳖数量至少能满足一个鳖池的放养时进行，一般是将孵化出的稚鳖在孵化房内关1d后再捕捉。

捕捉稚鳖时，首先切断孵化房内的电源，停止红外线灯等加热器加热，然后打开孵化房的门、窗，利用12h左右的时间将孵化房内的温度、湿度调整到与外界基本相同，同时准备好清洗干净、内壁光滑的容器（如塑料盆等），用以盛放稚鳖。由于开门和开窗，受降温和通风的影响，此时孵化房内的稚鳖会大批破壳而出，与前1d孵化出的稚鳖混杂在一起，因此收集稚鳖时切不可见鳖就捉，一定要经过挑选，将羊膜脱落、脐孔已封闭完全的稚鳖捉进塑料盆中。

孵化高峰期，稚鳖在孵化房内的浅水中游动，密度很高，捕捉时最好将两手掌合拢，轻轻伸入鳖群下面，然后慢慢地将稚鳖捧出水面，再放进盛有1/3水量的塑料盆中。千万不可将稚鳖盛放在无水的干塑料盆中，也不可一次盛鳖过多，以免造成稚鳖受伤和死亡。

（2）稚鳖消毒。从孵化房内捕出的稚鳖一定要先行消毒，一般在内壁光滑的椭圆形浴盆中进行，常用消毒药物为8～10mg/kg的高锰酸钾溶液，消毒时间为15～20min。消毒前，先将浴盆洗刷干净，然后按要求配制好消毒药液，并分装到各个消毒浴盆中，每盆盛放消毒药液10～15kg；将从孵化房内捕捉出来的稚鳖计数后放入消毒浴盆中，记录开始消毒的时间，鳖体消毒密度以盆内稚鳖能自由游动、互不叠加为宜。

（3）稚鳖开食。稚鳖消毒后即可开口摄食，开口饵料应是今后投喂的同一品牌或同类型的稚鳖料。开口摄食时要先配制好饲料浆水：先掺少量水于稚鳖饲料中调和均匀，然后边加水边用手搓揉饲料，使饲料充分溶于水中，特别是要将黏团和结块的饲料进行反复搓揉，使之成为均匀的饲料浆水（饲料与水的比例为1∶50）。将调好的饲料浆水分别装进各个浴盆中，每个浴盆盛放饲料浆水8~10cm深，然后将稚鳖放进盛有饲料浆水的浴盆中进行开口摄食，每次稚鳖摄食的时间为0.5~1h。用此法投喂不但可增加稚鳖的营养，增强稚鳖的体质，还可驯化稚鳖识别饲料气味，有利于稚鳖尽快摄食营养丰富的全价配合饲料，促进其生长。

（4）稚鳖放养。

①放养前的准备。放养稚鳖前要做到四要：

一要消毒。在稚鳖放养入池前7~10d必须用生石灰对鳖池进行清塘并全面消毒，用量为0.15~0.18kg/m^2，若为池底淤泥较多的老池，则生石灰用量可增至0.23~0.31kg/m^2。以后每周可用高锰酸钾溶液（40mg/L）消毒稚鳖池一次，有条件的最好每周用抗菌及促消化的中草药液浸泡鳖一次，可提高稚鳖抗病力及消化吸收能力。

二要施肥。放养稚鳖时若池水过瘦，放养入池的稚鳖往往生长缓慢。鳖池清塘消毒后于稚鳖放养入池前5~7d必须对池塘施肥。在鳖池底部先堆放经过发酵的有机肥0.61~0.77kg/m^2，然后注水40~50cm深，有利于培养轮虫。由于稚鳖池较小、水又浅（一般水深20~30cm）、放养密度大，施肥后的水质极易败坏，必须在2~3d换一次水，每次换水量为水体总量的1/3左右，换水水温要和养殖池内水温保持一致。饲养稚鳖要求水质肥嫩、新鲜、淡绿色、无污染、无病菌，透明度好，可视深度一般在25cm左右，pH 7~8。

三要栽种水草。鳖池栽种水草的目的是增加鳖体栖息空间和隐蔽场所，减少个体间互相撕咬的机会，减少鳖病发生，提高稚鳖成活率。栽种的水草主要有水葫芦，种草面积一般为鳖池水面的1/4~1/3，可在鳖池的四角、中央栽种。

四要设置饲料台。饲料台可用水泥瓦楞板、木板搭设，规格一般为长150cm、宽60cm。每隔4~5cm放一块，横放于鳖池堤埂的斜坡水线处，使之1/3淹没在水下、2/3露于水上。投喂时将颗粒饲料放于贴水线上端5~10cm处供稚鳖摄食。为了避免稚鳖摄食时争夺与撕咬，可多设几个饲料台。

②放养。经过驯食后的稚鳖即可放养入池，放养密度以2~3只/m^{2}为佳。稚鳖放养要注意以下四个方面：

一要注意温差。放养稚鳖时，孵化房内的水温与鳖池的水温要基本一致，最大温差不超过3℃。常用的调节方法是：从孵化房内捕出的稚鳖经消毒、驯食后不急于放养入池，而是先暂养在浴盆等大容器中，慢慢地添加鳖池池水，2~3h后将暂养水温调至与鳖池水温温差小于3℃后再放养入池。

二要注意时间。稚鳖放养入池最好选择在气温、水温都比较高的中午进行，此时稚鳖活动能力、适应能力强，应激反应少。

三要注意天气。稚鳖放养应选择在天气晴暖、阳光充足、气温和水温相对较高的一天内进行。若选择在阴雨天气放养，则稚鳖大多躲避在饲料台板下或堤边淤泥中，不动不吃，既消耗体力又削弱体质，影响生长和成活。因此可采用的办法是适当降低孵化沙温，适当延长孵化时间，以避开阴雨天和冷空气。

四要注意方法。稚鳖放养入池,最好将稚鳖散放在各个饲料台板上让其自行爬入鳖池水中。同时将驯食用过的饲料浆水泼洒在各个饲料台板上,以增强稚鳖识别人工配合饲料气味的能力,使其能尽快爬上饲料台摄食。

(5) 投喂。稚鳖放养入池后,应选用优质、新鲜、营养全面、适口性好、蛋白质含量高的饵料(如小红虫、摇蚊幼虫、细小的蚯蚓、熟蛋黄等)投放。经饲养 7d 后,可投喂新鲜的猪肝、绞碎的鲜鱼肉、螺蛳及动物内脏,有条件的地方可人工饲养蚯蚓投喂。另外,在稚鳖饲料中加入维生素 E、维生素 C 可增强稚鳖抵抗力,加入少许甜菜碱可增强稚鳖的摄食量。

投喂要坚持"四定"原则,即定时、定点、定质、定量,养成稚鳖定时定点的摄食习性。高温季节在 9:00 投喂一次,17:00 投喂一次,秋后则每天投喂一次。投食量要根据稚鳖实际吃食情况而定,以稚鳖吃饱且投喂无剩余为宜,在水温 25~30℃ 时,一般投放量可占稚鳖体重 10%~20%。

(6) 稚鳖越冬管理。越冬是稚鳖饲养管理的一个难关,由于夏末秋初(9 月下旬至 10 月初)孵出的稚鳖个体小(一般只有 10~15g),其体内贮存的物质不能满足在漫长的冬眠期间能量消耗的需要,容易因体质瘦弱而患病、大量死亡。对这些稚鳖需采取一定的越冬管理措施,自然水温 20℃ 时,有温室的要及时转入温室进行加温养殖;没有温室的,在水温 15℃ 以下时,应将稚鳖及时转入越冬池。越冬池宜选择向阳、背风、防冻、保温的室内或塑料棚内,池底垫 20cm 厚的细沙,再注入 15~30cm 深的水,每平方米投放稚鳖 200~250 只,稚鳖会自行钻入沙中。如稚鳖数量不多,可放入缸内、桶内、盆内,装入细沙蓄水越冬。越冬期间要保持适当温度(一般越冬要求水温在 2~6℃),严防室内温度时高时低,以免稚鳖从冬眠中苏醒过来不利于冬眠。池水一般不用更换,如水位下降可增加一点水,但是必须使水温与越冬池内水温一致。在天气变化较大时,要及时采取防冻措施。

2. 幼鳖与鳖种的饲养管理 幼鳖是指将体重 10g 左右的稚鳖养到 150g 左右的小鳖;鳖种是将体重 150g 左右的幼鳖养到 400g 以下的大规格鳖种。幼鳖和鳖种对各种营养素的要求及投饲技术虽不如稚鳖严格,但随着个体的生长,摄食量不断增加,对饲料质量的选择及管理技术的要求仍不能掉以轻心。

(1) 饲料投喂。投饲技术仍坚持"四定"原则,幼鳖和鳖种应分别选用优质幼鳖及鳖种(或称中鳖)配合饲料。投喂前饲料的加工方法有两种,其中软颗粒饲料的粒径为 3.0~3.5mm,长 5mm;团块状饲料加工时可适当掺入青菜叶浆汁,以增加维生素含量。鳖种饲料中的蛋白质含量可提高到 40%~50%,脂肪在 1% 以下,常投鱼虾、螺蚌、蝇蛆、蚯蚓、蚕蛹、泥鳅、畜禽加工厂的下脚料和青绿饲料。日投喂量随着体重的增加而增加,并根据其体重增长每 10d 调整一次投喂量,每次投饲后要求在 3~4h 吃完。

(2) 日常管理。幼鳖和鳖种的日常管理工作与稚鳖管理相似,应抓住以下环节:

①控温、控湿。水温控制在 30℃,室温保持 32~33℃。因鳖是靠肺呼吸的动物,故室内空气中湿度不宜过大,一般相对湿度保持在 65%~75%;若在 90% 以上,则鳖摄食量会减少,病害会增多。

②控制水位、水质。随着鳖个体的增长,池水深度也相应增加。温室养鳖重要的工作是控制水质,蛋白质含量高的残饵和鳖粪在 30℃ 极易变质腐败分解,引起底沙变黑、池水发

臭，影响生长，可采取以下措施加以预防：不断地充气，增加水中溶解氧，有利于加速有机质分解，改善水质；每天摄食后用虹吸管吸污或排污管排污；较大量地加水、换水。

③幼鳖越冬管理。对于夏季（6—8月）孵出的稚鳖，在越冬前体内能够贮存较多的能量，体重一般在10g左右，对于这类幼鳖就可以让它们自然冬眠。幼鳖的越冬池宜选择阳光充足、环境安静且避风的地方，池中泥沙较少，面积以$100\sim300\ m^2$为宜。越冬前要选晴天将越冬池暴晒$3\sim5d$，然后用生石灰清塘消毒，也可用高锰酸钾消毒（每升水中加40mg高锰酸钾），注水50cm深。当水温降至$15\sim18℃$时将幼鳖按照100只/m^2放入越冬池，水温控制在$2\sim3℃$。在越冬期一方面要防止池水出现结冰现象；另一方面要防止室内温度过高影响正常冬眠。幼鳖入池后，需投喂蛋白质含量较高、适口性好的饲料，同时要注意加注新水，保持水质清新。

3. 成鳖的饲养管理

（1）水的管理。不同养殖方式对水的管理要求不同，共性的内容有以下几个方面：

①水质。由于鳖的密度大，水较深，水体小，自净能力差，故成鳖的集约化养殖对水质调控的要求较高，可参阅本任务的稚、幼鳖养殖部分进行调控。常温下的鳖鱼混养或鳖单养一般池塘较大、水较深，水生生态中的生物多样化程度较高，水的自净能力较强，水质容易控制。但由于包括众多的鱼类，在水质过肥时容易缺氧，应及时注入新水，并定时开动增氧机增氧。每隔$10\sim15d$加施生石灰（$10\sim15mg/L$）调节池水pH，使pH保持在$7.5\sim8.5$，使透明度保持在$20\sim30cm$。混养池在需要施肥时照常进行，但以发酵腐熟的有机肥为主，并坚持"少量、多次"的施肥原则，使池水肥度稳定，水色保持浅绿色或深绿色为好。

②水位。成鳖池水位一般保持在1m左右，并视天气好坏增减。过深则鳖在上下运动中消耗体力太大；过浅则水质多变。在正常情况下应避免水位忽高忽低，要求雨后水位不猛涨、久旱水位不锐减，控制水位恒定。

③水温。鳖的摄食完全取决于水温，特别在加温条件下饲养的鳖，由于习惯了高温，对摄食水温要求更高；成鳖与稚、幼鳖相比较摄食的水温范围更狭窄。因此在日常管理中不能忽视水温的变化，应尽可能保持在$(30\pm2)℃$的水平。常温养殖同样存在水温调节问题，特别是在每年的早春、晚秋和盛夏。早春、晚秋当气温尚未稳定时应适当加深水位，防止水温频繁、过急地变化；盛夏水温达到$34\sim35℃$时同样对鳖的生长不利，应及时加深水位以便降温，使鳖始终生活在较适宜的水温环境中。

④充气。特别是集约化养殖的鳖池容易缺氧，易产生有毒气体（甲烷、硫化氢等），及时充气、增氧能加速这些气体的逸出，净化水质。一般池水溶氧量与透明度关系为：当池水透明度在30cm左右时溶氧量为$4\sim5mg/L$，这时的环境最适于鳖的生长。

（2）放养密度。放养密度一般控制在$4\sim6$只/m^2，个体较大的鳖种可稀养；个体较小的可适当增加放养密度，放养重量应控制在$1kg/m^2$以内。但在场内池水面积较多的情况下，也可将小规格鳖种实行稀养，可以大大提高生长速度。

（3）日常管理。一般投饲量为鳖体重的$1.5\%\sim2.0\%$，并视摄食情况酌情增减，但幅度不宜过大。遇上连续雨天导致水温下降时，投饲量应减少，待天晴后水温回升时，应及时恢复原有的投饲量。可在饲料台搭遮雨棚，以减少下雨对鳖摄食的影响。

学习评价

一、名词解释

1. 亲鳖　2. 晒壳

二、填空题

1. 我国分布的鳖科动物有_____属_____种。

2. 晒壳有利于_____，及早开始昼夜间活动，也可增强皮肤的抵抗力和起到_____作用。

3. 以鳖生长对土质的要求来衡量，要既能保水又能完全排干，因此土质以保水性能良好的_____为最好。

4. 亲鳖交配后_____d，雌鳖就开始产卵。

三、选择题

1. 当池水水温下降到_____℃左右时，鳖开始冬眠。
   A. 20　　　　B. 12　　　　C. 5　　　　D. 0

2. 养鳖的水源pH在_____为好。
   A. 3～4.5　　B. 7～8.5　　C. 9～10.5　　D. 4～5.5

3. 鳖公母交配的比例是_____。
   A. 1：(1～2)　B. 1：(2～3)　C. 1：(4～5)　D. 1：(8～10)

4. 水温_____℃为最适产卵的温度。
   A. 20～30　　B. 15～20　　C. 28～30　　D. 30～40

四、思考题

1. 亲鳖池的设施包括哪些？
2. 鳖的生活习性有哪些？
3. 如何选择优质种鳖？
4. 诱鳖出壳的方法有哪些？
5. 简述各阶段鳖的管理要点。

项目二 黄 鳝 养 殖

黄鳝又名长鱼、鳝鱼等，是一种温热带淡水经济鱼类。黄鳝肉嫩味鲜，营养丰富。据测定每100g鳝鱼肉中蛋白质含量达17.2～18.8g，脂肪0.9～1.2g，钙质38mg，磷150mg，铁1.6mg；此外还含有硫胺素（维生素B_1）、核黄素（维生素B_2）、烟酸、抗坏血酸（维生素C）等多种维生素。黄鳝不仅为席上佳肴，其肉、血、头、皮均有一定的药用价值。据《本草纲目》记载，黄鳝肉有补血、补气、消炎、消毒、除风湿等功效。黄鳝肉性味甘、温，有补中益血、治虚损之功效，民间用以入药，可治疗虚劳咳嗽、湿热身痒、肠风痔漏、耳聋等症。黄鳝头煅灰，空腹温酒送服，能治妇女乳核硬痛。其骨入药，兼治臁疮，疗效颇显著。其血滴入耳中能治慢性化脓性中耳炎；滴入鼻中可治鼻衄（鼻出血）；特别是外用时能治口眼歪斜、颜面神经麻痹。

黄鳝一年四季均产，但以小暑前后者最为肥美，民间有"小暑黄鳝赛人参"的说法。随着国民生活水平的提高，人们对食物的营养价值要求也越来越高，集食用价值和药用价值于一身的黄鳝正契合了人们的需求，所以发展黄鳝养殖前景广阔；近年来还活运出口，畅销国外，更有冰冻黄鳝远销美洲等地。

学习目标

能够了解黄鳝的形态特征及生物学特性；熟悉黄鳝池的设计、布局及黄鳝苗种生产技术路线；掌握黄鳝苗种放养、投饲、水质、水草种植、防逃等管理技术。

学习任务

任务一 黄鳝场建设

一、场址选择

黄鳝养殖场的选址应根据黄鳝的生物学特性、生态学原理及养殖方式综合考虑，主要有以下几个方面：

1. 位置 黄鳝养殖场一定要选择地势平坦、避风向阳、水源条件较好、交通方便的地方，以便于养殖场的规划、施工、生产资料与水产品的运输、水体的更换等生产活动，从而减少投资。但应考虑黄鳝喜静怕惊的习性，养殖场周围环境应相对安静，不能建在车水马龙的公路边，也不能建在噪声很大的工厂、学校附近。

2. 水源 不是很严格，只要水质优良、水量丰富、无污染、对鳝无害的水均可，如江河水、湖泊水、水库水等。黄鳝最适水体pH为6.5～7.5，中性或偏酸的水体较适宜。适宜的有机物耗氧量为20～40mg/L，水体有机物过多会败坏水质，大量耗氧，水体产生硫化氢、氨气等有害气体，影响黄鳝的摄食、生长和生存。井水、泉水不宜直接进入黄鳝池，以免引起温差,对黄鳝产生应激反应,必须经太阳暴晒后方可引入整池。网箱养黄鳝的水域选择:凡水位落差不大,水质良好无污染,受洪涝及干旱影响不大,水深1.5~2.5m的水域均可考虑设立网箱,静水或微流水均可。

3. 水深 养黄鳝和养鱼有所不同,其需要的水位比鱼类饲养所需要的水位低得多。通常池四周水深20cm,中间水深25~30cm。水位过深则黄鳝的活动容易消耗体内大量能量,不利于生长发育。如果池水过深,又加上黄鳝没有鳍条,想要游至水面上将非常困难。在高密度养殖情况下,黄鳝容易被闷死。所以黄鳝池的水位高低直接关系到黄鳝的放养密度、成活率及成年黄鳝的产量。

4. 能源 养殖场的选址还要考虑到热源、饲料、电力等能源问题,以减少投资成本,达到节流增收的目的。

(1) **热源**。选择有长年温流水的地方建场,如热电厂发电后排出的冷却水、水温较高的溪水、大工厂排放的机器冷却水等。调节水温,使黄鳝一年四季均在适温条件下生长,以利于黄鳝产品常年均衡供应。

(2) **饲料**。饲料是黄鳝生产的物质基础,饲料的优劣直接影响到黄鳝的生长速度与产量及养殖户的经济效益。结合鱼类对蛋白质、脂肪类消化吸收利用率较高而对糖类消化消化吸收利用率较低的生理学特性,黄鳝养殖场最好建在肉类屠宰场、肉类加工厂及野杂鱼盛产的水域附近,以保证黄鳝生长发育对高蛋白质饲料的营养需求。

(3) **电力**。现代生活离不了电,现代工农业生产少不了电,现代科学技术离不开电。对于黄鳝养殖场来说,电力是一种先进的生产力和基础产业,主要作为进排水、饲料加工、办公自动化、监控等设备动力。

二、黄鳝池建造

黄鳝池的大小应根据养殖的规模和方式来确定。如作为家庭副业来养殖,一般以4~5m² 为宜。如是形成一定规模的养殖,可以建十几或几十平方米(20~50m²)为一池。为了便于分池饲养,最好连片建几个或十几个以上的池塘。

黄鳝池结构按构造材料可分为水泥池、土池两类;按养殖方式分,有静水有土养殖池、流水无土养殖池和网箱养黄鳝等。不论何种结构,建池时都要考虑防逃、易捕、进排水方便这三个原则。

1. 土池 选择在排灌条件好、土质较坚硬的地方挖池。从地面下挖30~40cm深,挖出的土在周围打埂,埂高40~60cm,埂宽60~80cm,埂要分层打紧夯实,以防黄鳝打洞逃跑,池底也要夯实。有条件的养殖者最好在池底先铺一层油毡,再在池底及池周围铺一层塑料薄膜。在池底薄膜上堆放20~30cm厚的淤泥层或有机质层。土池结构见图3-2-1。

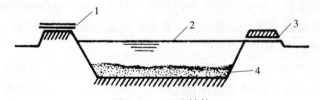

图3-2-1 土池结构
1. 进水口 2. 水面 3. 排水口 4. 泥层

2. 水泥池 先在平地上下挖30～40cm深，建成土池。池壁用砖或石块砂浆物垒砌，用水泥抹面。池边墙顶做成T形出檐，池底用黄泥、石灰、黄沙混合夯实或填石渣，夯实后铺5cm厚黄沙密缝。离池底30cm处开出水孔、50cm处开进水孔，孔口都要用细网目网罩住，以防进出水时黄鳝逃走。池底放30cm左右深的河泥，泥质要软硬适度。池建好后，注入新水，水深10～15cm，池壁高出水面约30cm。水泥池结构见图3-2-2。

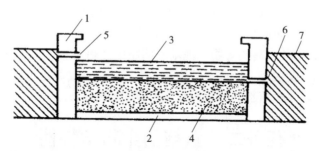

图3-2-2 水泥池结构
1.池壁 2.池底 3.水面 4.泥层 5.进水口 6.出水口 7.地面

3. 黄鳝流水无土养殖池 选择有常年流水的地方建池，采用微流水养殖。池用水泥砖砌，每个池2～3m²，池壁高40cm，并在池的相对位置设直径3～4cm的进水孔1个、排水孔2个。进水孔与池水等高；排水孔1个与池水底等高，另1个高出池底4～5cm。孔口用金属网纱罩住。若干个池排成一排，排与排之间一条为进水沟，隔一条为出水沟。进出水沟宽15～30cm。池外围建一圈外围池壁，高80～100cm，并设总进水口和总排水口。这种池宜建于室内，进行工厂化生产。黄鳝流水无土养殖池见图3-2-3。

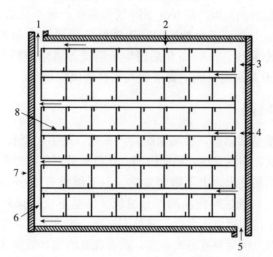

图3-2-3 黄鳝流水无土养殖池
1.总排水口 2.小池排水口 3.小池进水孔 4.进水沟
5.总进水口 6.排水沟 7.外围池壁 8.小池池壁

4. 网箱设置 网箱养殖黄鳝具有投资少、规模可大可小、放养密度大、生长速度快、成活率高、管理简单等有利因素，同时又不影响养鱼产量，还能充分利用水体，大幅度提高经济效益。

网箱可用聚乙烯网片制成，规格为3m×2m×1.2m，上沿高于水面0.5m，接头部分铰合紧密，防逃跑，四角用毛竹固定。加水后在网箱中移植水花生，供黄鳝遮阳、栖息，放养前7d用二氧化氯彻底消毒。

网箱一般以单排或多排并列，每列相隔2m，网箱间距1m，网箱上沿高出水面40～50cm。网箱设置对于池塘等小水体来说多采用固定式，四周用毛竹架固定或用铁丝拉在岸上固定；大水面采用升降式，便于随水位进行网箱升降、清洗。一般情况下，静水池塘设立网箱的总面积以不超过池塘总面积的30%为宜；有流动水的池塘，其网箱面积可达池塘总面积的50%。

建好池塘后，可模拟黄鳝生长的自然环境，在池底部垫5cm左右厚的秸秆，秸秆上放20～30cm厚的黏土、石块、砖头等物。池塘或网箱中还可种植一些水生植物如水浮莲、水葫芦、水花生、慈姑、茭白等，以改善黄鳝池的生态环境，夏季也可用以遮阳降温，便于黄鳝潜伏，利于其生长，水生植物的种植面积可占黄鳝池的1/3。

任务二　黄鳝的生物学特性

一、分类与分布

黄鳝属鱼纲、合鳃目、合鳃科、黄鳝亚科、黄鳝属。属于温、热带淡水经济鱼类。主要分布于东亚和东南亚国家，如中国、日本、朝鲜和印度尼西亚、菲律宾、泰国、马来西亚等国家。在我国广泛分布于全国各地的湖泊、河流、水库、池沼、沟渠等水体中。除西北高原地区外，各地区均有分布，珠江流域和长江流域更是盛产黄鳝的地区。由于黄鳝具有较高的营养、药用和开发利用价值，在国内外市场上供不应求，各产区的人工大量捕捉，一些地区甚至发展到使用剧毒农药进行毁灭性捕捉，加之农田大量使用化肥农药，使我国的黄鳝野生资源由20世纪60年代的每亩①年产量6kg下降到每亩年产量不足0.5kg。国内目前除四川、湖南、湖北尚有一定数量分布，其他地区的野生黄鳝资源已被大量破坏。据2019年江苏省淡水水产研究所的有关专家预言：4～5年后野生黄鳝资源将可能同野生甲鱼、螃蟹、乌鳢、鳗等一样奇缺，野生资源奇缺而只能主要依靠人工养殖供应市场。

二、黄鳝的形态特征

黄鳝体躯细长，前端呈圆筒形，后端渐侧扁，头大，尾尖，全长为体高的26倍左右。体表无鳞、光滑、富有黏液，侧线发达，稍向内凹。体色呈黄褐色，并布有黑色小斑点，腹部灰白色。口大，端位，上颌稍突出，上下唇颇发达。上下颌骨有细小的颌齿，具上咽齿、下咽齿。咽齿均由圆锥形齿尖与圆柱形齿基两部分组成。齿呈不规则排列，大小也不一致。眼极小，为皮膜所覆盖，侧上位，视觉不发达。喜趋阴避光。嗅觉和皮肤的触觉很灵敏，是摄食的主要感觉器官。鼻孔2对，前后鼻孔分离较远，前鼻孔在吻端，后鼻孔在眼前缘的上方。鳃孔较小，左右鳃孔在腹面合二为一，呈倒V形。鳃3对，已退化，鳃丝很短呈羽状，鳃盖在头下部合二为一，呈一横裂。在水中不能单靠鳃呼吸，需要咽腔和皮肤进行辅助呼吸，特别是咽腔有皱褶的上皮，充满微血管，可以直接呼吸空气。所以黄鳝出水不易死亡，能耐长途运输，高密度饲养时也不像其他鱼类容易缺氧死亡。脊椎数多，肛前椎数一般为93节，尾椎数为75节左右。肠短，无盘曲，伸缩性大，肠中段有结节，将肠分为前后两部分，肠长度一般等于头后

---

① 亩为非法定计量单位，1亩＝1/15hm²。——编者注

体长。鳔已退化。心脏离头部较远,在鳃裂后约 5cm 处。无胸鳍、腹鳍和背鳍,臀鳍退化为不明显的皮褶。常见黄鳝的体长一般为 30~40cm,最大的体长可达 70~80cm,体重 1.5kg。

三、黄鳝的习性

1. 栖息环境 黄鳝为底栖生活鱼类,适应力很强,在各种淡水水域中几乎都能生存,尤喜在稻田、沟架、池塘等静止水体的埂边钻洞穴居,喜栖于腐殖质多的水底淤泥中,在水质偏酸性的环境中也能很好地生活。流水的地方较少发现,个体大的多栖息于老塘河道,比较小的多栖息于水田浅沟。

2. 摄食与生长 黄鳝是以肉食性为主的杂食性鱼类,喜吃新鲜活物。摄食方式以吞食为主。当食物接近嘴边时,张口猛力一吸,将食物吸进口中。在自然条件下,主要捕食蚯蚓、蝌蚪、小鱼、小虾、幼蛙,落水的蚱蜢、蝇蛆及其他各种水生、陆生昆虫,也摄食枝角类、桡足类等大型浮游生物。此外,也兼食有机碎屑及丝状藻类,还吃人工投喂的河蚌肉、螺蛳肉、蚕蛹、熟猪血、肉联厂的猪下脚等。黄鳝生长发育适宜的温度是 23~25℃,综合各地的试验观察数据,一般 5—6 月孵化出的鳝苗长到年底(吃食到 11 月停止),其个体体重仅 5~10g;到第 2 年底体重仅 10~20g;到第 3 年底体重 50~100g;到第 4 年底体重 100~200g;到第 5 年底体重 200~300g;到第 6 年底体重 250~350g;6 年以上的黄鳝生长相当缓慢。若选择优良的品种并配以科学的饲喂方法,5—6 月孵化的鳝苗养到年底,单条体重可达 50g 左右,能够达到市场收购的大规格标准,完全实现当年养殖当年上市,若第 2 年继续养殖则个体体重可达 150~250g,第 3 年可达 350g 左右,400g 以上生长缓慢。当水温降到 10℃时,采食量明显减少,水温降到 10℃以下时完全停止摄食,钻入土下 20~30cm 的地方隐居。

3. 昼伏夜出 这一特性有利于逃避敌害,也是其机体自身保护的需要。将黄鳝置于没有丝毫遮阳物的水池中,同时保持水温不变,连续观察几天,黄鳝采食活动并无异常,但持续 10d 以上的连续光照,黄鳝表现为烦躁不安,聚集池角翻转,发病率很快上升。这说明紫外线对黄鳝具有伤害作用,在人工养殖中,应尽可能创造条件,让其在阴暗的环境下生活。

4. 相互残杀 在饵料不足的情况下,黄鳝还有弱肉强食的现象。但有人曾经做过试验,在黄鳝喜食的饲料中掺入绞碎的黄鳝肉,则黄鳝就会出现拒食现象,这充分说明黄鳝的自相残杀只有在极度饥饿状态下才会发生。

5. 穴居生活 黄鳝依靠泥土打洞穴居是为了达到逃避敌害、避免高温和延续后代的目的,是长期自然选择形成的结果。但这一习性并非不能改变。实践证明,在养殖池中投放根须丰富的水草代替泥土,完全可以使黄鳝放弃钻泥而乐意长期栖息于水草丛中。

6. 黄鳝打桩 当水中溶氧量不足时,黄鳝把身体竖起,头伸出水面呼吸氧气,俗称"黄鳝打桩"。这种现象多发生在天气闷热、水温较高、水中缺氧时,是黄鳝利用咽腔呼吸的一种特殊现象。

任务三 黄鳝的繁育

一、黄鳝的繁殖习性

刚孵化出的鳝苗长 1.2cm,出生后 1 年,体长达到 24cm 左右时即达性成熟,产卵量依个体的大小而异,一般 200~800 枚,个体大的可 1 000 枚。但产卵以后,其卵巢都会慢慢转化为精巢,以后就产生精子而变为雄性。几乎所有的雌性黄鳝一经成熟产卵后,无一例外地变成了终身雄性。这种现象在生物学上称为"性逆转"。据观察,一般野生黄鳝在体长24cm以下时都是雌性,体长42cm以上的黄鳝都是雄性,体长24～42cm的黄鳝有雄性也有雌性。黄鳝的繁殖季节较长,在5—8月,盛期为6—7月,卵生,一般在所栖息水域的岸边产卵,常在穴居的洞口附近,有时也产于挺水植物或被水淹没的乱石块间。产卵时,雌黄鳝先在洞口外水面吐出一团泡沫,然后把卵产于泡沫之间,卵分批产出。受精卵借助泡沫的浮力在水面发育和孵化。雌雄亲鳝均有护卵习性。

二、黄鳝的引种

1. 苗种的来源 目前黄鳝苗的来源主要靠采捕或购买天然幼黄鳝。春季气温回升是捕捉鳝种的最好季节,其他季节可利用黄鳝夜间觅食的习性来捕捉。捕苗方法以黄鳝笼诱捕和手捉为好。此外,捞取黄鳝受精卵进行人工孵化,培育黄鳝苗,也是一个好办法。

在黄鳝的自然种群中,一般人为地按黄鳝体色、斑块大小区分为三种,另外还有个别变态的黑色的、红色的、白色的黄鳝,事实上它们均属于同一个品种。

第一种为深黄大斑黄鳝,特点为体躯细长,呈圆形,身体匀称,体色深黄,全身分布着不规则的褐黑色大斑点。深黄大斑黄鳝对环境适应能力强,抗逆性强,生长速度快,个体大,肉质细嫩,品质好。饲养一年个体重可达300g,增重倍数在5～6倍。

第二种为金黄小斑黄鳝,特点为身体匀称,体色金黄,全身分布着不规则的褐黑色细腻小斑点。金黄小斑黄鳝生长速度较快,但比深黄大斑黄鳝要慢一些,金黄小斑黄鳝肉质较好,是目前网箱养殖常见的品种,增重倍数在3～4倍。

第三种为青鳝,体色青黄,增重倍数为2～3倍。在黄鳝种投放时时要首先按照品种分开,最好选择深黄大斑黄鳝和金黄小斑黄鳝进行养殖。

2. 苗种的质量 在选种时要择体表没有病灶、没有外伤、肛部淡红、腮部颜色正常、黏液丰富、活动力强、体质健壮的黄鳝苗作为苗种。如在市场上购买黄鳝苗,用钩捕受伤的、用糖精米汤水吸过的黄鳝苗不宜购买。

3. 苗种规格 苗种规格一般以20～40尾/kg为宜。这种规格的苗种整齐、生活力强,放养后成活率高、增重快、产量高。黄鳝种规格过小,摄食能力差,增重缓慢,当年不能获得收益。放养的苗种要注意规格整齐,大小要尽可能一致,不能悬殊太大,不同规格的苗种最好能分池分级饲养,以免争食和互相残杀,影响生长和成活率。

三、黄鳝的人工繁殖

对于黄鳝的人工繁殖,目前上海、湖北、四川、江苏等地均已人工繁殖成功,但若进行大规模生产或工厂化生产,在技术上还需不断探索和完善。目前黄鳝苗种主要是靠自然繁殖和采捕黄鳝受精卵进行人工孵化。黄鳝的人工繁殖方法基本上与其他家鱼基本相同,但由于产卵量不大(200～600枚/尾),所以需要的亲鳝数量较多。选择和培育亲鳝时,要选个体长度不同的,以保证雌雄比例协调。黄鳝人工繁殖的主要技术要点:

1. 亲鳝的选择 亲鳝来源可由亲鳝培育池获得或从市场上选购,只要亲鳝选择得好,人工繁殖均能获得成功。雌鳝选择体长20～30cm、体重150～250g的为好。成熟雌鳝腹部膨大呈纺锤形,个体较小的成熟雌鳝腹都有一明显的透明带,体外可见卵粒轮廓,用手触摸腹部可感到柔软而有弹性，生殖孔红肿。雄鳝以体重 200～500g 的为好。成熟雄鳝腹部较小，腹面有血丝状斑纹，生殖孔红肿，用手挤压腹部，能挤出少量透明状精液，在高倍显微镜下可见活动的精子。

2. 催产和催产剂　可采用促黄体生成素释放激素类似物（LRH-A）、人绒毛膜促性腺激素（HCG）催产。其中一次注射 LRH-A 效果较好。注射剂量视亲鳝大小而定，15～50g 的雌鳝每尾注射 LRH-A 5～10μg，50～250g 的雌鳝每尾注射 10～30μg。将选好的亲鳝用干毛巾或纱布包好，防止滑动，然后在胸腔注射，注射深度不超过 0.5cm，注射 LRH-A 量不超过 1mL。雌鳝注射 24h 后，再给雄鳝注射，每尾注射 LRH-A 10～20μg。注射后的亲鳝放在水族箱或网箱中暂养。箱中水不宜过深，一般 20～30cm 即可，每天换水 1 次。水温在 25℃ 以下时，注射 40h 后每隔 3h 检查 1 次同批注射的亲鳝，效应时间往往不一致，故应检查到注射后 75h 左右。检查的方法是捉住亲鳝，用手触摸其腹部，并由前向后移动如感到鳝卵已经游离，则表明开始排卵，应立即进行人工授精。

3. 人工授精　将开始排卵的雌鳝取出，一手垫干毛巾握住前部，另一手由前向后挤压腹部，部分亲鳝即可顺利挤出卵，但多数亲鳝会出现泄殖腔堵塞现象，此时可用小剪刀在泄殖腔处向里剪开 0.5～1cm，然后再将卵挤出，连续 3～5 次挤空为止。放卵容器可用玻璃缸或瓷盆，将卵挤入容器后，立即把雄鳝杀死，取出精巢，取一小部分放在 400 倍以上的显微镜下观察，如精子活动正常，即可用剪刀把精巢剪碎，放入挤出的卵中，充分搅拌［人工授精时的雌雄配比视卵量而定，一般为（3～5）：1］，然后加入任氏液 200mL，放置 5min，再加清水洗去精巢碎片和血污，放入孵化器中静水孵化。

4. 人工孵化　孵化器可根据产卵数量选用玻璃缸、瓷盆、水族箱、小型网箱等，只要管理得当均能孵出鳝苗。鳝卵密度大于水，在自然繁殖的情况下，鳝卵靠亲鳝吐出的泡沫浮于水面孵化出苗，人工繁殖时，无法得到这种漂浮鳝卵的泡沫，鳝卵会沉入水底。因此水不宜太深，一般控制在 10cm 深左右。人工繁殖受精率较低，未受精卵崩解后很易恶化水质，应及时清除。在封闭型容器中孵化时，要注意经常换水，换水时水温差不要超过 5℃。鳝卵孵化时，胚胎发育的不同阶段耗氧量不同。在水温 24℃ 条件下测定每 100 粒鳝卵每小时的耗氧量有所不同，细胞分裂期为 0.29mg、囊胚期为 0.46mg、原肠期为 0.53mg。胚胎发育过程中，越向后期，耗氧量越大，因此在缸、盆中静水孵化时，要增加换水次数。

任务四　黄鳝的饲养管理

一、黄鳝的苗种培育

1. 饲养　鱼池在放养鳝苗前必须清整和消毒，常用生石灰消毒，浓度为 15～20mg/L。待药性消失后，于放养鳝苗前的 3～5d 注入新水备用。入池鳝苗的密度为每平方米 300～400 尾。此时鳝苗已稍大，游动能力增强。最初的 2d，将水蚯蚓斩碎后投喂，3d 后可喂给整条的小水蚯蚓。投喂地点固定在池子遮阳的一侧，投饲量为鳝苗总体重的 10%～15%，日喂 4～5 次。鳝苗经约 15d 的培育长到 3cm 时需分养。趁鳝苗集中摄食时，用网目密的捞鱼工具将体壮、抢食能力强的鳝苗捞出，移养于其他的培育池内，每平方米放养 150～200 尾。此时可投喂蚯蚓、蝇蛆以及少量麦麸、米饭和瓜果等，饲料打成糊状，日喂量占鳝苗体重的 8%～10%，日喂 2～3 次。

鳝苗长到5cm时再次分养。即将大小相近的鳝苗放养于同一口池中，密度为每平方米100～120尾。饲料为蚯蚓、蝇蛆以及螺蚌肉、蚕蛹等动物性饲料，用量为鳝苗体重的8%～10%。在此饲养条件下，鳝苗当年可长到15～25cm，体重5～10g（部分可达10～15g）。

2. 管理 培养苗种应着重注意以下几点：

(1) 水质调节。黄鳝喜清爽、溶氧量充足的水质，因此春、秋季每6～7d换一次水，夏季每3～4d换一次水。同时应每天清除池中残饵和杂物，保持水质清新。如遇到高温、气压低、闷热的天气，鳝苗出穴将头伸出水面，摄食量减少，即表示水中缺氧，应及时更换池水或加注新水增氧。

(2) 水位控制。池水缺氧，鳝苗露出水面呼吸空气，若池水过深，则不便呼吸或取食，造成不必要的能量损耗和相互干扰。因此池水深度宜保持在10～15cm。

(3) 及时防除病害。在黄鳝的饲养管理过程中，除加强投饲，严格控制水位、水质外，还要经常要做好防逃工作，特别是在洪水季节。另外还要防止农药污染和水老鼠、蛇、猫等危害。

二、食用鳝的养殖

1. 放养时间与放养密度 放养有冬放和春放两种，但以春放为主。长江流域以4月初至4月中、下旬放养最适宜，长江以北地区宜于4月中、下旬放养。放养时水温应高于12℃，不宜过低。放养时间要尽量提早，以便于驯化、提早开食，延长生长期。放养前，鳝种用20mg/L的聚维酮碘溶液浸浴10min左右。放养密度依鳝池大小、饵料来源、苗种规格及饲养管理等不同而异。人工养殖黄鳝（包括网箱养黄鳝）放养密度可稍大些，每平方米放养体重25g的幼鳝100～150尾，即每平方米放养幼鳝重量3～4kg。家庭养殖一般每平方米放养量以2.5kg为好，池中可搭配放养一些泥鳅。因泥鳅不与黄鳝争食，泥鳅上下游串，可防止黄鳝因密度过大而引起的互相缠绕，以减少疾病。

2. 投饲 黄鳝是以肉食为主的杂食性鱼类，特别喜欢吃鲜活饵料，如小鱼、小虾、蚯蚓、蝇蛆、昆虫、螺蚌肉、蚕蛹、禽畜内脏等，也可投喂些植物性饲料，如米糠、麦麸、豆渣、瓜果等，黄鳝也摄食人工配合饲料。但由于黄鳝对饵料的选择性较为严格，长期投喂一种饵料后就很难改变其食性。黄鳝对人工配合饲料具有特殊的要求：具有一定的腥味，细度均匀，柔韧性好，饲料形状为条形。因此在鳝种入池后，必须立即进行饲养驯化工作。首先在入池后3～5d不予投饲，然后用动物性和植物性饲料配合投喂。投饲量应由少到多、逐步增加。投饲时间从傍晚开始，逐步提前投饲时间，并结合条件反射训练，直至能吃多种配合饲料，且能在9：00、16：00左右摄食为止。配合饲料的配方有如下几种仅供参考：

配方1：鱼粉40%、小麦粉27%、豆饼22%、紫花苜蓿粉6%、酵母3%、食盐1%、复合维生素1%。

配方2：新鲜的畜禽下脚料65%、麦麸20%、菜籽饼10%、酵母3%、食盐1%、复合维生素1%。

配方3：豆饼粉20%、蚯蚓20%（折合干物）、熟大豆粉40%、血粉2.5%、玉米面11.5%、磷酸二氢钙3%、黏合剂3%。

在黄鳝的养殖过程中应坚持"四定""四看"原则进行投饵。

"定时"是根据黄鳝具有昼伏夜出的生活习性，于每天9：00、16：00各投喂1次，以下午投料为主。"定量"是根据黄鳝的摄食强度与水温的关系来确定每天的投饵量。一般来说，当水温在15℃左右时开始投饵，日投饵量约占幼鳝体重的3%；水温在15～20℃时，日投饵量可增加到体重的6%～10%；水温在20～28℃时，日投饵量占黄鳝体重的10%～20%；当温度达到30℃以上时，应少投饵或者不投饵。每次投饵后以1～2h吃完为宜。"定质"是根据黄鳝喜欢吃新鲜饵料、不喜欢变质食物的习性，确保投喂的饲料一定要新鲜不变质。"定位"指的是在固定地点进行投喂。这样可以使黄鳝养成集中摄食的习惯，也便于养殖户观察黄鳝的吃食情况，及时调整饵料投喂量。

"四看"：一看季节。黄鳝摄食量的大小在一年中是随季节变化而变化的，6—9月占全年投喂量的70%～80%。二看天气。晴天多投喂，阴雨天少投喂，闷热无风或阵雨前停止投喂，当水温高于32℃、低于15℃时要减少投喂量。三看水质。水质好时多投喂，水质差时少投喂。四看摄食情况。黄鳝活跃，摄食旺盛抢食快，短时间内能吃光饲料的，应增加投喂量；反之，应减少。

3. 日常管理

（1）水质调节。黄鳝喜栖息于中性偏酸性水体中，pH要求在6.5～7.5，池水消毒不宜经常使用生石灰，过高的碱性能使黄鳝脱黏，降低机体免疫能力，消毒可使用二氧化氯，浓度为0.2mg/L。春、秋季6～7d换一次水，夏季高温季节每隔3～5d换一次水，换水量为池水的1/3左右。结合当今无公害养殖发展要求，可在鳝池或网箱中放养一些田螺、小杂鱼、泥鳅等水生生物，利用泥鳅上下游窜的习性，起到分流增氧作用，又可清除黄鳝的残饵，以达到净化水质的目的，鳝池放养泥鳅每平方米不宜超过0.3kg。放养蟾蜍对于防治黄鳝的梅花斑病有特效，一般每小池放1～2只即可。田螺放养密度不宜超过$0.25kg/m^2$。另外，还可培育适量的绿藻，加入光合细菌等。

（2）防暑降温。水温高于28℃时要防暑降温。一般可在池子四周栽植一些丝瓜、南瓜、葡萄等攀缘植物，使其遮阳，但注意池水面要留有10%～30%的光线。同时，可在池塘或网箱中种植一些水生植物，水草既能为黄鳝养殖防暑降温、净化水质，又能为黄鳝提供优良的隐蔽场所。

（3）坚持巡塘。注意观察黄鳝的摄食和活动情况，做好池塘日记。网箱养鳝要经常检查网箱、洗刷网箱，除去过多的杂物和附着藻类，保持网箱内外水体交换畅通。定期用漂白粉消毒，浓度为10 mg/L，消毒时间为10～20min。做好疾病预防、防逃、防偷、防鼠害工作。

知识拓展

黄鳝的雌雄转换现象与雌雄鉴别

我国拥有江河湖泊等广阔的水域面积，孕育了丰富的水产经济动物品种资源。这些水产品不但肉味鲜美、营养丰富，成为餐桌上的珍品，而且还具有一定的保健、药用价值，迎合了国民生活水平日趋提高的多方面和多层次的特定需求。因此，在农村大力发展特种水产养殖，已成为实现农民致富奔小康的有效途径，也是依靠产业帮扶成功打赢脱贫攻坚战的一项重要举措。

1. 黄鳝的雌雄转换现象

黄鳝有"性逆转"现象（幼时为雌性，生殖一次后转变为雄性，这种现象称为性逆转现象),在黄鳝的生长发育中,从胚胎期到第一次性成熟是雌性,产卵后的卵巢逐渐变为精巢,第二次性成熟时则排出精子,以后终生为雄性。一般长24cm以下的黄鳝都是雌性,42cm以上的黄鳝都是雄性,24～42cm的黄鳝有雄性也有雌性。

2. 黄鳝的雌雄鉴别

雌黄鳝头部细小,不隆起,背部是青褐色,没有斑纹花点,有的时候能看见3条平行的褐色素斑;身体两侧从上到下颜色逐渐变浅,褐色斑点细密而且分布均匀;腹部呈浅黄或淡青色;腹部肌肉较薄,繁殖时节用手握住雌黄鳝,将腹部朝上,能看见肛门前面肿胀,稍微有点透明;雌黄鳝不善于跳跃逃逸,性情较温和。

雄黄鳝头部相对较大,稍微鼓起,背部一般由褐色斑点形成3条平行的带状纹,身体两侧沿中线分别可见1行色素带,其余的色素斑点均匀分布;雄黄鳝腹部呈土黄色,个体大的呈橘红色,腹部朝上,膨胀不明显;解剖腹腔发现,未成熟的精巢细长,呈灰白色,表面分布有色素斑点,而性成熟的精巢,比原来粗大,表面有形状不一样的黑色素斑纹。

学习评价

一、填空题

1. 黄鳝的鳃丝很短呈羽状,已退化,在水中不能单靠鳃呼吸,需要_____和_____进行辅助呼吸。
2. 黄鳝生活习性有_____、_____、_____和_____。
3. 人工繁殖黄鳝时,雌雄亲鳝配比以_____为宜。

二、选择题

1. 黄鳝一生中有性逆转现象,其逆转规律是( )。
   A. 黄鳝在第一次性成熟均为雄性,繁殖后逐渐变为雌性,以后交替转变
   B. 黄鳝在第一次性成熟均为雌性,繁殖后逐渐变为雄性,以后交替转变
   C. 黄鳝在第一次性成熟均为雄性,繁殖后逐渐变为雌性,以后终生不再转变
   D. 黄鳝在第一次性成熟均为雌性,繁殖后逐渐变为雄性,以后终生不再转变
2. 黄鳝最适水体pH为( )。
   A. 7.0～8.5   B. 6.5～7.5   C. 小于6.5   D. 大于8.5
3. 黄鳝池建成后,池底处理正确的做法是( )。
   A. 用砖块或碎石铺底   B. 在池底铺一层淤泥,并添加一些砖块或石块
   C. 用土质较硬的黄土铺底   D. 在砖块或碎石上铺一层有机质较多的淤泥

三、思考题

1. 黄鳝对池塘的环境条件有哪些要求?
2. 为什么说养黄鳝离不开泥鳅?
3. 如何选择鳝苗?放养前如何对鳝苗消毒?
4. 池塘养殖黄鳝怎么投喂饲料?
5. 养鳝塘的水质怎么进行调节?
6. 网箱养鳝如何进行日常管理?

项目三　淡水小龙虾养殖

淡水小龙虾适应性广，繁殖能力强，无论江河、湖泊、池塘及水田均能生活，对水质要求不高，其生命力极强，目前是我国的一种淡水大型食用虾类。其肉质细嫩，味道鲜美，虽然出肉率不高，但营养丰富且具有一定的食疗价值，深受国内外消费者青睐。小龙虾体内蛋白质含量较高，占总体重的16%～20%，脂肪含量不到0.2%，虾肉中锌、碘、硒等微量元素的含量要高于其他食品。

小龙虾还可以入药，能化痰止咳，预防动脉硬化，促进手术后的伤口生肌愈合。近年来小龙虾在很多城市特受欢迎，有的地方甚至掀起了夏季餐饮的潮流。以"盱眙十三香龙虾""贡品龙虾"为代表的小龙虾食品风靡全国，熟冻龙虾仁、整肢龙虾等产品已远销至美国、瑞典等国家，成为我国淡水水产品出口创汇的主要品种之一，致使国内外小龙虾需求量猛增。紧张的市场供求关系使得龙虾的价格不断飙升，激发了广大养殖生产者的热情，促进了淡水小龙虾养殖业的发展，全国许多地区已掀起了养殖淡水小龙虾的热潮。

学习目标

了解淡水小龙虾的形态特征及生物学特性；熟悉淡水养虾池的设计、布局及小龙虾苗种生产技术路线；掌握淡水小龙虾苗种放养、投饲管理、水质调节、水草种植、防逃等技术。

学习任务

任务一　虾场建设

一、场址选择

淡水小龙虾养殖场的选址应根据淡水小龙虾的生物学特性、生态学原理及养殖方式综合考虑，主要有以下几个方面：

1. 位置　淡水小龙虾养殖场一定要选择地势平坦、避风向阳、水源条件较好和水、电、路相通的地方，以便于养殖场的规划、施工、生产资料与水产品的运输、水体的更换等生产活动，从而减少投资。但应考虑到小龙虾在蜕壳期间不食不动、喜静怕惊的习性，养殖场应建在周围环境相对安静的地方。

2. 水源　不是很严格，只要水质优良、水量丰富、无污染、对小龙虾无害的水均可，如江河水、湖泊水、水库水等。小龙虾最适水体pH为7.0～9.5，中性或偏碱的水体较适宜。池水透明度宜保持在30cm左右，溶氧量在3mg/L以上。淡水小龙虾对水体中的重金属较敏感。试验证明：重金属对虾类的毒性依次为镉＞汞＞锌＞锰＞铁，镉毒性最大，其次是汞、锌。另外，虾对敌百虫、菊酯和有机磷类药物也较敏感。因此淡水小龙虾养殖场最好远离有工业、农业污染的水源。

3. 水深 养小龙虾和养鱼有所不同,由于其游泳能力差,养殖小龙虾所需要的水位比饲养鱼类要低,适宜的水深为 1.2~1.5m,淤泥深度控制在 10cm 以内。最好是池塘中间水深,靠池埂的四周有浅滩,池底种草,水面移养成簇水浮莲或水花生,为小龙虾寻食与栖息创造条件。

4. 土质 用来建造虾池的土质以壤土、黏土为好,沙土最差。黏土池塘保水、保肥力强,有利于水生饵料生物的繁殖,而沙土池塘易渗水,不能保水且易漏水和崩塌,容易造成池水清瘦,不利于水生饵料生物的繁殖,不宜建造虾池。若本地为沙土,必须在建池时铺上一层黏土或防漏地膜,以防止池底漏水。

5. 饲料来源 饲料是小龙虾生产的物质基础,其优劣直接影响到小龙虾的生长速度与产量及养殖户的经济效益。结合虾类杂食偏动物性饵料的生物学特性,小龙虾养殖场最好建在屠宰场、肉类加工厂及野杂鱼盛产的水域附近,以保证小龙虾生长发育对高蛋白质饲料的营养需求。

二、虾池建造

1. 淡水小龙虾养殖场的池塘建造 养虾池面积大小没有严格要求,一般以 3~5 亩为宜,便于饲养管理和水质调控。最好对养虾池塘进行集中连片建设,以发挥规模优势及便于养虾技术的推广。虾池以长方形、东西走向为好,长宽比为 2:1 或 3:2。由于小龙虾游泳能力差且具有掘洞穴居习性,因此在建造池塘时对坡比、池埂宽度有一定的要求,坡比一般为 1:3,池埂宽度 1~1.5m。堤坡示意见图 3-3-1。

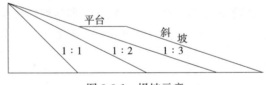

图 3-3-1 堤坡示意

(1)苗种繁育池。要求排灌和管理方便。有利于亲虾的饲养管理和亲虾性腺成熟、摄食状况的检查,面积一般为 1~3 亩,池深 1.2~1.5m,池边浅水区的深度为 0.6~0.8m。池底平坦,并向出水口一侧倾斜,池底的淤泥厚度一般保持 10cm 左右即可。池底中央要开一条 1m 宽、0.6m 深的集虾沟,用于排水捕虾。池坡设有平台,便于淡水小龙虾投饲摄食和打洞穴居。

(2)成虾养殖池。小龙虾成虾养殖池面积通常为 5~10 亩,水深 1.2~1.5m。池中间设平台,池坡设 1m 宽的平台。池的进、出水口设于相对的两面,进、排水系统各成体系,并在进、出水口处设栏栅以防逃。池内还要设 2~3 个固定的饵料台。淡水虾池的水系有进水系和排水系 2 条(图 3-3-2)。

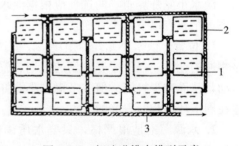

图 3-3-2 虾池进排水排列示意
1. 全池 2. 进水沟 3. 排水沟

2. 稻田套养小龙虾的工程改造 稻田套养小龙虾除按常规水稻种植设置主要进、排水沟外,还应增设水沟、水函,以便于水稻晒田、用药及小龙虾的捕捞。水沟可分为环沟和中心沟,环沟建于稻田堤埂内侧距堤埂 1m 远的地方,宽 0.8~1m,深 0.5~0.8m;中心沟设于池中心,呈"十"字形,并与环沟相连,规格与环沟相同；所开挖的水沟面积占稻田面积的5%~10%。水凼一般设于稻田的中心或一角，面积占稻田面积的3%~5%，深0.7~1.5m，呈方形或圆形，并与中心沟和环沟相通。虾沟移栽轮叶黑藻、马来眼子菜等水生植物，或在沟边种植空心菜、水葫芦等，以利于小龙虾栖息、蜕壳。虾沟、虾溜位置示意见图3-3-3。

为防止小龙虾挖洞潜逃或爬行逃逸，一方面是将稻田的堤埂内侧底部夯实，另一方面是在稻田的埂上加设防逃设施，如防逃墙或防逃网等。

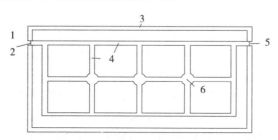

图3-3-3 虾沟、虾溜位置示意
1. 进水口 2. 拦虾栅 3. 田埂 4. 虾沟 5. 出水口 6. 虾窝

3. 防逃设施 小龙虾有打洞的习性，一般虾洞的深度在50~80cm，部分虾洞深度超过1m。为避免小龙虾挖洞外逃，在养殖小龙虾前需要对养殖池塘采取相应的防逃设施。防逃设施包括养殖池堤坝建设、进排水口防逃设施及养殖池塘四周防逃设施。

（1）养殖池堤坝建设。在修建小龙虾养殖池时要开挖3~6m宽养殖沟，养殖沟取出的土方可用来修建坡堤，坡堤在小龙虾养殖中起到蓄水、调节水位、小龙虾防逃等作用。小龙虾养殖中坡堤修建要求：宽3~5m，埂高1~1.2m，并压实，确保养殖池中水不能渗漏。坡堤宽度达到3m以上时，即使秋冬季节小龙虾打洞，也不能将坡堤打穿，这样就能起到小龙虾防逃、养殖池保水的作用。这项工程在建设小龙虾养殖池塘期间完成。

（2）进排水口防逃设施。小龙虾养殖池塘进水管外口加粗铁丝网，内口加60目以上细网。防止进水时外来物种、鱼卵等进入虾池，同时也可以起到防止小龙虾顺水逃跑的作用。养殖池的排水管也需要按照进水管要求来做好防逃措施。此项工程需要在养殖池进水前做好。

（3）养殖池四周防逃设施。小龙虾养殖池塘四周需要设置防逃网，防逃网对于小龙虾逃跑可起到关键性作用。防逃网可用塑料薄膜、玻璃钢、石棉瓦等材料制作，防逃网需露出池埂30~40cm，深埋入泥土中10~15cm，用土压实，每隔70~80cm用竹竿或铁棍做固定，确保防逃网能够承受一般的大风。平时巡塘需要留意防逃网有无损坏。此项工程需要在放苗前做好。小龙虾的防逃设施见图3-3-4。

图3-3-4 小龙虾的防逃设施

任务二 虾的生物学特性

一、分类与分布

淡水小龙虾学名克氏原螯虾,因其粗壮威武酷似海水龙虾,故称为淡水小龙虾,属淡水类螯虾,在分类上属动物界、节肢动物门、甲壳纲、十足目、爬行亚目、螯虾科、原螯虾属。

全世界共有淡水小龙虾500多种,绝大部分品种生活在淡水里,是典型的温带内陆水域动物,少数品种生活在黑海与里海的半咸水中。淡水小龙虾原产于美国和墨西哥东北部地区,1918年,日本从美国引进小龙虾作为饲养牛蛙的饵料。20世纪30年代从日本传入我国,主要在江苏南京地区自然生长繁衍,后广泛分布于长江各水系,形成数量庞大的自然种群。目前,小龙虾已成为我国淡水虾类中的一种重要资源。淡水小龙虾是肺吸虫(人体寄生虫)的中间宿主,故食用时一定要经过高温煮熟,不建议生食,防止感染此类疾病。

二、小龙虾的形态特征

1. 外部形态 小龙虾体被坚硬的外骨骼,特别是头胸甲坚硬,钙化程度高。外形粗短,左右对称,整个身体由头胸部和腹部两部分组成,头部和胸部粗大、完整,完全愈合成一个整体,称为头胸部,腹部与头胸部明显分开。小龙虾全身由20个体节组成,除尾节无附肢外共有附肢19对,其中头部5对、胸部8对、腹部6对,尾节与第6腹节的附肢共同组成尾扇。

(1)头胸部。头胸部特别粗大,由头部5节和胸部8节愈合而成,外被头胸甲。头胸甲长度几乎占体长的1/2。背侧向前伸出一上下扁而宽、有锯齿的额剑,额剑呈三角形。头胸甲中部有2条弧形的颈沟,组成一倒"人"字形,两侧具疣状颗粒。头胸甲背面与胸壁相连,两侧游离形成鳃腔。在头胸甲背部中央有一条横沟,即颈沟,是头部与颈部的分界线。在额剑基部两侧各有一带眼柄的复眼,可自由转动。

头胸部附肢共有13对。头部5对,前2对为触角,呈细长鞭状,发挥嗅觉、触觉功能;后3对为口肢,分别为大颚和第1、第2小颚,发挥摄食功能。胸部8对,前3对为颚足,后5对为步足。前3对步足均呈钳状,称螯足,第4~5对步足末端呈爪状。第1对步足特别发达而成为很大的螯,雄性的螯比雌性的更发达,并且雄性龙虾的前外缘有一鲜红的薄膜,十分显眼,雌性则没有此红色薄膜,因而这成为雄雌区别的重要特征。雄虾第5对步足基部有1对生殖突,其中间有生殖孔,雌虾第3对步足基部有1对生殖孔,较明显。雌虾第4~5对步足基部中间有1个纳精囊。雄性个体第1~2对腹肢变为交接器,雌性个体第1对腹肢退化。

(2)腹部。腹部包括尾节共计7节,分节明显,节间有膜连接,尾节扁平。腹部6对腹肢(生长在腹部的附肢),为双肢型,又称为游泳肢,但不发达,故小龙虾游泳能力甚弱,善匍匐爬行。雄性个体第1、第2对腹肢变为管状交接器,雌性个体第1对腹肢退化。尾部有5片强大的尾扇,雌虾在抱卵期和孵化期尾扇均向内弯曲,爬行或受到敌害时,以保护受精卵或稚虾免受损害。

(3) 体色。小龙虾体表覆盖着一层由几丁质、石灰质等组成的坚硬甲壳，对身体起支撑、保护作用，故称外骨骼。小龙虾的体色常随栖息环境不同而变化，如生活在大水域面中的小龙虾成熟个体呈红色，未成熟个体呈青色或青褐色，生活在水质恶化的池塘、小溪中的克氏原螯虾成熟个体常为暗红色，未成熟个体常为褐色，甚至黑褐色。这种体色的改变是对环境的适应，具有自我保护作用。

2. 内部形态 小龙虾的内部构造有消化系统、呼吸系统、循环系统、神经系统、生殖系统、肌肉运动系统、内分泌系统、排泄系统八大部分，其内部结构如图3-5所示。

(1) 消化系统。小龙虾的消化系统由口、食管、胃、肠、直肠及肛门组成。肠的两侧各有1个黄色分支状的肝胰腺，肝胰腺有肝管与肠相通，肝胰腺除分泌消化酶帮助消化食物外，还具有吸收贮藏营养物质的作用。在胃囊内，胃外两侧各有1块白色或淡黄色、纽扣状的石块，蜕壳前期和蜕壳期较大，蜕壳间期较小，起着钙质的调节作用。

(2) 呼吸系统。小龙虾的呼吸系统由鳃组成，共有鳃17对，在鳃室内。其中7对鳃较为粗大，鳃为三棱形，每棱密布排列许多细小的鳃丝，其他10对鳃细小，鳃为薄片状。小龙虾呼吸时依靠鳃室前面的颚足运动，驱动水流入鳃室，在鳃内完成气体交换。

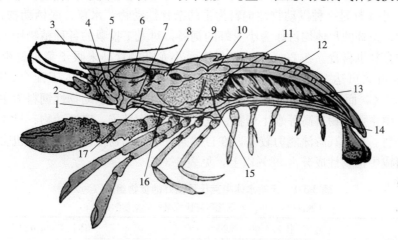

图3-3-5 小龙虾的内部结构
1. 口 2. 食管 3. 排泄管 4. 膀胱 5. 绿腺 6. 胃 7. 神经 8. 幽门胃 9. 心脏 10. 肝胰腺 11. 性腺 12. 肠 13. 肌肉 14. 肛门 15. 输精管 16. 副神经 17. 神经节

(3) 循环系统。小龙虾的血液是一种透明、无色的液体，由血浆和血细胞组成，含有血青素，可进行气体交换。小龙虾的血液一部分在血管内循环，一部分在血窦中循环，故小龙虾的循环系统是开放式的。

(4) 神经系统。小龙虾的神经系统由脑、神经、神经节、神经孔和神经索组成。神经连接神经节通向全身，从而使虾能正确感知外界环境的刺激，并迅速做出反应。小龙虾的感觉器官是第1~2对触角、复眼和平衡囊，分别起嗅觉、触觉、视觉和平衡作用。

(5) 生殖系统。小龙虾雌雄异体，雄性生殖系统由精巢和输精管组成，生殖突位于第5步足基部的内侧。雌性生殖系统由卵巢和输卵管组成，生殖孔位于第3步足基部的内侧。小龙虾雄性的交接器和雌性的纳精囊虽不属于生殖系统，但在小龙虾的生殖过程中起着非常重要的作用。

(6) 肌肉运动系统。小龙虾的肌肉运动系统由肌肉和外骨骼组成，外骨骼具有支撑、保护身体的作用。外骨骼内附肌肉，在肌肉的牵动下起着运动的功能。

（7）内分泌系统。小龙虾的内分泌系统由许多内分泌腺组成，这些内分泌腺与其他组织结构组合在一起，因而不太引起人们的关注，在以往的资料中也很少提到。现代研究证实，淡水小龙虾的脑神经干及神经节能够分泌多种神经激素，这些神经激素起着调控淡水小龙虾的生长、蜕皮及生殖生理过程。

（8）排泄系统。小龙虾大触角基部内部有1对绿色腺体，腺体连通膀胱，为主要的排泄器官。小龙虾的肝胰腺也能起到排泄功能。

三、小龙虾的生物学特性

1. 栖息环境 小龙虾对环境的适应能力很强，在湖泊、河流、池塘、河沟、水田等各种水体中均能生存，小龙虾离水后，若保持体表湿润能存活7～10d，有些个体甚至可以忍受长达4个月的干旱环境。虽然小龙虾对水质要求不高，无需经常换水，但流水可刺激小龙虾蜕壳，加快生长速度；换水可减少水中悬浮物，使水质清新，保持丰富的溶解氧。因此生产中要取得高产，同时保证商品虾的优质，必须经常冲水和换水。

2. 食性 小龙虾是一种以动物性饲料为主的杂食性动物，水草、底栖动物、软体动物、大型浮游动物、鱼虾的尸体均可作为小龙虾的饲料，对人工投喂的各种植物性饲料、动物下脚料及人工配合料也喜食。在20～25℃条件下，小龙虾摄食马来眼子菜每昼夜可达体重的3.2%，摄食竹叶菜可达2.6%，水花生达1.1%，豆饼达1.2%，人工配合饲料达2.8%，摄食鱼肉达4.9%，而摄食水蚯蚓高达14.8%，可见小龙虾是以动物性饲料为主的杂食性动物，天然水体中主要食物有高等水生植物、丝状藻类植物种子、底栖动物、贝类小鱼、沉水昆虫及有机碎屑。由于其游泳能力较差，在自然条件下对动物性饲料捕获的机会少，因此在该虾的食物组成中植物性成分占98%以上，见表3-3-1。

表3-3-1 天然水体中克氏原螯虾的食物组成（%）

（魏青山，1985. 武汉地区克氏原螯虾的生物学研究）

食物名称	体长4.00～7.00cm（n=51）		体长7.00cm以上（n=45）	
	出现率	占食物团比例	出现率	占食物团比例
菹草	52.2	34.4	55.1	27.0
金鱼藻	45.3	15.5	46.1	17.1
光叶眼子菜	27.0	8.4	37.2	9.4
马来眼子菜	19.6	13.7	23.3	16.5
植物碎片	30.4	20.3	33.1	23.2
丝状藻类	40.1	5.7	43.4	4.1
硅藻类	55.3	<1	43.5	<1
昆虫及其幼虫	30.1	<1	33.1	<1
鱼、蛙类	14.5	<1	15.2	<1

3. 蜕壳与生长 小龙虾体重和体长的生长通过蜕壳来实现，在蜕皮后，虾体迅速吸收

水分，达到体重的20%～80%，每蜕次壳，身体的长度和重量都有1次飞跃式增加，蜕壳后，新的体壳于12～24h后变硬。小龙虾的蜕壳与水温、营养和个体发育阶段密切相关。小龙虾的蜕壳主要发生在夜间，在人工养殖条件下，有时在白天也可见蜕壳，但相对较少见。在幼体阶段每2～3d蜕壳1次，幼虾阶段每5～7d蜕壳1次，成虾阶段每10d左右蜕壳1次。刚蜕壳的虾光亮，柔软，活动力很弱，此时不宜受到惊动，极易受到敌害生物的侵袭。大约30min后，体色渐深，虾壳变硬，活动开始正常。因此在养殖小龙虾池塘中必须种植苦草、轮叶黑藻、水葫芦等水生植物，水草既能为小龙虾提供丰富的饲料、净化水质，又能为小龙虾提供优良的隐蔽场所。

小龙虾从幼体阶段到商品虾养成需要蜕壳20次以上。在自然生态条件下，小龙虾生长1周年左右，体长可达到8.1cm，即全长9.9cm，体重达到37.5g。养殖试验表明，在人工条件下，小龙虾生长1周年，体长达到8.5cm，即全长10.2cm，体重达到45g以上。一般春季繁殖的虾苗经2～3个月的饲养，其体长就可以达到6cm以上，即可捕捞上市，通常在7—8月开始捕捞。而秋季繁殖的幼虾经过越冬后，到第二年的6—7月，其体长可达8cm以上，长得比较丰满，壳硬肉厚。

4. 生活习性

（1）攻击行为。小龙虾具有很强的攻击行为，淡水螯虾幼体早在第二期就显示出了种内攻击行为。当两虾相遇时，两虾前体抬高，两大螯伸向前方，呈战斗状态，双方对峙数秒，如果一方退却，另一方则会乘胜追击一段距离，如果无任何一方退却，即进行厮杀，直到一方退却或败走。在此期间如果一方是刚蜕壳的软壳虾，则软壳虾很可能被对方杀死甚至吃掉。因此在人工养殖过程中应增加隐蔽物，减少小龙虾直接接触发生战斗的机会。

（2）领域行为。领域行为就是占有和保护一定的空间（或区域），不允许其他个体侵入，而在这个空间内则含有占有者所需要的各种资源。小龙虾具有很强的领域行为，其个体会精心选择某一区域作为其领域，在其区域内进行掘洞、活动、摄食，不许其他同类的进入，只存在繁殖季节才有异性的进入。

（3）掘洞行为。小龙虾在冬夏两季营穴居生活，具有很强的掘洞能力，且掘洞很深。大多数洞穴的深度为50～80cm，部分深的洞穴超过1m。小龙虾的掘洞习性可能对池塘、农田、水利设施有一定的破坏作用，因此在20世纪90年代以前小龙虾为南方池塘养鱼中的清野对象。小龙虾的掘洞速度很快，挖洞时通常是先横向挖掘，然后转为纵向延伸，直到洞穴底部有水为止。小龙虾掘洞的洞口位置通常选择在水面上下20cm处，在水上池埂、水中斜坡及浅水区的池底部都有淡水小龙虾洞穴，较集中于水草茂盛处。非产卵期1个穴中通常仅有1尾虾，产卵季节大多雌雄成对同穴，偶尔也有1雄2雌处在1个洞穴的现象。

（4）趋水行为。小龙虾有很强的趋水性，喜新水活水、逆水而上，且喜集群生活。在养殖池中常成群聚集在进水口周围。雨天，该虾可逆向水流上岸边做短暂停留或逃逸，水中环境不适时也会爬上岸边栖息，因此养殖场地要有防逃的围栏设施。

（5）昼伏夜出。小龙虾白天潜于洞穴中，傍晚或夜间出洞觅食、寻偶。当光线微弱或黑暗时爬出洞穴，通常抱住水体中的水草或悬浮物，呈"睡眠"状。受到惊吓或光线强烈时则沉入水底或躲藏于洞穴中，具有昼夜垂直运动现象。受惊或遇敌时迅速向后，弹跳躲避。

任务三 虾的繁育

一、小龙虾的繁殖习性

小龙虾的性成熟年龄在 9 月龄以上，体重一般为 25～30g。小龙虾产卵量较少，一般 200～700 枚，多的也难以超过 1 000 枚，平均 300 枚左右。小龙虾几乎可常年交配，以每年的春、秋季为高峰，交配一般在水中的开阔地带进行，交配水温幅度变化较大，15～31℃都可，但一般在春季 3—5 月或秋季 9—11 月交配，群体交配的高峰期为 5 月。交配时雄虾将乳白色透明的精荚射出，附着在雌虾第 4 和第 5 步足之间的纳精囊中，产卵时卵子通过纳精器时即可受精。有的交配 1 次即可产卵，有的交配 3～5 次才产卵。受精卵附着在雌虾的游泳足上，通过雌虾游泳足的摆动产生水流进行孵化。雌虾交配后，便陆续挖掘洞穴，以待孵化。受精卵的孵化期长短与水温度、理化条件、营养条件有很大关系。小龙虾具有护幼习性，孵化的仔虾附着在母体上生长至完全可以独立生活时才离开母体，被母体保护得较好，具有较高的孵化率。

二、小龙虾的苗种来源

1. 苗种的来源 目前小龙虾苗种的来源主要有两种：一种是在春夏季节购买幼虾苗种，另一种是在秋季投放亲本种虾自繁虾苗。另外在市场上购买小龙虾苗种时一定要选择那些用虾笼诱捕的、健壮无伤的、离水时间短的虾苗做苗种，以提高苗种的成活率。

2. 苗种的质量 在选种时要选择规格整齐、体质健壮、活动力强、附肢齐全、无病无伤、体表光滑无附着物的虾苗作为苗种。离水时间太长的、用糖精米汤水吸过的虾苗不宜购买。

3. 苗种规格 春夏季节投放虾苗，虾苗规格以 2.5～3.0cm 为好，同一池塘同批次放养的虾苗规格整齐，一次放足。大小要尽可能一致，不能悬殊太大，不同规格的苗种最好能分池分级饲养，以免争食和互相残杀，影响生长和成活率。秋季直接投放亲本种虾的放养规格：小龙虾亲虾要达到 10 月龄以上、体重 30～50g，且体质健壮、活动能力强。

三、小龙虾的繁育

在自然条件下，每年春秋季节为小龙虾产卵季节，一年交配、产卵一次，交配、产卵一般都是在洞穴中进行的。在实际生产过程中，无论采用何种方式繁殖苗种均采取自然繁殖，即自然交配、产卵、孵化。小龙虾分散的繁殖习性限制了苗种的规模化生产，给集约性生产带来不利影响。小龙虾的繁育主要技术流程包括：亲虾的挑选（抱卵亲虾的挑选）→人工配组→下池→亲虾的强化培育→抱卵亲虾的养殖管理→孵化率测定→抱仔量的检查→产仔后的亲虾捕捞→仔虾的养殖管理→虾种的捕捞→成虾养殖。

1. 亲虾的选择与配对 小龙虾的性成熟年龄在 9 月龄以上，个体重一般为 25～30g。在人工饲养条件下，一般 6 个月可达性成熟。亲虾的选择可在当年的 8—9 月进行，也可在翌年的 4—5 月进行，选择前要对亲虾（主要是雌虾）成熟情况进行抽查。亲虾雌雄鉴别见小龙虾的形态特征，尽可能选择性腺发育丰满、成熟度好、腹部饱满有肉的雌虾作为亲虾。外购亲虾，必须摸清来源，运输方法要得当，在运输过程中不要挤压，并一直要保持潮湿，避免阳光直射，尽量缩短运输时间，一般不要超过 4h，最好就近购买，到达塘边后，先洒水，然后连同包装一起浸入池中2~3min，取出静放2~3min，反复2~3次后，让亲虾充分吸水，排出鳃中的空气，把亲虾放入繁育池中。放养时要散开，多点放养，不可集中一点放养。亲虾的放养量控制在每亩30kg左右，雌雄亲虾配比以（1.5~2）∶1为宜。

2. 亲虾培育　亲虾入池后要加强培育，以确保其怀卵量及孵化效果。强化培育除按成虾养殖做好各项管理工作外，还应注意以下几点：

（1）要保持良好的水质环境，定期加注新水，定期更换部分池水，有条件的可以采用微流水的方式，保持水质清新，水体溶氧量在5mg/L以上。

（2）每7~10d用生石灰调节水质1次，使水体的pH呈微碱性，并保持水质的钙硬度在50mg/L以上。

（3）增加动物性高营养性饲料的投放，保证亲虾性腺发育的营养需求。一般是每天投喂2次，上午的投饲量占全天投饲量的30%左右，傍晚的占全天投饲量的70%左右，全天总投饲量占存塘亲虾总重量的4%~5%，根据天气、摄食情况及时调整。饲料品种以新鲜的螺肉、蚬肉、蚌肉、小杂鱼、屠宰场的下脚料为主，适当搭配一些玉米、瓜果、小麦等植物性饲料，喂养方法是动物性饲料搅碎、植物性饲料浸泡后沿池塘四周撒喂，各个放养点适当多喂。

（4）每天坚持巡塘数次，检查摄食、水质、交配、产卵、防逃设施等项目，注意夜间观察。当水温稳定在20℃以上，并且亲虾相互追逐频繁时，表明自然繁殖产卵即将来临。

3. 抱卵与孵化　小龙虾受精卵黏附于雌体腹肢进行胚胎发育，5~8周后孵化出幼体。受精卵发育速度与水温高低有关，温度高则孵化时间短。卵的孵化适宜水温为22~32℃，水温下降到18℃以下或上升到36℃以上均会造成胚胎发育畸形。水温18~20℃，需25~30d才能孵化出苗。

为了提高小龙虾受精卵的出苗率，在整个孵化期间要做好以下几方面管理工作：

（1）保持池内的微流水状态，并适当遮光，防止水温相差过大。

（2）保持亲虾池安静，避免亲虾受惊吓，并不要随意捕捞检查，防止失卵。

（3）保持适当投饵，增加动物性饵料的投喂，为下次产卵的性腺发育提供物质基础。

（4）出苗后3~5d及时投喂开口饵料，开口饵料以浮游动物为好，刚开口摄食时投喂轮虫，以后随着个体的长大，可改投喂卤虫无节幼体、水蚯蚓等，但要专池培养，并在投喂前对饵料进行严格消毒。

（5）在出苗后及时将亲虾移出，单独进行虾苗培育，移出的亲虾可转入其他产卵池内，待其再次产卵。

4. 幼体发育　刚孵出的小龙虾幼体体形构造与成体基本相同，平均体长约9.5mm，仍继续攀附于雌虾腹肢上1~2周，在此期间幼体也会偶尔离开母体活动。刚孵出的幼体依靠卵黄囊获得营养，直到孵化3周后完全独立生活为止。在适宜的条件下，50~60d后幼体经5~8次蜕壳，体重长至0.5~2g，便可放入池塘进行成虾养殖。

任务四　虾的饲养管理

一、小龙虾的苗种培育

1. 肥水下塘　在仔虾放养前5~7d，施足基肥，培育浮游生物，为仔虾提供天然的适口饵料。仔虾塘一般初次进水的深度为50cm左右，每亩施放腐熟的有机肥200～300kg，做到肥水下池，有利于提高仔虾的成活率。

2. 虾苗的放养 可选择晴天的早晨或阴雨天进行虾苗放养，由于仔虾相对比较娇嫩，要避免强阳光直射，运输装卸过程中动作要轻、快，保持虾体适宜的潮湿，一般每亩放养1cm以上的仔虾10万～15万尾，饲养管理水平高的可适当多放，每亩20万尾左右。同一培育池放养的仔虾最好整齐一致，尽量一次性放足。仔虾下塘前要调节温差，方法同亲虾下塘。放养时要分散，多点放养，不可堆积。

3. 饲养 仔虾的活动能力较弱，摄食能力较差，因此仔虾只能滤食水体中的轮虫、枝角类、桡足类等浮游动物。由于采取的是肥水下池，水体中浮游动物的数量较多，因此初期人工饵料可以相对少喂，但随着仔虾逐步长大，要及时增加人工饵料的投喂量，前期可以泼洒豆浆与鱼肉糜，每亩日投喂2kg左右的干黄豆，浸泡后磨成浆全池分2次泼洒，另外加鱼糜500g左右，用水搅匀成浆沿池边泼洒，日投饲2次，上午投饲量占总量的30%，傍晚占总量的70%，1周后，可直接投喂绞碎的螺肉、蚬肉、蚌肉、鱼肉、动物的内脏、蚯蚓等，适当搭配一些粉碎后的植物性饲料，如小麦、玉米、豆饼等，动、植物饲料之比为8∶2，同时加入一定量嫩的植物茎叶，经粉碎加工成糊状投喂。每日饵料投喂按照"定质、定量、定时、定位"原则，使仔虾能吃饱吃好。

4. 种植水草 可在池塘中种植一些水生植物，水草既能为小龙虾提供丰富的饲料、净化水质，又能为小龙虾提供优良的隐蔽场所。在池内四周种植水葫芦、水花生、苦草、伊乐藻等水生植物，其覆盖面一般为池塘水面的1/3。

5. 水质管理 必须定期加水或换水，一般是7d左右加水或换水1次，换水量为池水的1/3左右。使得水体中溶氧量保持在5mg/L以上，pH为7.0～8.5，透明度控制在20～30cm，必要时要泼洒一些生石灰水进行水质调节，缩短仔虾的蜕壳周期，增加蜕壳的次数。

6. 日常管理 坚持每日多次巡塘，检查仔虾的蜕壳、生长、摄食、活动状况及防逃设施，发现问题及时解决。

二、食用虾的养殖

1. 虾池的清整与消毒 虾池的清整主要是清除池塘过多的淤泥，堵塞漏洞。消毒是在亲虾或虾苗放养前7d左右进行药物清塘。清塘消毒的目的是彻底清除敌害生物如鲇、黄鳝、泥鳅、乌鳢及与小龙虾争食的鱼类如鲤、鲫、野杂鱼等，杀灭敌害生物及有害病原体。目前虾池清塘常用生石灰清塘，生石灰来源广泛，使用方法简单，一般10cm水深每亩用生石灰50～75kg。生石灰需兑水溶解，趁热全池泼洒（图3-3-6）。使用生石灰的好处是既能提高水体pH，又能增加水体的钙含量，有利亲虾生长蜕皮。生石灰清塘5～7d后药效基本消失，即可放养虾种。

2. 种植水草，设置人工虾巢 在池内四周浅水区、稻田中的水沟与水凼内种植水草，为小龙虾提供适宜的隐蔽场所和植物性饲料，方法同小龙虾的苗种培育。一般3月虾沟内栽植苦草、轮叶黑藻、伊乐藻、马来眼子菜等水生植物，5月放置一些水葫芦或在沟边种植蕹菜。水草面积占池塘面积的1/3。在养殖水域深水区设置人工虾巢，如安设瓦砾、砖头、石块、网片、旧轮胎、草龙等做虾巢，供虾隐蔽栖息和防御敌害。

3. 放养时间与放养密度 放养有秋放和春放两种模式，秋放或春放各地因地制宜，灵

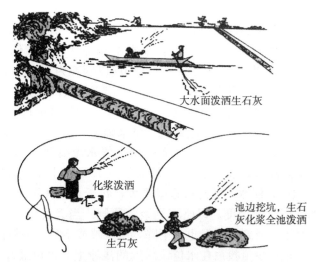

图 3-3-6 生石灰清塘消毒方法

活掌握。秋放是在养虾塘中放养亲虾为翌年培育虾种，虾种适应性强、成活率高。

（1）春放。开春后 4—5 月投放 3cm 的幼虾 1.5 万～2 万尾。稻田养虾可在 5 月水稻插秧后进行。小龙虾于 6—7 月开始起捕，捕大留小。

（2）秋放。于 8—9 月每亩投放 20～30kg 经人工挑选的小龙虾亲虾，雌雄比例（1.5～2）∶1。于翌年 3—5 月及时将已繁殖过的虾种起捕上市销售，将虾苗留在池内进行成虾养殖。

放养时间宜在晴天早晨或阴雨天，避免阳光直射，水温温差不要过大，不要超过 2℃。放养前虾苗或虾种用 2％～3％食盐水洗浴 2～3min，杀灭病原体，然后准确计数下池。放养方法是采取多点分散放养，不可堆集，防止弱肉强食、相互残杀。

池中可搭配放养一些螺蛳，螺蛳的繁殖力很强，刚出生的小螺蛳外壳很脆，营养丰富，极易被小龙虾摄食，有利于提高小龙虾的成活率及生长速度；螺蛳对水质有极强的净化作用，放养螺蛳可以对水质进行调节，为淡水小龙虾的生长提供一个良好的水质环境。通常每亩水面放养活螺蛳 20～30kg，让其自然生长繁育。

4. 投饲　小龙虾是杂食性动物，小龙虾的饵料可以分为动物性饵料、植物性饵料、微生物饵料三大类。人工配合饲料则是将动物性饵料、植物性饵料和微生物饵料按照淡水小龙虾的营养需求，按照科学的配方混合加工而成，其中还可根据需要适当添加一些矿物质、维生素和氨基酸，并根据淡水小龙虾的不同发育阶段和个体大小制成不同大小的颗粒。在饲料加工工艺中，必须注意到淡水小龙虾是咀嚼型口器，因此配合饲料要有一定的黏性，制成条状或片状，以便于淡水小龙虾摄食。小龙虾人工配合饲料配方：仔虾饲料蛋白质含量要求达到 30％以上，成虾的饲料蛋白质含量要求达到 20％以上。以下分别为仔虾人工配合饲料和成虾人工配合饲料的配方：

仔虾人工配合饲料：鱼粉 20％、发酵血粉 13％、豆饼 22％、棉仁饼 15％、次粉 11％、玉米粉 9.6％、骨粉 3％、酵母粉 2％、多种维生素预混料 1.3％、蜕壳素 0.1％、淀粉 3％。

成虾人工配合饲料：鱼粉 5％、发酵血粉 10％、豆饼 30％、棉仁饼 10％、次粉 25％、玉米粉 10％、骨粉 5％、酵母粉 2％、多种维生素预混料 1.3％、蜕壳素 0.1％、淀粉1.6%。

在小龙虾的养殖过程中应坚持"四定"原则进行投饵。一般每天投喂2次饲料，投饵时间分别在9：00—10：00和17：00—18：00。在春季和晚秋水温较低时，也可每天投喂1次，安排在16：00—17：00投喂。每天投喂2次的应以傍晚为主，投饲量占全天的60%～70%。由于淡水小龙虾有一定的避强光习性，强光下出来摄食的较少，应将饲料投放在光线相对较弱的地方，如傍晚将饲料大部分投放在池塘西岸，上午将饲料多投在池塘东岸，可提高饲料的利用率。日投饲量主要依据存塘虾总重量来确定。5—10月是淡水小龙虾正常生长季节，每天投饲量可占体重的5%左右，且需根据天气水温变化、小龙虾摄食情况有所增减，水温低时少喂，水温高时多喂。在3—4月水温在10℃以上小龙虾刚开食阶段和10月以后水温降到15℃左右时，淡水小龙虾摄食量不大，每天可按体重1%～3%投喂。一般每天的投饲量灵活掌握，以吃饱为度，以略有剩余为原则。当天气闷热、阴雨连绵或水质恶化、溶氧量下降时，淡水小龙虾摄食量也会下降，可少喂或不喂。饲料投喂地点：应多投在岸边浅水处虾穴附近，也可少量投放在水位线附近的浅滩上。每亩最好设4～6处固定投饲台，投喂时多投在点上，不要分散地撒在水中，实行定点投喂，点、线、面结合，以点为主。

5. 水质管理　方法同小龙虾的苗种培育。当水中溶氧量低、水质老化或遇雷阵雨闷热天、连阴天等恶劣天气时应减少投饵量或停止投饵，并注意观察，若发现龙虾反应迟钝，游集到岸边，浮头并向岸上爬，说明缺氧严重，要及时注水或开增氧机增氧。

6. 日常管理　经常巡塘，注意小龙虾的觅食、活动、生长和蜕壳等情况，以便及时采取必要的技术措施。及时清除池中青苔；经常检查进、排水口的过滤网、防逃设施，防止野杂鱼等有害生物进入和小龙虾外逃。定期消毒，漂白粉兑水溶解后全池泼洒，使池水浓度为1mg/L，做好疾病预防。

知识拓展

小龙虾养殖种植水草的选择

　　水草作为水域中的初级生产者，既能为水生动物栖息、繁殖和逃避敌害提供场所，又能够为草食性与杂食性水生动物提供适口性的饲料。学生如何正确地认识水草资源并加以合理地开发利用尚需引导，优质的水草不仅可以改善水质条件，净化水域环境，有助于学生树立生态文明的绿色发展理念，还能够为水产经济动物提供饵料，节约养殖成本，有利于培养学生创业创新能力，引导水产养殖业高质量发展。

　　1. 伊乐藻　伊乐藻是从日本引进的一种水草，原产于美洲，是一种优质、速生、高产的沉水植物。伊乐藻叶片较小，不耐高温，只要水面无冰即可栽培，水温5℃以上即可萌发，10℃即可开始生长，15℃生长速度最快，当水温达30℃以上时生长明显减弱，藻叶发黄，部分植物顶端发生枯萎。伊乐藻具有鲜、嫩、脆的特点，是小龙虾优良的天然饵料，在长江流域通常以4—5月和10—11月生物量达到最高。伊乐藻不耐高温，一般在30℃的时候就进入休眠状态，还可能在高温环境下死亡污染水质，夏季伊乐藻要注意维护，可以提高水位，来营造一个较适宜伊乐藻的生长环境。

2. 轮叶黑藻　轮叶黑藻为多年生沉水植物，茎直立细长，长50～80cm，广布于池塘湖泊和水沟中，喜高温、生长期、适应性好、再生能力强小龙虾喜食。轮叶黑藻可移植也可播种，栽种方便，适合于光照充足的沟渠、池塘及大水面播种。水温10℃以上时，轮叶黑藻开始萌芽生长，同时随着芽苞的伸长在基部叶腋处萌生出不定根，形成新的植株，待植株长成又可以断枝再植。轮叶黑藻生长旺季在5—10月，夏季耐高温，温度越高，生长越快，而且不容易生病。冬季为轮叶黑藻的休眠期，但是对小龙虾影响不大。

学习评价

一、填空题

1. 淡水小龙虾学名_____，因其粗壮威武酷似海水龙虾，故称为淡水小龙虾，属淡水类螯虾。小龙虾的生长是间歇性的，体重和体长的增加是通过_____来实现。

2. 虾对_____、_____、_____和_____药物也较敏感。因此淡水小龙虾养殖场最好远离有工业、农业污染的水源。

3. 亲虾的放养量控制在每亩30kg左右，雌雄亲虾配比以_____为宜。

二、选择题

1. 在天然水体中，在马来眼子菜、水花生、人工配合饲料、鱼糜或肉糜等食物并存的情况下，淡水小龙虾更喜欢（　　）。
   A. 马来眼子菜　　B. 水花生　　C. 人工配合饲料　　D. 鱼糜或肉糜

2. 养虾池常使用（　　）药物清塘，使用该药的好处是既能提高水体pH，又能增加水体的钙含量，有利亲虾生长蜕皮。
   A. 漂白粉　　B. 生石灰　　C. 鱼藤精　　D. 巴豆

3. 小龙虾在（　　）两季营穴居生活，具有很强的掘洞能力；产卵季节主要集中在（　　）。
   A. 春季　　B. 夏季　　C. 秋季　　D. 冬季

三、思考题

1. 淡水小龙虾生物学特性有哪些？
2. 为什么说"虾大小，看水草"？
3. 池塘养殖淡水小龙虾放养前要做哪些准备工作？
4. 春季投放小龙虾苗种的密度是多少？放养时要注意哪些事项？
5. 池塘养殖淡水小龙虾怎么投喂饲料？
6. 养虾塘的水质怎么进行调节？

实训三 龟、鳖的标本制作

一、标本制作常用化学试剂的种类

1. 防腐剂 通用型防腐剂的配方为硼酸、明矾、樟脑,其比例为 5∶3∶2。
(1) 硼酸。具有杀菌、防腐、降解肌肉组织的作用,直接接触黏膜或误食可引起中毒。
(2) 明矾。可以有效去除油脂,有一定的防腐作用。
(3) 樟脑。以起到驱虫的作用,北方地区干燥虫少,可以适当减少使用量。
(4) 酒精。纯度为95%的酒精可以析出骨骼内存留的油脂,有一定的防腐作用。

2. 黏合剂
(1) 胶水。可以将皮张粘到龟壳上,起到相互粘合的作用。
(2) 透明胶棒。热熔后经胶枪注入特定部位可以起到固定作用。

3. 填充剂
(1) 塑钢浆。为两种半凝固状膏体,1∶1混合后在12h内即可坚硬如石块。
(2) 雕塑泥。为含水软质泥,填充特定部位干燥后比较坚硬,可用于定型。

二、皮张剥制

1. 龟、鳖的皮张开刀方法及部位
(1) 开壳。沿着龟、鳖壳进行环切,开刀时不要伤到皮肤。
(2) 分离。切断背甲与腹甲连接,分离背腹甲。
(3) 剔肉。将肉与壳、皮肤分离,仅留指甲、肉骨,其余骨肉丢弃不要,挖出脑、眼。

2. 皮张防腐与填充
(1) 酒精浸泡。将皮、壳放入酒精中浸泡1h,之后用清水冲洗10min。
(2) 防腐。将防腐剂均匀涂抹在壳、皮上,稍用力揉搓,不留死角,之后放入冰箱冷藏备用。
(3) 填充。将适合长度3股铁丝扭在一起,穿过四肢,穿入头骨及尾巴,并将脱脂棉揉成小球,逐个塞入四肢、头颈部,并用热熔胶将铁丝骨架固定于龟、鳖颅腔内,摆好初步造型。

三、标本制作步骤

1. 装皮 将皮用胶水黏贴在龟、鳖的壳上,要求每个位置相对应。
2. 装义眼 在龟、鳖眼窝内塞满雕塑泥,再装入大小合适的义眼,整体完成后移入干燥室干燥1周。
3. 填补 标本干燥后会有部分开裂、缺肉的地方,用塑钢浆进行填补、整形,随后移入干燥室干燥1d。
4. 上色 用油画笔将聚丙烯颜料调制成期望颜色,经过酒精充分溶解后,取上层均匀溶液，通过喷笔喷于标本之上。

5. 上漆 待颜料干燥后，于室外通风，将用透明喷漆均匀地喷于标本之上，并风干。注意：陆龟上漆时不要过多，半水半栖龟类及鳖可适当增加上漆厚度。将风干的龟、鳖标本放置于干燥室内保存。

学习评价

一、填空题

1. 将适合长度＿＿＿＿股铁丝扭在一起，穿过＿＿＿＿，穿入头骨及尾巴，摆好初步造型。

2. 龟、鳖的腿部填充时要用小的＿＿＿＿逐个塞入。

二、判断题

（　）1. 塑钢浆的配比是1∶2。

（　）2. 陆龟上漆时可适当增加上漆厚度，半水半栖龟类不要喷漆过多。

三、简答题

简述制作龟鳖标本的方法步骤。

模块四 药用及其他经济动物养殖

学习目标

了解各药用及其他经济动物的形态特征、分布分类等，熟悉蛇、蚯蚓、蝎子及黄粉虫的生物学特性并在生产实践中加以利用。掌握各药用及其他经济动物的饲养管理技术，能够进行科学引种。

思政目标

培养学生严谨求实的工作作风，树立产品质量至上的质量意识及诚信意识；厚植爱国情怀，树立远大理想，养成良好的行为规范和道德准则。

项目一 蛇 养 殖

学习目标

了解蛇的形态特征；熟悉我国常见蛇品种的特点；掌握蛇的生物学特性，并学会在生产实践中加以利用；能够设计并建造蛇场；能够对蛇进行科学引种；能够准确地鉴别蛇的雌雄；能够人工孵化蛇卵；能够饲养管理好各阶段的蛇。

学习任务

任务一 蛇场建造

蛇的饲养方式主要有蛇箱养蛇、蛇房养蛇及蛇园养蛇3种，3种方式可以单独使用，也可配合使用。

1. 蛇箱养蛇 一般建在通风、采光、温度均较好的房内或房边，多是建成长方形，箱的尺寸大小要根据蛇的种类、大小和数量而定，蛇箱的材料可用铁丝、木板、砖等。须在蛇箱内铺3~5cm厚的潮湿沙土，四周堆放几块合适的石块供蛇躲藏和蜕皮。蛇箱一般长2.5m、宽1m、高0.8m，设有活动气窗，内遮金属防逃网。

2. 蛇房养蛇 可采用室内室外互相结合，尽量模仿蛇类野外生活的自然环境。蛇房的房屋和围墙需专门设计后使用，顶部用铁丝网覆盖，以防蛇外逃。房内要有水池、躲避掩体，适当种些花草，以增加蛇房湿度，有利于蛇的健康生长。

3. 蛇园养蛇　蛇园场地要选择远离居民区、土质致密、坐北朝南、树多草茂、僻静、位置较高、离水源近的地方。四周建 2m 以上的坚固围墙，墙基要求 0.5～1m 深，并用水泥灌注，以防鼠打洞和蛇外逃。墙内四壁刷成灰色、黑色或草绿色，但不能刷成白色。内墙要求光滑无缝，四个墙角要做成圆弧形，绝对不能做成直角，否则蛇会靠腹鳞借助 90°直角夹住蛇身两侧沿墙外逃。围墙的出入门一定要设双重门，内门开向蛇园内，外门开向园外，这样比较安全。蛇园围墙也可不设进出门，每次用木梯进出，而内梯必须是活动的。拟态蛇园侧面图见图 4-1-1，鸟瞰图见 4-1-2。

图 4-1-1　拟态蛇园侧面图
1. 双重门　2. 墙厚 0.3m
3. 墙高 2.5m　4. 墙基

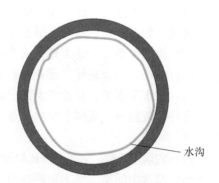

图 4-1-2　拟态蛇园鸟瞰图

蛇园内应建造蛇窝、水池、水沟、饲料池、产卵室和活动场。蛇窝的建造要适合蛇的活动和冬眠，要能防水、通气、保温、可有不同的形式，如地洞式、圆丘式、方窑形式等。通常是在蛇园内适当挖一些长 6m、宽 2.5m、深 1m 的池子，在池两侧各挖几个深 0.3m 的正方形小池子，在中间挖一条深 0.4m 的沟供人进出或投食观察，然后池上面横放木板或玉米秸覆盖，蛇便可以安然越冬。活动场所需栽种一些小灌木、短草，可建造假山，以利于夏季遮阴、降温和蛇类蜕皮。蛇园内要保持干净、潮湿、阴凉和卫生。根据饲养蛇的品种及大小可将蛇园分隔成几块，投食处要尽量保持阴暗，避免蛇不敢进食或相互残杀。

以上三种方式在饲养时可同时使用，尤其是蛇房和蛇箱结合使用更方便。

任务二　蛇的生物学特性

一、蛇的形态特征

1. 蛇的外部形态　俗话说"一朝被蛇咬，十年怕井绳"，这句话形象地描述了蛇的整体外观纤长，呈圆筒状，貌似绳索。蛇体大致可分为头、躯干及尾三部分。

（1）头部。头部扁平，一般无毒蛇头部呈圆锥状，吻端细而后端粗，而大部分毒蛇头部近躯干端特别宽大，背面似三角形，这是在外形上区分有毒蛇和无毒蛇的主要依据。

（2）躯干部。躯干部呈长筒状，有鳞片覆盖，四肢已消失退化。躯干部以泄殖孔为界，与尾部相连。

（3）尾部。泄殖孔以后的部位为尾部，尾部自前端向后端逐渐变小。雄蛇的尾基部较粗，其中有一对交接器，而雌蛇的尾部骤然变细，这是雄蛇和雌蛇的主要区别之一。

2. 蛇的内部结构　　蛇的内部结构包括皮肤、骨骼、肌肉、消化、呼吸、循环、排泄、神经等系统和感觉器官。由于蛇具有纤长体形，内部器官也多呈细长形。毒蛇与无毒蛇的器官区别在于有无毒牙和毒腺，其他内部构造特征两者基本相同。

二、蛇的生物学特性

1. 栖息环境　　大多数蛇类喜欢栖息在温度适宜（20~30℃）、靠近水域、食物丰富、觅食方便且隐蔽性较好的地方。由于蛇的种类不同，具体的栖息环境也多种多样，大致可以分为5种。

（1）陆栖生活类。此类蛇大多数都在陆地上生活。陆栖蛇类的特点是腹鳞宽大，在地面行动迅速，如五步蛇、蝮蛇、眼镜蛇、金环蛇、眼镜王蛇、竹叶青蛇、王锦蛇等。

（2）树栖生活类。此类蛇大多数时间栖息在乔木、灌木的树枝或枝干上。外形更为细长，适宜缠绕，如金花蛇、繁花林蛇、绞花林蛇等。"蛇岛"的蝮蛇也属于树栖生活类。

（3）淡水生活类。此类蛇大部分时间在溪沟、稻田、水塘、库区等水域活动及觅食。其特征是外形较粗短，腹鳞不发达，鼻孔位于吻部背侧，如中国水蛇、渔游蛇、铅色水蛇、赤链蛇等。

（4）穴居生活类。多是一些比较原始和低等的中小型蛇类，多为无毒蛇，如闪鳞蛇、盲蛇等。

（5）海水生活类。终生生活在海洋，均为剧毒蛇。其特点是尾和躯干略扁，腹鳞不发达甚至退化，如扁尾海蛇、长吻海蛇、青环海蛇、平颏海蛇等。

2. 活动规律

（1）昼夜规律。蛇的种类不同，昼夜活动规律也有所不同。有些蛇喜欢在白天活动，如乌梢蛇、中国水蛇、双斑锦蛇、眼镜蛇、眼镜王蛇等。多数蛇待夜幕降临后出来活动、觅食，而白天隐蔽在窝中，如银环蛇、金环蛇等。部分蛇类多在早晨和黄昏时外出觅食、活动，如五步蛇、竹叶青蛇、蝮蛇等。

（2）温度规律。蛇属变温动物，对周围环境的温度反应比较敏感，其身体受温度的影响比光照更为明显。因此人工饲养蛇类应保持饲养场适宜的温度。当温度适宜时（20~30℃），活动较为频繁；温度较低时（气温下降至13~20℃），蛇便会本能地寻找温暖场所；当温度较高时（33℃以上），便寻找阴凉的地方或爬到水池、水沟旁边。

（3）季节规律与冬眠。

①春季。每年3月中旬，蛇由冬眠转为复苏，反应迟钝，是捕蛇的好时机。4—5月活动增强，四处觅食，但爬行速度较慢，是蜕皮交配的季节。6月活动频繁，经常外出觅食、饮水或洗澡。

②夏季。7—8月气温最高，多数蛇早晚和夜间出来活动、觅食。

③秋季。9—10月气温适宜，是活动较频繁的季节，蛇依靠大量捕食来增加体内营养的贮备，为冬季御寒或冬眠打下基础。

④冬季。11月以后，当气温下降至13℃时，蛇陆续进洞冬眠。

3. 特殊习性

（1）冬眠与夏眠。蛇是较为原始的变温动物，没有汗腺，不能调节自身的体温，其体温随栖息环境温度的变化而变化。当冬季来临时气温逐渐下降，蛇机体的代谢活动逐渐减少，慢慢进入冬眠状态。由于各地气温不同，不同性别、年龄的蛇进入冬眠的时间也不尽相同。

雌蛇较雄蛇先冬眠，成年蛇较幼年蛇先冬眠，也有的雌雄同穴，还有的群居。以群居的方式冬眠有利于保温，并能维持蛇体温度，可提高成活率。

在炎热的夏季，当气温上升到32℃以上时，蛇无法耐受高温，也会寻找阴凉僻静的处所转入短暂的夏眠阶段。夏眠和冬眠一样，蛇处于不吃、不喝、不蜕皮、不活动的状态，依靠贮存在体内的营养维持基础代谢。

（2）蜕皮。

①蜕皮原因。伴随着生长，蛇原先的表皮已包覆不了日益增大的躯体，表皮便会老化成角质膜，在激素的作用下，以蜕皮的形式蜕下来，这便是蛇的蜕皮现象。新表皮早在蛇蜕皮前已经生成。蛇蜕下来的角质膜称蛇蜕，中医上称为龙衣，是上好的纯天然动物药材。

②蜕皮过程。蛇在蜕皮时，大多数借助于粗糙的平面或硬物不断进行摩擦，先从吻端把上、下颌的表皮磨出一处裂缝，身体呈半僵状态，然后从头至尾逐渐向后翻蜕，直至角质膜完全蜕去，露出新表皮。健康蛇蜕皮时间是很短暂的，只需几分钟，不健康的蛇蜕皮时间长，角质膜多呈碎片状。因此在人工养蛇时，要人为地为蛇提供良好的环境，促其顺利蜕皮，并通过蜕皮过程观察蛇的健康状况。

③蜕皮次数。幼蛇生长速度快，蜕皮的次数较多，一般每年可蜕皮4～5次或更多，平均32～45d蜕皮1次；成年蛇一般每年蜕皮3次，少数达到4次。

④影响蜕皮的因素。一是食物因素。食物丰富时，其生长速度较快，蜕皮次数也多。二是环境因素。寒冷、干旱会导致蛇蜕皮次数减少。三是妊娠因素。因雌蛇身体后部明显地变粗膨大，正常的蜕皮至此部分便会严重受阻，继而出现蜕皮难现象。因此应及时观察妊娠蛇的蜕皮情况，一旦发现蜕皮受阻，必须人工协助蜕皮，否则易导致蛇死亡。

4. 摄食习性

（1）食性。蛇为肉食性动物，喜好进食活体动物，包括各类无脊椎动物，如蚯蚓、昆虫、鱼类、泥鳅、黄鳝、蜥蜴、鸟类、鼠类及小型兽类，有时也食用各类鸟蛋、腐败的动物尸体等。蛇的采食结构也会随着环境和季节的变化而改变。

（2）捕食方法。蛇依靠感觉器官找到食物，主要是视觉、嗅觉、听觉及颊窝的温度感知等。一般蛇要在动物到达眼前才捕食。无毒蛇往往直接吞噬被捕动物或先用身体将被捕动物缠绕窒息后再吞食；毒蛇则先咬目标的肢体，通过毒牙将毒液注入被捕动物体内，待动物中毒麻痹后再吞食。

（3）进食特征。

①蛇的进食方式。蛇的进食方式相当独特，均以囫囵吞枣方式吞食。蛇的嘴可以很大限度地张开，上、下颌角可达到130°，因此能把比自身头部大数倍的动物吞下。

②食量大、摄食频率低。蛇食量很大，一次可吞下比自己重2倍的食物，一次饱餐后可以10～15d不进食，所以在人工饲养中可以10d左右投食一次。

③消化能力强。蛇类的消化能力均非常强，所有吞食的动物均能充分消化，甚至包括骨骼，只有鸟羽和兽毛不能消化，但能随同粪便一起排出，不会造成消化不良。

④季节变化。每年5月是旺食期，7—9月是蛇捕食频繁期，这与进入繁殖期及体内蓄积营养越冬有关。

⑤耐饥饿。在有水无食的情况下，蛇耐饥饿的时间相当长，甚至可以达到几个月甚至一年。

5. 生殖特性 蛇为雌雄异体动物，通过体内受精繁殖后代，卵生或卵胎生。雌雄蛇一

经交配后，雌蛇便不再与其他雄蛇交配。雄蛇精子可在雌蛇输卵管内存活 4～5 年，并可连续 3～4 年产出受精卵。在自然条件下，蛇基本上是一年繁殖 1 次，但在人工饲养条件下，由于饲养管理条件的改善，雌蛇每年可产数窝蛋。

任务三　蛇的繁育

一、我国常见经济蛇种类

蛇属于脊索动物门、爬行纲、蛇目。蛇在爬行动物中数量最多，种类多样，目前已发现世界上蛇类近 3 000 种，我国就有 200 余种。其中毒蛇类有 50 多种，包括 16 种海蛇（均为剧毒蛇）。生物学家将蛇类分为盲蛇科、蟒蛇科、闪鳞蛇科、游蛇科、眼镜蛇科、海蛇科和蝰蛇科等。

蛇按毒性可分为有毒蛇种和无毒蛇种两大类。常见的有毒蛇种有管牙类毒蛇，如竹叶青蛇、五步蛇等；前沟牙类毒蛇，如金环蛇、眼镜王蛇、银环蛇等；后沟牙类毒蛇，如中国水蛇、台湾赤链蛇等。也有学者按照蛇毒作用的机理将有毒蛇分为神经性毒蛇，如金环蛇、银环蛇、海蛇等；出血性毒蛇，如烙铁头蛇、五步蛇、竹叶青蛇、蝰蛇等；出血性混合神经性毒蛇，如眼镜蛇、眼镜王蛇、蝮蛇等。无毒蛇种类和数量较多，约占蛇类 3/4。我国常见的无毒蛇种包括王锦蛇、黑眉锦蛇、百花锦蛇、乌梢蛇、滑鼠蛇、灰鼠蛇等。

1. 无毒蛇种

（1）王锦蛇。属于游蛇科、锦蛇属，俗称黄蟒蛇、棱锦蛇、松花蛇、王蟒蛇等。体长近 2m，头背鳞缝黑色，显"王"字斑纹。栖息在山地、平原及丘陵地带，喜好活动于近水域的地方。食性杂，属于广食性蛇类，捕食蛙类、鸟类、鼠类及各种鸟蛋，食物缺乏时，它甚至吞食自己的幼蛇或同类。动作敏捷、性情凶猛，爬行速度快且会攀爬上树。长势迅速，饲养周期短，耐寒，适应性强，容易饲养和孵化，是上市量大、受欢迎的肉蛇之一。产卵期在 7 月，每次产卵 8～15 枚。王锦蛇不能与其他无毒蛇类混合养殖。王锦蛇能散发出一种奇臭的异味，手握蛇体后要用生姜片擦洗或用香味浓郁的香皂洗手才能把臭味洗掉。

（2）百花锦蛇。属于游蛇科、锦蛇属，俗称白花蛇、菊花蛇、花蛇等。头部紫灰色，躯干部灰色，背部中央有 30 块左右近六角形、边缘镶黑色的深灰色斑纹。主要分布在我国广西、广东和越南。百花锦蛇主要生活于岩溶地带海拔低于 300m 覆盖灌木的丘陵山地。经常活动于山间的田边、坡地及沟谷，岩溶地带的岩洞是其主要栖息场所。昼夜活动，以鼠类为主要食物，亦捕食蜥蜴、蛙和小鸟。4—6 月产卵，卵数 5～15 枚，11 月至翌年 3 月冬眠，在岩洞内越冬。

（3）乌梢蛇。属于游蛇科、乌梢蛇属，俗称乌蛇、乌梢鞭、一溜黑、乌药蛇等。体型较大，身体全长可达 2.5m 以上。躯干背部绿褐色、褐色、棕褐色或黑褐色，背部正中有一条黄色的纵纹，体侧各有两条黑色纵纹，至躯干后端逐渐消失。在我国分布比较广，栖息于海拔 1 600m 以下的中低山地带，常在农田、河沟附近活动，有时也在村落中出现。行动迅速，反应敏捷，性情温顺。以蛙类、蜥蜴、鱼类、鼠类等为食。7—8 月产卵，每次产卵 7～14 枚。乌梢蛇长势迅速、适应性强、抗病力强，很适宜人工养殖。

（4）滑鼠蛇。属于游蛇科、鼠蛇属，俗称水律蛇、草锦蛇、黄闰蛇等。体长可达 2m 以上，头背黑褐色、后缘黑色，唇鳞淡灰色。在我国主要分布在广东、广西、浙江、江西、福建、台湾、湖南、湖北等地。喜生活于山区、丘陵地带，昼夜活动，主要以蟾蜍、蛙、蜥蜴、鼠类、鸟类等为食。5—7月产卵，每次产卵7～20枚。

(5) 灰鼠蛇。属于游蛇科、鼠蛇属，俗称黄肚龙、黄梢蛇、过树龙等。体长可达2m以上，眼大而圆，背面棕褐色或橄榄灰色，躯干后部和尾背鳞片边缘黑褐色，整体略显网纹，上唇和腹面淡黄色。分布于东南亚，在我国主要产于广东、广西、福建、台湾、浙江、江西、湖南等省份及云南、贵州南部。白昼活动，常见于溪流、水塘、田边，喜攀缘于灌木或竹丛上。捕食蛙、蜥蜴、鸟和鼠类。5—6月产卵，每次产卵1～9枚，孵化期约2个月。灰鼠蛇无毒，与金环蛇、眼镜蛇合称三蛇，是炮制"三蛇酒"的原料，胆、肉均可入药，主治风湿性病症。

2. 有毒蛇种

(1) 眼镜蛇。属眼镜蛇科、眼镜蛇属，俗称饭铲头、吹风蛇等。体长1～2m，头椭圆形，颈部背面有白色眼镜状斑纹，体背黑褐色，间隔有10多个黄白色横斑。在我国分布于安徽、浙江、江西、福建、台湾、湖北、湖南、广东、广西、海南等地。生活于平原、丘陵、山区的山野、田边和住宅附近。食性杂，以鱼、蛙、鼠、鸟及鸟卵等为食。眼镜蛇被激怒时，会将头部和躯体前段竖起，颈部两侧膨胀，同时发出"呼呼"声，借以恐吓敌人，毒液为混合毒性。6—8月产卵，每次产卵10～18枚，自然孵化，亲蛇在附近守护，孵化期约50d。

(2) 眼镜王蛇。属于眼镜蛇科、眼镜王蛇属，俗称山万蛇、过山峰、扁颈蛇、吹风蛇、大眼镜蛇等。体型较大，体长长达3m以上，是世界上毒蛇中最大的一种。外形一般与眼镜蛇相似，最大区别在于头背部除典型的9枚大鳞外，顶鳞之后有1对大的枕鳞；颈背没有白色眼镜状斑纹；背面暗褐色或黑色，具白色镶黑边横斑40～50条；腹面黄白色，颈部腹面橙黄色。眼镜王蛇生性凶猛，外表狰狞可怕，当遇到危险时，颈部两侧会膨胀起来，扩展部位较窄长，有白色的"∧"形斑，暴露出其特有的眼镜状斑纹；躯干前1/2部分竖起，并发出"呼呼"的响声，会主动攻击人畜，咬住人后紧紧不放，其毒液不仅毒性强烈，而且排毒量大，一次可排出毒液400mg，相当于致死剂量的数倍，是以神经毒为主的混合毒。眼镜王蛇具有前沟牙。大多分布在非洲，东南亚、南亚也有分布，我国主要见于华南、西南等地。眼镜王蛇生活于平原或山区，多见于森林边缘近水处，昼行夜伏。主要捕食其他蛇类，偶尔吃蜥蜴等。卵生，7—8月产卵，每次产卵20～40枚，产于枯叶筑成的窝内，亲蛇有护卵习性。

(3) 五步蛇。属蝰蛇科、尖吻蝮属，学名尖吻蝮，俗称百步蛇、百花蛇、中华腹等。体长1～2m，头大于躯干，呈三角形，吻端有一短而上翘的突起，由吻鳞与鼻鳞构成。头背黑褐色，有对称大鳞片，具颊窝。体背深棕色及棕褐色，背面正中有一行方形大斑块，20余个，腹面白色，有交错排列的黑褐色斑块。尾末端尖长，形成角质硬刺。在我国主要分布于安徽南部、重庆、江西、浙江、福建北部、湖南、湖北、广西北部、贵州、广东北部。生活在山区或丘陵地带，栖息于树林、溪间岩洞、落叶杂草地、稻田、沟边路旁，甚至钻入住宅之中，洞穴多在树根旁。五步蛇昼夜活动，但在夜间比较频繁，喜欢隐蔽于枯黄的野草或落叶间，有向火的习性，夜间用火把照明较为敏感，并对火把有攻击反应。多夜间觅食，喜食鼠类、鸟类、蛙类、蟾蜍和蜥蜴，尤以捕食鼠类的频率最高。冬眠期约3个月。五步蛇6—8月产卵，雌蛇有护卵习性，终日盘伏在卵堆上，幼蛇约30d孵化出壳。

(4) 竹叶青蛇。属蝰蛇科、蝮亚科、竹叶青蛇属，又名青竹蛇、焦尾巴。体长可达60～90cm，头较大，呈三角形，眼与鼻孔之间有颊窝，尾较短。通身绿色，腹面稍浅或呈草黄色，眼睛、尾背和尾尖焦红色，体侧常有一条红白或白色的纵线。主要分布于我国长江以南各省份。树栖性，常见于近水边的灌木丛、山间溪流边。多在阴雨天活动，在傍晚和夜间最为活跃。以蛙、蝌蚪、蜥蜴、鸟和小型哺乳动物为食。具攻击性，蛇毒为血液毒素，毒性中等，一般不致命，平均每次排出毒量约30mg。卵胎生，8—9月产仔，每次产仔4～5条。

（5）金环蛇。属于眼镜蛇科、环蛇属。俗称黄节蛇、金甲带、黄金甲、金包铁、金蛇等。体长1～1.8m，头呈椭圆形，背鳞平滑，共15行，尾极短，尾略呈三棱形，尾末端钝圆而略扁。枕部有浅色"∧"形斑，通身几乎等宽的黑色与黄色环纹相间，黄色环纹在体部有23～28环、在尾部有3～5环，腹部为灰白色。在我国主要分布于华南、西南各个省份，国外分布于南亚及东南亚。栖息于丘陵、山地中植被覆盖较好的近水处。金环蛇属夜行性动物，怕见光线，白天往往盘着身体不动，把头藏于腹下，但是晚上十分活跃。捕食其他蛇类、蜥蜴、鱼类、蛙类、鼠类等。性情温顺，行动迟缓，具有前沟牙，毒性十分剧烈，但是不主动咬人。卵生，5月底产卵，每次产卵多达11枚，藏于腐叶下或洞穴中。与眼镜蛇、灰鼠蛇合称"三蛇"，是著名的药用、食用蛇种。

（6）银环蛇。属于眼镜蛇科、环蛇属。俗称白带蛇、白节蛇、金钱白花蛇等。全长1～1.8m，头椭圆形，背具典型的9枚大鳞片，背鳞平滑，通身15行，背正中一行脊鳞扩大呈六角形；背脊不隆起，尾末端较尖。枕部有浅色"∧"形斑，背面黑色或蓝黑色，具30～50条白色或乳黄色窄横纹；腹面污白色。我国有2个亚种：指名亚种，背面白色横纹30～50条；云南亚种，背面白色横纹20～31条。指名亚种分布于我国长江以南各省份；云南亚种仅见于我国云南省西南部。常见于低海拔的平原、丘陵近水处。属于夜行性动物，喜阴暗潮湿，白天藏匿洞中或石缝中，夜晚活动，到水边捕食鱼、蛙、泥鳅、黄鳝或其他蛇类等。卵生，5—8月产卵，每次产卵5～15枚，孵化期45d左右。幼蛇3年后性成熟。银环蛇是我国毒性最强的蛇种之一，具前沟牙，人被其咬伤后常因呼吸麻痹而死亡。

二、蛇的引种

种蛇的好坏关系到繁殖率、产品数量、质量及毒蛇泌毒量，最终将直接影响养蛇经济效益的问题。因此做好选种工作非常关键，选种工作在人工养蛇中十分重要。

1. 选种要求 对仔蛇、成年蛇分阶段进行选择，要选留体格健壮、无伤病、毒牙完整、活动能力强、食欲正常、生长发育快、产卵量高的蛇做种蛇。

2. 引种 如果本地蛇类资源没有或紧缺，往往需要到外地引进种蛇。

（1）引种准备。种蛇入场前应对蛇场、蛇窝及墙体进行彻底消毒，特别是由鸡舍、猪圈、养犬场或其他动物养殖场改造而成的蛇场更应该多消毒几次，以防病菌危害蛇群健康。市场上的消毒药很多，但氢氧化钠、来苏儿、福尔马林液等有刺激性、有异味、有腐蚀性的消毒药养蛇场不能用。蛇场常用的消毒药应以广谱杀菌、低毒高效、祛除异味、可饮服的为好，如聚维酮碘、新洁尔灭、硼酸、高锰酸钾等。养殖过程中不能长期单一使用同一品种的消毒药，否则病原体易产生耐药性，导致消毒效果明显降低，要多选几种常用的消毒药，在蛇场常规消毒时交替轮换使用。此外，蛇场内的水沟、水池应提前准备清洁干净的饮用水，有条件的还可将鲜活食物也一同放入，力求蛇一进场便能饮水、采食，促其尽快适应新的环境。

种蛇入场前一定要先行药浴，经消毒后方可放入蛇场。蛇类的嗅觉特别敏感，对不熟悉的异味有本能的排斥行为，所以种蛇入场后，除固定进出的饲养人员外，其他闲杂人员或陌生人一律谢绝入内。

（2）引种时查看方法。首先看表皮有无擦伤，将其放在地上，爬行时灵活自然，或是以两手执头、尾自然拉直后，蛇的蜷缩能力强，说明无内伤；其次用手打开蛇嘴巴，如口腔白润则无问题，如有红肿、浓痰等证明蛇不健康。

（3）引种注意事项。引种需要注意以下问题：①要到正规的蛇场引种，以免上当受骗而选到不好的蛇种。②衡量养蛇与引种地的气候、环境、降水等因素差别，尽量到自然条件差别小的地方引种，并在养殖中尽可能模拟种蛇场的环境条件，以提高蛇的存活率，促进生长繁殖。③尽可能使用与种蛇场相似的食物，保证本地有充足的食物来源。④最好在种蛇场学习并掌握种蛇的养殖管理技术，减少因管理不当造成的损失。⑤最好在气候温暖舒适的季节引种，一般在每年的3—4月引种较宜。

3. 种蛇运输　蛇具有攻击性，无论是野外捕捉还是从蛇场引种，都必须高度重视运输安全。要严格检查运输工具，凭检疫合格证和准运输证运输。运输途中尽量减少停留的时间，争取尽早到达目的地。蛇箱、笼、袋要经常检查，保证无破损，一旦发现问题，需及时改装或补修。应适当采取降温或加温措施，保持箱内温度适宜、恒定。谨慎作业，防止发生伤人事故。运输时，种蛇不可与化学物质如汽油、农药等混装，避免损害蛇类健康。

三、蛇的繁殖技术

1. 蛇的雌雄鉴别　2~3龄的蛇性器官基本发育成熟，此时可以鉴别蛇的性别，大致可从两个方面进行。首先是通过外形进行鉴别：一般雄蛇与雌蛇相比，头部较大，躯干更细而结实，腹鳞较少，尾基部稍微膨大，尾较长，尾鳞多于雌蛇；其次是通过外生殖器进行鉴别：将蛇的泄殖腔孔处弯曲，使泄殖腔孔外突，用两指由后向前紧捏蛇的泄殖腔孔时，雄蛇会露出两根交配器，而雌蛇的泄殖腔孔则显得平凹。

2. 蛇的交配　在野生状态下，蛇是分散活动的，到交配季节才进行交配。因此人工养蛇时，在非交配季节应将雌、雄蛇分开饲养，到了交配季节才将雄蛇放入蛇群中，交配后应分开，以免某些种类的雄蛇吞食雌蛇。蛇类的交配高峰期一般在每年的春末夏初，也有少数蛇种在秋季交配。

配种期雌蛇皮肤和尾基部性腺释放雌性激素，雄蛇根据这种激素主动跟踪寻觅到雌蛇进行交配。两蛇相遇后先是雄蛇用吻部轻触雌蛇身体，随后雄蛇便伏在雌蛇身上将交配器插入雌蛇的泄殖腔内（每次只用1个）。交配时雄蛇的情绪异常激动，不断摇头摆尾，并主动缠绕雌蛇，而雌蛇则伏地不动，任其缠绕，但有时雌蛇会将身体前部直立起来予以配合。类似这样的缠绵动作能持续几小时甚至几天，然后雌、雄蛇分开，交配随之结束。雌、雄蛇交配期间易激怒，性情暴躁，往往对外来的惊扰会给予猛烈的扑咬和攻击。此时应减少观望次数，杜绝陌生人进入，让其顺利实施交配。交配后雌蛇便不再与其他雄蛇交配。精子贮存在体内，可在输卵管中存活4~5年，并连续3~4年产出受精卵。

交配期间，雄蛇可多次与不同雌蛇交配，一般1条雄蛇可配8~10条雌蛇，即雄蛇与雌蛇的比例为1∶10。为提高蛇卵受精率，可适当增加雄蛇的数量，在交配期间，目前养殖场普遍采用的雄蛇与雌蛇的比例为1∶3。

3. 雌蛇生产　蛇的繁殖方式有卵生和卵胎生两种。卵胎生与卵生的区别是在蛇卵受精以后，没有直接从母体排出来，而是停留在母体的输卵管下端的"子宫"里，待发育成幼蛇后才产出，但卵内贮存的营养物质是胚胎所需营养的唯一来源，与真正的胎生有着本质区别。许多长势较慢或生活在树上、水中或寒冷地区的毒蛇属于此种繁育方式，如蝰蛇、蝮蛇、竹叶青蛇、海蛇等。

(1) 生殖季节。

①选种季节。可在秋季或翌年春季选择种蛇。一般以秋季选种最佳，此时蛇类活动较为活跃，选择的时间比较充分，可到产区采收。春季选择种蛇适宜在清明前后，时间只有半个月左右，选择的余地较小。

②种蛇交配与产卵时间。不同种类的蛇交配与产卵的时间有区别，见表4-1-1。

表 4-1-1 部分蛇的繁殖常数

种名	交配期	生殖方式	产卵（仔）期	产卵量（枚）	孵化天数（d）
眼镜王蛇	5—6 月	卵生	7—8 月	21～40（多者50）	47～58
眼镜蛇	5—6 月	卵生	6—8 月	6～19	47～57
银环蛇	5—6 月	卵生	6—8 月	6～7（多者20）	42～48
五步蛇	4—5 月、10—11 月	卵生	6—9 月	10～12（多者39）	25～27
竹叶青蛇	—	卵胎生	7—9 月	4～5（多者15）	—
蝮蛇	5 月末、8—9 月	卵胎生	8—9 月	2～8（多者17）	—
烙铁头蛇	—	卵生	8 月	5～13	40～47
高原蝮蛇	5—6 月	卵胎生	8—10 月	2～12	—
蝰蛇	4—5 月、10—11 月	卵胎生	7—10 月、12 月至翌年 2 月	4～36	—
金环蛇	4—5 月	卵生	5—6 月	6～12	40～47

(2) 预产征兆。从外表看，临产前的妊娠蛇身体后部特别膨大，因此相应的蛇皮花纹变形，显得特别薄，妊娠后期蛇体内卵的数量清晰可见。临产卵（仔）时，妊娠蛇停止饮水、摄食，爬行缓慢而笨重，四处寻找理想的产卵（仔）场所，如墙角、草丛内、地上蛇窝外侧、地下蛇窝顶侧的隐蔽处等。

(3) 蛇卵的收集。

①影响蛇产卵量的因素。卵生蛇类的蛇卵呈椭圆形，乳白色或白褐色，卵壳柔韧，常彼此粘连成块。每次产几枚至几十枚卵，产卵数量最多的是蟒蛇，可产卵几十枚至上百枚；最少的是盲蛇，每次仅产2枚卵，产2枚以上的情况少见。蛇产卵（仔）数量的多少主要取决于蛇类的种类、年龄和体型大小、具体的饲养情况。一般大型蛇产卵的数量多于小型蛇，雌蛇在青壮年、体大、健康、发育好、饲养状况好的情况下产卵数量较多。另外，雄蛇与雌蛇交配时间间隔适当延长也可增加雌蛇的产卵数量。

②收集蛇卵。在蛇类的产卵期，避免闲杂人或陌生人进入蛇园，以免影响雌蛇产卵。每天要固定专人、定时到蛇园去收集蛇卵。

4. 人工孵化

(1) 注意把握蛇卵的质量。绝大多数的正常蛇卵外形端正，壳色发白而略带青色，色泽较为一致，壳硬而饱满，具有弹性。而发育不好的、畸形、干瘪、有异味、颜色不纯的畸形卵均不能入孵。如有产在水中的蛇卵，拾起后应先擦拭并晾干才能和其他蛇卵一起孵化。

(2) 孵化器具。可用木箱、水缸、水泥池等。木箱或水缸的大小为 40cm×40cm×60cm。孵化前在箱内或缸内垫上一层厚的稍偏酸性的沙土或孵化蛭石，相对湿度为 50%～

60%（用手握紧能成团，张开轻压能散开）。再将收集到的蛇卵逐枚排列于其上，然后用一块深色的湿布覆盖箱口或缸口，上面最好用玻璃盖好（可采光保温），将孵化器具移至阴凉通风处。

（3）孵化管理。温度保持在25～30℃，相对湿度保持在50%～80%。每隔7～10d翻动检查1次，如果在孵化过程中发现蛇卵未受精或已变质，应该及时将其取出，以免污染孵化器具里的空气而影响其他蛇卵的正常孵化。严防蚂蚁危害及鼠钻入孵化器具内踩坏或偷吃卵。

（4）仔蛇出壳的处理。孵出前的仔蛇具有卵齿，在出壳前仔蛇利用卵齿将卵壳划开细缝，经过仔蛇持续地划动，裂缝渐渐扩大，经20～70min仔蛇便可由裂缝逸出卵外。为了使仔蛇顺利逸出，当发现蛇的卵壳有裂缝时，最好将其挑出存放在盛有沙土的箱内，这样既能避免仔蛇被挤压致死，又可使仔蛇很快钻进泥土中藏身，以免受热受凉，影响生长发育。

（5）认真记录。在进行人工孵化时，每天都应做孵化记录。当仔蛇孵出后，还应记录仔蛇的大小、重量、孵化条件和蛇类的名称等。

（6）人工孵化要点。

①掌握温度。孵卵的温度一般应掌握在25～30℃，为方便控制，可安放加热设备于缸中，使用温控器进行调节，加热设备切忌碰到蛇卵。

②调节湿度。孵卵的相对湿度宜掌握到50%～80%，在缸内应放置湿度表。湿度一旦长时间偏高，蛇卵会感染霉菌或膨胀破裂，直接影响周围卵的孵化质量，必须立即翻缸拣出变质卵，并降低湿度，这样有利于蛇卵顺利孵出。

③处理霉卵。一旦发现卵壳上面有霉斑，可用绒布轻轻拭去。在出现霉斑的地方用毛笔蘸少许灰黄霉素涂抹，待完全晾干后放回原处。切忌使用抗生素软膏涂抹，否则油脂会堵住卵壳上的气孔，导致胚胎窒息而死，成为死胎。

④防止敌害。鼠类、犬、黄鼠狼、蚂蚁、螨类等动物均会入内偷食蛇卵，故应在缸口加盖，并于外周放杀虫药剂，以防蛇卵遭到侵害。

⑤选择覆盖物。为了调节和保持蛇卵在入孵期的适宜湿度，以利于提高蛇卵的孵化出壳率，应选择新鲜、洁净的青草或苔藓植被盖住蛇卵，一般2～3d更换一次。有人习惯用湿稻草、湿棉絮覆盖蛇卵，但往往达不到理想效果，稍有不慎就会导致蛇卵霉败变质，影响正常的孵化，因此不宜采用。但将毛巾或毛巾被（枕巾也可）充分浸水扭干后，剪开数个利于透气的小孔还是可以利用的，并且保湿效果也很理想。

⑥适时验卵。在孵卵过程中，未受精卵或死胎卵放置时间过久就会因变质而膨胀破裂，从而污染其他的受精卵。为避免这一现象发生，可采取适时验卵的措施，以确保受精卵正常孵化。验卵时，可于光线昏暗处，用拇指粗细的照蛋灯进行验卵，孵化前期卵内呈现出较清晰的血管，孵化后期卵内黑影边界清楚，即可确定为活胚。

任务四　蛇的饲养管理

一、食物

在野生状态下蛇类是肉食性动物，主要捕食各种活体小动物，少数蛇也吃一些蛋类或动物尸体。在饥饿时绝大多数蛇类都有吞食同类或其他种类蛇的习性，尤其是成年蛇吞食幼仔。大部分野生蛇类喜食各种蚯蚓、昆虫、鱼类、家禽、泥鳅、黄鳝、蜥蜴、鸟类、蛇类、鼠类及各类鸟蛋。由于人工养殖条件下蛇的食物不如野生蛇丰富，因此在养蛇过程中必须了解所养蛇种类的食性，结合当地具体条件，投喂其喜食的食物，如银环蛇喜食黄鳝、泥鳅、蚯蚓、昆虫，眼镜蛇喜食青蛙、雏鸡、雏鸭和其他仔蛇，五步蛇爱吃蛙类、鼠类、鸟类等，以满足其营养需要。

二、食物投喂原则

1. 安全投喂 鼠是蛇类喜食的饵料之一，但捉到或收购到的鼠不能随便丢到蛇场里去，应用手钳拔掉它的两颗门齿，剪掉脚爪或摔死后方可投喂，这样不但可避免鼠咬伤体质瘦弱或幼小的蛇，也可防止鼠打洞外逃，从而引发蛇群沿鼠洞集体外逃的现象。另外，鼠本身携带多种病原体和寄生虫，会传染给蛇而引发疾病。鉴于上述这些情况，最稳妥的解决方法就是在投喂前用抗生素和驱虫药处理鼠，这样就可以放心地投喂了。如果有条件也可投喂人工饲养的小鼠，这样更安全卫生。

2. 注意食物品质 在食物出现青黄不接的情况下，可以给蛇类适当投喂一些价格低廉的脱毛雏鸡、雏鸭、淡水小杂鱼，以弥补食物上的短缺。投喂的饵料可以是活的，也可以是死的，但一定要新鲜。投喂时最好将饵料加温至30℃后放在干净的地板砖或塑料布上，切忌饵料低于环境温度或者直接倒在地面上。

各种蛋类的外壳表面都不同程度地带有病菌，如果在投喂前不进行彻底消毒，不但影响蛇类的正常食欲，而且还会将多种病菌变相传染给那些体质较弱的蛇。因此，蛋类在投喂前必须进行严格消毒，用5%的新洁尔灭原液加50倍的水配制成0.1%的溶液，用喷雾器喷洒其外壳，晾干后即可投喂。还可用漂白粉溶液消毒，将蛋类浸入含有1.5%活性氯的漂白粉溶液中3～4min，捞出晾干即可，但注意此种消毒方法必须在通风处进行。

3. 定量投喂 关于蛇的食量目前还没有较为完整、准确的资料统计。同类蛇因体型大小不同、所处的生长期不同、身体状况不同，采食量均有差异。但一般认为在蛇类的活动高峰期，也就是每年的8—10月，其每月的进食量相当于自身的体重，如一条体重约350g的赤链蛇每月可吞250～350g饵料，相当于2只大蟾蜍。因此在蛇类的进食旺季，应备足、备好蛇类喜食的饵料，这是养好蛇的关键所在。

4. 定时投喂 蛇类的活动和觅食取决于外界气温的高低，白天气温高时少见蛇类出窝活动，一般蛇在凉爽的夜间出来活动和觅食的较多，于翌日清晨便爬回窝穴内。所以一般除白天进食的蛇类外（如乌梢蛇等），其余均在太阳落山前或傍晚投喂比较好。傍晚集中投喂死食，因气温不算太高，如有剩余的食物还可以拣出来放在冰柜中贮存待下次再喂，不会浪费食物。另外，死食也是经过药物注射后投放的，由于投放的时间比较短、食饵新鲜、适口、温度适宜，食饵体内的药物药效不会降低，从而达到给蛇防病、治病的目的。此外，还应根据当天的温度来判断是否投食，若外界气温低于20℃或高于33℃，蛇类基本上不吃食，暂时不要投食；气温在25～30℃时投喂效果较好。

5. 定点投喂 实践发现，大部分蛇有顺墙根爬行的习惯，特别是蛇场围墙的拐角处更是蛇长时间逗留的地方；此外，蛇窝附近、水池或水沟边均是蛇出没的地方。由此可见，蛇经常出没、逗留的墙角处是最佳捕食位置。若两处墙体之间距离不是太远，可以在中间再设置1～2个投喂点，争取做到蛇出窝就能找到食物。久而久之，蛇便会本能地爬到投喂点去吃食。无论在蛇场的哪个位置设立投喂点，食物均不能随便放于地上，可将食物放在干净的地板砖、大茶盘、塑料薄膜或编织袋上，这样不仅方便卫生，而且便于清理。

三、不同时期蛇的饲养管理

1. 种蛇的饲养

（1）饲养密度。人工饲养的种蛇投放密度不能一概而论，要根据蛇的大、中、小类型，具体情况具体对待。一般小型蛇每平方米可投放7～8条，或中型蛇投放5～6条，或大型蛇（1kg左右）投放2～3条。实践证明，这种投放密度比较合理，不会产生拥挤现象，能够保证种蛇的正常生长和发育。除此之外，还可以按季节合理调整饲养密度，在比较凉爽的季节里，密度可以适当增高，但一般不宜超过原存放量的50%；夏季最好不要盲目添加存放数量。

（2）药物预防。虽然蛇类是野生动物，自身的免疫系统比较强，其本身也没有大面积的疫病传播，但由于人工养蛇的饲养面积一般不是太大，有时放养密度会严重超标，所以预防工作很关键，提前进行药物预防显得十分重要。如给新引进的种蛇预防注射（主要是营养物质和驱虫药物），做到防病、驱虫、营养三不误。

（3）诱导捕食。刚引进的种蛇由于在运输过程中受到一定刺激，或由于短时间内很难适应新的环境，常会出现拒食现象。长此下去，蛇体会因为营养不良变得明显消瘦，重者则因饥饿过度而死亡。对新引进的种蛇，适当喂些营养物质可有效预防拒食现象的发生。具体的做法是：种蛇到场后2d内不给水、食物，放僻静处另外关养，待到第3天可用复合B族维生素溶液1份兑冷开水10份，给种蛇集中饮用，必要时可采用人工灌喂，以增强种蛇的食欲。在此期间应尽量投放适口性好、多样化的食物，供种蛇自行捕食。

2. 仔蛇的饲养

（1）仔蛇的管理。仔蛇孵出1～2d，可用无缝的木箱或瓦缸饲养。箱（或瓦缸）底应和孵化时一样垫上沙土，沙土上面放些瓦片、木板以供仔蛇躲藏。木箱大小约为93cm×77cm×10cm，箱盖由铁丝网制成，正面箱板采用厚玻璃以便观察。箱底铺沙泥或草皮，箱内放置温度计及湿度计。天冷时应将蛇箱移置室内，并在箱盖上加盖草或保温物质，箱内距离底部一定的高度可安装40W灯泡保暖。箱内以温度保持在25～30℃、相对湿度80%～90%为宜。2个月后按体型大小分仓，移到有小水池和草地放养场内放养，以免大蛇吞食小蛇。

（2）仔蛇的饲喂。仔蛇刚孵出因其腹中的卵黄可维持5d的营养，所以不需要饲喂。随着卵黄的耗尽，仔蛇的活动能力逐渐增加，5～10d后开始第一次蜕皮，这时可以投喂刚断尾的小青蛙或灌喂生鸡蛋、维生素A、维生素D及钙片粉的混合料。放入蛇场2个月的仔蛇可用小青蛙、小鹌鹑、小泥鳅、小黄鳝喂养，刚出生的水蛇可用幼鼠或昆虫等动物喂养，同时必须保持场内清洁水的供应。

（3）预防仔蛇死亡。仔蛇死亡的主要原因是不能主动摄食和在越冬过程中箱内气温过低。所以必须使仔蛇在冬季到来前获得足够的营养，并保持小环境气温不能低于代谢水平所需的温度。同时还要搞好蛇场环境卫生，预防疾病的发生。

（4）饲养密度。必须根据所养蛇种类、数量安排相应的养殖场地，并随着仔蛇的不断生长、发育，适时酌减其饲养密度，通常仔蛇饲养密度为15～20条/m^2。切忌过早将仔蛇同成年蛇一起饲养,以免仔蛇被其吞食。待饲养一段时间后,方可将身体较长且健壮的仔蛇放入大蛇饲养场同其他蛇一起饲养。若饲养的是毒蛇,必须单品种养殖,不能与其他毒蛇一起混合养殖。各种毒蛇的毒素成分不同,不同种类的毒蛇混养在一起很容易相互咬斗,造成毒素混合不纯,加重蛇毒分离的净化难度,无法保证干毒的出售质量,从而影响出售价格。

学习评价

一、填空题

1. 蛇的毒液类型有_____、_____、_____三种。
2. 蛇人工孵化的温度范围是_____℃。
3. 当气温下降到_____℃,蛇陆续开始冬眠,_____℃以上时,蛇开始夏眠。

二、选择题

1. 蛇最适宜的生长温度是_____℃。
   A. 5～30　　　B. 10～30　　　C. 25～30　　　D. 30～40
2. 下列蛇当中,生殖方式属于卵胎生的是_____。
   A. 王锦蛇　　　B. 银环蛇　　　C. 竹叶青蛇　　　D. 滑鼠蛇
3. 下列属于毒蛇的是_____。
   A. 眼镜蛇　　　B. 王锦蛇　　　C. 灰鼠蛇　　　D. 乌梢蛇
4. 理论上,蛇雄雌交配的比例是_____。
   A. 1：(1～2)　　B. 1：(3～5)　　C. 1：(8～10)　　D. 1：(20～30)
5. 蛇卵孵化的相对湿度是_____。
   A. 15％～20％　　B. 25％～30％　　C. 35％～40％　　D. 50％～80％

三、思考题

1. 我国常见的蛇品种有哪些?
2. "三蛇"是指哪三种蛇?其中哪些是有毒蛇,哪些是无毒蛇?
3. 如何鉴别雌雄蛇?
4. 蛇人工孵化要点有哪些?

项目二 中国林蛙养殖

中国林蛙又称蛤士蟆、黄蛤蟆等,在动物学分类上属两栖纲、无尾目、新蛙亚目、蛙科、林蛙属动物。根据中国林蛙在体型大小、体格粗壮、后肢的长短、胫的粗细和输卵管的吸水膨胀率等方面的差异,可划分为中国林蛙指名亚种、中国林蛙长白山亚种、中国林蛙康定亚种、中国林蛙兰州亚种、中国林蛙红原亚种等不同亚种。

中国林蛙广泛分布于我国北部,在东部向南止于江苏,在西部向南止于四川。中国林蛙在国外主要分布于朝鲜、俄罗斯与我国东北接壤的地区。

学习目标

了解林蛙的形态特征和生物学特性;建立科学合理的林蛙饲养场;掌握林蛙的繁殖要点及不同时期的饲养管理技术;选择优质种蛙进行养殖;能够处理林蛙饲养中常见疾病,并对林蛙产品进行加工和鉴定。

学习任务

任务一 林蛙场建设

一、场址选择

人工养蛙场一般要求占地面积小、人工建筑设施密集、便于人工管理,同时也要使林蛙的主要生活条件得到满足,能在人工养殖场内高密度地生活。蛙场选址既要求选在植被条件好、土质肥沃、杂草丰厚的田地或庭院等较为平坦的地带,或选择背风向阳、邻近山林的灌木丛、疏林地作为理想的建场地,又要有充足的水源条件,养蛙场内要有长年不断流的河水、溪水、泉水或清澈河水,一年四季不干涸、不断流,能满足林蛙繁殖期、冬眠期的安全用水,以及保持场内地表较高的湿度。

二、场内设施建设

根据林蛙各生物学时期的需要,可将人工养蛙场分为生产设施与辅助生产设施两部分。生产设施是指林蛙在各生物学时期所要利用的人工设施,包括繁殖场和养蛙场。繁殖场是供林蛙产卵、孵化及蝌蚪生长、发育的场所,包括产卵池、孵化池、蝌蚪饲养池、变态池等;养蛙场是为林蛙采食、生长、发育,在陆地生活的场所,包括围栏、饲养圈、越冬场所等。辅助生产设施是指产品加工室、办公室等。

1. 产卵池与孵化池 产卵池与孵化池可建一池,既当产卵池,又当孵化池,一池两用。该池要在地势较为平坦、自然光线充足的地方建场。其面积可视饲养规模而定,一般每平方米可投放种蛙约10组或待孵卵团约10团。池坝高约70cm,池内水深维持在10~50cm,池底为一斜面，池水一侧深，另一侧浅。进、出水口要设在同侧，排灌方便，并在进、出水口设网，以防蝌蚪逃跑。

2. 饲养池和变态池 饲养池和变态池的修建方法与产卵池大致相同。变态池是由蝌蚪变态成幼蛙的水池，是分散修建在放养场内的水池。变态池的放养密度较大，所以变态池的面积不足饲养池的 1/10，变态池要提早修好，提前 10d 放水浸泡，然后排水消毒。变态池深一般为 50cm，中央应设安全坑。在饲养池外围应设围栏，以防幼蛙逃跑。为延长林蛙生长时间，使其早孵化、早变态，可将饲养池和变态池设在大棚内，以提高环境温度。

3. 饲养圈 饲养圈是幼蛙和成蛙采食和生长发育的地方。饲养圈可分为永久性饲养圈和简易饲养圈两种，养蛙者可根据实际经济条件和饲养规模选择建设。

4. 围栏 围栏是把林蛙的繁殖场和养殖场围在一起。永久性围栏采用砖墙、水泥板、稀土板和石棉瓦等坚固耐用材料。鸟害严重地区要在鸟群经常出现的地方设粘鸟网。临时性围栏是利用塑料薄膜、纱网和纺织布等，用木柱固定，每年换一次材料。

5. 越冬场所 林蛙越冬是人工养殖的重要环节，为使林蛙能够安全越冬，要因地制宜地修建室外越冬池、越冬窖、地下室或室内冬眠池等，以供林蛙越冬之用。

任务二 林蛙的生物学特性

一、林蛙的形态特征

1. 成蛙的形态特征 成蛙整个身体由头部、躯干部、四肢 3 部分组成，没有颈部和尾部。头部很发达，位于身体的前端，呈三角形，扁而宽。眼有上下眼睑，对活动的物体十分敏感，捕获活动的食物非常准确。两眼的后方各有 1 个圆形鼓膜，为林蛙的听觉器。林蛙的躯干部自颈椎部至体后端正中部分，为身体各部分中最大的一段，体后端有泄殖腔孔，其内包被着全部内脏。前肢较短，趾细长，4 趾中第 1 趾有明显的灰白色突起肉瘤（婚垫）。肉瘤在繁殖季节显著膨大，是生殖季节鉴别雄蛙的重要标志之一。后肢肌肉发达，善于跳跃和游泳，攀登和爬行能力都很强。林蛙的雌雄个体外部形态基本相似，雌蛙体型略大于雄蛙，雄蛙体长 4.3～7.2cm，雌蛙体长 5.5～8.1cm，大的可达 9.0cm。

2. 蝌蚪的形态特征 蝌蚪是林蛙个体发育中的一个发育阶段，生活在水中，具有一系列适应水中生活的特征。蝌蚪体背扁平，呈黑色，腹部为灰白色；头部尖圆，头两侧有外鳃 2 对，执行呼吸的功能，随个体的不断发育，外鳃萎缩，由内鳃执行呼吸功能；尾薄而透明，是蝌蚪的运动器官。当后肢芽明显时，体全长约 40mm。

二、林蛙的生物学特性

1. 两栖性 林蛙水中生活主要是为了冬眠和繁殖后代，而且其蝌蚪也需完全生活在水中。水中生活以植物性食物为主，气温下降至 0℃ 左右时开始冬眠。陆栖生活的林蛙主要以各种昆虫为食，喜欢生活于阴凉潮湿、植被茂密的山坡、树林、农田或草地。春秋雨季多在中午出来活动，夏季早晚出来活动。林蛙爬行、攀登、跳跃、钻行能力非常强。

2. 食性 林蛙在蝌蚪期是杂食性，食物以植物性食物为主，在水中取食。成蛙广食性，以昆虫的活体为主要食物，其次是蛛形纲、多足纲及软体动物。幼蛙与成蛙的食物种类无大的差别，幼蛙只能捕食小的昆虫。林蛙由于极端近视，只能捕捉近距离出现的活的动物性食物，而不能吃死的或不活动的食物。

3. 繁殖习性 雌雄林蛙的性成熟年龄一般为2年，但也随着温度、饵料的丰歉、野放和人工圈养等差异而不同。繁殖时间一般在每年的4月上、中旬（清明前后）。林蛙属刺激性排卵动物，在产卵前必须进行抱对，不抱对不能产卵，没有产出的卵会在繁殖期被吸收。林蛙抱对产卵的最佳水温为8～11℃，临界水温是5℃。在2～4年蛙龄的林蛙中，蛙龄越大产卵量越多，在蛙龄相同的情况下，体重越大产卵越多。

4. 生活史 受精卵在水中孵化并发育成蝌蚪，蝌蚪再经发育变态成幼蛙至成蛙，这就是林蛙的生活史。

5. 冬眠性 我国北方冬季气温寒冷而漫长，林蛙冬眠长达5～6个月，主要是水下冬眠。林蛙陆栖生活时用肺呼吸，入水冬眠后肺部停止活动，靠皮肤吸收水中的溶解氧，微弱呼吸。林蛙的体温靠吸收环境热量维持。林蛙越冬要保证适宜的温度和湿度，同时要严防鼠害，清除死蛙。

任务三　林蛙的繁育

1. 种蛙的选择 在选种时，应选择符合以下标准的蛙作为种蛙：第一，由于两年生的林蛙个体小，产卵量较少，四年或四年生以上的雌蛙数量较少，但产卵量大，在实际生产中，以两年生和三年生的雌蛙为主组成种用繁殖群，三年以上（含部分三年生）雌蛙多归入商品群进行商品采收；第二，选择体型较大的雌蛙作为种蛙；第三，种蛙外观应选择符合标准体色（黑褐色），体背有"八"字形斑纹；第四，应选择行动灵活、反应机敏、健壮无病、无缺陷的林蛙作为种用。

2. 产卵方法 主要分笼式产卵法和圈式产卵法，保证林蛙在产卵池内产卵。

（1）笼式产卵法。此法适用于规模较小的林蛙场。笼式产卵法是指将繁殖用的种蛙装到人工制作的笼子里，强制其在笼子里产卵的一种人工控制产卵法。产卵笼可以是铁丝笼网，也可以用枝条编成鱼篓形或圆形产卵筐（或篓），种蛙雌雄比例为1∶1。产卵之后要及时移卵，即将卵团取出送入孵化池。

（2）圈式产卵法。圈式产卵法是将种蛙放在人工建造的产卵圈中进行产卵的方法，此法适用于较大规模养蛙场的林蛙产卵。此法与笼式产卵法相比具有建造简单、造价低廉、产卵面积大等特点，也是目前大多数养殖场采用的产卵法。

3. 孵化方法

（1）自然孵化法。在人工孵化池内进行，每平方米约投放卵团10团，可用草绳、枝条、草等将孵化池隔成若干小片水面，将蛙卵均匀地分布于池中，以便于充分利用光线和溶解氧条件，放卵动作要轻，落差要小。蛙卵的孵化速度、孵化率及雌雄性别比例均与孵化温度有关，林蛙卵的适宜孵化温度为7～16℃，7d左右就可孵化出蝌蚪。孵化时要防止寒流的侵袭。一般夜间和阴雨天应适当加深水层，晴天宜浅灌；当遇到降温时，可加深水层，防止结冰，或采用人工办法在夜间不断破碎冰层，保护卵团。此外，在有条件的情况下，可采用塑料薄膜覆盖保温，以起到临时防寒的作用。

(2) 塑料薄膜覆盖孵化法。将孵化池修建成长方形，池上用木条或钢筋做支架，外面铺塑料薄膜，四角用土压住，每隔约 2m 处留一开口，以便观察和取放卵团。用此法孵化卵团，要注意防止水温过高，不能超过 20℃，否则雌蛙比例大为降低，甚至使胚胎死亡。

任务四 林蛙的饲养管理

一、林蛙的养殖技术

1. 林蛙的捕捉 林蛙捕捞方法和捕捞工具决定着捕捞的产量和经济效益。要因地制宜，选择合理的捕捞方法和工具，取得应有的经济效益。具体方法有瓮捕、塑料薄膜墙捕捉、挖坑加灯法捕捉、破冰捕捞、初冬进山回捕、手捕、电机捕蛙法捕捉等。

2. 林蛙不同时期饲养管理要点

(1) 产卵期的管理。每年春季临近林蛙出蛰时，首先自冬眠场所将林蛙取出，置于室内（室温在 10~20℃），让其抱对，配对时间应视水温和气温而定；然后将其投放到准备好的产卵池中，种蛙即开始产卵，种蛙自抱对至完成产卵经历 48~62h，个别体大者需 82h。林蛙产卵的最适水温为 8~11℃，此时水温为 9~12℃，产卵时间为 40~60min，多集中在 4：00—5：00 产卵。

种蛙产卵与池水深度密切相关，池水深度一般在 10~50cm，大多数种蛙将卵产在 10~20cm 的浅水区。

(2) 孵化期的管理。蛙卵孵化好坏的两个重要指标是孵化率和孵化时间。控制水质，主要是确保池水清洁、安全无害、含氧丰富、日晒充足，并要清除易造成危害的水生动物。水温对蛙卵的孵化影响巨大，主要体现在三个方面：一是影响孵化时间，在一定的范围内，随着温度的升高孵化时间缩短；二是影响孵化率；三是影响性别比例，在 6~20℃，低温趋向于使雌雄比例升高，而高温则相反。

(3) 蝌蚪期的饲养管理。

蝌蚪期的饲养：蝌蚪期是林蛙个体生活史中极为重要的时期，一般历时 40~50d。蝌蚪为杂食性，主要采食水藻类、杂草、野菜、蔬菜、各种动物肉及内脏等。在人工养殖条件下，为培育高质量的幼蛙群，应投饲一定量的人工饲料，蝌蚪的饲料以植物性饲料为主，精、粗饲料的比例约为 1:2，可将饲料直接投放到饲养池水边或水中的采食板上。饲喂蝌蚪要定时、定点，同时饲料要保质、保量。

蝌蚪期的管理：一是密度调节。人工饲养蝌蚪的密度在 10 日龄左右时，每平方米水面放养 4 000~5 000 只；15~20 日龄时，将密度控制在 2 500~3 000 只；25~30 日龄时，每平方米水面应放养 1 500~2 000 只。二是同池蝌蚪的日龄一致性原则。必须将同期的卵团放在同一孵化池内，以确保同池蝌蚪日龄的一致。三是池水管理。池水管理是蝌蚪期管理的重点，其主要内容可概括为水质、水量和水温。

(4) 变态期的管理。一是仔细观察，做好变态预测。二是及时转运幼蛙。三是防逃和防天敌危害。

(5) 幼蛙与成蛙的饲养管理。人工养殖林蛙，林蛙在饲养圈里的生活时间为 3~4 个月，在饲养圈内的饲养与管理是最重要的技术环节。

幼、成蛙的饲养：人工高密度饲养林蛙，其食物主要由人供给。人工饲料种类较多，人工饲养的黄粉虫是既营养又价廉的林蛙饲料。

幼蛙在饲养圈中需生活 3~4 个月时间，前半期每只蛙每天投饲 2~3 龄黄粉虫 2~3 只，共需黄粉虫 100~150 只，重约 2g；后半期每只蛙每天需投饲 4~5 龄黄粉虫 3~4 只，共可采食黄粉虫约 150 只，重 5~6g。4 月中下旬，成蛙经冬眠后开始进入采食期，成蛙每天每只需采食 5~6 龄黄粉虫 3~4 只，每年共需 420 只，重约 42g。

幼、成蛙的管理：主要管理措施有五防，即防干扰、防干旱、防逃逸、防天敌和防病害。

二、林蛙常见疾病防治

1. 红腿病（败血症）

（1）症状。发病个体精神不振，活动能力减弱，腹部膨胀，口和肛门有带血的黏液。病初期后肢趾尖有出血点，很快蔓延到整个后肢。剖检可见腹腔有大量腹水，肝、脾、肾肿大并有出血点，胃肠充血，充满黏液。

（2）防治。定期换水保持水质清新，合理控制养殖密度，定时定量投喂食物，及时将发病个体分离，控制疾病蔓延。

用 3% 的食盐水浸泡病体 20min，在每千克饲料中加拌磺胺嘧啶 1~2g，连续投喂 3d。

2. 气泡病

（1）症状。蝌蚪肠道充满气体，腹部膨胀，身体失去平衡，仰浮于水面，严重时膨胀的气体干扰和阻碍正常血液循环，破坏心脏。解剖后可见肠壁充血。

（2）防治。预防的主要措施有：不投喂干粉饲料、控制池中水生生物数量、勤换水保持水质清新、植物性饵料煮熟以后投喂。发现气泡病可将发病个体分离出来，放到清水中，2d 不喂食物，以后少喂一点煮熟的发酵玉米粉，几天后就会痊愈。

3. 肠炎

（1）症状。病体活动异常，采食量明显减少，反应迟钝，垂头弓背，机体消瘦，蝌蚪发病后多浮于水面。解剖可见腹腔积液，胃肠壁严重充血，消化道内无食物，但有大量黏液。

（2）防治。定期换水保持水质清新，不喂发霉变质的饵料，并在饵料中加拌一些中药，如大蒜、黄连等。另外，暴饮暴食也会引发胃肠炎，因此饵料投喂要定时、定量、定点。

4. 脑炎

（1）症状。病体精神不振、行动迟缓、食欲减退，发病蝌蚪后肢、腹部和口周围有明显的出血斑点，部分蝌蚪腹部膨大，仰浮于水面。解剖可见腹腔大量积液，肝发黑肿大，并有出血斑点，脾缩小，肠道充血。

（2）防治。引种时严格检疫，养殖过程中勤换水，养殖密度要合理。发病后可以用米诺环素进行药浴，同时连池水带蝌蚪一起用漂白粉消毒，具体用量参见说明书。

5. 水霉病

（1）症状。水霉的内菌丝生于动物体表皮肤里，外菌丝在体表形成棉絮状绒毛。菌丝吸收蝌蚪和蛙体的营养物质，使蝌蚪和蛙机体消瘦、烦躁不安，菌丝分泌的蛋白水解酶可使菌丝生长处的皮肤肌肉溃烂。

（2）防治。林蛙进入场地前用高锰酸钾溶液浸泡 10min，定期用漂白粉进行消毒。发病后在水池中加甲醛溶液。

三、林蛙产品加工与鉴定技术

1. 林蛙产品的加工与贮藏　林蛙主产品是蛤士蟆油，脑垂体、蛙卵、蛙皮等则为林蛙的副产品。蛤士蟆油的初加工包括采收、贮藏等。

（1）蛤士蟆油的采收。蛤士蟆油采收包括两个步骤：一是林蛙的干制。把新鲜雌性林蛙制成林蛙干。即先用55～75℃的热水将林蛙烫死（15～30s），然后用麻绳穿透上下颌连成长串，每串100～300只，放在通风良好的地方经过7～10d即可晒成林蛙干。干制过程要注意防冻或发霉，阴雨天或夜间应收于室内，也可考虑用火炕加温的办法进行干燥。二是剥取蛤士蟆油。剥取蛤士蟆油前，先将干蛙放入60～70℃温水中5～10min，浸软后装入盆里或其他容器里，用湿润的麻袋等物加以覆盖，放在温暖的室内10～12h，使皮肤和肌肉变得柔软。剥油方法有4种：①把颈部向背面折断，连同脊柱去掉，从背面撕开腹部，即可取出油块。②从腰部向背面折断，掀出肋骨及脊柱，剥开腹部取出油块。③先将前肢沿左右方向朝上掰开，露出腹部，然后用刀或竹片剖开腹部，去掉内脏及卵巢，取出油块。刚剥出的油含水分多，需放在通风良好而又有阳光的地方进行干燥，经3～5d干燥后，再进行包装与保藏。干燥期间应注意防冻，以免影响油的品质。④将活蛙在有流水的操作台上直接剥取输卵管，然后干燥。剥油后的蛙肉可供食用，但此法费工，且输卵管易被血、灰尘等污染。

（2）蛤士蟆油的贮藏。蛤士蟆油经过充分干燥之后，按照油的色泽、块的大小等商品规格，分等级包装。包装的容器可用木制、铁制或纸制的容器，内衬油纸或白纸，加盖封严。包装后的蛤士蟆油要放在干燥地方贮藏，防止潮湿、发霉和虫蛀。蛤士蟆油夏季易受鞘翅目、伪步甲科及天牛科等的昆虫危害，可用白酒喷洒，或将开盖的酒瓶放入林蛙油箱中让其蒸发，严封箱盖，以达到灭虫、避虫的目的。

2. 蛤士蟆油的性状、规格及鉴别

（1）蛤士蟆油性状。蛤士蟆油是雌性林蛙的输卵管干燥品，其产品为不规则弯曲、相互重叠的厚块，长1.5～2.0cm，厚1.5～5.0mm。表面黄白色，呈脂肪样光泽，偶有带灰白色薄膜状的干皮，手摸之有滑腻感，遇水可膨胀10～15倍，气味特殊，微甘，嚼之黏滑。

（2）蛤士蟆油的商品规格。林蛙油经过充分干燥后，主要根据其色泽、油块大小及杂物含量等划分商品规格。目前常分为四个等级，各等级标准如下：

一等：油色呈金黄色或黄白色，块大而整齐，有光泽而透明，干净无皮膜、无血筋及卵等其他杂物，干而不硬。

二等：油色呈淡黄色，干而纯净，油块比一等油小，皮膜、肌、卵及碎块等杂物含量不超过1%，无碎末，干而不潮湿。

三等：油色不纯正，无变质油，但油块小，主要由小块油组成，皮膜、肌、卵及碎块等杂物含量不超过5%，无碎末，干而不潮湿。

四等（等外）：油杂色，有红色、黑色及白色等，有少量皮、肌、卵及其他杂物，但含量不得超过10%，干而不潮。

（3）蛤士蟆油鉴别。蛤士蟆油鉴别除常规的根据蛤士蟆油性状鉴别外，还有显微鉴别法、理化鉴别法两种常用的鉴别方法。

学习评价

一、填空题

1. 林蛙的雌雄个体外部形态基本相似，雌蛙体型略_____雄蛙，雄蛙体长_____ cm，雌蛙体长_____ cm，大的可达_____ cm。

2. 林蛙属于诱导性排卵动物，在产卵前必须进行抱对，不抱对不能产卵，没有产出的卵会在繁殖期_____。

3. 水温对蛙卵的孵化影响巨大，主要体现在三个方面：一是影响孵化时间，在一定的范围内，随着温度的升高孵化时间_____；二是影响孵化率；三是影响性别比例，在6~20℃，低温趋向于使雌雄比例_____。

4. 蝌蚪期是林蛙个体生活史中极为重要的时期，一般历时_____ d。

二、选择题

1. 中国林蛙的繁殖时间在每年的_____月上中旬。
   A. 2   B. 3   C. 4   D. 5

2. 中国林蛙的性成熟年龄一般为_____年。
   A. 1   B. 2   C. 3   D. 4

3. 中国林蛙通常在抱对后_____ h产卵。
   A. 1~2   B. 3~4   C. 5~12   D. 13~18

4. 中国林蛙产卵过程需要_____ d。
   A. 1~2   B. 3~4   C. 7~10   D. 13~18

5. 林蛙抱对产卵的最佳温度在_____℃。
   A. 1~2   B. 3~4   C. 5~7   D. 8~11

三、思考题

1. 林蛙的生活习性有哪些？
2. 如何选择种蛙？
3. 如何进行蛤士蟆油的质量鉴定与真伪辨别？

项目三 蝎子养殖

蝎子又名全蝎、全虫，是我国传统的名贵中药，是 30 多种中成药的重要原料，用全蝎配成的中药方多达 100 多种，临床实践证明它对许多疾病有良好疗效，主治惊痫抽搐、中风、口眼歪斜、破伤风、疮疡肿毒等。除药用外，全蝎还可以作为滋补食品和保健品，近年来又成为餐桌上的美味佳肴，市场需求与日俱增。

蝎子在我国广泛分布，蝎的自然分布尽管很广泛，但随着自然环境的破坏及人为捕蝎的不科学性，蝎的自然资源已不能满足要求。由于中药材对蝎子需求增大及野生蝎子资源的枯竭，人工养蝎已兴起。

学习目标

了解蝎子的分类与分布等常识性知识；熟悉蝎子的类型与形态特征；掌握蝎子的生活习性、食性与消化特点、繁殖特性、等生物学特性；掌握蝎子的饲养管理技术。

学习任务

任务一 蝎子的生物学特性

一、分类与分布

蝎子在动物分类学上属于节肢动物门、螯肢动物亚门、蛛形纲、广腹亚纲、蝎目。全世界蝎目动物有 1 000 多种。世界上的蝎子有肥尾蝎属、鳄背蝎属、粗尾蝎属、正钳蝎属等众多属。

我国记载的蝎子种类达 15 种之多。如分布于西藏和四川西部的藏蝎，分布于台湾省的斑蝎，分布于山西等省的黄尾肥蝎，分布于河南、陕西、湖北三省交界地区的十腿蝎，分布于河南、河北、山东、山西、陕西、安徽、江苏、福建、台湾等省份的东亚钳蝎。其中东亚钳蝎分布最广，是目前人工养殖的主要品种。

二、蝎子的形态特征

蝎子雌雄异体，成蝎体长 5~6cm，体宽约 1cm，体重 1.2g 左右，背面为灰褐色或紫褐色，腹面淡黄色，整个身体可分为头胸部、前腹部、后腹部（尾部）三部分。

1. 头胸部 呈前窄后宽的梯形，背侧有坚硬的背甲，密布颗粒状突起，并有数条纵沟。蝎的头胸部由 6 节组成，有 6 对附肢（1 对螯肢、1 对触肢和 4 对步足），每足可分 7 节，末端具有 2 个勾爪。在头胸部前端的眼丘上有 1 对中眼，前侧角各有 3 对侧眼，中眼和侧眼皆为单眼，只能感光不能成像，故蝎的视力很弱，10cm 以外的东西基本看不见。

2. 前腹部 由 7 节组成，分节明显，背面有 3 条纵向脊线贯穿 7 节首尾。翻转过来，可见腹面结构复杂。腹面第1节有两片半圆形生殖厣（生殖口盖），可以活动，打开可见带褶的生殖孔。第2节有栉板，为感觉器官，上有20个左右齿。第3～6节各有1对气孔，称为书肺孔，共有4对，内通书肺，是蝎子与外界进行气体交换的通道。

3. 后腹部（尾部） 尾部分为6节，背面有中沟，第5节有肛门，第6节为毒腺，呈袋状构造，尾节最后方为一尖锐的毒针，毒针近末端靠近上部两侧各有1个针眼状开口，与毒腺管相通，能释放毒液。

雌、雄蝎的区分：在一般情况下，雌、雄蝎的区分没有太大的意义，因为它们在入药、取毒方面没有明显差异，但在进行引种时，这种区分就显得十分必要。蝎的雌、雄区分不像一般的哺乳动物类那样直观。雌蝎头胸部和前腹部扁平肥大，呈椭圆形，背扁平，钳肢与后腹部较细短；雄蝎头胸部呈纺锤状，背略隆起，钳肢和后腹部较粗长。最为主要的是看栉板齿数多少。一般地讲，雄蝎栉板齿数为21个以上，而雌性较少为19个，有时也有偏差。另外，雌蝎躯干部分的宽度与尾节宽度之比较大，可超过2，甚至达到2.5，而雄蝎则小于2。从外观上看，雄蝎更显得上下粗细一致，而雌蝎则明显表现为身粗尾细。

三、蝎子的生物学特性

在漫长的进化过程中，为适应环境，蝎子养成了独特的生物学特性，因此人工养蝎必须创造适宜蝎子生存和生长发育的良好生态环境。

1. 栖息的环境 蝎子喜欢生活在阴暗、潮湿的地方，常潜伏在碎石、土穴、缝隙之间。它喜欢安静、清洁、温暖的环境，对声音呈负趋性，轻微的音响就能使蝎子惊慌逃窜。蝎子喜欢清洁，遇到农药、化肥、生石灰等有刺激性的异味会远远避开。

2. 冬眠 蝎有冬眠的习性，当地表温度降至10℃以下时，它便沿着石缝钻至20～50cm深处冬眠，冬眠历时5个多月，从立冬前后（11月上旬）至翌年谷雨前后（4月中旬）。全蝎冬眠时，大多成堆潜伏于窝穴内，缩拢附肢，尾部上卷，不吃不动。蝎子冬眠适宜的条件是虫体健壮无损伤、土壤相对湿度在15%以下、温度为2～5℃。生长期蝎子昼伏夜出，白天躲在石下或缝隙中，极少出来活动，一般在黄昏出来活动，2：00—3：00返回窝穴内栖息。

3. 捕食习性 蝎子为肉食性动物，主要捕食蜘蛛、蚰蜒和蚊类、蝇类等多种昆虫。蝎子喜欢吃的昆虫有鲜活、体软多汁、大小适中、富含蛋白质和脂肪、无特殊气味等特点。

蝎子视力很差，基本上没有搜寻、跟踪、追捕及远距离发现目标的能力，主要以感知周围小昆虫活动时引起的空气震动来发现目标。因此它对行动非常敏捷的舍蝇有较强的捕食能力，对行动比较迟缓的鼠妇来说，它的捕食能力相对较差。

蝎子较低的捕食能力养成了蝎子耐饥饿和食量大的习性，在有水分和风化土的情况下，蝎子不食不饮也能存活8～9个月。饥饿的蝎子一次可以吃掉与其体重差不多的食物。

4. 需水特性 蝎子的生长发育离不开水分，水分缺乏将影响机体活动的顺利进行。蝎子通过进食、皮肤吸收、在非常干燥的情况下直接饮水等途径获取水分。其中进食、皮肤吸收是蝎子水分的主要来源。在环境湿度正常、食物供应充足时，蝎子不需要饮水。

5. 对温度敏感 蝎子是冷血动物，它的生长发育和生命活动完全受温度支配。蝎子在-2～42℃可以生存，但在-2～0℃、40～42℃时，蝎子仅能存活5h左右。蝎子冬眠的温度为 2~7℃，当温度长期高于 7℃时，蝎子冬眠不安，体内新陈代谢加快，易出现早衰而不能安全越冬的现象。蝎子在 12℃以上开始活动，在 12~24℃时，蝎子活动时间短、范围小，机体生长处于缓慢状态。蝎子最适宜生长温度为 20~38℃，温度达到 25~39℃时，蝎子的交配、产子才能进行，生长发育处于良好状态；交配繁殖最适宜温度为 28~39℃。蝎子处于 42℃以上的高温下活动很快失序、昏迷，30min 左右脱水死亡。

6. 对湿度的需求特性 蝎子对湿度有一定的要求，环境湿度在很大程度上影响着蝎子的生活。这里所说的湿度包括土壤相对湿度、空气相对湿度两个方面，正常的土壤相对湿度为 15%左右，空气相对湿度为 70%左右，大气湿度偏低或偏高会影响蝎子对水分的获取。一般说来，蝎子活动的场所要偏湿一些，蝎子栖息的窝穴则要干燥些。

7. 种内竞争行为 种内竞争是自然界优胜劣汰这一规律的反映，对维持生态平衡、物种延续和进化都很有利。蝎子的种内竞争主要表现在蝎子之间的互相攻击，如大攻击小、强攻击弱、未蜕皮的攻击正在蜕皮的等。蝎子的种内竞争有其诱因，在严重缺食缺水、相互干扰严重、温湿度等生态因素恶化、争夺空间、争夺配偶等情况下竞争会加剧。

8. 蜕皮 蝎子在生长发育过程中，体内经一系列生理生化作用，可使躯体原表皮与真皮分离，同时产生新表皮，以适应体躯增长的需要，便产生蜕皮特性。蜕皮的外部条件是：日均气温 25~35℃，蝎窝土壤相对湿度 10%~15%。蜕皮时，老皮先从头胸部的钳角与背板的水平方向开裂，通过身体的不断抖动，从头部开始，渐次至腹部蜕出。蜕皮后身体长大，一定程度后停止，再蜕皮，再长大，直至 7 龄。1~2 龄蜕皮 1 次，体增长约 5mm；3~6 龄，体增长约 7mm。幼蝎第 1 次蜕皮在母蝎背上进行，蜕皮时间比较整齐；离开母体后，由于生活环境与条件的差异，蜕皮时间相差很大，有的可长达 3 个月（不包括冬眠时间）。

任务二 蝎子的繁育

一、蝎子的引种与放养

引种最好选在春秋季节，此时温度、湿度比较适宜，便于运输。引进种蝎时，要对所引进蝎种有详细了解，如种蝎的品种、蝎龄、雌蝎是否妊娠等情况。引种时期除了蝎子妊娠后期和产期，其他时间均可进行。种蝎应选择体壮、个大、活跃的做种用，尽量保留产仔多的种源及后代，要挑选体长在 4.8cm 以上，肢体无残缺，并且健壮、行动敏捷，静止时腹部卷曲、前腹部肥大、皮肤有光泽的蝎子。雌、雄比例可按 3:1 进行搭配。

运输时，要注意密度不可过大，否则易使蝎子积压受伤，造成蝎子流产或形成死胎。运输前先把种蝎装进洁净、无破损的编织袋中，每袋重 1.5kg 左右，然后把编织袋平放在具备良好的通风性能的运输箱中。运输过程中要避免剧烈震动，夏季要防高温、冬季要防寒。

投放种蝎时，每个蝎池最好一次投足，否则由于蝎子的认群性，不同群间的蝎子会发生争斗、造成伤亡。若确实需要多次投放，可先向池内喷洒少量白酒，以麻痹蝎子的嗅觉，待酒味扩散后，不同群间的种蝎便能互相接受。种蝎进入新环境需要一个适应的过程，刚投入池子的蝎子在 2~3d 会有一部分不进食，因此不可大量投喂饲料虫。要检查蝎池的防逃措施是否完善，如发现问题应及时补救。

二、蝎子的繁殖

1. 蝎子的交配　在非冬眠情况下，正常发育的蝎子 8 个月左右趋于成熟，在适宜情况下就可以进行交配。在交配前雄蝎与雌蝎"共舞"，找到平坦的石面或较坚实的地面，雄蝎排出精荚，精荚与地面约呈 70°黏在地面上，雄蝎将雌蝎拉过来，雌蝎打开生殖厣，精荚上半部刺入生殖腔内，精荚破裂，精液进入雌蝎体内。雌蝎在交配后几分钟内似有被激怒的表现，性情特别狂躁，如果雄蝎不及时离开，就会被咬伤或被吃掉。

雌、雄交配多在光线暗处或夜间进行，要避免强光照射，强光会使蝎子交配过程延长或中断。温度在 28～39℃时，温度越高交配成功率就越高。蝎子怕风，无风和微风的天气有利于蝎子的交配。蝎子胆小怕惊，应为其创造隐蔽、安静的交配环境。

在一窝蝎子中，1 只雄蝎短时间内能与 2 只雌蝎进行交配，特别强壮的雄蝎最多只能连续与 3 只雌蝎进行交配。雄蝎交配后要待 3 个月后才可能再次与雌蝎交配。雌蝎交配受精后，精子可能在精囊内长期贮存，因而蝎子交配 1 次可连续产仔 3～5 年，但繁殖率逐年下降。

2. 孵化产仔　雌蝎交配后不立即受精，而是将精子贮存在其体内，待卵成熟后再受精，受精卵在雌蝎体内孵化。因蝎是变温动物，所以其孵化过程受季节影响很大，胚胎只在生长期迅速发育，而在填充期（秋分到霜降之间蝎进行营养贮备、躯体脱水，开始做入蛰准备）、冬眠期和复苏期停止发育，因此蝎在体内孵化时间较长。在自然状态下，雌蝎在交配后的翌年 6 月、7 月才能产仔。

妊娠蝎在临产前食欲下降或废绝、活动减少、寻找产仔场所。在产仔时，第 1、2 对步足相抱，第 3、4 对步足伸直，栉状器下垂，生殖厣打开，仔蝎依次产于两步足合抱内。当仔蝎身上黏液干后，即沿着雌蝎触肢和头胸部爬到母蝎背上。雌蝎一般每产 4～5 只为一批，每隔 30min 产一批，雌蝎产仔数为 15～35 只（平均 25 只）。初生仔蝎全身细嫩，体色乳白，几天后体色加重。5d 左右在雌蝎背上第 2 次蜕皮，而后体色变为淡褐色，10d 后便可离开雌蝎背独立生活。

任务三　蝎子的饲养管理

1. 蝎子的养殖方式

（1）传统饲养法。传统饲养法是根据蝎的生物学特性，结合人工养殖特点，人为模拟蝎的自然生态环境，而采取的一系列饲养管理措施。我国人工养蝎开始于 20 世纪 50 年代，在长期饲养实践中总结出来了因地制宜、设备简陋、管理便利的养蝎方法。传统饲养法的饲养方式有山养、盆养、缸养、池养、房养、罐养、箱养、坑养、架养和阳台饲养等，下面简单介绍几种常用的饲养方式。

①山养。这是最简单的饲养方式，山养应该选择远离果园和林场，地势高燥、平坦、坚实，杂草丛生和容易收捕的山地，四周环水更佳。采用该方式饲养只需放入蝎种，进行适当补饲，不用管理，定期收获即可。

②盆养。盆养是用大盆、大浅缸或水泥钵做容器，里面铺一层沙粒或壤土并压实，在其上堆一些瓦片。准备好后，放入种蝎，为了防逃和天敌伤害，在饲养容器上盖上铁纱网，定

期投放饲料。

③缸养。用无底的旧缸，口朝下底朝上埋入地下 1/3，地面用三合土夯实，上面铺上一层熟土，熟土上放上瓦片等，准备好后，放入种蝎，缸口罩上纱网。

④池养。池养有地上池养和半地下池养两种。养蝎池一般每个占地 $2m^2$，池壁黏上光滑材料（如玻璃板、塑料板等），池底铺 5cm 的细土，用瓦片或小石块盖上蝎窝，准备好后，放入种蝎。

⑤房养。房养是建一个 3.5m×3.5m×2.6m 的养蝎房，房的正面设门，门内砌一道高 50cm 的半圆形围墙，直径以不影响门的启闭为度，房内修人行脚台，高约 30cm，安装几个诱虫灯，夜间开灯诱虫，供蝎捕食。墙壁其余三面各设 1 扇窗，在墙基处设 24cm×6cm 的若干个洞口，白天用一块砖堵严，夜间打开，便于蝎夜间乘凉、捕食和饮水。距蝎房 1m 处挖一条水沟，沟外壁竖直，沟内壁斜坡形，既方便蝎饮水，又能防止蝎逃跑。

(2) 恒温饲养法。为了提高人工养蝎的成活率，又得使蝎子快速生长，就必须解除蝎子的冬眠期，进行恒温饲养。蝎子的冬眠期是因为气温的高低所致。早春当气温达到 10℃ 以上时，蝎子便开始复苏，出外活动寻食，当气温低于 10℃ 时便先后开始寻窝冬眠。蝎子在 28～38℃ 时活动时间最长、采食量最多、生长繁殖速度最快，因此冬季应在场内装上加温设备，使蝎场内温度保持在 28～38℃，空气的相对湿度保持在 60%～80%，投食、供水等方面与夏季一样。

2. 饲养密度 人工饲养蝎子的密度过大时容易出现蝎子集结成团、积压受伤等现象，严重时会激化种内竞争，引起蝎子相互残杀。为了减少蝎子间的相互干扰，蝎子的饲养密度必须适宜，以每平方米蝎池饲养 2～3 龄蝎 10 000 只左右、4～5 龄蝎 6 000 只左右、6 龄蝎 4 000 只左右、成蝎 2 000 只左右、妊娠种蝎 500 只左右为宜。

3. 蝎子的饲料 生产实践中可通过人工养殖、捕捉和人工配合饲料相结合等方式为蝎子提供饲料。人工养殖类饲料有黄粉虫、地鳖、蜈蚣等。这些虫类繁殖力强、生长速度快，但应提前饲养，以防饲料短缺。

透捕鲜活虫有灯光诱捕法、食饵诱捕法两种。灯光诱捕法可采用荧光灯或黑光灯，灯下装积虫漏斗，漏斗下口通入集虫箱，诱虫季节一般从谷雨到霜降，诱虫时间在 20：00—24：00。食饵诱捕法多用来诱获鼠妇（潮虫）。凡在阴暗潮湿并有食物碎屑的地方都有大量潮虫栖息，所以在潮虫经常出没的地方挖坑，将搪瓷盆卧放到坑下，盆沿口与地面相平，内放炒熟的黄豆粉或食物碎屑、菜叶等，每晚都能诱到一定数量的潮虫。

4. 不同季节与蝎龄的饲养管理

(1) 不同季节的饲养管理。

①春季的饲养管理。春季要注意惊蛰前后的管理，这时气温较低，蝎子虽然开始复苏，但是活动能力差、消化能力不强，过早给食往往使蝎子消化不良，一般 5d 供食 1 次。当气温达到 25℃ 以上时，其活动时间由短至长，活动的能力也不断加强，这时要开始投喂动物性饲料，投喂的数量应随蝎子的活动及消化能力的加强而增加，要及时多投饲料，防止蝎子因饥饿而互相残杀。由于春季蝎子的消化能力比较弱，防病能力也较差，容易患病死亡，故应严格控制投喂的饲料量，饲料要新鲜，以免造成消化不良，甚至腹泻或膨胀而死亡。

②夏季的饲养管理。夏季是蝎子活动、进食、生长发育的旺盛期，要保证充足的饲

料,晚上除诱捕昆虫外,还应该投喂蚯蚓、地鳖、黄粉虫或鲜碎肉。此外,由于气温较高,还要注意供应饮水,并可投喂水果、蔬菜,避免体内缺水导致蝎子尾部发黄干枯而死亡,或影响其生长繁殖。同时,夏季应抓好蝎子交配、产仔时期的管理,还应注意蝎群的分窝工作,促进蝎子的快速生长和繁殖。夏季是蝎子的活动旺季,除注意供给足够的食物外,还要注意卫生,发现腐烂的尸体及剩余的腐败饲料要及时清理。每 2d 投食 1 次,并把海绵用水浸湿或用砖头瓦片浸湿放在窝内给水。在无风的天气,应打开养蝎室窗门,以便通风。

③秋季的饲养管理。秋季天气转凉,霜降后气温明显下降,天气变冷,蝎子将进入冬眠期。在冬眠前 1 个月,蝎子的采食量比夏季明显增加,这时要适当增喂肉食和小昆虫,并且增加投喂次数,以使蝎子采食充足的营养价值高的饲料,增强体质,贮备体内能量,以便越过寒冷的冬季。此外,要取出池内或窝内水盘停止喂水,同时还要设法降低蝎房、池内和活动场地的湿度,以便增强蝎子的抗寒能力。

④冬季的饲养管理。随着气温的急剧下降,蝎子停止采食和活动,开始进入冬眠期。冬眠后要注意防寒,可用稻草或塑料薄膜覆盖饲养池、窝,蝎子房的门挂草帘防寒,有条件的地方可适当采取加温措施,确保蝎子安全过冬。冬眠期间要勤检查,加强管理,严防鼠。

(2) 不同蝎龄和时期的饲养管理。

①幼蝎的饲养管理。幼蝎是指仔蝎离开母背独立生活至 3 龄蝎的蝎子。幼蝎出生后约 5d 在雌蝎背上蜕第 1 次皮,成为 2 龄蝎。再经 5~7d 离开雌蝎背,刚离开雌蝎背的幼蝎食欲大振,投食要保质保量以免互相残杀,幼蝎在 48h 内便可以吃掉约 20mg 小虫,以后吃的次数减少,大约 1 个月内可吃小虫约 6 只(每只按 8~10mg 计),幼蝎体重增加 24mg。2 龄幼蝎死亡率很高,其饲料既要营养丰富,又要注意适口性、可采食性,一般投喂小黄粉虫、小地鳖、蝇类等为好。幼蝎生长发育与蜕皮的最适温度为 28~35℃,空气相对湿度为 45%~50%,土壤相对湿度为 15%~20%。

②青年蝎的饲养管理。青年蝎是指 4~5 龄阶段的蝎子。这个阶段的蝎子生长速度略有下降,但还是生长发育较快的阶段,体长和体重变化明显,且已进入生殖器官发育阶段,所以这个阶段要加强营养,确保成活率并进行第 1 次种蝎的选育。此阶段应给蝎子提供充足的、多样化的食物,注意饲料虫新鲜、清洁,让蝎子吃饱、吃好;控制好生活环境,提供适宜的温度、湿度、通风和光照等,搞好环境卫生;及时分群和选择种蝎。

③成蝎的饲养管理。成蝎是指 6~7 龄阶段的蝎子。蝎经 6 次蜕皮便进入成蝎阶段,这个阶段的蝎子生长速度开始下降,体重增加不如幼蝎、青年蝎那么快,但它的生殖器官发育最快,处于性成熟阶段,具有交配繁殖能力,是进行种蝎选育和培育的最佳时期,成蝎对饲料的质量要求比较高,这时一般以昆虫、肉食为主,不但要保证饲料多样、饮水充足,还要增加供料次数,坚持多投少喂的原则。特别是 20:00—23:00 为蝎子进食高峰期,每小时应投喂 1 次。要加强蜕皮期的饲养管理,在恒温条件下蝎四季蜕皮,常温下每年 6—9 月蜕皮,环境温度要求 25~37℃,土壤相对湿度 10%~15%,空气相对湿度 75%~80%。

④配种期的饲养管理。蝎子在配种期要消耗大量能量,饲养上要供给营养丰富的动物性饲料,保证充足的饮水。管理上保持环境安静,避免强光照射。

⑤产仔期的饲养管理。雌蝎产仔后,刚出生的仔蝎会爬伏于雌蝎背上,称之为"雌背仔蝎"。这时仔蝎靠体内卵黄维持生长,雌蝎产仔后在负仔期间一般不吃不动,只全神贯注地

伸出两只触肢，竖直尾刺，保护着背上的仔蝎。这时基本不用投食，但要调控好环境温度与湿度，使温度保持在33～39℃，土壤相对湿度保持在15%左右。产后10d左右仔蝎离背后，雌蝎开始觅食，应及时给其充足的优质食物，使其迅速恢复体力，为再次交配和繁殖打基础。

5. 蝎子的采收与产品加工技术

（1）蝎子的采收。除留作种用的蝎子以外，其他成蝎、已交配的雄蝎、已产仔蝎3～4次以上的雌蝎，以及一些肢残、体弱的蝎子均可采收以制成商品蝎。采收蝎子要谨慎操作，防止人、蝎受伤。对采收到的蝎子进行分拣，将中小蝎子拣出留作种用，非种用大蝎用于加工。

①野生、盆养、缸养和池养蝎子的采收。蝎子的数量较少可用竹筷或镊子夹入盆内，数量较多时，用毛刷将蝎子扫入簸箕内，倒入光滑的塑料桶或盆内，遇有垛体时，将瓦片或砖块一一拆掉，一边拆一边将蝎子夹入或扫入盆内。

②房养蝎子的采收。蝎子的数量较多，室内设置较为复杂，不易一一拆卸。用30°左右的白酒对养殖房喷雾，喷雾前将门窗关好，仅留下墙基脚的两个出气孔不堵塞，喷雾约30min后，蝎子无法忍受酒精的刺激，便会从出气孔向外逃窜。在出气孔处放一些较深的塑料盆（桶），蝎子逃出时逐只掉入盆（桶）内。

（2）全蝎的加工与保存。

①预处理。将蝎子放入塑料盆（桶）内，加入冷水浸泡，冲洗掉蝎子身上的泥土，使其排出体内的粪便，保持蝎体清洁。反复冲洗几次，洗净后捞出。

②加工方法。

咸全蝎：将洗净的蝎子放入盐水锅内，浸泡0.5～2h。一般500g活蝎加入150g食盐、2.5L水，盐水以没过蝎子为度。经过浸泡，用文火慢慢将盐水煮沸，继续煮20min左右，用手指捏其尾端，如能挺直竖立，背见抽沟、腹瘪，捞出置于通风处阴干（不可晒干）即可。

淡全蝎：将洗净的蝎子直接放入不加食盐的沸水中，待重新沸腾后2～3min即可捞出快速晒干或烘干。

③保存。咸全蝎在湿热的夏季会吸水返潮，返卤起盐，但不易受虫蛀，不易发霉；淡全蝎不会返卤，形态较为完整，但易受到虫蛀或发霉，干时碰压易碎。加工好的成品蝎宜放入布袋或塑料袋中置阴凉干燥通风处保存，每千克干品蝎可拌入香油20mL以防潮湿，放入适量樟脑以防虫蛀。

（3）蝎毒采取。

①人工采毒。取6龄以上的蝎子，用镊子夹住蝎子的一个触肢，不能夹破。蝎子因自卫便会排毒。先用玻片接取蝎毒，用注射器收集毒液，然后分装于深色安瓿内，抽去空气，密封，放入冰箱，－10～－5℃低温保存。

②电刺激取毒。用生理试验多用仪，调频到128Hz，电压6～10V，以一个电极夹住蝎的一个触肢，一个金属镊夹住第2尾节处，用另一个电极不断接触镊子，蝎子即可排毒。为防接触不良，可在电极与触肢的接触处滴上生理盐水。毒液先清后浊，排量较大，用小烧杯收集毒液，达一定数量时，用注射器吸取并分装于深色安瓿内，抽去空气，密封，放入冰箱－10～－5℃低温保存。10d后方可再次取毒。

学习评价

一、填空题

1. 蝎子一般可分为三部分，即_____、_____和_____。
2. 蝎子的消化系统分为_____、_____、_____三部分。蝎子的呼吸系统为_____。
3. 蝎子的加工方法有_____、_____。

二、思考题

1. 蝎子的生活习性有哪些？
2. 怎样辨别蝎子的雌雄？
3. 怎样提高仔蝎的成活率？
4. 蝎子的繁殖条件有哪些？怎样提高繁殖率？

项目四 蚯蚓养殖

蚯蚓俗称曲蟮，中药称地龙，具有很高的药用价值，有解热、镇静、平喘、降压、利尿和通经络的功能。蚯蚓除了具有药用功能外，它还是耕耘土壤的"大力士"，它的活动可使土壤疏松、团粒结构增强，从而促进农作物的生长。蚯蚓食性很广，许多污染环境的有机物质都可作为其食料，故用其来处理有机废物、净化环境。蚯蚓蛋白质含量高，其体内干物质含量达50%~70%，是畜禽、鱼类的优质饲料和饲料添加剂。目前蚯蚓养殖业正成为一项具有开发前景的养殖业。

学习目标

了解蚯蚓的分类等常识性知识；熟悉蚯蚓的形态特征；掌握蚯蚓的生活习性、繁殖技术、食物与饲料和饲养管理等，并学会在生产实践中加以利用。

学习任务

任务一 蚯蚓的生物学特性

一、分类与分布

蚯蚓属于环节动物门、寡毛纲。蚯蚓因生活环境的不同分为陆生蚯蚓和水生蚯蚓两大类。目前全世界蚯蚓种类达3 000种以上，其中3/4是陆生蚯蚓。陆生蚯蚓为后孔寡毛目、正蚓科。我国陆生蚯蚓有180多种，广泛分布于全国各地。

二、蚯蚓的形态学特征

蚯蚓通常为细长的圆柱形，头尾稍尖，其长短、粗细因种类不同而有很大变化。一般体长10~37cm，体直径3~6mm。蚯蚓无明显的头部和感觉器官，身体前端第1节为围口节，围口节前面有一个肉质的叶状突起称为口前叶，用以掘土和摄食；第2节起有刚毛，刚毛在穴内或地面能起支撑作用，是蚯蚓的运动器官，便于其蠕动爬行。蚯蚓向前运动时，身体后端固定，身体前端变细，向前伸长，然后身体的前端固定，身体的后端变粗，后部向前移动。把蚯蚓放在玻璃上观察其运动情况，蚯蚓运动速度较慢，原因是刚毛不能起到固定作用。

三、蚯蚓的生物学特性

环带位于蚯蚓身体的前部3~12体节，颜色较浅，质地光滑，因与生殖有关故称生殖带，性成熟时出现。蚯蚓身体的表面还有许多开孔，自第8~9节开始，背中线上许多节间沟中有小孔，称"背孔"，能排出体液润滑身体。蚯蚓为雌雄同体，身体上有雌性生殖孔1~

2对、雄性生殖孔1~2对,因种类不同其所在位置也不一样。

1. 生活习性

(1) 喜温、怕冷怕热。蚯蚓喜欢生活在温暖的环境中,它怕冷也怕热。在0~5℃情况下冬眠,32℃以上停止生长,在40℃以上死亡,适宜温度为15~30℃,最佳温度是20~25℃。因此要想获得良好的养殖效益,就要常年保持20~25℃的养殖环境。为了创造最佳湿度,可采取冬季盖塑料大棚或盖塑料布和夏季盖稻草、多洒水降温等措施。

(2) 喜湿,怕浸泡。蚯蚓生活在潮湿、疏松、富含有机物的土壤中,不能浸泡(水生蚯蚓除外)。一般饲养基土的湿度要求为60%左右(手握基土指缝见水而不流),空气的相对湿度调节到60%~80%为好。蚯蚓体内含水量为80%左右,要求饵料含水量60%~80%(用手握料指缝见滴水)。为保持适宜湿度,要浇水保湿,浇水时水量不要太大,但要浇透。浇水时间为冬季低温期每10~20d中午浇水1次,夏季每天下午或晚上浇水1次,春秋季节凉爽期可在白天浇,每3~5d浇水1次。

(3) 喜暗、怕光。蚯蚓昼伏夜出,喜欢生活在黑暗处,一般是钻在土层下觅食或钻在基料中觅食,黑夜也有爬出地面觅食的。强光对蚯蚓的生长、繁殖极为不利,养殖床要盖稻草,保持湿润、遮光。

(4) 喜甜、怕辣。蚯蚓喜食酸、甜、腥食料,如烂番茄、西瓜皮、烂水果、洗鱼水等。最怕吃辣味食料,如大葱、大蒜、辣椒等。

(5) 喜静、怕震。蚯蚓喜欢生活在安静的环境中,最怕震动,经常震动会对蚯蚓的生长繁殖造成不良影响。为此养殖场应选在安静的处所,饲养管理过程中不要经常震动或上下翻动基料土。

(6) 喜酸、怕碱。蚯蚓喜欢生活在偏酸或中性的土壤中,适宜的土壤酸碱环境为pH 6~8。饲料如碱度过大,可用废硫酸或磷酸二氢铵调整;如过酸,可用石灰水调整。

2. 蚯蚓的繁殖特性

(1) 性成熟与繁殖能力。蚯蚓一般在30~50日龄,体长45~69mm、体重达到225~560mg时性成熟。蚯蚓多为异体受精,性成熟后进行交配。人工养殖的蚯蚓一年可产卵3~4次,每条蚯蚓每年能繁殖200~300条幼蚓。

(2) 蚓茧及孵化。成蚓交配后5~10d开始产生蚓茧,每条蚯蚓各自形成蚓茧。刚生产的蚓茧多为淡白色或淡黄色,逐渐变为黄色、淡绿色或淡棕色,最后变为暗褐色或紫红色,蚓茧中含有受精卵,又称卵包。每个蚓茧一般含3~7枚卵,可孵出1~7条幼蚓。蚓茧孵化常在饲养床表面进行,很少在深部。人工孵化时可将蚓茧集中放在装有饲料的盆中,上面再撒少量细土,定期喷水保湿即可。

任务二 蚯蚓的饲养管理

一、蚯蚓的饲养方式

养殖蚯蚓的方法多种多样,归纳起来有三种,即简易养殖法、田间养殖法和工厂化养殖法。其中工厂化养殖法要求有一定的专门场地和设施,适用于大规模生产蚯蚓,比较简便易行的养殖方法主要有以下两种:

1. 简易养殖法 这种方法包括箱养、坑养、池养、棚养、温床养殖等。其具体做法就是在容器、坑或池中分层加入饲料和肥土,然后投放种蚯蚓饲养。这种方法适用于农民和城镇居民利用房前、屋后、庭院空地及旧容器、砖池、育苗温床等生产动物性蛋白质饲料、加工有机肥料、处理生活垃圾。其优点是就地取材、投资少、设备简单、管理简便,并可利用业余或辅助劳力,充分利用有机废物。

2. 田间养殖法 选用地势比较平坦,能灌能排的桑园、菜园、果园或饲料田,沿植物行间开沟槽,施入腐熟的有机肥料,上面用土覆盖10cm厚左右,放入蚯蚓进行养殖。养殖过程中要经常灌溉或排水,保持土壤含水量在30%左右。冬季可在地面覆盖塑料薄膜保温,以便促进蚯蚓活动和繁殖。由于蚯蚓的大量活动,土壤疏松多孔,通透性能好,可以实行免耕。

二、蚯蚓的管理

1. 饲料的处理和发酵 凡无毒的植物性有机物经发酵腐熟均可作为蚯蚓的饲料。作物秸秆或粗大的有机废物应切碎;垃圾则应分选过筛,除去金属、玻璃、塑料、砖石和炉渣,再经粉碎;家畜粪便和木屑可不进行加工,直接进行发酵处理。把经过处理的有机物质混合均匀(其中粪料占60%、草料占40%左右),然后加水拌匀,含水量控制在40%~50%,即堆积后堆底边有水流出为止,堆成梯形或圆锥形,最后堆外面用塘泥封好或用塑料薄膜覆盖,以保温保湿。经4~5d,堆内的温度可达50~60℃,待温度由高峰开始下降时,要翻堆进行第2次发酵,将上层的料翻到下层、四周翻到中间,使之充分发酵腐熟,达到无臭味、无酸味,质地松软不黏手,棕褐色,然后摊开放置。使用前,先检查饲料的pH是否合适,一般pH为6.5~8.0都可使用。过酸可添加适量石灰,过碱用水淋洗,这样有利于过多盐分和有害物质的排出。饲用前,先用少量蚯蚓试验饲养,如无不良反应,即可应用。

2. 蚯蚓的阶段管理

(1)蚓茧孵化管理条件。最佳温度为20~25℃,孵化初期可保持15℃,以后每隔2~4d加温,直至27℃为止。适宜相对湿度60%~70%。

(2)幼蚓管理。幼蚓孵出后呈丝线状,身体弱小,幼嫩,要注意加强管理。第一,温度要适宜,幼蚓孵化出后应马上转移到25~35℃的环境条件下饲养;第二,要注意水分,用喷雾器喷洒,使水滴细小呈雾状,每天喷洒2~3次,但不能有任何积水;第三,饲料要新鲜、疏松、细软、腐熟、易消化、营养丰富;第四,要注意防止蚂蚁、蜘蛛、鼠等敌害。

(3)成蚓、种蚓管理条件。成蚓适宜温度为20~25℃,适宜相对湿度为60%左右。种蚓适宜温度为24~27℃,适宜相对湿度为60%左右。适宜密度为10 000条/m²左右。每隔1个月左右,结合投料和清理蚓粪分离蚓茧。

3. 蚯蚓的季节管理

(1)冬季管理。

①室内养殖蚯蚓。冬季管理主要是升温、保温。冬季要堵严门窗,防止漏气散温。还可采用火炉、火墙、暖气等升温措施。

②露天养殖蚯蚓。冬季来临之前,应及时将蚯蚓移入地窖、室内或温室养殖,以免因严寒死亡。为了加强保温,养殖层要加厚到40~50cm,饲料上面覆盖杂草,上面再盖塑料薄膜。也可以利用发酵生物热保温,在养殖床底铺一层20cm厚的新鲜马粪或掺入部分新鲜鸡

粪，粪的含量在50%左右，踏实后在上面铺一层塑料膜，塑料膜上面放蚯蚓和饵料。

（2）夏季管理。夏季管理关键是降温，将蚓床温度控制在30℃以内，当气温达35℃以上时，要浇水降温。

4. 蚯蚓的日常管理

（1）注意控制饲养环境。养殖蚯蚓需有计划地翻动料床使其保持疏松，或者在饲料中掺入适量的杂草、木屑，如料床较厚，可用木棍自下而上戳洞通气，以补充氧气。养殖床上饲料要透气，滤水良好，并保持适宜的温度和湿度。养殖床上面要加盖，晚上要开灯，以防止蚯蚓逃走。

（2）适时投料。在室内养殖时，养殖床内的饲料经过一定时间后逐渐变成粪便，必须适时补料。

（3）适时分养和采收。在饲养过程中，种蚓不断地产出蚓茧、孵出幼蚓，而其密度就随之增大。当密度过大时，蚯蚓就会外逃或死亡，所以必须适时分养和采收成蚓，及时调节和降低种群密度，保持生长量的动态平衡。

（4）定期清除蚓粪。清理蚓粪的目的是减少养殖床的堆积物并收获产品。清理时要使蚓体与蚓粪分离，对早期幼蚓，可利用其喜爱高湿度新鲜饲料的习性，以新鲜饲料诱集幼蚓；对后期幼蚓、成蚓和繁殖蚓，可利用机械和光照，采用逐层刮取法分离，即用铁耙扒松饲料，辅以光照，蚯蚓往下钻，再逐层刮取残剩饲料及蚓粪，最后使蚯蚓团与残剩饲料及蚓粪分离。

（5）防止敌害。蚯蚓是多种动物的食物，养殖中要注意预防黄鼠狼、青蛙、鸟、鸡、鸭、蛇、鼠等动物的危害。

三、蚯蚓的采收方法

1. 光照下驱法　利用蚯蚓的避光特性，在阳光或灯光的照射下，用刮板逐层刮料，驱使蚯蚓钻到养殖床下部，最后蚯蚓集聚成团，即可收取。

2. 甜食诱捕法　利用蚯蚓喜食甜料的特性，在采收前，可在旧饲料表面放置一层蚯蚓喜爱的食物，如腐烂的水果等，经2～3d，蚯蚓大量聚集在烂水果里，这时即可将成群的蚯蚓取出，经筛网清理杂质即可。

3. 水驱法　适于田间养殖，在植物收获后，即可灌水驱出蚯蚓；或在雨天早晨，大量蚯蚓爬出地面时组织力量突击采收。

学习评价

一、填空题

1. 用手指触摸蚯蚓体表的感觉是_____。轻触其体节近腹面处可感到_____。
2. 蚯蚓的运动方式可以表述为_____。
3. 蚯蚓生活在_____、_____、_____的土壤中。
4. 环带位于蚯蚓身体的_____部，颜色较_____，质地_____；蚯蚓向前运动时，身体_____固定，身体_____变_____，向前伸长，然后身体的_____固定，身体的_____变_____，后部向前移动。把蚯蚓放在玻璃上观察其运动情况，蚯蚓

_____向前运动,速度_____,原因是刚毛_____起到固定作用。

二、选择题

1. 蚯蚓的生活习性是（ ）。
   A. 昼夜穴居
   B. 白天穴居,夜晚爬出地面取食
   C. 白天爬出地面取食,夜晚穴居
   D. 昼夜在地面上生活,觅取食物

2. 蚯蚓的外形是（ ）。
   A. 身体背腹扁平,不分节
   B. 身体背腹扁平,由许多体节组成
   C. 身体圆长形,不分节
   D. 身体圆长形,由许多体节组成

3. 对蚯蚓的叙述正确的是（ ）。
   A. 蚯蚓的身体由许多彼此不同的环状体节构成,运动灵活、自如
   B. 蚯蚓一般昼伏夜出,取食植物的枯叶、朽根和泥土中的有机物
   C. 可根据环带区分蚯蚓的前端和后端,即靠近环带的一端是蚯蚓的后端
   D. 刚毛是蚯蚓的运动器官,蚯蚓通过刚毛在土壤中运动

4. 蚯蚓生活在土壤深层的主要原因是（ ）。
   A. 土壤深层氧气多
   B. 土壤深层有机物丰富
   C. 土壤深层温度变化不大
   D. 蚯蚓怕光

5. 蚯蚓在土壤中活动,使土壤疏松,这有利于农作物的（ ）。
   A. 呼吸作用
   B. 光合作用
   C. 蒸腾作用
   D. 吸收水分和无机盐

6. 蚯蚓的环带靠近它的（ ）。
   A. 前端
   B. 后端
   C. 中部
   D. 前、后端各一个

7. 将蚯蚓放在干燥环境中不久便会死亡的原因是（ ）。
   A. 蚯蚓是穴居动物,怕光
   B. 神经系统受到损害
   C. 血液循环不通畅
   D. 不能呼吸,窒息而死

三、思考题

1. 蚯蚓的生活习性有哪些?
2. 蚯蚓的饲料应如何处理?
3. 如何科学合理地控制蚯蚓的饲养环境?
4. 养殖生产中可采取哪些有效手段提高蚯蚓的产量?

项目五 黄粉虫养殖

黄粉虫又称为面包虫，属节肢动物门、昆虫纲、鞘翅目、拟步行虫科、拟步行虫属（粉甲虫属）的昆虫。黄粉虫主要存在于粮食、中药材及饲料等原材料贮备库中，是一种主要的仓库害虫。黄粉虫的营养价值极高，不仅可以作为养殖业蛋白质饲料的来源，而且还越来越多地出现在人类食品、保健品、美容化妆品等产品中。黄粉虫具有抗病力强、耐粗饲、生长发育快、繁殖力强等优点，体内含有丰富的蛋白质、脂肪和糖类，而且易饲养，低廉的麦麸、蔬菜叶、瓜果皮就可饲养，是当前获取优质饲料蛋白质的理想途径，应用前景十分广阔。

学习目标

了解黄粉虫的形态特征；熟悉掌握黄粉虫的生物学特性，并学会在生产实践中加以利用；掌握我国常见的黄粉虫饲养方法；能够对黄粉虫进行合理引种；能够饲养管理好各阶龄的黄粉虫。

学习任务

任务一 场地建设

一、养殖场地选择

黄粉虫养殖一般采用室内养殖，但黄粉虫惧光，而且需要适宜的温度和湿度。因此养殖黄粉虫的场地也需要满足以下条件：

1. 场地选择 通风安静，远离嘈杂及化工厂，周围没有污染源。为了节省成本，旧厂房、仓库等闲置的没有堆放过刺激性气味的空旧房也是养殖黄粉虫的理想场所。

2. 水源 附近要有洁净的水源，黄粉虫和养殖户都需要有干净的日常用水。

3. 温度 黄粉虫不耐高温，因此养殖场房要求具有良好的通风，便于夏季降温散热。夏季要做好降温，温度控制在33℃以下；冬季也要做好保暖工作，温度控制在20℃以上。为达到冬暖夏凉的效果，目前成本低、易建造的养殖方式是半地下式塑料大棚饲养。

4. 防敌害 鼠、壁虎、鸟类等均是黄粉虫的天敌，所以养殖场地要求堵塞孔洞，门、窗、排风扇都要装好纱网。

二、饲养方法及设备

黄粉虫的饲养方法多种多样，养殖方法主要包括盆养、箱养、半地下式塑料大棚饲养。

1. 盆养 对于首次饲养黄粉虫的养殖场，可以先采用此方法。其优点是不用单独购买饲料，充分利用附近农业有机废气资源，饲喂时间也比较随意，设备简单，方便操作。主要包括盆养、盒养等方法，要求饲养容器完好、内壁光滑，以防虫子爬出。

2. 箱养 我国最常用的养殖方法，适合大中型规模养殖。

（1）设备。箱式养殖常用设备包括养虫箱、筛网、集卵箱和养虫箱架。

①养虫箱。分为木质养虫箱和塑料养虫箱，养殖户根据自身需求选用适合的养虫箱。

②筛网。筛网分为100目、60目、40目和普通铁窗纱，用于筛除不同龄期的虫粪和分离虫。

③集卵箱。由一个养虫箱和一个卵筛组成，卵筛比养虫箱小，可放入养虫箱内，可有效防止成虫产卵后取食卵造成损失。

④养虫箱架。为了方便养殖户取用，养虫箱可以放置在养虫箱架上。

（2）养殖注意事项。

①夏季炎热，为了达到通风散热的目的，需要在上下养虫箱之间放木棍支撑，称为木棍支撑叠放法。

②当孵化的幼虫将集卵箱中的饲料基本食用完后，养殖户要及时将虫粪和幼虫分离，放入新的饲料。

3. 半地下式塑料大棚饲养 该方法投资成本小，也可以达到冬暖夏凉的效果，可有效降低养殖成本。采用该方法养殖需要注意以下几个方面：

（1）场地选择。场地空旷，气流通畅；避开易积水低洼地带。

（2）建设要求。地面部分的墙面每隔7m左右安装一个排风扇，保证室内空气流通；室外墙基要有至少30cm高的砖墙部分，防止鼠害。夏季还可以在塑料膜顶部铺设草帘或用凉水冲淋达到降温的目的。

任务二　黄粉虫的生物学特性

一、黄粉虫的外部形态

黄粉虫是属于完全变态型昆虫，一生要经历成虫、卵、幼虫、蛹四个阶段。各个时期具有不同的形态特征：

1. 成虫 体色黑褐色，无毛，表面有光泽，呈椭圆形，体表多密集黑色斑点。有一对翅膀，外壳硬，复眼退化，有触角，呈念珠状。雌雄蛹的区分可根据腹部末节的乳突来判定，雌蛹乳突大而明显，端部扁平，向两边弯曲；雄蛹乳突较小，不显著，基部愈合，端部呈圆形，乳突不弯曲，伸向后方。

2. 卵 黄粉虫的卵小，乳白色，壳薄而软，长椭圆形。卵外有黏液，卵和饲料碎屑混杂成团状，也有少量卵散在饲料中。

3. 幼虫 小幼虫经过蜕皮后变成老熟幼虫，体色为棕黄色，头壳较硬，深褐色；无复眼，节间和腹面为黄白色。各体节有1对气门。

4. 蛹 蛹呈乳白色或黄褐色，无毛，有光泽，呈弯曲状。

二、黄粉虫的生活史

在自然条件下，黄粉虫一般一年繁殖1代。由于气候不同，我国南北方也存在着差异，根据黄粉虫的发育特点，可将黄粉虫的生活史划分为成虫、卵、幼虫、蛹四个时期，每个虫态期的发育受温湿度的影响较大，在适宜环境条件下（温度25～30℃，相对湿度60%～70%），其发育情况如下：

1. 成虫 成虫具有生殖能力，平均寿命一般为60d，雌虫最长可达160d，雄虫寿命较短。雌虫的产卵高峰期为羽化后10～30d，产卵量达到每只平均260枚，在良好的饲养环境下，每只雌虫产卵量可达880枚以上。雄虫负责与雌虫交尾，每只雄虫有10～30个精珠，每只精珠存有近百个精子，一生可进行多次交配。

2. 卵 卵经5～7d即可孵化成幼虫。卵呈乳白色、长椭圆形，一般长1mm左右。

3. 幼虫 幼虫7d左右蜕皮1次，经过13～18次蜕皮变成蛹。整个幼虫生长期为90～130d，平均生长期为120d。

4. 蛹 蛹期一般为3～10d，之后羽化成成虫。

三、黄粉虫的习性

1. 自相残杀性 当黄粉虫的饲养密度过大或饲料营养不足时，就会出现成虫吃卵、咬食幼虫或蛹，高龄幼虫咬食低龄幼虫或蛹，强壮的成虫或幼虫咬食弱成虫或幼虫的现象，造成严重的经济损失。所以要根据虫体的发展状态，及时进行虫体分群，加强管理。

2. 运动习性 黄粉虫不管是成虫还是幼虫都善于爬行，速度快，善抓善钻，因此要防止黄粉虫逃逸。由于黄粉虫的运动习性，相互间的摩擦生热容易造成饲养盒内局部温度升高，因此在寒冷季节可以增加饲养密度，在酷热季节需要降低饲养密度。

3. 冬眠习性 黄粉虫的生活和代谢活动与温度息息相关，当温度低于6℃时，黄粉虫就进入冬眠状态，即不吃不动，处于一种静止状态，体内仅存必需的代谢活动；当温度高于15℃时，黄粉虫恢复正常的生长和繁殖活动。

4. 负趋光性 黄粉虫是长期生活在黑暗环境中的昆虫，只有单眼没有复眼，通过触角和感光器官来导向，因此当有强光线时，黄粉虫会躲避到有遮光物体的地方。因此养殖场所应保持白天光线稍暗或有物体遮挡强光，有助于保证黄粉虫正常的生长繁殖。

除此以外，黄粉虫还具有群居性和杂食性的特点。

任务三　黄粉虫的饲养管理

一、黄粉虫的营养

1. 黄粉虫的饲料 黄粉虫是杂食性昆虫，因此黄粉虫的饲料来源广泛，根据营养分类，黄粉虫的饲料可以分为以下几大类：

（1）能量饲料。主要有麦麸、高粱、玉米、米糠等原材料，为防止饲料发霉，最好在使用前晒干或70℃烘干备用。掺了滑石粉的麦麸不能饲喂。

（2）纤维饲料。主要有秸秆类、干草类、木屑等纤维含量大于18%的饲料，这些饲料也可以发酵后打成粉进行饲喂。

（3）青绿饲料和多汁饲料。青绿饲料主要包括绿色蔬菜叶、树叶、牧草、农作物的茎叶等，喷过农药的青绿饲料不能饲喂；多汁饲料包括瓜类、果皮类。一般喂麦麸时，同时饲喂青绿饲料或多汁饲料。饲喂的量可以根据饲养房内湿度大小来判定，高湿环境可以4～5d饲喂一次；低湿环境可以隔1d饲喂一次。投喂时要求均匀，不宜过多，防止饲料浪费或发霉。

（4）蛋白质饲料。蛋白质饲料包括植物性蛋白质饲料和动物性蛋白质饲料，植物性蛋白质饲料如棉籽饼（少于5%，防止中毒）、菜籽饼（脱毒后饲喂）、豆饼、豆腐渣（晒干）；动物性蛋白质饲料如鱼粉、骨粉、血粉、羽毛粉等。养殖户可以充分利用本地资源，降低成本。

(5) 其他饲料。除以上饲料以外，还有矿物质饲料、维生素饲料、药物添加剂等物质。

2. 饲料在饲喂中的注意事项

(1) 以能量饲料、蛋白质饲料和添加剂混合作为黄粉虫的主要饲料来源，青绿饲料和多汁饲料作为营养的补充来源。

(2) 能量饲料在投喂前尽量晒干，防止饲料发霉，带毒饲料如棉籽饼、菜籽饼要脱毒后才能饲喂。

(3) 青绿饲料和多汁饲料最好现采现喂，饲喂用量根据湿度大小来判定，不宜过多，防止腐败变质。

(4) 各种饲料相互搭配进行饲喂，饲料配方要定期更换，以防营养太过单一，影响黄粉虫的生长发育。

二、黄粉虫的饲养条件

1. 温度　黄粉虫的最适生长温度为25～30℃，此温度下卵孵化率高，幼虫生长最佳，也有助于成虫产卵。当温度低于15℃时，卵很少孵化，幼虫开始休眠，停止生长，成虫也出现不交配的现象；当温度高于35℃时，黄粉虫成批死亡。由于黄粉虫在运动中相互摩擦，局部产热，温度升高，在外界温度高于33℃时，黄粉虫便开始死亡。温度过高或过低也会影响蛹的正常羽化，造成蛹的死亡率提高。

2. 湿度　外界环境干燥会造成虫卵干瘪死亡、幼虫蜕皮或蛹蜕壳困难，造成畸形或死亡；外界环境潮湿容易导致饲料霉变，降低卵的孵化率，使成虫死在蛹壳中，还会引起虫群疾病的传播。黄粉虫各虫态最适温湿度条件见表4-5-1。

表4-5-1　黄粉虫各虫态最适温湿度条件

虫态	最适温度（℃）	最适相对湿度（%）
卵	20～30	55～75
幼虫	25～29	50～75
蛹	26～30	60～70
成虫	26～28	50～70

3. 光　黄粉虫是畏光昆虫，当有强光照射时，黄粉虫会躲避，在养殖所内应有遮光物体。因此在实际生产中常采用高架、多层立体式饲养方法，既可以避光，还能节省养殖空间、降低养殖成本。

4. 食物　黄粉虫是杂食性昆虫，丰富的营养对黄粉虫的生长繁殖起到非常重要的作用。如用麦麸、玉米、豆粉、鱼粉及少量的复合维生素配制成营养全面的复合饲料，可以有效提高黄粉虫的成活率和抗病能力。采用单一饲料喂养不仅浪费饲料，还会增加饲养成本。营养不足也是虫群内自相残杀原因之一。在保证虫群干饲料供应充足的同时，还需要及时补充含水饲料（瓜皮、果皮、蔬菜叶类），尤其是环境干燥时，对保持虫群内的湿度起着非常重要的作用。雌虫在排卵28d卵巢逐渐退化，此时补充优良饲料还可以促进雌虫继续产卵。温湿度和食物也是调节黄粉虫雌雄比例的重要因素。

5. 合理的饲养密度　黄粉虫为群居性昆虫，饲养密度过小会直接影响其活动和取食；密度过大，互相拥挤摩擦生热，使局部温度升高，又会自相残杀，增加死亡率。饲养3.5～

6kg 的幼虫，面积一般应在 1m² 左右为宜，幼虫个体大，相对密度应小一些；室温高、湿度大时，密度也应小一些。小幼虫的饲养密度约为 2.5cm 厚，中幼虫的饲养密度约为 2cm 厚，大幼虫的饲养密度约为 1.5cm 厚。繁殖用成虫饲养密度以 5 000～10 000 只/m² 为宜。

三、不同阶段黄粉虫的饲养管理

1. 成虫的饲养管理　黄粉虫的成虫属于雌雄异体，自然比例 1:1。最适生长温度 25～30℃，相对湿度 60%～70%，饲养密度为 5 000～10 000 只/m²，弱光饲养。

（1）及时转盘。在此期间，成虫的最主要任务是产虫卵，尤其在蛹羽化成虫后的一个月左右为产卵高峰期。羽化后的成虫在虫体体色变成黑褐色之前，要及时转到成虫产卵盘饲养。

（2）种虫繁殖。雌、雄成虫的投放比例为 1:1。在投放成虫前，先在饲养盘底与产卵筛之间铺一张纸，在上面铺上一层 1cm 厚的饲料，在饲料上铺上一层鲜桑叶或其他豆科植物叶片。然后雌雄成虫按比例 1:1 进行投放，投放后成虫隐蔽在叶子下，根据温度和湿度盖上适量的蔬菜。温度高、湿度低可多盖一些蔬菜，但不宜过量，以免造成湿度过大，引起成虫患病。成虫在生长期间不断进食、不断产卵，所以每天要投料 1～2 次。成虫产卵时伸出产卵器穿过铁丝网孔，将卵产在纸上或纸与网之间的饲料中，这样可以防止成虫把卵吃掉。也可将成虫放在撒有糠麸的白纸上任其产卵，每隔 2～3d 换纸 1 次。

（3）种虫的淘汰。2 个月后雌虫的产卵能力逐渐下降，3 个月后雌虫会逐渐因衰老而死亡，未死亡的雌虫也失去了产卵能力。因而饲养 3 个月后就要把成虫全部淘汰，以免浪费饲料和占用产卵箱，提高生产效益。

2. 幼虫的饲养管理　幼虫期是指从孵化出幼虫至幼虫化为蛹的这段时间。一个孵化箱可孵化 1～3 个卵箱筛的卵，但应分层堆放，层间用几根木条隔开，以保持良好的通风。

幼虫在孵化前先进行筛卵，筛卵时首先将箱中的饲料及其他碎屑筛下，然后将卵纸一起放进孵化箱中进行孵化。在卵上盖一层菜叶，以保持适宜的湿度，这样卵在孵化箱中 10d 内即可孵出幼虫。幼虫留在箱中饲养，3 龄前不需要添加混合饲料，原来的饲料已够食用，但要经常放菜叶，让幼虫在菜叶底下栖息取食。

除投喂精饲料外，当幼虫长到 5mm 长时，可适量投放一些青菜、白菜、甘蓝、萝卜、西瓜皮等。投放多汁饲料时应洗净晾至半干，切成约 1cm 厚的小片，撒入饲养盘中。幼虫特别喜欢取食瓜类饲料，但一次投放量不能过大，过大会使饲料盘内的湿度增加，幼虫易患病。菜叶等多汁饲料冬季喂量一般以 6h 内能吃完为好，隔 2d 喂 1 次，夏季可适当多喂一些，在幼虫化蛹期应少喂或不喂多汁饲料。

四、黄粉虫的分群饲养

黄粉虫具有相互残杀的习性，因此需要把成虫、幼虫和蛹分开饲养，可以减少由于相互残杀造成的损失。

1. 成虫与蛹的分群　当成虫和蛹的羽化时间不一致时，也会出现成虫啃食未羽化蛹的现象，造成不必要的经济损失，因此要及时将成虫转移到产卵箱中。方法有在蛹上方盖一张报纸条或湿布条，成虫会陆续爬到其背面，轻轻提起，将成虫抖落在产卵箱中。每天都将爬到报纸或湿布条上的成虫移至产卵箱中，早晚各 1 次。经过 2～3d 的此操作，可转移 90% 的健康成虫。在分群时，还应调整雌雄虫体的比例，黄粉虫自然雌雄比例为 1:1，环境好时可达到 3∶1 甚至是 5∶1 的比例。

2. 蛹和幼虫的分群 由于幼虫化蛹的时间不一致，幼虫咬伤或吃掉蛹的情况时常发生。如果采用人工挑蛹的方法，工作量将会非常大。因此需要人为地控制幼虫化蛹的时间，采取的方法有：及时取卵，最好 1d 1 次；饲养营养均衡；及时分离箱角集中群或收取箱中混乱群体。采取有效措施，使幼虫能整齐化蛹，减少损失。如遇少数幼虫和蛹混杂情况，养殖户可用塑料勺将蛹挑出。

3. 虫卵的收集 卵的收集主要根据饲养的成虫数量、成虫的产卵能力、环境的温湿度情况而定。一般情况下，3d 左右收集 1 次，在产卵高峰期，在温湿度控制适宜情况下，可以 1d 收集 1 次。收集时不能剧烈晃动，不能直接接触卵块饲料。同一时间收集的卵纸可以集中叠放，不宜过多，5~6 层为宜，并在上面放一张报纸；不同时间收集的卵纸需要分别存放在不同的卵盒中。卵孵化的最适温度是 25~32℃，温度低于 15℃时卵很少孵化，因此温度低时，要将虫卵放在高温孵化室内孵化，如果没有专门的孵化室，则将卵盒放在铁架最上层孵化。

刚孵化的幼虫为白色，需要用放大镜才能看清楚。此时虫体幼小柔软，不能用手拨动，以免小幼虫受伤。

五、常见病防治

在正常饲养管理条件下，黄粉虫很少患病，但随着饲养密度的增加，患病率也逐渐升高。如湿度过大、粪便污染、饲料变质都会引起幼虫腐烂病，身体渐变软、变黑，病虫排出的液体会传染其他虫子，若不及时处理，会造成整箱虫子死亡，饲料未经灭菌处理或连阴雨季节较易发生此病。黄粉虫虫卵还会受到一些肉食性昆虫或螨类的危害。

1. 螨病 螨类对黄粉虫的整个生长发育过程危害都较大，发病原因是饲料中带螨虫、饲料含水过多、室内不清洁等。此病容易发生在气温高、湿度大的 7—9 月，当黄粉虫被螨虫寄附后表现体弱、生长缓慢、产卵率、孵化率降低。因此，要预防此病的发生，就要调节好室内的温湿度，饲料要经过灭螨处理且保持适当的水分。若发现有螨病，可用杀螨药物喷洒墙角、饲养器皿和饲料进行杀螨。

2. 软腐病 此病多发于雨季。发病原因是室内空气潮湿，放养密度过大，清粪、运输时用力过大造成虫体受伤。发病后幼虫虫体变软、行动迟缓、食欲下降、粪便稀清，最后变黑死亡。当发现软虫体、死虫时要及时将其取出，停止投喂青绿饲料，清理残食，调节室内湿度，用 0.25g 金霉素与 250g 麦麸拌匀投喂。

3. 干枯病 此病病因是环境过于干燥、空气相对湿度低、投喂的饲料水分含量过少或缺少青绿饲料等。部分地区为了保温在冬季使用火炉，使得室内变得异常干燥，群体发病率较高。虫体患病后，尾、头部干枯发展到全身干枯而死亡。蛹最怕干燥、湿度小的环境，在这种环境下蛹极易死亡。防治方法是在空气干燥时及时投喂青菜，在地面上洒水，设水盆降温增湿；在饲料中添加酵母片、土霉素粉，并增加含钙饲料，提高幼虫的抗病力。

知识拓展

黄粉虫本身蛋白质含量高、氨基酸全面，是一种优质的动物性蛋白质饲料。黄粉虫鲜活饲料还可用于饲喂鱼类、蛙类、珍禽、鸟类及爬行类动物，有助于促进生长发育、增强抗病能力。黄粉虫鲜活饲料生产投入少、成本低、见效快。除此以外,黄粉虫还可以进一步加工成许多副产品,如黄粉虫蛹、黄粉虫干品、黄粉虫油、黄粉虫虫蜕、黄粉虫虫粪。黄粉虫蛹作为一道高档的菜肴出现在人们的餐桌中,营养丰富、绿色无害、蛋白质含量丰富,还能提供人体不可缺少的多种维生素,同时通过适当加工,黄粉虫口感好、风味独特、易于被消费者接受。黄粉虫干品还可以用来制作营养保健品,可提高人体免疫力,具有抗疲劳、延缓衰老、降低血脂、抗癌等功效。黄粉虫油也在保健食品、化妆品、添加剂、工业用油、航空航天用润滑剂中运用。黄粉虫虫蜕可用于医药用品、保健品、环保材料等中。黄粉虫虫粪也可以作为优质的有机肥料运用到种植业中。

学习评价

一、填空题

1. 黄粉虫的生活史可以分为_____、_____、_____、_____四个阶段。
2. 黄粉虫箱养的常用设备包括_____、_____、_____、_____。
3. 根据饲喂营养的不同,人工饲喂的饲料可以分为_____、_____、_____、_____、_____、_____、_____、_____。
4. 黄粉虫雌、雄成虫的投放比例为_____。

二、选择题

1. 黄粉虫的最适温度和相对湿度是_____。
   A. 10~15℃,20%~30%　　　　B. 15~20℃,30%~40%
   C. 20~25℃,40%~50%　　　　D. 25~30℃,60%~70%
2. 黄粉虫发生自相残杀的情况是因为_____。
   A. 营养不足,密度过大　　　　B. 温度过高
   C. 湿度过大　　　　　　　　　D. 温度过低
3. 黄粉虫对光线的要求是_____。
   A. 强光　　　B. 暗黑　　　C. 弱光　　　D. 时暗时亮
4. 黄粉虫的天敌不包括以下_____。
   A. 蚂蚁　　　B. 螨虫　　　C. 蚯蚓　　　D. 鸟
5. 下列黄粉虫的哪种虫态或虫期作为动物的饲料比较经济?_____
   A. 成虫　　　B. 蛹　　　C. 早期生长幼虫　　　D. 老熟幼虫

三、思考题

1. 黄粉虫有什么样的生活习性?
2. 影响黄粉虫的环境因素有哪些?
3. 黄粉虫的场址选择有哪些要求?
4. 黄粉虫的饲养方法主要包括哪些,饲喂时有哪些注意事项?
5. 如何对黄粉虫进行分群饲养?

项目六 蜜蜂养殖

学习目标

了解蜜蜂的形态特征；熟悉我国常见蜜蜂品种的特点；掌握蜜蜂的生物学特性，并学会在生产实践中加以利用；能够设计并建造蜂场；能够对蜜蜂进行科学引种；能够饲养管理好各阶段的蜂群。

学习任务

任务一 蜂场的建立

一、养蜂场地的选择

一个好的养蜂场地是确保蜂群健康发展的关键，选择养蜂场地还应考虑场地周围要有丰富的蜜粉源、适宜的小气候、充足洁净的水源、周围环境安静、交通便利、敌害少、远离其他蜂场等条件。

二、蜜蜂的引种

1. 蜂种选择 蜜蜂的品种繁多，目前世界上公认的蜜蜂属有小蜜蜂、大蜜蜂、东方蜜蜂、黑小蜜蜂、黑大蜜蜂、沙巴蜂、中华蜜蜂、西方蜜蜂等9个品种，但是已被成功驯养的仅有几种。目前我国以饲养意大利蜜蜂和中华蜜蜂为主。养蜂者应根据当地区域特点及蜂种的适应性选择合适的蜂种。

2. 蜜蜂的引入 养蜂者在确定好饲养的蜜蜂品种后就可以引入蜜蜂了，引入蜜蜂的方式主要有三种：购买蜂箱中的蜜蜂、诱捕野生蜂和购买笼蜂。养蜂初学者可以直接购买带蜂箱的蜜蜂，既方便又易管理；诱捕野生蜂的方法投资小，但必须要掌握野生蜂的生活习性和诱捕要点；对于有一定养蜂经验的养蜂者，可采用购买笼蜂的方式饲养蜜蜂。

三、蜂箱的排列

1. 蜂箱的放置方法 为了延长蜂群的工作时间，蜂箱巢门方向最好朝南、东南或东。同时，将蜂箱垫高20～30cm，可以避免地面湿气侵入蜂箱，防止敌害潜入箱内危害蜂群。蜂箱还应左右放平，后面较前面垫高2～3cm，防止雨水流入蜂箱，也便于蜜蜂清扫箱底。

2. 蜂箱的排列方式 蜂箱的排列方式需要结合蜂群数量、目的及生产季节等进行合理布置。蜂群排列的原则是：便于对蜂群的管理操作，蜜蜂容易识别蜂巢，流蜜期能够形成强群，断蜜期不易引起盗蜂。蜂群数量较少的蜂场可以采取单箱单列或双箱并列。蜂群数量较多的蜂场采取分行排列。各个蜂箱相互交错陈列，左右行距1m，前后行距不少于2m。如果放蜂的地方比较宽阔或为山林地区，蜂箱采用分散排列或将蜂箱放置在一棵棵树下，巢门角度也应有差别；如果需要在车站、码头临时放置蜂群，可以一箱挨一箱地排成圆形或方形。当蜂群需多排前后排列时，可把弱群放前边、中等群放中间、强壮群排列到后边，这样可有效防止蜜蜂偏巢。在夏季温度高时要将蜂箱放置在能遮阳的地方；冬季温度低时要考虑蜂群的保温取暖，优先选择背风向阳的地方。

任务二 蜜蜂的生物学特性

蜜蜂主要以采集的植物的花粉、花蜜为食，我国地域辽阔、气候多样、蜜粉源植物极为丰富。目前我国能被蜜蜂利用的蜜粉源植物种类达 5 000 种以上，能生产商品蜜的蜜源植物也有 100 多种。养蜂不仅不会污染环境，还能帮助植物授粉，生产蜂蜜、蜂花粉、蜂王浆等蜂产品，为社会带来不可忽视的经济效益。

一、蜜蜂的外部形态

成年蜜蜂体表是一层几丁质外骨骼，其外表面有大量的绒毛。蜜蜂的躯体可分头、胸、腹三部分。头部有 1 对触角、1 对复眼、3 个单眼和 1 个嚼吸式口器。胸部着生 2 对翅膀、3 对足和 3 对气门。腹部由 7 个体节套叠而成，每个体节分别由 1 块背板和腹板组成，背板上各有 1 对气门，体节间通过节间膜相连，除此以外，腹部还有蜡腺、臭腺和螫针等结构，但雄蜂的螫针已经退化。

二、蜜蜂的生活习性

1. 蜂群的组成 一般情况下，一个蜂群内有一只蜂王、成千上万只工蜂、数百只雄蜂（有季节性出现），它们相互合作、各司其职，构成一个高效、有序的整体。在一个蜂群中，蜂王、工蜂和雄蜂总称为三型蜂。

（1）蜂王。受精卵发育而成的生殖器官发育完全的雌性蜂，负责产卵和繁殖后代。一般蜂王的寿命为 5～6 年，在前 2 年蜂王的产卵能力最强，之后逐年下降。蜂王一生中均以蜂王浆为食。

（2）工蜂。受精卵发育不完全的雌性蜂，负责除交尾以外的所有工作。一般情况下，在采集季节，工蜂的任务繁重，平均寿命只有 40d 左右；秋冬季节，工蜂的寿命可达 3 个月到半年。

（3）雄蜂。未受精卵发育而成的雄性蜂，常见于繁殖季节，负责与处女王交配。在自然环境下，未交尾雄蜂的寿命可达 3～4 个月，但一旦交尾后就会死亡。雄蜂具有无界性，可以任意进入每一个蜂箱内而不被守卫蜂阻止，这种特性可以避免近亲交配。

2. 巢房 蜜蜂的巢房为六边形，由蜂蜡修造而成。数千个巢房组成巢脾，几片至几十片巢脾构成了蜜蜂的蜂巢。巢房依尺寸大小又分为三种：王台、工蜂巢房和雄蜂巢房。王台是蜂王的培育场所，房大，壁厚；工蜂巢房是培育工蜂、贮存蜂蜜和花粉的场所，占巢脾的 2/3 以上；雄蜂巢房主要是培育雄蜂和贮存蜜粉的场所，大多位于巢脾的两侧下缘。

3. 蜜蜂的发育 根据蜜蜂的发育特点，蜜蜂的生活史可划分为四个时期：卵期、未封盖期（小幼虫）、封盖期（大幼虫和蛹）、成虫期（表 4-6-1）。三型蜂的发育日期因蜂种差异而有所不同，是养蜂者正确预测自然分蜂、培育蜂王和估计群势发展等工作的重要依据。中华蜜蜂和意大利蜜蜂是我国目前主要饲养的蜂种，因此养蜂者应熟记这两种蜂种的三型蜂个体的发育日期。

表 4-6-1　中华蜜蜂和意大利蜜蜂在各阶段的发育时间

三型蜂	蜂　种	卵　期（d）	未封盖期（d）	封盖期（d）	出房日期（d）
蜂王	中华蜜蜂	3	5	8	16
	意大利蜜蜂	3	5	8	16
工蜂	中华蜜蜂	3	6	11	20
	意大利蜜蜂	3	6	12	21
雄蜂	中华蜜蜂	3	7	13	23
	意大利蜜蜂	3	7	14	24

4. 蜜蜂传递信息的方式　蜜蜂是一种社会性昆虫，它们之间进行信息交流的方式主要有两种：舞蹈和信息素。

(1) 蜜蜂的舞蹈。

①圆舞。当侦查蜂在蜂巢附近 100m 以内发现食物时，侦查蜂通过在巢脾上原地转圈的方式告知同伴，但圆舞不能准确地表明食物的方位，所以工蜂需要依靠侦查蜂带回的食物气味来确定具体位置。

②摆尾舞。当食物距离在 100m 以外时，侦查蜂会在巢脾上按"∞"字形转圈，同时尾部向两边摆动，其他蜜蜂根据摆尾舞的位置、频率和圈数，可以判定食物的方位、数量和距离。

(2) 蜜蜂的信息素。

①蜂王信息素。是由蜂王分泌，在工蜂饲喂或清洁蜂王时进行传递。蜂王信息素不仅可以抑制工蜂卵巢发育，还能加速工蜂结团。

②工蜂和雄蜂信息素。由蜜蜂幼虫和蛹分泌，其主要作用是区分蜜蜂的雌雄、抑制雄蜂卵巢的发育、刺激工蜂的采集活动和诱导工蜂对成熟幼虫的封盖。

③引导信息素。由工蜂臭腺分泌，依靠工蜂扇动翅膀而散发气味。其作用一是招引蜂王、工蜂回巢；二是在分蜂或飞逃时，招引本群的工蜂结团。

④蜂蜡信息素。由新脾散发出来的，其作用是激发采集蜂的采集行为，有助于囤积蜂粮。

⑤报警信息素。当蜂群遇到外来入侵者时，工蜂用螫针刺向入侵者，并把螫针留在侵袭者体内，此时螫针释放出报警信息素并在空气中很快传播，以此标明入侵者的方位，引诱其他工蜂一起进攻入侵者。这是蜂群有效抵抗入侵者危害的一种手段。

5. 环境因素对蜜蜂的影响　外界环境因素直接影响到蜜蜂的生长、发育和生产，主要包括生物因素和非生物因素。

(1) 生物因素。当外界存在蜜蜂天敌时，蜜蜂会出现躲避、行为异常、飞逃的现象，所以养殖户应注意观察蜂群附近是否有蜜蜂的天敌，如胡蜂、鼠、壁虎等。除此以外，还存在危害蜂群的病原性微生物和寄生性敌害，常见的危害蜂群的病原性微生物包括美洲幼虫腐臭病、欧洲幼虫腐臭病、黄曲霉病、副伤寒病、白垩病等，寄生性敌害主要包括蜂螨和微孢子虫。

（2）非生物因素。

①光。蜜蜂只能识别黄、绿、蓝、紫四种颜色，养殖户可以用这四种颜色来标记蜂箱，便于蜜蜂识别。蜜蜂对红色不敏感，在红光照射下检查蜂群可以减少蜂群的骚动。光照度要适当，白天适当光照有助于提高蜜蜂采蜜的积极性。

②温度。成年蜂生活的最适气温是18～25℃，幼蜂发育的最适巢温是34℃，过高或过低都会影响幼蜂发育。当蜂巢温度高时，蜜蜂群通过扇风、采水、疏散等方式降温；当蜂巢温度低时，蜜蜂群通过密集、缩小巢门等方式来保温。

③湿度。蜂巢的相对湿度一般情况是75%～85%，在流蜜期，蜂群的相对湿度可减少到55%左右；当蜂巢湿度过大，蜜蜂通过扇风来降低湿度；当蜂巢湿度过小，蜜蜂主要通过采水来提高蜂巢湿度。

④气流。养蜂场或放蜂的地方要避免在风口处，大于3级以上的风力就能影响蜜蜂的正常繁殖和采蜜，造成损失。应该依据季风方向，将蜂群放在离蜜源较近或者林子中较宽阔的地方，使蜜蜂逆风而去、顺风而归。

⑤水和食物。蜜蜂的生长发育和日常活动离不开营养的供给。蜜蜂需要的营养主要有蛋白质、糖类、脂类、矿物质、维生素和水。若营养供给不足，幼虫无法正常发育，成年蜂体质降低、寿命缩短，蜂群之间还容易发生盗蜂现象，造成极大的损失。

任务三　蜂群的饲养管理

一、蜂群的检查

蜂群检查是管理蜂群必不可少的环节，养蜂者根据检查情况对蜂群情况进行判断，从而采取相应的管理措施。蜂群检查主要有以下几种方法：

1. 箱外观察　是指在不开箱的情况下，在外观察蜜蜂的活动，从而推断蜂群的情况。此方法具有方便、不干扰蜂群的特点。通过箱外观察蜜蜂活动，养蜂者可以初步判定蜂群发展情况和是否有自然分蜂、盗蜂、中毒、遭受敌害或病害等情况。

2. 局部抽查　是指打开蜂箱，有目的地抽查部分巢脾，从而了解蜂群的某一方面情况。通过取出巢脾观察，养蜂者可以判定蜂巢内是否需要补脾、补给饲料及蜂巢是否失王或蜂王老化等相关情况。

3. 全面检查　是对巢内所有巢脾进行检查，全面了解蜂群内的情况，包括蜂王是否健在、产卵如何、饲料是否充足、蜂脾是否相称及是否有病虫害等。由于全面检查时间较长，为了避免幼虫受寒，要求外界气温在14℃以上时进行。在全面检查时，还需要注意以下几个方面：一是检查者做好安全防护，如穿浅色衣服、戴蜂帽，准备喷烟器、蜂刷、起刮刀、割蜜刀等用具，操作时动作要轻快。二是如果蜂群比较安静，按顺序轻轻地一框一框地进行检查；如果蜂性较凶，可略微提起副盖，向蜂路喷几下烟，就算被蜇，也要冷静离开处理，不要丢脾逃跑。三是做好记录，建档留底。

二、蜂群的饲喂

当外界蜜源不足或巢内蜂粮不足以满足蜂群正常营养需要时,养蜂者需要对蜂群进行人工饲喂,根据饲喂的营养不同,可分为糖、蛋白质、水、无机盐类饲喂。

1. 糖饲料饲喂

(1) 饲喂方式。糖饲喂主要以糖浆(糖和水的混合物)为主,糖浆的浓度不同,能够达到的效果不同,可以分为三种方式(表4-6-2):奖励饲喂、补助饲喂、诱导饲喂。

表4-6-2 三种糖饲喂方式的比较

项目	奖励饲喂	补助饲喂	诱导饲喂
目的	刺激蜂王产卵和促进工蜂哺育	防止蜜蜂受饿	诱导蜜蜂授粉
群内贮蜜情况	有足够的贮蜜	缺少贮蜜	有一定的贮蜜
饲喂糖浆浓度(糖:水)	1:1	2:1	1:1
饲喂方法	每次少量,反复多次	一次喂够	反复多次

(2) 糖饲喂时的注意事项。人工饲喂蜂群时,既可把糖水直接倒入箱内的空脾上,也可以把糖水盛在容器中放入蜂箱内,让蜜蜂自己吸取。为了取得预期的饲喂效果,在饲喂蜜蜂时必须注意以下问题:①饲喂白糖时,需要加热融化,微温后饲喂。若是红糖,需要加热煮沸,去除杂质,同时添加0.1%酒石酸或少量的酸果汁,再饲喂蜂群。②饲喂蜂蜜时最好是本场在流蜜期从健康蜂群中选留的成熟蜜脾。③饲喂蜂群的时间最好在傍晚,应先饲喂强群,然后饲喂弱小的蜂群。在饲喂时,糖水不能流在地面上,以免发生盗蜂。

2. 蛋白质饲料饲喂 蜂群的蛋白质饲料主要是花粉,蜂王的正常产卵和幼虫发育需要花粉提高蛋白质营养。饲喂花粉的方法比较简便,可直接向蜂群内插入花粉脾或饲喂花粉饼。在饲喂前,要仔细检查花粉脾和花粉饼,不能有霉迹斑点、巢虫,然后喷上少量的蜂蜜或糖浆后再供蜜蜂食用。

3. 喂水 当外界水源不好或天气炎热时,就要进行人工喂水,以确保蜂巢内蜜蜂幼虫的发育正常,促进工蜂调制蜂粮,保持蜂巢内适宜的湿度,维持正常的巢温。喂水的方法有三种:巢门喂水器饲喂,在蜂场的场地上喂水,巢内喂水。

4. 喂盐 在春繁时期,由于群内卵虫较多,外界又缺乏蜜粉源,盐分易缺乏,缺盐会造成蜜蜂心脏、消化功能降低,导致幼虫发育不良和成年蜂内分泌紊乱、寿命缩短。所以需要给蜂群补给一定的无机盐,喂盐可与喂水结合在一起,在所喂的洁净水中加入少量食盐,盐分浓度一般在0.5%。

三、修造巢脾

随着蜂群的壮大,巢脾的数量和质量会直接影响蜂群的发展,因此在外界蜜粉源丰富的季节,必须修造一定数量的新巢脾。

1. 安装巢础

(1) 在巢框内横向拉紧3~4根24号铁丝。

(2) 把巢础的一端插入巢框上梁内侧的槽沟内。

(3) 均匀地给槽沟浇少许熔化的蜂蜡以粘牢巢础。

(4) 把带巢础的巢框放在一块平板上,并用烫热的埋线器沿着巢框的铁丝均匀地用力把铁丝埋入巢础内。

2. 加础造脾

(1) 数量。在大流蜜期间,一般每个强群可加 2~3 张巢础框供蜜蜂修造。

(2) 位置。巢础框的插入位置是在粉蜜脾与子脾之间,不宜加在两张子脾之间,否则不利于子脾的保温和幼虫的发育。

(3) 时间。加巢础框的时间一般在下午或傍晚。

(4) 淘汰旧脾。在加巢础框造脾时,要从蜂巢中相应抽出需淘汰的旧脾或未产卵的新脾,以保持蜂巢内蜜蜂密集,加快蜜蜂造脾的速度。

(5) 脾的保存。蜂场内多余的巢脾需要妥善保存,以备不时之需。巢脾保存的要求有:一是将全蜜脾、半蜜脾分类保存;二是巢脾要保存在干燥房间内的蜂箱中;三是分类和封箱之后的巢脾要用二氧化硫或二硫化碳进行熏蒸消毒。

四、自然分蜂

自然分蜂是指蜂群群势发展到一定程度后,蜂王带着一半左右的工蜂离开母巢,自然分成两群以上的现象,自然分蜂是蜜蜂群在自然条件下增殖的主要方式。自然分蜂会让蜜蜂无心采蜜,对养蜂生产影响极大。因此养殖户要提前预防和有效控制自然分蜂现象,减少损失。

1. 分蜂原因及控制方法 自然分蜂的主要原因有很多,主要有三个:哺育蜂过多,蜂王物质不足,贮蜜的位置缺少。针对以上原因,养蜂者可以采用有效措施控制自然分蜂。

(1) 更换或增加子脾。通过及时更换子脾或增加空脾,加重工蜂的哺育负担,使蜂巢内不再拥挤,分蜂现象自然就会消失。

(2) 模拟分蜂。一种是将发生分蜂热的蜂群移到旁边,在原址上放一个空巢箱,之后将发生分蜂热的蜂王和工蜂抖落在新蜂巢上使之分蜂。

(3) 蜂群易位。当大量外勤蜂外出采蜜时,将分蜂热的蜂群内王台清除干净,再与弱群互换位置。

2. 预防自然分蜂 在生产季节,发生自然分蜂会影响工蜂的采集积极性,从而影响蜂群的产量。因此在蜂群的饲养管理过程中要随时预防蜂群分蜂热的产生,具体措施如下:

(1) 随时用产卵力强的新蜂王更换强群里的老劣蜂王。

(2) 适时扩大蜂巢,为发挥蜂王的产卵力和工蜂的哺育力创造条件,使巢内不拥挤。

(3) 在非流蜜期,酌情用强群里的封盖子脾换取弱群中的卵虫脾,加大强群的巢内工作负担。

(4) 蜂群强大后,及早开始生产蜂王浆。

(5) 外界蜜粉源比较丰富时,及时加巢础框造脾,使蜂群贮存饲料和剩余蜂蜜不受限制。

(6) 炎热季节注意给蜂群遮阳,扩大巢门和蜂路,改善蜂箱通风条件。

(7) 检查蜂群时,注意割除封盖的雄幼蜂,毁除自然王台。

五、人工分群

当蜂群群势壮大到一定程度,中华蜜蜂发展到 5~6 框、意大利蜜蜂发展到 10~12 框

时,就要进行人工分蜂。分群有助于增加蜂群的数量、扩大生产力。人工分群有以下两种方法:

1. 单群平分 单群平分就是把一群蜂均匀地分为两群。一般是在大流蜜期到来前40~50d采用这种方法进行分群。采用此法分群时,蜜蜂、子脾、蜜脾和粉脾要均分,同时要给新蜂群多提面积较大的蛹脾,少提虫、卵脾。分群几个小时后,为新蜂群引入一个优质蜂王。

2. 混合分群 混合分群是指从若干强群中抽取一些成熟的子脾和蜜粉脾,搭配放在同一蜂箱内,然后从幼虫脾上抽取一些幼蜂放入蜂箱内,并诱入产卵王或新王台,组成一个完整的蜂群。此法适合多个强群分群,可以有效预防分蜂热,经过1~2个月的群势扩张即可壮大成具有较强生产力的强群。这是加快蜂群繁殖速度、增强蜂场实力的一种有效措施。

注意事项:由于新分群的群势不强,其调节巢温、哺育幼虫、采集和防卫能力相对较弱,在管理上应注意不可随便移动蜂巢位置和改变巢门方位,并保证其蜜粉充足,防止盗蜂和胡蜂等敌害侵入。对于诱入王台的新分群,巢门口应放置一特殊颜色或式样的标记物,处女王交尾期间不宜过多地开箱检查。

六、蜂群合并

对于蜂群失王、蜂王交尾失败、失去生产力或低下的弱小群,养蜂者需要将两个或两个以上蜂群合并成为一个蜂群,有助于壮大蜂群、提高产量。由于工蜂和蜂王具有群界性,一群蜂的工蜂或蜂王进入他群会遭到排斥、引起厮杀,因此合并蜂群要采用恰当的方法。人工合并蜂群的方法有直接合并法、喷烟合并法、报纸合并法和铁纱合并法等。

1. 直接合并法 在早春或大流蜜时期,可以在合并的当天上午把被合并群的蜂王捉出或杀死,傍晚连蜂带脾提入一个有王的蜂群内,这样两群蜂就合并成了一群蜂。

2. 喷烟合并法 将被合并蜂群的蜂王捉出,用喷烟器向两个合并群喷烟数次,把被并群内的巢脾提入合并群内,再喷烟1~2次,以便加速统一群味,使两群蜂合并为一群。

3. 报纸合并法 采用报纸合并法,意大利蜜蜂和中华蜜蜂存在不同。对于意大利蜜蜂而言,是先将一群蜂置于巢箱中,在巢箱上盖一张有许多小孔的报纸,然后将放有另一群蜂的继箱叠在巢箱上,不久蜜蜂就会咬破报纸相互混合,之后将继箱内的巢脾调入巢箱中,并抽出多余的巢脾。对于中华蜜蜂而言,蜂群的合并方法是将原群紧靠在巢箱一侧,中间插入框式隔王板(贴上有许多小孔的报纸),将拟并入蜂群调入巢箱的另一侧,待两群工蜂互通后,抽出隔王板,并抽出多余的巢脾。

蜂群合并注意事项:

(1)不管采用哪一种方法,在合并时要遵循弱群并入强群、无王群并入有王群的原则,而且合并的两群蜂相邻。

(2)若合并的蜂群都有蜂王,那么在合并前1~2d,将品质差的蜂王淘汰;对失王过久、巢内老蜂多、子脾少的蜂群,要先补给卵虫脾,然后进行合并。

(3)无王群合并应在合并前几小时彻底清查和毁除王台。

(4)为了避免蜂病传播,病群不能与健康群合并。

(5)合并蜂群通常在傍晚进行。

七、蜂巢的保温与遮阳

1. 保温 在早春、晚秋及冬季，当外界气温低于15℃时，应及时给蜂群保温，可以通过调整蜂脾比例、巢门大小来给蜂群保温，除此以外，还能对蜂箱内部进行保温，在寒冷的北方，还需要在蜂箱外采取保温措施。

2. 遮阳 在夏季，尤其是南方，需要给蜂箱遮蔽阳光，使蜂箱阴凉。做法是在蜂箱大盖上加盖一块较大的草帘或挡板盖过蜂箱，且向巢门方向略伸出一些距离。有条件的定地蜂场可以修建简易遮阳棚，棚高一般在2m以上，方便管理。另外，将蜂箱摆放在树荫下也会有较好的效果。

八、盗蜂

外界缺乏蜜源或管理不当（弱蜂群、蜂箱不严密、多种蜜蜂混养、蜂群检查时漏蜜）就会出现蜜蜂窜入他群盗窃的情况，称为盗蜂。盗蜂现象不但给蜂群管理带来麻烦，而且会削弱蜂群的群势，甚至使被盗群消亡，造成严重损失。

1. 盗蜂的识别 盗蜂发生时，无王群、弱群、病群的巢门口往往有相互厮杀和死亡的工蜂，蜂巢周围秩序混乱，还有一些油光发黑的蜂在巢房内吸取蜂蜜。如果在被盗群巢门前撒一些面粉，当偷盗的蜜蜂载蜜飞回时，则会在身上带有面粉的痕迹。

2. 盗蜂的预防 养蜂者要及时合并弱群和无王群，在缺蜜期给予足够的饲料，在饲喂蜂群时要及时清理留在箱外的糖迹，同时在同一养蜂场中不要将不同品种的蜜蜂混养。

3. 盗蜂的制止 当蜂场发生盗蜂时，要及时采取措施，减少蜂场损失，方法有：

（1）查处作盗群。移除作盗群的蜂王或将作盗群蜂箱从原位置移开，待盗蜂行为消失后，再恢复原状。

（2）保护被盗群。缩小被盗群的巢门，只留容许1~2只工蜂进出的空隙，并在巢门口放置盗蜂防御器或涂些石炭酸、煤油等驱避剂。若盗蜂十分猖獗，引发全场蜂群互盗、乱盗，已无法制止时，可将整个蜂场搬迁到5km以外的地方。

九、蜂王的诱入

在蜂王产卵能力下降、更换优质蜂王、蜂群无王等情况下，需要给蜂群诱入蜂王。在诱入蜂王前，应做好相关准备，如提前将弱蜂王淘汰、毁除无王群内的王台、饲喂蜂群等。

1. 间接诱入法 所谓间接诱入法就是将蜂王暂时关入一个诱王专制的容器（扣脾诱入器、密勒氏诱入器、全框诱入器、蜂王保护笼等）内，或者隔着铁纱盖置于继箱里经过一段时间后，再将它放到蜂群中。此法成功率较高，一般不会发生围王现象。如给蜂群诱入良种蜂王、异品种蜂王、处女王及为失王已久的蜂群诱入蜂王，或者在非流蜜期诱入蜂王时，宜采取此法。

2. 直接诱入法 在大流蜜期间，由于多数的成年蜂都忙于采集工作，无王群对外来的产卵蜂王较易接受，可以采取直接诱入的方法。具体方法是：傍晚将要诱入的蜂王喷以少量蜜水，轻轻地放到框顶上或巢门口，让蜂王和采集蜂一起爬入；或者从交尾群里提出一框带有蜂王的巢脾连同部分幼蜂一起放被诱入群的隔板外侧约一框距离处，喷上稀薄的蜜水，待24~48h后再调整到隔板里面。也可以向需要诱入蜂王的蜂群用喷烟器轻轻喷烟3~4次，然后把要诱入的蜂王放在巢门口，让蜂王自行爬进巢内。

3. 蜂王引入后的注意事项　诱入蜂王后不要随便开箱或震动蜂群，可通过箱外观察判断诱入蜂王是否被围。如果蜜蜂情绪稳定，蜂群安静，巢前没有蜜蜂来回乱爬，蜜蜂采蜜、采粉活动正常，即表明诱入成功。如果情况相反，需立即开箱检查。如发现蜂王被围，要快速向围王的工蜂团喷烟或喷蜜水或将蜂团投入温水中以驱散工蜂，并迅速捉起蜂王仔细检查。若严重受伤，不宜再保留；若蜂王完好，可关进诱入器重新诱入一次，直至被接受，再将其释放出来。

学习评价

一、名词解释
1. 三型蜂　2. 自然分蜂　3. 盗蜂

二、填空题
1. 在蜂群中引入蜜蜂的方法有_____、_____、_____三种。
2. 根据饲喂营养的不同，人工饲喂的饲料可以分为_____、_____、_____、_____。根据饲喂目的不同，糖饲喂还可以分为_____、_____、_____三种，饲喂的糖与水的比例分别是_____、_____、_____。
3. 人工分群时，中华蜜蜂发展到_____、意大利蜜蜂发展到_____就需要进行人工分群。蜂群合并的方法主要有_____、_____、_____。

三、选择题
1. 蜜蜂的巢房形状是_____。
   A. 正方形　　　　B. 圆形　　　　C. 六边形　　　　D. 五边形
2. 蜂王的食物是_____。
   A. 蜂王浆　　　　B. 蜂蜜　　　　C. 花粉　　　　D. 蜂蜜＋花粉
3. 下列哪个不属于工蜂的任务？_____
   A. 产卵　　　　B. 酿蜜　　　　C. 采蜜　　　　D. 饲喂幼虫
4. 在车站、码头临时放置蜂群时，蜂箱可以按_____排列。
   A. 圆形　　　　B. 菱形　　　　C. 单箱分散　　　　D. 聚中随意
5. 成年蜂最适气温和幼蜂发育最适巢温分别是_____。
   A. 18～25℃和34℃　　　　　　　　B. 10～15℃和34℃
   C. 10～15℃和25℃　　　　　　　　D. 18～25℃和25℃

四、思考题
1. 三型蜂是指什么，它们分别有什么特点？
2. 蜜蜂进行信息传递的方式有哪些？
3. 如何进行蜂群检查，有什么注意事项？
4. 人工修造巢脾的方法是什么？
5. 如何有效控制分蜂热和预防蜂群自然分蜂？
6. 蜂王诱入蜂群的方法及注意事项有哪些？
7. 蜂巢冬季保温和夏季遮阳的方法有哪些？
8. 当蜂群发生盗蜂时，养蜂人应该采取哪些措施？

参 考 文 献

白秀娟,2007. 养狐手册 [M]. 北京:中国农业大学出版社.
陈德牛,1997. 蚯蚓养殖技术 [M]. 北京:金盾出版社.
陈梦林,韦永梅,1998. 竹鼠养殖技术 [M]. 南宁:广西科学技术出版社.
陈树林,2006. 特种动物养殖 [M]. 北京:中央广播电视大学出版社.
陈思平,1997. 高效养鳖短平快 [M]. 北京:中国致公出版社.
崔保维,1999. 鸵鸟养殖技术 [M]. 北京:中国农业出版社.
崔春兰,2014. 特种经济动物养殖与疾病防治 [M]. 北京:化学工业出版社.
丹东市农业学校,1998. 经济动物饲养 [M]. 北京:农业出版社.
单永利,张宝庆,2004. 现代养兔新技术 [M]. 北京:中国农业出版社.
高文玉,2009. 经济动物养殖 [M]. 北京:中国农业出版社.
耿骏,2009. 稻田淡水小龙虾养殖技术 [J]. 安徽农学通报(下半月刊),15(14):233-234.
韩俊彦,1995. 经济动物养殖 [M]. 北京:高等教育出版社.
华树芳,2005. 实用养貉技术 [M]. 北京:金盾出版社.
黄炎坤,2004. 新编特种经济禽类生产手册 [M]. 郑州:中原农民出版社.
李怀鹏,柳志荣,2007. 捕蛇养蛇及蛇伤防治 [M]. 南宁:广西科学技术出版社.
李家瑞,2002. 特种经济动物养殖 [M]. 北京:中国农业出版社.
李生,2008. 珍禽高效养殖技术 [M]. 北京:化学工业出版社.
李忠宽,2007. 特种经济动物养殖大全 [M]. 北京:中国农业出版社.
马丽娟,2006. 特种动物生产 [M]. 北京:中国农业出版社.
潘红平,2001. 药用动物养殖 [M]. 北京:中国农业大学出版社.
任国栋,郑翠芝,2016. 特种经济动物养殖技术 [M]. 北京:化学工业出版社.
沈钧,夏欣,2006. 彩图实用鸟类百料 [M]. 上海:上海文化出版社.
舒新亚,龚珞军,2006. 淡水小龙虾健康养殖实用技术 [M]. 北京:中国农业出版社.
王峰,2001. 绿头野鸭、瘤头鸭、大雁饲养技术 [M]. 北京:中国劳动社会保障出版社.
夏爱军,2007. 小龙虾养殖技术 [M]. 北京:中国农业大学出版社.
熊家军,李巧丽,2002. 果子狸的驯化与养殖技术 [M]. 武汉:湖北科学技术出版社.
徐汉涛,2003. 种草养兔技术 [M]. 北京:中国农业出版社.
徐立德,蔡流灵,2002. 养兔法 [M]. 北京:中国农业出版社.
杨嘉实,1999. 特种经济动物饲料配方 [M]. 北京:中国农业出版社.
余四九,2003. 特种经济动物养殖学 [M]. 北京:中国农业出版社.
袁施彬,2013. 特种珍禽养殖 [M]. 北京:化学工业出版社.
张宏福,张子仪,1998. 动物营养参数与饲养标准 [M]. 北京:中国农业出版社.
赵大军,2000. 黄粉虫的营养成分及食用价值 [J]. 粮油食品科技,8(2):41-42.
周元军,2014. 高效养蝎子 [M]. 北京:机械工业出版社.

读者意见反馈

亲爱的读者：

  感谢您选用中国农业出版社出版的职业教育教材。为了提升我们的服务质量，为职业教育提供更加优质的教材，敬请您在百忙之中抽出时间对我们的教材提出宝贵意见。我们将根据您的反馈信息改进工作，以优质的服务和高质量的教材回报您的支持和爱护。

  地 址：北京市朝阳区麦子店街 18 号楼（100125）
      中国农业出版社职业教育出版分社
  联系方式：QQ（1492997993）

教材名称：＿＿＿＿＿＿＿＿＿＿ISBN：＿＿＿＿＿＿＿＿＿＿

个人资料

姓名：＿＿＿＿＿＿＿＿＿＿所在院校及所学专业：＿＿＿＿＿＿＿＿＿＿
通信地址：＿＿＿＿＿＿＿＿＿＿＿＿＿＿＿＿＿＿＿＿＿＿＿＿＿＿
联系电话：＿＿＿＿＿＿＿＿＿＿电子信箱：＿＿＿＿＿＿＿＿＿＿
您使用本教材是作为：□指定教材□选用教材□辅导教材□自学教材
您对本教材的总体满意度：
 从内容质量角度看□很满意□满意□一般□不满意
  改进意见：＿＿＿＿＿＿＿＿＿＿＿＿＿＿＿＿＿＿＿＿
 从印装质量角度看□很满意□满意□一般□不满意
  改进意见：＿＿＿＿＿＿＿＿＿＿＿＿＿＿＿＿＿＿＿＿
本教材最令您满意的是：
 □指导明确□内容充实□讲解详尽□实例丰富□技术先进实用□其他＿＿＿＿
您认为本教材在哪些方面需要改进？（可另附页）
 □封面设计□版式设计□印装质量□内容□其他＿＿＿＿＿＿
您认为本教材在内容上哪些地方应进行修改？（可另附页）
＿＿＿＿＿＿＿＿＿＿＿＿＿＿＿＿＿＿＿＿＿＿＿＿＿＿＿＿＿＿
＿＿＿＿＿＿＿＿＿＿＿＿＿＿＿＿＿＿＿＿＿＿＿＿＿＿＿＿＿＿
本教材存在的错误：（可另附页）
第＿＿＿＿页，第＿＿＿＿行：＿＿＿＿＿＿应改为：＿＿＿＿＿＿
第＿＿＿＿页，第＿＿＿＿行：＿＿＿＿＿＿应改为：＿＿＿＿＿＿
第＿＿＿＿页，第＿＿＿＿行：＿＿＿＿＿＿应改为：＿＿＿＿＿＿
您提供的勘误信息可通过 QQ 发给我们，我们会安排编辑尽快核实改正，所提问题一经采纳，会有精美小礼品赠送。非常感谢您对我社工作的大力支持！

  欢迎访问"全国农业教育教材网" http：//www.qgnyjc.com（此表可在网上下载）
  欢迎登录"中国农业教育在线" http：//www.ccapedu.com 查看更多网络学习资源

图书在版编目（CIP）数据

经济动物养殖/陈灵主编．—3 版．—北京：中国农业出版社，2019.10（2024.7 重印）
中等职业教育农业农村部"十三五"规划教材
ISBN 978-7-109-26101-3

Ⅰ.①经⋯ Ⅱ.①陈⋯ Ⅲ.①经济动物－饲养管理－中等专业学校－教材 Ⅳ.①S865

中国版本图书馆 CIP 数据核字（2019）第 254958 号

中国农业出版社出版
地址：北京市朝阳区麦子店街 18 号楼
邮编：100125
责任编辑：李　萍
版式设计：杨　婧　责任校对：刘丽香
印刷：北京通州皇家印刷厂
版次：2009 年 8 月第 1 版　2019 年 10 月第 3 版
印次：2024 年 7 月第 3 版北京第 5 次印刷
发行：新华书店北京发行所
开本：787mm×1092mm　1/16
印张：19
字数：482 千字
定价：44.00 元

版权所有・侵权必究
凡购买本社图书，如有印装质量问题，我社负责调换。
服务电话：010-59195115　010-59194918